亚洲城市建筑史

[日] 布野修司 主编
[日] 亚洲城市建筑研究会 编著
胡惠琴 沈瑶 翻译

中国建筑工业出版社

著作权合同登记图字：01－2006－5271

图书在版编目（CIP）数据

亚洲城市建筑史/（日）布野修司主编；胡惠琴等译. —北京：中国建筑工业出版社，2009
ISBN 978-7-112-11457-3

Ⅰ.亚… Ⅱ.①布…②胡… Ⅲ.城市史：建筑史－亚洲 Ⅳ.TU－098.13

中国版本图书馆CIP数据核字（2009）第186223号

本书由布野修司授权翻译出版

责任编辑：刘文昕
责任设计：郑秋菊
责任校对：王金珠　兰曼利

亚洲城市建筑史
[日] 布野修司　主编
[日] 亚洲城市建筑研究会　编著
胡惠琴　沈瑶　翻译
*
中国建筑工业出版社出版、发行（北京西郊百万庄）
各地新华书店、建筑书店经销
北京嘉泰利德公司制版
北京建筑工业印刷厂印刷
*
开本：880×1230毫米 1/32　印张：$12^3/_8$　字数：356千字
2010年3月第一版　2016年9月第二次印刷
定价：40.00元
ISBN 978-7-112-11457-3
（28881）

[前言]

黎明前的泰姬陵，那完全被白色大理石覆盖的建筑，令人难以置信是这个世界的；来自沙·贾汗国王曾经被幽禁过的安哥拉城的眺望也令人百感交集；坐在吴哥窟山顶，望着渐落的夕阳感到风光无限。我也曾几度登上过巨大的曼陀罗的婆罗浮图寺，每次攀登都顺时针地漫步环视那述说着佛陀生涯和教义的浮雕，将浮雕中描绘的建筑无一遗漏地收入相机，但是始终没有找到土间式的建筑。

伊斯法罕的伊玛姆清真寺，其精美的几何学令人叹为观止；星期五清真寺无数的小圆顶，其创意感人至深；伊斯坦布尔的圣索菲亚简洁、素朴但是强有力的空间，原本是基督教的教堂后转用为清真寺；而多次增建的伊斯兰建筑的杰作科尔瓦多清真寺则被转用为基督教的教堂。印度的建筑转用为清真寺的例子有德里的库特卜清真寺，其尖塔可以从遥遥相对的州立回教堂尖塔上看到。伊斯兰传到印度尼西亚后清真寺也变成木结构的了。

北京的天坛，可以称之为宇宙建筑，从景山望去与紫禁城的屋顶毗连，是名副其实的“庙宇之美”；四合院虽是相同元素的反复运用，却创造出富于变化的景观；万里长城则已经是地球规模的建筑了。

不仅有世界文化遗产级的建筑，小建筑也有珠宝般的珍品。越南河内的一柱寺，在一根柱子上端坐着圣堂，我也曾想尝试这样的建筑；庆州的石窟庵，据说佛像的额头内的水晶玉正好与冬至的太阳入射角相交；被誉为“印度尼西亚的高迪”的荷兰建筑师 M·蓬特建造的小爪哇婆娑朗教堂有着手工制品的韵味；马哈巴利普拉姆小印度寺庙有 5 个拉塔，这或许是该种建筑的雏形吧，最让人难以忘怀的是爪哇井里汶王宫中看到的法塔赫布尔西格拉古城内谒殿中央柱那种木柱……

我总觉得在亚洲还有许多鲜为人知的优秀建筑有待去发现，而且实际上各地区孕育出的珍贵乡土住居和聚落以及人们不断创造的无数的有魅力的街道在亚洲留下了许多痕迹。像龙目岛的查拉勒佳、拉贾斯坦的斋浦尔那样的棋盘格式的印度城市，还有在加德满都盆地的帕坦、希米村、巴德岗等不计其数的城市聚落让人难以割舍。伊斯兰城市到处都充满着活力，德黑兰的巴扎、艾哈迈达巴德、旧德里的尽端路印象颇深。西欧人创建的城市也融入了亚洲城市的传统思想。北吕宋岛的维干，斯里兰卡的高卢，马来西亚的马六甲、槟岛等立即就会浮现在脑海。

建筑与人类的行为共生，生存与居住、建筑密切相关，各单体建筑的组合累积慢慢形成了城市。本书如能为徘徊于建筑与城市之间、探寻周边小区的由来提供一些线索将深感荣幸。

布野修司

2003 年 6 月

目 录

II 佛教建筑的世界史—佛塔传来之径—

III 中华的建筑世界

IV 印度的建筑世界—诸神的宇宙—

V 亚洲的都城和宇宙观

VI 伊斯兰世界的城市和建筑

VII 殖民地城市与殖民地建筑

终章　现代亚洲的城市与建筑

序章

亚洲的
城市与建筑

多元建筑文化的谱系

论述亚洲城市与建筑的历史有几个前提，首先是如何设定亚洲这一地理空间的问题。粗略地以亚洲、非洲、拉丁美洲进行划分时，所谓的亚洲是指博斯普鲁斯海峡与乌拉尔山脉以东的欧亚大陆以及东南亚海域、包括马来西亚（澳洲与马来群岛间的海域）在内的地区都是其对象区域。然而，亚洲这一空间概念并不是固定的，从其语源上看，如忠实地遵循欧洲／亚洲二分法的话，亚洲指的就是欧亚大陆中非欧洲的部分。本书希求在追溯"亚洲"这一地域概念起源的基础上，伸缩自如地展开论述。例如在追溯伊斯兰建筑的展开时就会覆盖伊比利亚半岛，而追踪西欧列强向非欧洲地区殖民时就要涉猎非洲、拉丁美洲那样，旨在获得架构世界建筑史和世界城市史的世界史域的视野。

第二，从历史角度出发有必要进行时代划分。中国和印度虽然在某种程度上确定了时代划分的前提，但以此为范例进行各国历史划分实为繁琐，况且不管是建筑还是城市，其存在方式也不一定与历史学的时代划分同步有很大的变化。由此可以做大胆设想，除时代划分以外，可考虑从拥有强烈个性的城市文化，建筑文化的确立及其影响的角度来区分城市历史。首先，本书设想了乡土建筑世界的存在，而后从埃及／美索不达米亚、印度河、黄河这三个城市文明发祥核心域出发展开叙述，进而理清伊斯兰教建筑、印度教建筑、佛教建筑的脉络，在近代以前占有统治地位的宗教建筑系谱。然后考察一下西欧列强所带来的西欧建筑风格的强大冲击。以东南亚为例，在其土著建筑文化的基础上，依次描述印度化、中国化、伊斯兰化、殖民地化的过程，并试图把这些高潮的前后作为大体的历史划分，从而勾勒出各个城市多层次的空间形象。

第三个前提是日本东洋建筑史学的积淀与框架。继而试图探寻"日本建筑"相对于"西洋建筑"的个性，探寻其起源，即东洋建筑史学成立的开端。在此探寻过程中，特别关注佛教建筑、都城、民居的起源。日本与亚洲地区的关系也是本书的一大主题。然而，除了通常较受关注的佛塔、大佛等之外，本书也将日本殖民地时期的城市规划与建筑作为问题提出。另外，东洋建筑史古迹调查对其后的保护规划带来了什么样的影响这一问题，也到了应该以反省的心态进行回顾的时代了。

总之，本书所关注的不是一个单一的体系，而是一个多元的城市与建筑文化系谱。让亚洲城市与建筑的多样性多层面地展现在读者面前。

01 “亚洲”与“欧洲”

1 日出之地

“亚洲”一词起源于“亚述”(Assyria)。在亚述的碑文上，asu与ereb(irib)相对应，即“日出之地”(东)和“日落之地”(西)，而后asu被讹传成asia(亚洲)。接着这两个词流传至古希腊，成为亚洲(Asia)和欧洲(Europa)，后来也被拉丁语中的Oriens或Orientem(意为升起的太阳，东)，和Occident-em(意为降落的太阳，西)的语义所继承。颇有兴味的是，亚洲与欧洲两词是成对出生的双生子。欧洲与亚洲的定义是密切相关的，这对于认识亚洲这一概念很有启迪。

欧洲原称欧罗巴洲(Europa)，把Europeaus=Christ(基督)教世界用于地域区划是15世纪，当时伊拉斯姆斯(Erasmus)首次使用了该词，而亚洲一词在很早以前就开始被使用。相对于欧罗巴洲，亚洲即

图0—1　麦卡托(Mercator)的亚洲图，1595年。麦卡托完成世界全域的世界地图帖的愿望，在其生前没有得以实现。他死后的第二年1595年由其儿子完成，以“atlas(地图集)”之名出版。把世界地图帖称为atlas也是从那个时候开始的。

指东方富饶之地，是惊奇的源泉。然而，亚洲一词的内容并非是固定不变的，其所指的空间领域是不断向东移动的。亚洲一直处于不安定的状态，历经兴盛衰亡，宽广而多样化。

2　曾经的蒙古帝国的版图

此外，亚洲＝军事空间。只要看一下“蒙古帝国”的版图就可以想像得到。经常被军事实力和武力统治的是亚洲空间。从欧洲的角度

图 0–2　阿伯拉罕·奥特吕（Abraham Ortelius）的亚洲图（东部），1608 年。奥特吕 1570 年以“地球的舞台”为题出刊发表了拉丁语版的世界地图帖。“地球的舞台”在出版后约 40 年间再版了四十几次，发行了 7 国语言版本。

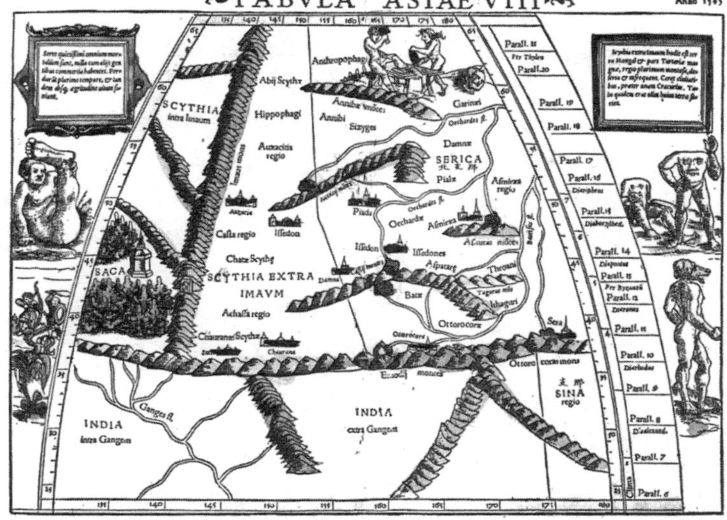

图 0–3　托勒密（Ptolemaios Klaudios）的亚洲Ⅷ（东部亚细亚）图，1545 年。托勒密是 2 世纪前半叶的地理学家，作为古典古代地理知识的集大成者而著名。其所著的世界图复原的基本资料《地理学》，在欧洲的 15 世纪初期的意大利得以复活。此图是 1545 年巴塞尔（Basel）版的东亚部分图。

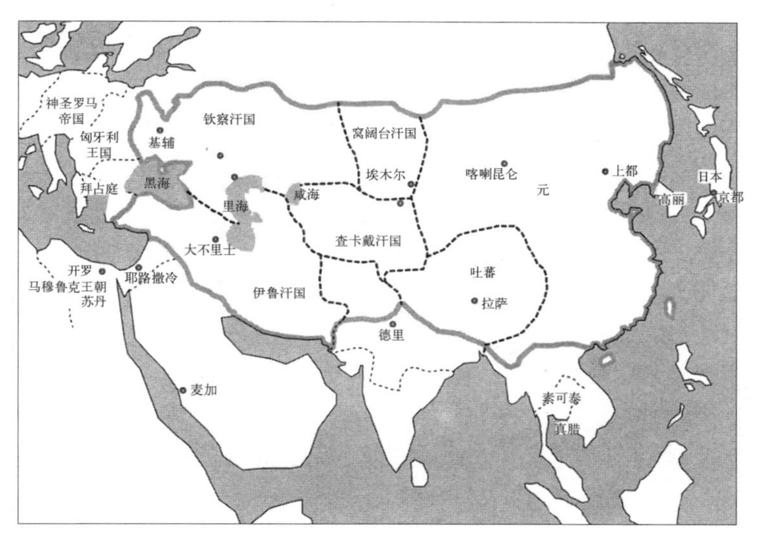

图 0–4　曾经的蒙古帝国的版图（13 世纪后半叶）

来看，可以认为“蒙古帝国”版图的消长属于亚洲范围。如今西欧世界出于军事定位而称呼的远东、东亚、东南亚、南亚、中东、近东地区，也是在其延长线上。一谈到亚洲，就会伴随着复杂的军事与政治的纠葛，并以此为依据。

3 东方主义（Orientalism）

进而，从亚洲的角度来看，“亚洲”是外界赋予的概念。生于巴勒斯坦的萨伊德完全用欧洲眼光，把对“亚洲”或“东洋”、“东方”概念的定义公之于众。在其著作《东方主义》（1978年）中，明确写出了欧洲人是怎样看待东方和东洋的。从而用欧洲视野描绘出了对东洋的印象，确定了东洋的形态，在历史上留下了重要一笔。萨伊德在定位“东方主义”为“相对于东方的欧洲思考方式”基础上，指出其基础是“东洋与西洋间存在的本质性差异，取决于存在论、认识论划分的思维”。因此，“东方主义”又被认为是“针对东方的、西方式的统治方式”。

图 0—5　詹森（Cornelius Jansen）的中国版图，1658年。1658年的拉丁语版《新地图帖》所刊登的图。在将朝鲜半岛南部和台湾岛扩画的同时，也表现出了琉球列岛往东的弯曲，东海海域的描绘也接近实况。但是，北海道没有画出来。

02 “亚细亚”与“东洋”

在近代日本，亚洲或者说亚细亚，究竟是一个什么样的概念呢？使用汉字表述“亚细亚”最初见于利玛窦（Matteo Ricci）绘制的《坤舆万国全图》（1602 年）。该图发行后不久也流传到日本，后改进为日本的世界地图。西川如见在《增补苹长通商考》（1708 年）中为“亚细亚”注上“アサイア”的假名。而在与西德琪（Giovanni Battista Sidotti）的对话为题材的《西洋记闻》（1715 年）中，新井白石选用了“アジア”的片假名标注。

1 “兴亚”与“脱亚”

明治时代以后的“亚细亚”并不是单纯表示一个地理领域，而是一个有政治色彩的词汇。抵抗欧美向亚洲殖民的“兴亚”潮流，和旨在走向欧美化的日本的“脱亚”潮流成为两大对立的潮流。“亚细亚”的

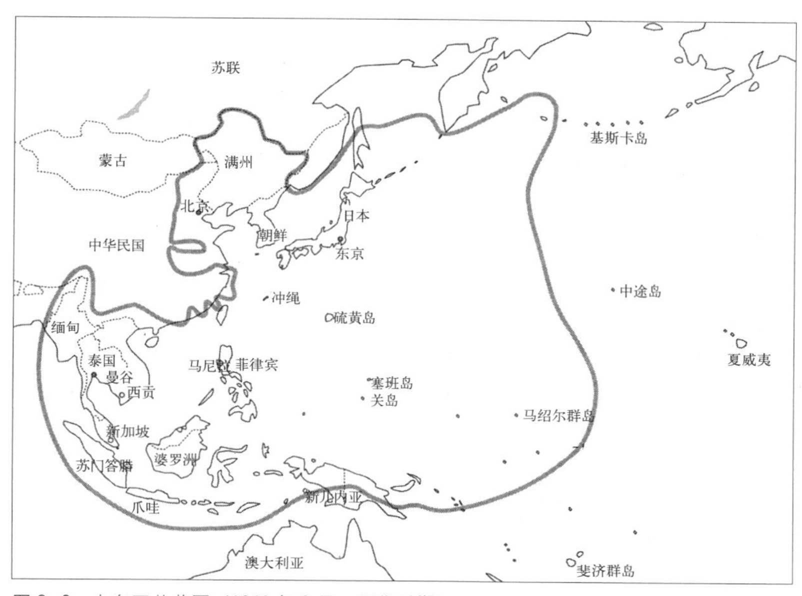

图 0–6　大东亚共荣圈（1942 年 8 月，侵华时期）

概念本身就以这种脉络被使用。另一方面，在明治时期，“Orient”和“East”被译为“东洋”。“东洋”作为包含与中国、印度文化共性的概念，与“亚细亚”在语感上有细微差异。如冈仓天心的《东洋的理想》(1903年)中的“东洋”一词就是如此。然而，不久这两个词就被所谓的“东亚”和“大东亚”的词汇吸收了。

2 亚洲主义

在第二次世界大战日本战败以前，近代日本的对外态度一贯是“亚洲主义”。联合中国等亚洲各国对抗西欧列强的压迫，把亚洲从压抑下解放出来就是亚洲主义；有意识，无意识地对列强侵入亚洲采取先发制人的姿态，在日本进入亚洲上发挥作用的是亚洲主义。“亚细亚”这个概念首先从与这种“亚洲主义”有着密不可分的关系上来把握是必要的。

亚洲主义的产生是极其单纯的，目的是联合中国和朝鲜，以确保落后国日本的独立。然而很快就与膨胀主义联系到一起，演变为唯有对外扩张，强化日本才能保卫日本独立的主张。此类主张形形色色，随着时代变迁而不断变化，在19世纪80年代，由于所谓中国、朝鲜的现代化发展停滞，有被列强瓜分的可能，出现了应该指导朝鲜、中国进行改革的“改革指导论”。日俄战争之后，亚洲主义不单要阻止列强新一轮的进入，还主张应当将已经入侵亚洲的列强势力驱逐出去。第一次世界大战期间，北一辉和德富苏峰鼓吹“亚洲门罗主义”，将解放亚洲的主张变为东亚日本霸权的要求，于是，亚洲主义露出了亚洲侵略意识的本性。“七·七事变”和“珍珠港事变”后打出的“东亚新秩序”、“东亚共同体”、“大东亚共荣圈”等旗号，实际上是为了掩盖日本侵略亚洲的事实，企图把亚洲统治合法化。

3 亚洲的生产方式

围绕“亚洲”概念，还必须提到围绕亚洲的生产方式的争论。马克思主义提出，生产方式作为“世界历史发展基本法则”，认为其发展阶段是一个普遍的过程，在先行于资本制生产的诸多形态中，亚洲的生产方式被视为最初级的阶段。围绕着这个定义，有原始共同体、古代奴隶制度、封建制度的亚洲变种等各种形态。总之，无论如何亚洲这一概念，还带有了停滞的、落后的语感色彩。于是“亚洲＝后进性”这一定式，与欧化主义互为表里。

03 “亚洲是一体”

1 伊东忠太

探讨近代日本建筑与亚洲的关系时，首先要提到的是伊东忠太(1867 ~ 1954 年)。这位走遍欧亚大陆，直面亚洲课题的巨人所做的工作值得全面参考。他是与关野贞(1868 ~ 1935 年)并驾齐驱的日本建筑史学的鼻祖，留下了大量以筑地本愿寺和平安神宫等寺庙建筑为中心的名作，是近代日本草创期著名的建筑大师，同时也是一位在探讨建筑存在方式上积极进言的著名建筑评论家。率先将从西洋移植来的“Achitecture”这一概念翻译成“建筑”的是伊东；为让建筑在日本定格，确定其方向性，提出全球观点的也是伊东。自《法隆寺建筑论》之后，他开始关注广阔的亚洲空间。

伊东忠太著有“亚洲是一体”的文章，是题为“东洋艺术的系统”论文中的一节。这是他在“启明会”主办的展览会上的演讲稿(1928 年)，依次阐明东洋艺术的各系统，在此基础上，写道:“今日方知冈仓先生在卷首所写的三个词意味之深远”。

图 0–7 筑地本愿寺，伊东忠太

图 0–8 平安神宫，伊东忠太

2 冈仓天心

伊东忠太所说的冈仓先生，指的是冈仓天心。卷首的三个词，即《东洋的理想》开头第一行的“Asia is one”。

他大胆地写道，“拥有孔子的共同主义(communism)的中国人，和拥有吠陀的个人主义的印度人，这

图 0–9　祇园阁，伊东忠太

两个强大的文明，仅相隔一座喜玛拉雅山，也不过是为了强调各自的特色”，实为大手笔。《东洋的理想》把作为“理想领域”的亚洲设定为东洋之后，从“日本的原始美术”，以下依次是“儒教——中国北部”，“老子教与道教——中国南部”，“佛教与印度美术”，“飞鸟时代——550 ~ 700 年”，“奈良时代——700 ~ 800 年”，一直写到“明治时代——1850 年~至今”。书中融入了东洋思想以及东洋文化、东洋美术相关的渊博知识，将“亚洲的理想历史”一气呵成。把日本看成是“亚洲文明博物馆”的冈仓，立体地描写出中国和印度两大文明交织在日本的史书。

在印度完成、1903 年在伦敦出版的英文版《*The Ideals Of The East*》(东方的理想)，经润色后获得再版，被拉基帕特 (Lajpat) 等印度爱国人士所传播。翻译成日文版问世是 1925 年,1943 年被收入岩波文库。其“国粹主义”和“亚洲主义”对昭和 10 年代 (1935 ~ 1944) 的日本产生了决定性影响。

3　多样性中的统一

谈到多样的亚洲是一体，不能不提到如今亚洲各国反复倡导的所谓“多样性中的统一”(Unity in Diversity) 的国民国家统合原理，如印度和印尼就一直在呼吁“多样性中的统一”。

冈仓天心主张的是“复杂中存在统一的亚洲特性”，说得通俗一点，即“东洋文化中本能的折中主义”。其根本是“不二一元论 (Advitism)”，存在的事物在外表上无论如何多样，但其实是一体的，换句话说，即所谓在一切片断的现象中皆存在发现真理的可能性，所有细部中存在着与整个宇宙关联的哲学。

伊东忠太在这一点上虽有些单纯，却是质朴的。

“综观今日从埃及到日本，以至琉球的艺术，说到底亚洲是一体的。无论其间有多少种变化，可以说是万紫千红，有各种不同的东西，似乎存在着一种贯通一体的精神。”

伊东忠太举出一个最经典的例子，即埃及克普特（Coptic/Copt，埃及基督教－译者注）的葛丝与法隆寺的中宫寺的天寿国曼陀罗类似。

“最典型的例子是，地理位置偏西的埃及出产的克普特葛丝，无论是图案还是色彩，凭我的直觉，与地理位置偏东的日本法隆寺一角的中宫寺的曼陀罗极为相似……虽然东西相隔几千里，却存在有相同性质的东西，实为奇迹……”

仅因一个类似例就可以直觉认为“亚洲是一体”，以圆柱收分线(entasis)、比例、纹样等片断性元素的相似性为基础进行争论的水平并不高超。不管举出多少相似的例子，也不能实证其文化传播。然而，如后所述，伊东忠太的视野更加多层次了。

4　法隆寺建筑论

冈仓天心与伊东忠太的交往，始于伊东忠太被委任为东京美术学校讲师（建筑装饰专业）时。1890年，年方29岁的冈仓天心担任了美术学校校长的要职。1898年，在政府决定“要将欧式方法更进一步地体现出来”后，他立刻辞去了校长一职。因为冈仓天心是一个坚定的亚洲主义和反欧化主义者。当时

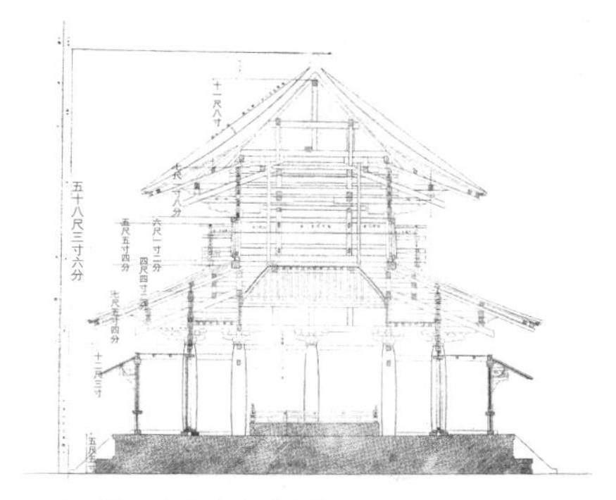

图 0–10　法隆寺金堂剖面图

欧化主义处于全盛势态，在岸田日出刀的《建筑学者　伊东忠太》中，将“庆应学生断然打破以食大米为主的陋习，津津有味吃起西洋餐”，“京都艺妓为招揽外国顾客学起英语”，主张“男女学生一起跳舞”，“文部省指出珠算的弱点而断然废除使用算盘”，讨论“用接吻和耶稣教来矫正社会”，“ 而如今世风日下”，“鹿鸣馆时代”等，都作为当时日本建筑研究的动机与背景记述下来。

伊东忠太所有工作的根源在于“法隆寺建筑论”。何为法隆寺？何为日本建筑（史）？已经不是小的设问。从早先引入的“建筑”概念，到让“建筑学”的“学”成立，把“美术”与“艺术”融为一科，以及“日本建筑”史体系的建立，这一切都与法隆寺有关。

04 寻根溯源法隆寺

1902 年 3 月到 1905 年 6 月，伊东忠太毅然决定开始横穿欧亚大陆之旅。这也受文部省指派，去中国、印度、土耳其留学。当时说到外国留学，一般都是去欧美，在那个时代为什么选择去亚洲呢？即便是众所周知法隆寺寺院建筑的形式是由百济传来的，但对百济的寺院建筑的真实面目并不十分清楚，此次旅行就是要在欧亚大陆上探寻佛教建筑的起源。

“只知道法隆寺的源头是百济，百济的起源在中国，但如果不实地调查百济和隋唐的建筑遗址，亲自去朝鲜半岛和中国大陆实地考察的话，很难把确定的东西进行学问性记述……考察的顺序先从最近的百济开始，百济的建筑也许是以中国为范本的，只是摈弃一些不被接受的糟粕而已，所以借此机会，走访其根据地中国大陆。然而，中国的佛教是从印度传入的，要探寻其

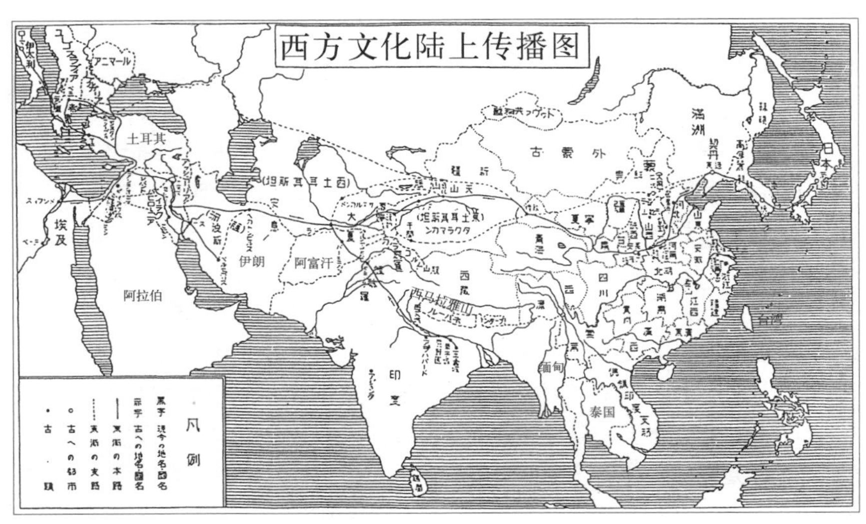

图 0–11　伊东忠太的文化传播图

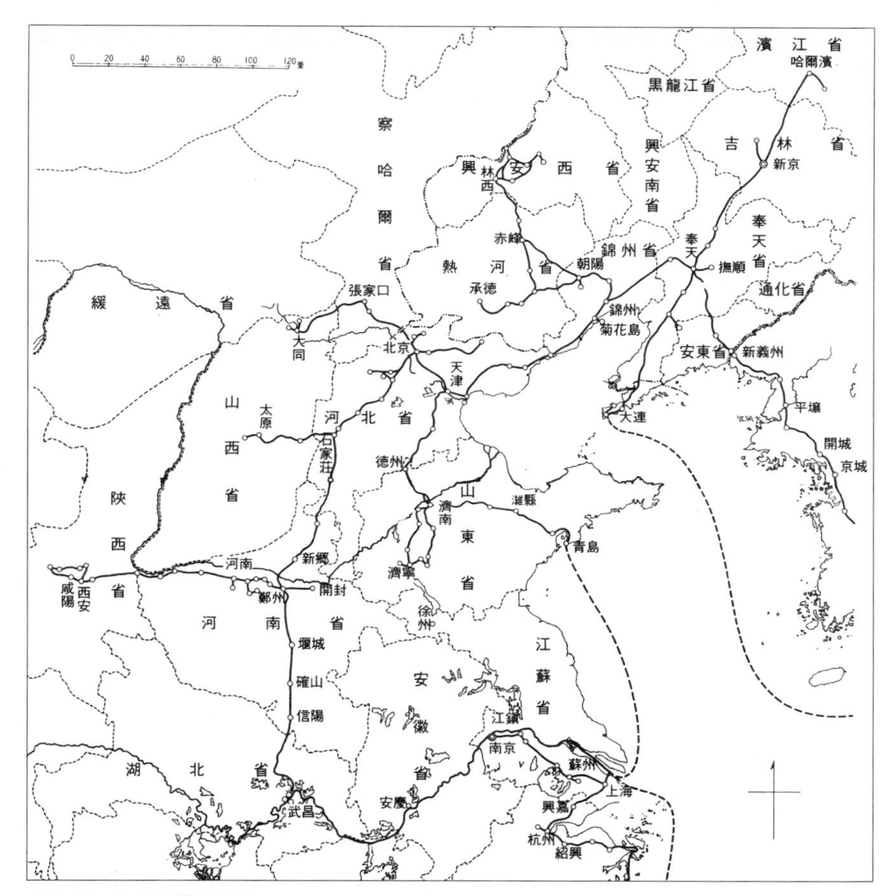

图 0–12　关野贞的行程图

佛教建筑的起源，踏勘的脚步必须向印度迈进。当时惟一被引入日本的建筑史书——J·佛古森（James Fergusson）所著的《建筑史》中记载有印度与西亚细亚在建筑上的交往，中国文献中也详细记述了汉、六朝、唐时期与西域各地的文化交往的频繁，所以迈向印度的脚步如果不伸向西亚细亚就不能说是完整的……‘那么就从中国开始经印度，至西亚，无一遗漏地踏勘吧。’”

伊东忠太尝试把法隆寺和帕提农神庙联系起来，把法隆寺的起源追溯到古希腊的古典建筑，勾勒出其传播路径。其程序可谓是波澜壮阔。然而伊东忠太只是穿过了欧亚大陆，同样的地方后来再也没有去过。虽然为朝鲜神宫建设去过朝鲜，但最后也未能对朝鲜建筑进行调查。似乎委托关野贞作精细研究了。

05 日本建筑的起源——东洋建筑史的开端

1 “日本建筑” “东洋建筑”

东洋建筑史学领域的建立，在概念和理论框架上支持对建筑的见解上有内在的联系。奠定“东洋建筑史”基石的先驱被公认为是伊东忠太和关野贞。后继者有藤岛亥次郎，村田治郎，竹岛卓一，饭田须贺斯……另一方面，“日本建筑史”的创始人也是伊东和关野二人。因此可以认为“东洋建筑史”和“日本建筑史”的建立是密切相关的，两者都是与“西洋建筑”相对立的概念。

在西方文明的强烈冲击而带来“建筑”概念之后，构筑能抗衡于“西洋建筑（史）”的“日本建筑（史）”成为主题。于是，不可避免地遇到“日本建筑”的起源和根据的问题。同样“东洋建筑”也出现了探寻“日本建筑”的起源与“东洋”间关系的问题。

如上所述，伊东忠太是非常容易被理解的人。他的学位论文是《法隆寺建筑论》（1898 年），将世界最古老的木结构建筑法隆寺作为与西洋建筑相匹敌的建筑来定位是其论文最大的动机。伊东试图寻找法隆寺与帕提农神庙相媲美的论据。虽有些见解稍显幼稚，如认为法隆寺柱子的隆起是来源于帕提农神庙的圆柱收分线。当然，不仅这些，法隆寺各部位的比例遵循黄金分割率等属于西洋美术史的体系是他的论点。此外，表明古希腊的建筑文化是通过犍陀罗传入古老日本的是他绘制的示意图。

当然，他最关注的是法隆寺的祖先，佛教建筑的起源。当初有一种假说认为传入日本的佛教建筑有两大体系，是中国汉魏时期吸收了西域风格的三韩式即推古式（从佛教的传入到天智天皇）和六朝时期吸收了西域风格的隋唐式即天智式。为证明此假说，伊东沿着示意图上的路线出国调研了 7 次。当时的建筑学者和技术人员都是去欧美学习西方先进技术。在这种形势下，伊东的形迹显得极为另类。

2 J· 佛克森

伊东忠太觉得当时的西欧建筑史学家十分轻蔑“日本建筑”和“东洋建筑”。当时主要参考的是弗莱彻尔（Banister Fletcher）所著的《建筑史》，其中论述“西洋以外建筑（非样式建筑）”的页数廖廖。伊东忠太反驳的是当时惟一的《东洋建筑》的概说J·佛克森的《印度及东洋建筑史》。他论述中国建筑的部分只有寥寥数页，且支离破碎，等同于古秘鲁、古墨西哥的看法是偏见。伊东认为应由对中国历史有较深理解的，懂得汉字的日本人来撰写“中国建筑史”以及“东洋建筑史” 。

3 云冈石窟和乐浪郡治址

“法隆寺建筑论”完成后，伊东忠太首先探访的是北京的紫禁城。正像当时片山东熊在《汉土大内里之制》（原文《漢土大内裏ノ制”》）中写的“本朝大内里制度是效仿唐代的大内里之制而建……也就是采用北京宫城的制度……”那样，在宫都制度上也要弄清日本的始祖，这种兴趣是普遍的。《东洋建筑史》的最初成果是经他详细实测而绘出的“清国北京紫禁城殿门的建筑”。接着第二年，伊东继续踏勘了北京的周边、山西、大同等中国北部地区，并发现了云冈石窟。

与此同时，关野贞的工作也开始了。1902年，关野最初前往的是朝鲜半岛。从京城开始历经开城、釜山等，1906年到达中国。1909年以后，每年都要到朝鲜半岛和中国进行调查，发现乐浪郡治遗址就是出于关野之手。

图0–13 云冈石窟，山西大同

就这样，伊东忠太和关野贞对东洋建筑最初的调查研究整理归纳的著作有：伊东忠太的《中国建筑史》（1927年），伊东忠太、关野贞、冢本靖的《中国建筑 上下》（1929～1932年），关野贞的《朝鲜古迹图谱》（1925～1927年）、《中国佛教史迹》（1925～1931年），《朝鲜美术史》(1941年）等。

4 村田治郎和藤岛亥次郎

沿着伊东忠太和关野贞的足迹，村田治郎和藤岛亥次郎行动开始了。前者就任于京城高等学校，后者就任于南满洲工业专门学校，这些日本殖民地的据点反映了当时的社会背景。“东洋建筑史”研究的展开和日本进入东洋圈不无关系。1929年，东方文化学院开设，以东京研究所（东京大学东洋文化研究所的前身）和京都研究所（京都大学人文科学研究所的前身）为基地展开了进一步的调查研究。

06 东洋艺术的体系

1 艺术波及的原则

伊东忠太和关野贞的调查研究并非只停留在朝鲜半岛和中国大陆，还涉足了印度、锡兰（斯里兰卡）。天沼俊一、村田治郎等也探访了印度。其中佛教建筑是关注的焦点。这其中拥有全球性视野的还是伊东忠太。

他将前文所述的"东洋艺术体系"用圆形和矩形的两张系统图表示出来。矩形系统图将地图（地理性的位置关系）模式化，而圆形系统图则用圆圈表示出邻近关系后，再用箭头标明其间的相互关系。颇有趣味的是他对地域的划分。圆形系统图中顺时针方向依次是日本、琉球、爪哇、暹罗（Siam，现泰国）、印度、回教波斯(Persia)、科普特(Coptic)、萨珊波斯、中亚、中国、朝鲜。矩形系统图中加入了后印度（指东南亚）、初期回教国、古代波斯、极西亚细亚、希腊、罗马、拜占庭，去掉了暹罗。所谓科普特，指的是原始基督教的分支埃及科普特教。

接着，为研究各地区间的关系，伊东提出了"艺术波及原则"这一前提。他使用"水纹的比喻"，即某种艺术一旦出现在某地，就像石头投入河中水面泛起的水纹一样向外扩散传播开来，越往远处波峰越低。途中还有可能遇到高山、沙漠的阻隔而中断。如果两个波碰撞后会怎样呢？可能会重合产生一个更高的波峰，也可能会相互抵消而破灭。基本上是

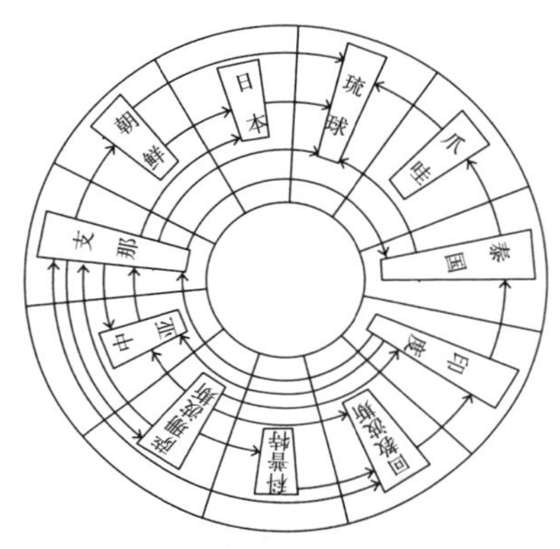

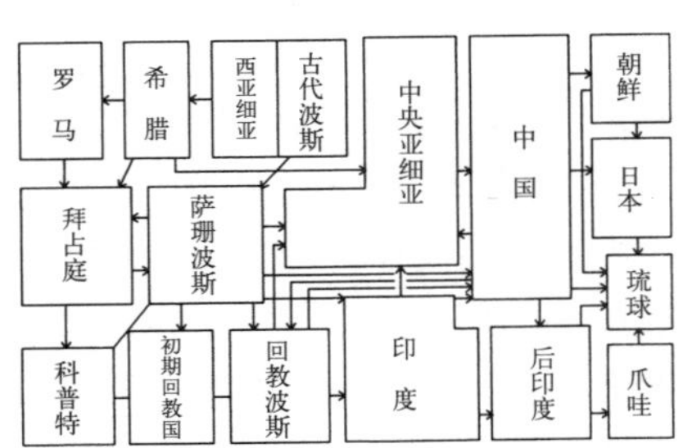

图 0–14　二叶的东洋艺术系统图（出自伊东忠太《东洋建筑系统图》）

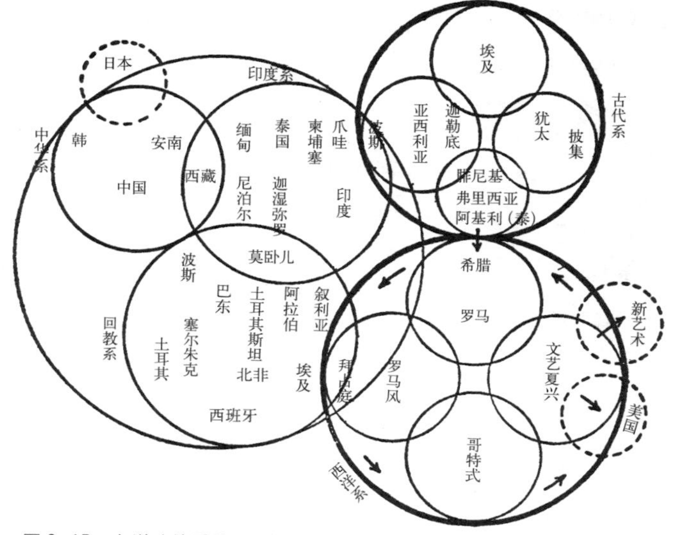

图 0–15　东洋建筑系统图（伊东忠太）

属于文化传播说。“艺术的父母是国土和国民”，“世界各地兴起的艺术不一而足也各不相同”的说法是有道理的，只是依土地与国民状态的不同在程度上有所差异，可以区分为高级和低级。强势艺术可跨越地域的界限，扩展其波纹。

对伊东而言，“从极西的埃及到极东的日本、琉球、朝鲜的艺术因何而起，其波动方式又是如何，是首当其冲的问题”。虽说科普特的纺织锦与法隆寺中宫寺的天寿国曼陀罗极其相似，便认为“亚洲是一体”的认识有些性急，但系统示意图本身显示出它们是多层叠合的。

2　美索不达米亚、印度、中国

首先被假设的是东洋艺术之波的起点。在亚洲大陆，东洋共有 3 个起点，体系分别是美索不达米亚文明的发祥地西亚、发源于辛德河和恒河流域的印度，以及发源于黄河和长江的中国这 3 个体系。也就是四大文明中的 3 个。对这 3 个体系的干涉波为希腊派、萨珊波斯和东罗马（拜占庭）派、回教派 3 个，主要以这 6 大波的重叠形式绘出系统图的是伊东的构图。

伊东根据该构图写出了鸿篇巨著，他的《东洋建筑史的研究　上下》论文中主要有：“中国建筑史”、“满洲的佛寺建筑”、“满洲文化与遗迹

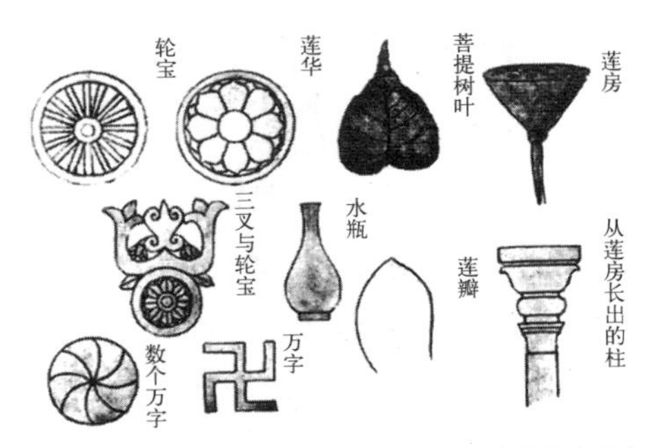

图 0–16 "印度建筑系细部中所表现的信仰表象"（出自伊东）

图 0–17 "浦洛布多尔雕刻中表现的佛塔和佛具类"（出自伊东）

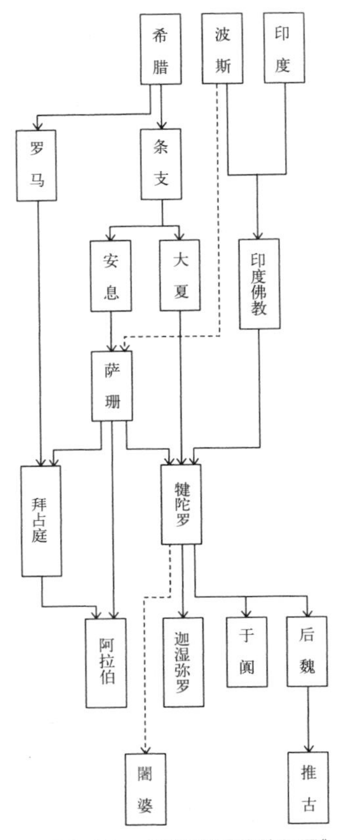

图 0–18 "犍陀罗建筑的起源"（出自伊东）

的历史考察"、"五台山"、"广东的回教建筑"、"中国的住宅"、"东洋建筑史概说"、"印度建筑史"、"法属印度支那"、"印度建筑与回教建筑的交往"、"犍陀罗地方的建筑"、"祇园精舍与吴哥窟"、"安南大磊（大罗、河内）古城发掘的古瓦"、"回教建筑"、"萨珊建筑"、"塔"。虽说论文中含有不确定的记述与猜测，但能有如此视野的建筑史家，伊东是空前绝后的。

07 东洋建筑体系史论

1 建筑的原型

继伊东之后，以东洋全方位视野记述的建筑史的书籍有村田治郎的《东洋建筑史》（1972年）。然而，此书只有I印度建筑史，II中国建筑史两部分。此后，应该说至今无人再写过东洋建筑史。

有意思的是村田治郎在著此书之前的学位论文就是《东洋建筑体系史论》（1931年）。与伊东忠太所不同的是，村田着眼于“反映民众的生活”、“住居”，试图将其进行系统化整理。他研究的范围不是“东洋”的整体，而是“中国及周边地区”，以“极东和东亚”为中心，从对建筑原型的兴趣出发，其叙述甚至波及到遥远的西亚。作为基础是文化传播说，强调历史地理学和文化地理学是很必要的。此外，利用中国的古文献也是一大武器。

村田首先论及的是“移动住宅”——“穹庐、毡帐”。穹庐即蒙古包，毡帐即帐篷。从各种类型和分布，探讨其起源和传播路径。接着探讨了“车上住宅”，例如毡车（车帐）、“车上穹庐”等随车移动的住宅，以及“圆锥形移动住宅”。他关注的焦点是建筑结构和建筑形态的移动式传播。最有意思的是对圆锥形帐篷、折线式圆锥形帐篷、包的关系和发展过程的推论。

村田还提出移动住宅的固定化问题，特别是着眼于蒙古包、圆形仓库等圆形建筑，还尝试将其与印度的窣塔婆（又名窣堵波），精舍的形态加以比较。该比较研究成为后来的围绕中国佛塔和佛教伽蓝起源讨论的基础。他推测佛塔原始形态的起源可能是“穹庐→固定穹庐→固定穹庐的墓→佛塔的覆钵”。另外这个考察也涉及到穹顶、拱顶的起源问题。

此后，他还进行了有关“叠木墙式建筑”、“角隅三角状叠涩顶棚”、“开口顶棚”、“高床式建筑”的考察。“叠木墙式建筑”就是将非梁柱结构的木材横向叠加做成墙壁的“井干式木屋”。正仓院就是以“井干式木屋”而著名，此类建筑传统在广阔的北亚也可找到。

2 穹顶的起源

“角隅三角状叠涩顶棚”在德语中称为Laternen Decke，而至今也没有一个固定的名称。是方形45°回转式顶棚的说明式的称呼。总体上说，是一种在正方形房屋搭建屋顶或天棚的手法，即将各边的中点顺次相接，在4角上逐个架设方条状木材。该手法也常见于中国建筑中的四周下卷顶棚。同时它也与穹顶和穹隅 pendentive 的产生有关。

在"开口顶棚"方面提出的问题是，平屋顶系谱，是在屋顶设出入口的建筑传统。"开口顶棚"从中亚到西伯利亚，在堪察加半岛（Kamchatka）的狭窄地区都有分布，与日本竖穴式住宅的关联值得探讨。此外围绕高床式建筑的讨论与上述讨论一样是广泛的，其结论再加上之后的发掘事例至今仍有研究的价值。这也是研究日本住宅传统极为重要的课题。

总的说来，村田把"东洋建筑体系"划分为帐篷系、穹庐系、圆锥形移动住宅系、叠木系、平屋顶系、高床系、竖穴系并进行了透彻的论述，以区分印度系、中国系、日本系、佛教印度中国·南洋系、朝鲜系等。

图0–19　"中世纪蒙古的毡车"（出自村田）

图0–20　"亚述的帐篷二态"（出自村田《东洋建筑系统史论》）

图0–21　"亚美尼亚建筑的天井架构"（出自村田《东阳建筑系统史论》）

3　世界建筑史

村田治郎在1973年著述的建筑学大系《东洋建筑史》序文中写道，作为"东洋建筑史"，应该论述"伊朗建筑史（从史前时代到伊斯兰建筑以前）"、"印度建筑史（从史前到中世纪，即伊斯兰建筑以前）"、"中国建筑史（从史前到近代）"、"西方建筑传入与普及的历史"等诸领域，但伊斯兰建筑未被编入《大系》之中。在日本建立了"西洋建筑史"和"日本建筑史"两大史，因为"西洋建筑史"推崇欧美的见解，将古埃及、古西南亚甚至古伊朗都包含了进去。

至少在村田治郎看来，世界建筑史囊括全部内容才是理想的。

I

乡土建筑的世界

亚洲各地有着丰富多彩的建筑传统。让我们看一下各地的传统住居以及乡土建筑的形态及其传播吧。所谓"乡土"(Vernacular)意为"本土特有的"、"风土的"或"地方话"、"方言"。是源于意为"扎根本土的"印欧语系"居住"的语言，在拉丁语中则含有"自家制"、"自家培育的"的意思。

从赤道附近的热带到北极圈的寒带，首先人们针对气候（气温、湿度、降雨量、风向/风量）采取的对策不同。此外，由于地形和地理位置（平原、盆地、丘陵、山地、森林、三角洲、海岸·河岸、水上）的差异，住居的形态也不同。气候和地形决定了植被的种类，因此建筑材料也有差异。使用木、竹、草等生物材料，石、土、冰等各地可用的材料，由于建筑材料不同，建造方法和建筑构造也不同。

仅凭自然的生态条件并不能决定一切。因为建筑是同人们的营生共同存在的，住居形态是社会、经济、文化经营的产物和表现；地形和气候决定了农耕、畜牧等地域的生计，生计不同，其所需的空间也不同，如游牧等移动生活就需要适合移动的形式。而一般来说，公共活动的设施，尤其是祭祀用的空间都需建造专门的建筑。这种建筑不仅有所谓遮风避雨的功能，而且多重视其造型的象征意义。

乡土建筑的世界就是涵盖了地域的自然、社会、文化、生态的世界。一方面，可以看到超越地域界限或整个地域共同的要素。地域间的交流，促使了建筑要素与技术的传播，具有高度技术的大文明会影响其周边地区。同时，商业网络也传递着各种各样的信息。例如，粮仓的形态随着稻作的传播而传入各地，装饰和样式通过建筑匠人和商人之手而得以传承。

乡土建筑与日本住居的关系是本章关注的一个重点。日本的住居形式，究竟是固有的，或是起源于何处，并受其影响而形成的，是否存在日本住居的原型？就日本而言，从北海道到冲绳，住居的形态各式各样。然而从亚洲整体来看，是有共性的，而且一般相邻地域间存在着相似性。

日本传统民居分为地床式的北方体系和高床式的南方体系。北方体系属于与古代竖穴式住居有渊源关系的平民住宅谱系，南方体系则塑造了高仓、神社、寝殿造建筑等贵族住宅的传统。日本的东北主要是受北方体系（或称作西方体系）的影响，而西南主要受南方体系的影响，这是一般的共识，然而北方也有高仓的传统。虽说梁柱构造是日本的主流，却也存在井干式木屋的传统。本章试图通过多层次的比较来探讨日本住宅的各种特性。

01 亚洲的传统住居

概观亚洲大陆的景观，大略可分为森林、沙漠、草原、田野、海洋5个区域。横穿大陆中部有沙漠和草原，北部和南部则森林密布，东西两端和南部是中国、欧洲、印度的田野。整个大陆被海洋所环绕。

沙漠基本上无人居住，间或有绿洲，发展成为交易的驿站村镇及绿洲城市。草原是进行畜牧、游牧民族活动的空间。亚寒带的北方林中针叶树茂盛，冬季十分寒冷，不宜常年居住。谷物的栽培也很困难，只能靠狩猎和畜牧为生。虽拥有南部热带多雨林丰富的资源，但也有病原菌和害虫等而不利于人类居住的因素。人类多居住在能够进行耕作的田野世界。

高谷好一在以上各类大景观划分的基础上，用生态、生计、社会、世界观的综合体——“世界单位”加以区别。这些单位是日本、东亚海域、蒙古、中国、大陆山地、泰国三角洲、东南亚海域、中国西藏、印度、印度洋海域、土耳其斯坦、波斯、叙利亚、伊拉克、土耳其。各个“世界单位”中不仅是对应一种住居和村落形式，

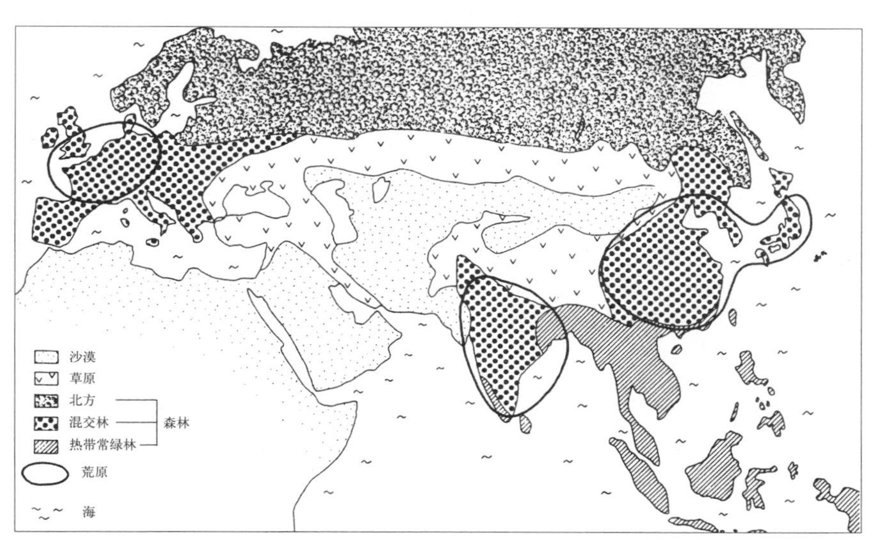

图1–1　从欧亚大陆看5个生态区（出自高谷）

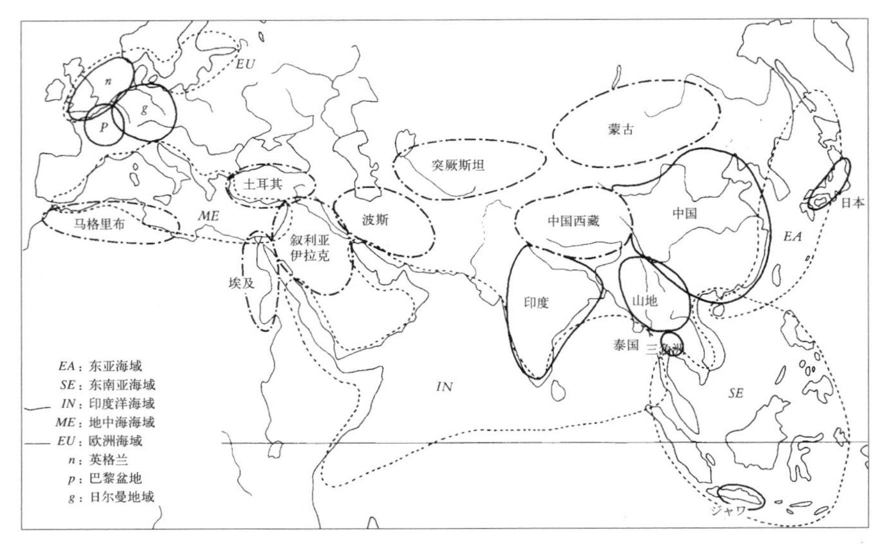

图 1–2　欧亚大陆代表性的"世界单位"（出自高谷）

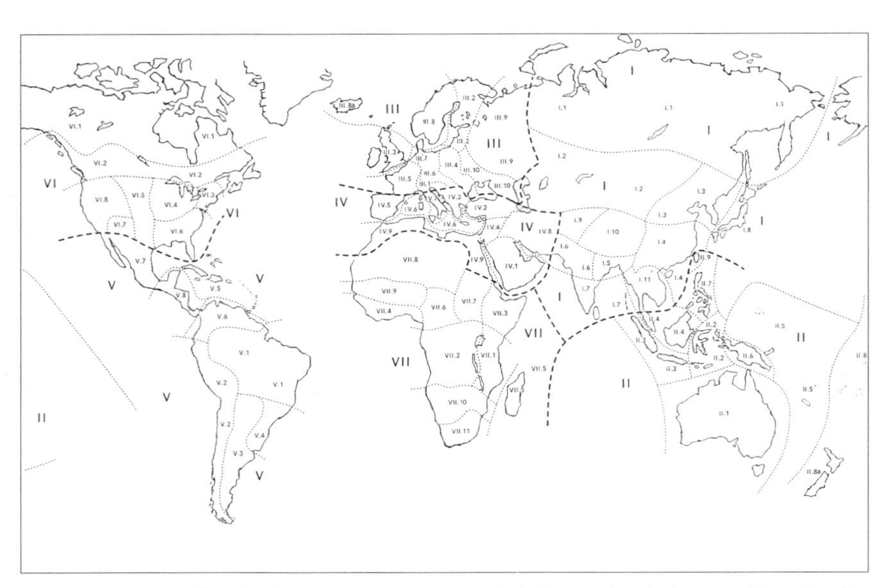

图 1–3　P・Oliver 的地域分布图　Ⅰ：东・中亚，Ⅱ：澳大利亚・欧亚大陆，Ⅲ：欧洲・俄罗斯，Ⅳ：地中海・南西亚，Ⅴ：拉丁美洲，Ⅵ：北非、美，Ⅶ：撒哈拉以南非洲

住宅与村落形式是由更加狭小地域的生态决定的。然而，概观亚洲大陆，还需要进行某种适当的划分，姑且把依据注重社会文化生态力学的“世界单位”论的划分作为一个基础。

保罗·奥立佛(Paul Oliver)编写的《世界乡土建筑百科事典(EVAW)》(1997年)全3卷也值得参考。EVAW的分类如下：西伯利亚－极东(Ⅰ.1)，中亚－蒙古(Ⅰ.2)，北印度－东北印度－孟加拉国(Ⅰ.5)，西北印度－印度河(Ⅰ.6)，南印度－斯里兰卡(Ⅰ.7)，日本(Ⅰ.8)，克什米尔－西喜马拉雅(Ⅰ.9)，尼泊尔－东喜马拉雅(Ⅰ.10)，泰国－东南亚(Ⅰ.11)，东印尼(II.2)，西印尼(Ⅱ.3)，马来西亚－婆罗洲岛(Ⅱ.4)，美拉尼西亚－密克罗尼西亚(Ⅱ.5)，新几内亚(Ⅱ.6)，菲律宾(Ⅱ.7)，阿拉伯半岛(Ⅳ.1)，小亚细亚－南高加索(Ⅳ.2)，东地中海－利凡德地区(Ⅳ.4)，美索不达米亚高原(Ⅳ.8)。

1 北方森林的世界

面临北极海有平坦冻土地带亚寒带林连绵不断。西伯利亚山脉和乌拉尔山脉间是广阔的泰加森林，鄂毕河、叶尼塞河流域就发育于此。在该地域生活有30多个民族。散落着传统村落，住居和村落的形态也各式各样。正像在叶尼塞河流域饲养驯鹿，在贝加尔湖周边放牧羊群的鄂温克族那样，即使是同一民族也有不同的职业。大致来分，职业有在苔原放牧驯鹿的，在泰加森林半定居狩猎的，在山区半定居游牧的，在沿岸地区定居的渔业，在草原上放羊、放马的。

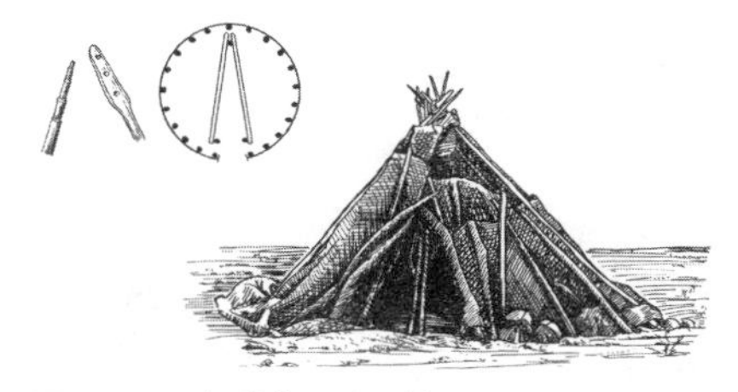

图1－4 恩加纳萨尼的圆锥形住宅，西伯利亚

在居住形态上基于生态可分五种：驯鹿牧民的帐篷、牧民的帐篷、半猎半渔半定居者季节性住居(春，夏，秋，冬)、半定居半猎半渔民的冬季固定住居、定居型渔民、海猎师、农民的常设住居。

住宅大体可分为帐篷(毡包蒙古勒格日，蒙古包)形(布里亚特族[Buryat]，楚克其族[Chukchee]，拖布尼安[Tvinian]族……)、圆锥形(鄂温克族，恩加纳萨尼[Nganasan]族，雅库特族……)等。帐篷和四角锥台形土房，塞尔库普的半地下住居，乌地吉(Udege)的坡屋顶梁柱构造，这些都是利用当地有限的材料建造的朴素而原始的形态。此外，东欧至北欧一般较常见的是所谓圆木长屋，是累木墙建筑；像奇昂帝(Chianti)高床井干那种井干式木屋的传统存在于北方。

图 1–5　卡帕多奇亚的地下住居，土耳其

2　草原的世界

草原以游牧为生，其中最重要的是称为五畜的“马、牛、骆驼、绵羊、山羊”。牛的奶、肉、皮都可以利用；绵羊和山羊则不仅可以食用，其毛皮也可以做毡子；骆驼和马是不可缺少的交通工具。历来统治草原的都是马背民族，如匈奴、柔然、突厥、维吾尔、蒙古等，草原马背民族从蒙古帝国至元代达到顶峰。

说到蒙古住居，就是蒙古包。蒙古包在哈萨克斯坦、乌兹别克斯坦、土耳其斯坦等中亚地区常见。在蒙古人民共和国，现在还有十分之一的人住在蒙古包中，在乌兰巴托的大商店中甚至还可买到统一格式的蒙古包。

中亚的中央是塔克拉玛干沙漠、戈壁沙漠等广袤沙漠，沿着古时的丝绸之路一直延伸到西亚。阿富汗北部的塔伊玛尼（Taimani）族也使用帐篷。安那托利亚的库尔德人，即 11 ~ 14 世纪迁移到中亚的土耳其游牧民族，在夏天和举行仪式时也使用帐篷。提到库尔德人，卡帕多奇亚的窑洞住居，地下城市为人所知。最初居住在这里的是早期的基督教徒，为防御阿拉伯人和波斯的入侵而建的地下城市，能容纳 2000 多人。作为能够应对盛夏高温和严冬寒冷的住居形态而存续下来。

游牧民族的住居大都是帐篷。在草原上，帐篷是最为常见的住居，贝多因族一般住在“羊毛的家”（帐篷）中，约旦的杜鲁马族也是黑帐篷住居。此外，住居采用帐篷形式的还有居住在巴基斯坦、阿富汗、伊朗三国国境地带的巴洛齐（Balouch）族，阿富汗西南部的普什图族（Pashtun）等。

平原、丘陵、草原以及沙漠、绿洲中的居住形态千姿百态。维吾尔族以吐鲁番、乌鲁木齐为中心居住，用土坯搭建的中庭式住宅是其典型。

藏族分农民和游牧民两类。拥有大昭寺和布达拉宫的巡礼城市拉萨，其城市住宅也十分发达。

3　沙漠的世界

沙漠的绿洲很早就有人居住，古代文明基本上是以绿洲为据点而孕育的，如美索不达米亚、埃及、印度河、黄河都绽放了文明之花。之后，伊斯兰世界将文明的网络连接起来。绿洲的农业基本是灌溉农业，坎儿井（暗渠）灌溉、堤灌溉等技术形态

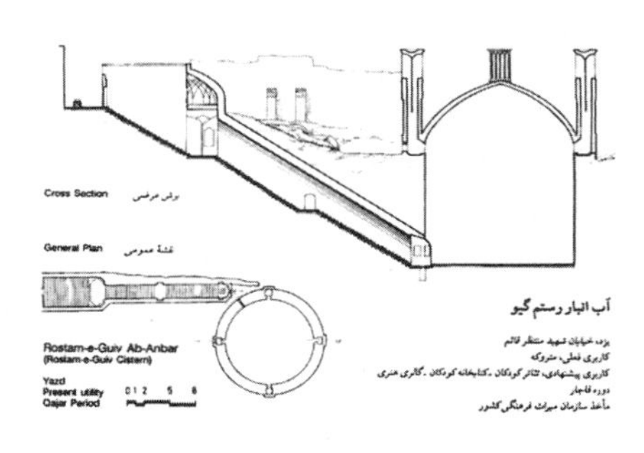

图 1–7　玛当族住居的架构，伊拉克

图 1–6　冰室，伊朗

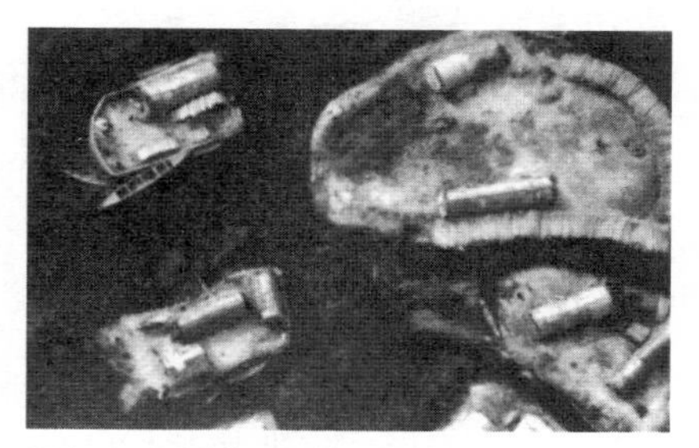

图 1–8　漂浮在河上的玛当族住居

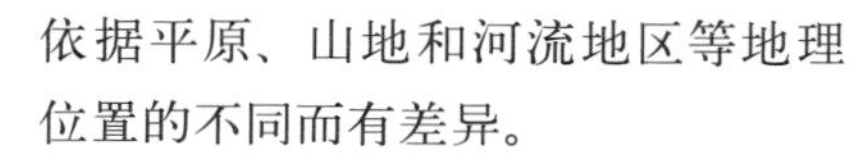

依据平原、山地和河流地区等地理位置的不同而有差异。

从美索不达米亚到伊朗高原常见的是土坯搭建的中庭式住宅。在巴格达、伊斯法罕、喀什，亚兹德（Yazd）等城市至今还能看到这种住宅。饶有趣味的是被称作亚布奇卢（yakhchal）的冰室，名为巴德吉鲁（badgir）的风塔。

西亚的住宅形态也很丰富。伊朗北部吉兰（Gilan）省有适应湿润气候的四坡顶（庑殿顶）、正面设有阳台的传统住宅；伊朗北部的库德地方帐篷住居十分普遍，其构造是柱距约两米，再用绳索将山羊毛毡撑开，库尔德人居住在土坯砖搭建的平屋顶中庭住宅中。非常奇特的住居有居住在两河流域（美索不达米亚）湿润地带的玛当（Madan）族用芦苇编成的圆筒形住居。

阿拉伯半岛居住的主要民族是阿拉伯人和游牧的贝多因人。建筑的形式分海岸地区和内陆地区，内陆地区是烧砖建造的房屋，应对炎热的厚墙、小开洞是其特征。

也门的高层住宅也很有意思。西部山地贾巴尔（Jabar）地区可以看到多层的塔式住居，下层只设通风口和用于供饲养家畜的仓库，二层以上是生活空间，屋顶是凉台，有通向下层的天窗。也门东部沙漠的缓坡——马什里克（Mashriq）（译者注：Mashriq 在阿拉伯语中意为“东方”）地区也有同样的塔式住宅。其

图 1–9　萨那的高层住居群，也门

古老的首都萨那有 7 ~ 8 层的高层住居，都是石造、砖造或两者并用。

4　田野的世界

亚洲大陆的田野世界具体是指以黄河流域、长江流域为中心的中华文明世界，以及以印度的印度河流域、恒河流域为中心的印度世界。两者都具有丰富的生态多样性，包含有草原、沙漠等要素。然而，这些地区依靠汉字和儒教，印度教与世袭制度在文化上维持了统一世界。两者都很早就进行农耕，古代城市文明发达，农田广布，人口大量集聚。

中华文明世界大体可分为草原游牧民，沙漠中的商人，靠黄土为生的农民，森林中的火耕农民，以及靠海为生的渔民。他们的居住形态各不相同，但大致可以看出南北差异。北方住居的墙厚、开口部位少，平房居多；而南方则多为外露的木构件，墙上抹灰，开口较大且多为两层。北方以砖、土坯、版筑结构居多；南方则多为木结构，吊脚楼和干阑式较为常见。

中华文明世界最有代表性的传统民居是四合院（三合院）式的院落式住宅，也是以北京为代表的华北地区的典型城市住宅。这类住宅随着时代和地域的变化会有一些改变，一般由四面房屋围合的庭院称“院子”，北侧的堂屋称“正房”，东西侧屋称“厢房”，南边的房子称“倒座”。四合院南北方向相连，被称为一进、两进、三进。四合院的分布从河北省至山西省。在吉林、陕西、山东、河南、江苏、福建分布有带天井的小内院住宅，四川、广东、云南等也广泛分布。

黄河流域最有特色的住宅形态是窑洞。有靠崖式（沿崖壁开凿洞穴）和下沉式（直接从地面往地下开凿的带中庭的洞穴）两种，平面布局与四合院类似。

南方还有一些比较特殊的城市住宅类型。如昆明周边的“一颗印”和广州的“竹筒楼”等。在南方最有意思的是客家的民居，多为集合居住的圆形、方形的多层土楼。此外，云南山间的苗族、傣族、侗族等少数民族也保持着各式各样的木造住居的传统。

印度世界，在生态上主要分为德干高原，印度河干燥谷，恒河湿润谷，东部丘陵，西部多雨林带，北部山地。

印度城市较为常见的是中庭式住居。北印度，西印度的哈维利（Haveli）很有名。以古吉拉特邦，拉贾斯坦邦为中心分布。南印度的城市住宅传统薄弱。在城市型住居的意义上较有特色的是尼泊尔、加德满都盆地的廓尔喀人的住宅，以被称作巴哈巴比（baha-bahi）的中庭式住宅为基础形成了街区。此外，3～4层的集合住宅形式也较早地发展起来。

恒河流域最有特色的要属马摩斯多拉族（Namosūdra，孟加拉国）的住居，屋脊与东南亚常见的鞍形屋顶相反，中央部分呈突起的圆弧状的曲线。在孟加拉地区班古拉县的寺院建筑中也可以看到这种屋顶。印度河流域的特色村落景观是沓塔（Tatta）地区（巴基斯坦南部）的风塔，此风塔被称为麻孚（Mangh），能起到引入冷风的作用。德干高原住宅的特征是带有封闭中庭，根据主人身份其构造和规模不同。身份低的一般是住在土墙加茅草屋顶，两室左右的独立住居。拥有共用墙的平屋顶盒子式住居是普遍形式。而富裕阶层住的则是分栋形式的石造房屋。

图 1-10　巴丹的巴哈巴比，加德满都盆地

图 1-11　马摩斯多拉族的住居，孟加拉国

图 1-12　沓塔的风塔（麻孚）、巴基斯坦

5　热带林的世界

热带林中最典型的是东南亚的热带雨林，乔木与灌木树种繁多，常年高温潮湿、微生物繁生，不宜居住。在热带雨林中生活要靠采摘和狩猎，培植根菜，烧田耕作，以及种植水稻。因此雨林世界中拥有多样的住居形态。最显著的特征是大型的高床式（房间地面较高）住居。

图 1–13　尼亚斯岛的住居，印尼

图 1–15　西伊利安的住居，印尼

图 1–14　帝汶的圆形住居，印尼

图 1–16　湄南河的船上住居，泰国

木材资源丰富，温湿热带的气候是高床式住居产生的共同背景。

从屋顶形态上看，屋顶端部上翘的鞍形屋顶（或称船形屋顶）的住宅在岛屿地区最为常见。桑巴岛、弗洛里斯岛，以及爪哇岛、马都拉岛等可以看到中部突起的屋顶形态。此外也不乏圆形和椭圆形住居，零星分布于自苏门答腊西部的尼亚斯岛、沿大小巽他列岛，到西伊里安（Irian）地区。印度洋的尼可巴岛和安达曼岛也分布有圆形住宅。

泰国的山地区，有各种用树叶葺的小屋顶的少数民族民居。山下的平野，能看到很多开间小的山形屋顶的高床式小屋成排建造，这是在三角洲上有人居住以后建造的，所以作为传统是很新的。还有湄南河的水上住宅，马来半岛以南有所谓的马来屋（译者注：马来人居住的高脚屋），都属四坡顶的高床形态，在装饰上可以看出中国的影响。

图 1–17　吕宋岛山岳地区的高床住居，菲律宾

6　海的世界

虽说水上住宅或者说船上住宅的居住形式并不稀奇，但一般海的世界是不能作为人类的居住空间的，是代表漂海一族的渔民世界。海自古以来就拥有丰富的资源，支撑着交易的网络，海的世界以及与其连接的交易据点与大陆世界同样重要。在考虑世界史交易圈时，亚洲大陆被东亚海域世界、东南亚海域世界、印度洋海域世界、地中海世界所包围，与海洋息息相生。

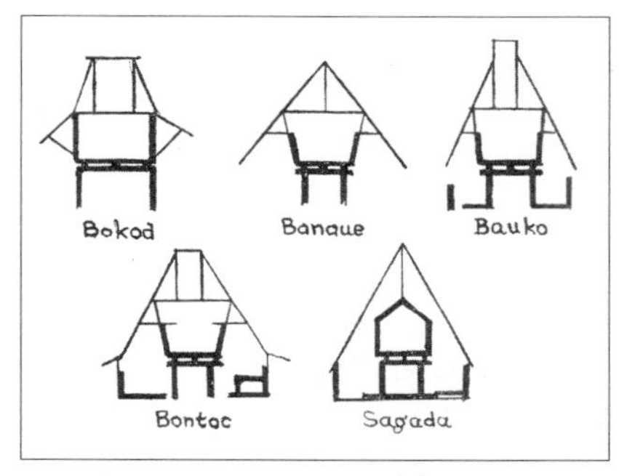

图 1–18　吕宋岛山岳地区的高床住居　大量分布有小规模的仓型住居

建筑的式样与技术也通过海洋世界得以传播。菲律宾吕宋岛山地的伊富高族的民居等，就有和日本西南诸岛的高床式住居相同的建筑构造。很明显两者之间有直接的联系，高床式建筑的传统更加广泛传播，而支撑此建筑传统的海洋世界就是南岛世界。

图 1–19　奄美大岛的高仓

02 南岛世界——日本建筑的原型

1　北方体系与南方体系

日本传统民居分北方体系与南方体系两种。一般认为，南方的高床式住宅、高床式仓库与神社和贵族住宅（寝殿造、书院造）的传统有关，北方体系的地床（素土地面）住宅来源于从竖穴式住居演变而来的民居。前者主要从西南日本、后者则从东北日本传来，从而使日本民居具有了地域性。这样的看法虽没有原则错误，但并不准确。比如北方其实也有高床式住宅。即便同样是高床式，正仓院的井干式属北方体系，伊势神宫则属南方体系，日本民居的传统需要进行更详细的探寻。

日本传统民居的特征首先是木结构。中国和朝鲜半岛民居的木结构传统也很浓厚，且与砖瓦并用，可以说东南亚是木结构文化。因为赤道附近海拔高的地方也生长针叶树，能采集到建筑用木材的地方就能绽开木结构文化之花的说法是有道理的。

图 1–20　米南加保族的住居，苏门答腊，印尼

印度教和佛教的纪念碑式建筑多为石结构或砖结构，但住宅却一般用生物材料来制造。可以与东欧、北欧、日本并列称为木结构建筑宝库的是东南亚。日本的住宅确实与东南亚世界有着紧密的关系。

纵观东南亚的民居最引人注目的是山墙封檐板屋顶，或称船形屋顶、鞍形屋顶的形态，屋脊反翘，两端从山墙大幅度出挑。当然还有人字形、四面坡、方形、圆形等各种屋顶形态，但船形屋顶的形态是东南亚建筑的代表。苏门答腊岛的北部的巴塔库族（Batak）的住宅，西部的米南加保族（Minangkabau）的住宅以及西里伯斯岛（Celebes，如今改称苏拉威西岛）的托拉嘉族（toraja）的住宅是其代表例。此外在大陆的景颇族，在岛屿的帕劳（Palau）等地也可以见到。如果说对东南亚住宅有共同印象，是由于船形屋顶的存在。

2　东山铜鼓

东南亚除了越南以外，首先受到印度化潮流的影响，而后是伊斯兰化潮流；其基层文化是土著文化与印度文化、印度教文化的混合，并一直受到中国文明的影响；考虑住宅传统时决不能忽视西方列强殖民地化的长久历史。因此要回答乡土建筑的形态究竟是什么并非易事，但是有些线索让人感到很早以前各地住宅与如今住宅形态是一样的，而且东南亚住宅可能拥有共同的起源和传统。

一条线索是名为东山铜鼓的青铜鼓的表面绘制的住宅纹样。此外还有吴哥通王城（又叫大吴哥）和婆罗浮屠寺墙上所绘的住宅图案，以及中国云南、石寨山等发掘的住宅模型和贮贝器等。20世纪50年代后半期在石寨山发掘了前汉时代的墓葬群，出土了为数很多的住宅铜器和住宅纹样，从而为寻找住宅原型提供了宝贵线索。

把这些住宅图像放在一起，可以发现石寨山的住宅模型和贮贝器上的住宅模型，与米南加保族的住宅如出一辙。东山铜鼓上描绘的住宅纹样也是相同的。表明鞍形屋顶的形态在很早以前的东南亚就存在。同时也说明很久以前高床式住宅就已十分普遍。

在印尼各地也发现有东山铜鼓。

图1–21　东山铜鼓上所绘的住宅纹样

图1–22　东山铜鼓

图1–23　贮贝器

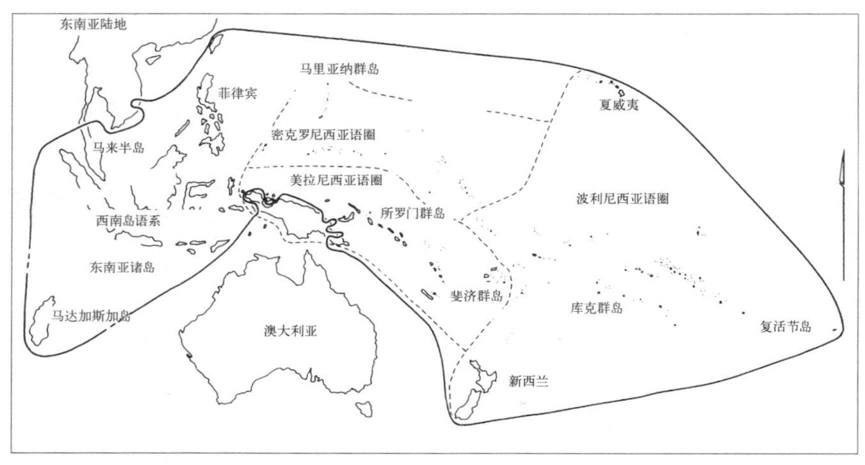

图 1—24 南岛语族的分布范围（出自 R. Waterson）

雅加达国家博物馆有一个房间就全部陈列着东山铜鼓。当然铜鼓上并不都有住宅纹样。小巽他诸岛之一的松巴哇岛附近的桑格安（Sangeang）发现的铜鼓上的住宅纹样是高床式，柱础上装有防鼠的装置，架空的一层地板下有动物。屋顶有山墙饰，绘有脊瓜柱的阁楼放置什物家具。

桑格安青铜鼓上的住宅纹样与云南石寨山前汉墓出土的雕铸模像极为相似。谁都会觉得中国南部与东南亚有着直接联系。不可思议的是，在迄今发掘的中国的少数民族聚居地域还没有发现铜鼓和贮贝器上所表现的住宅图像。

3 南岛语族

在东南亚诸岛广泛使用的诸语言，语言学者称为南岛语言，构成了世界最大的语族。从最西端的马达加斯加到最东端的复活节岛，其范围达地球半周以上，遍及整个东南亚诸岛、密克罗尼西亚、波利尼西亚，以及马来半岛的一部分、南越南、台湾直到新几内亚岛的海岸部分等。如此庞大地域的诸语言在语言学上被称为原南岛语，至少可以上溯到6000年前就已存在的语言。语言学的足迹与自然人类学、考古学的分析结果非常一致，印证了新石器时代东南亚海域初期移居的情况。

图 1–25　布农族的住居，台湾

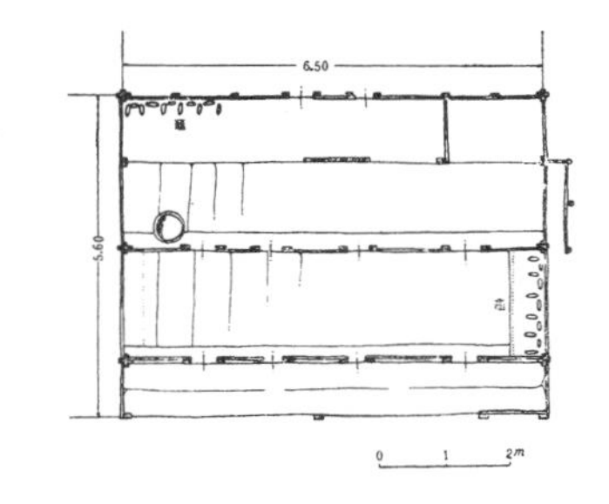

图 1–27　雅美族的住居（平面和断面图）

图 1–26　雅美族的住居，台湾

根据南岛语系词汇的分布复原结果，得知人们的各种生活方式。如住宅是高床式，使用梯子进入室内；屋脊的存在可以推断是山形屋顶，呈倒拱状的由木材和竹子围合的，屋面铺装西谷椰子树叶，炉灶是在地板上搭起一个支撑壶和柴的架子等，都是从这些词汇中得到的信息。

泰国考古学资料也印证了新石器时代高床式住宅的发达。泰国西部发现有从 3000 多年前至 2000 多年前的土器群，被称为班高（Ban Kao）文化。据说语言学家白保罗（Paul Benedict）复原高床式住宅是与南岛语族，尤其是与以下的语族分支马来–波利尼西亚语族有着紧密的联系。

一般认为南岛语族的源头在中国南部或印尼，但是没有结论，也有学者提出在台湾寻找其源头的。

column 1　水牛与船——山墙饰

东南亚建筑经常能看到交叉的角状山墙饰。此类山墙饰，与布吉斯和马来的例子一样，是椽子的延长部分，多为简素的造型，有的施以精致的雕刻。这种山墙面端部的装饰构件名称多来自“角”这一单词。

东北印度的那加族，泰国北部、苏门答腊的巴塔克族，还有很早以前的西里伯斯岛中央地区等，角都是指水牛的角。巴塔克－卡洛（Batak Karo），巴塔克－西马伦根（Batak Simalungun），巴塔克－曼代林（Batak Mandailing）等住宅屋脊上有极其具象的水牛角雕刻。

西弗洛里斯的芒加赖华和罗的岛，西里伯斯岛中央地区的婆娑等地，主要雕刻鸟和NAGA神龙（东南亚宇宙观中支配地下世界的神话海蛇，龙）的形象。此外也有模仿剪子打开形状的马来住居的装饰。

选择牛角作为母题，反映了东南亚社会普遍认为水牛是十分重要的，这一点是毋庸置疑的。有一种说法认为牛角是打仗时的主要武器，用牛角作装饰具有守卫家园的象征性意义。一般拥有水牛数量的多少也是衡量家庭富裕的标准，水牛每每是祭祀仪式上最好的贡品。越富裕的家庭其牛角饰物越精美，这种装饰要素有着隐喻家庭的社会地位和身份的作用。只有贵族的重要建筑物才会使用精美雕刻的装饰是各地的普遍现象。

还有一种说法认为水牛是供神的活供品，是联系天上与人间的桥梁。人们相信死者会乘坐水牛升往天堂的。

在日本，只有宫殿和伊势神宫、出云大社等神社才允许有交叉状的角饰，即千木（译者注：神社或宫殿屋脊交叉长木）装饰。据说日本的千木和鲣木（译者注：神社或宫殿屋脊上的装饰用圆木）的始祖是在泰国的山间。究竟是否确切，不得而知。.

在山墙的端部还有象征船头、船尾的装饰。东南亚各地零星分布的长屋，其屋脊端部配有气势宏大的脊饰。另有鞍形屋顶是船的象征的说法。

弗洛库拉黑（Vroklage）在其所著《东南亚与南太平洋巨石文化之船》中提到，端部尖角的曲线屋顶（鞍形屋顶）象征着向印尼群岛传播其文化的使者所乘坐的船。他把这种屋顶形式叫“船形屋顶”，还引用了很多事例加以说明。即人们用船来比喻住宅和村落，住居和村落的各部位名称代之为船的相关名词。如村长和其他地位高的人被喻作“船长”或“舵手”，而且相信死者的魂会乘船驶向来世。还有放置遗体用船形棺材，或把名为“船”的石制骨灰罐放入墓中埋葬，在印尼社会这样的事例很多。

后来他提出的意为“桅杆”的词汇，原义只不过表示“柱子”，不一定与船的相关词汇有关。当然也存在没有以船为象征物的地区。只是船的母题散见于东南亚各地确是事实。

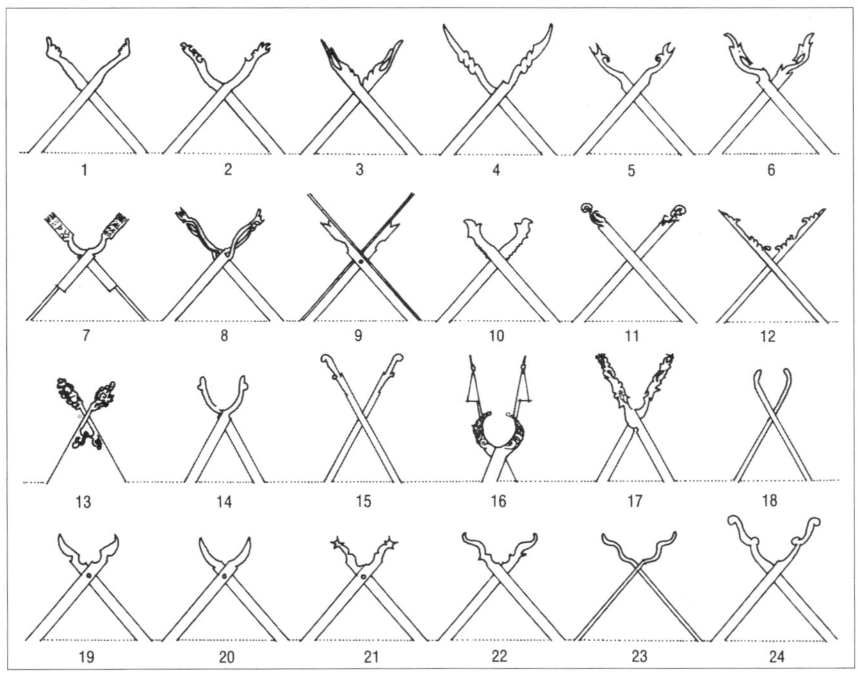

图 1–28　从大量资料中整理出来的东南亚的山墙侧的角状装饰 1 ~ 6：加里曼丹，7：中央苏拉威西，8：东南苏拉威西，9、10：南苏拉威西，11：弗洛里斯岛，12：新加坡，13：廖省（Riau），14：西苏门答腊，15：西爪哇，16：丹尼巴（Tanimbar），17、18：罗的岛，19 ~ 22：老挝，23：泰国，24：柬埔寨（出自 R · Waterson）

03 原始入母屋造（歇山屋顶）——结构发展论

为什么假设南岛世界广大领域存在着共同的建筑文化，围绕这一问题，还有一个有力的证据。即木结构的构造原理。用木材组合空间的方法不是无限的。为了承受荷载和抵抗风压，柱子、梁的宽度、长度必须有一定的限制。此外，在架构方法和组合方式上也有制约。历史上反复试错的结果，产生了若干个构造方式。

1 房屋纹镜

了解日本古代住宅形态的一个重要线索是房屋纹镜。还有铜铎（细长的铃状青铜制品，译者注）描绘的房屋纹饰以及家型埴轮（译者注：日本古坟顶部和坟丘四周排列的素工陶器的总称）。房屋纹镜是直径23.5厘米的镜子，是从奈良盆地西部、马见古坟群的佐味田宝塚古坟中发现的26面完整的纹镜之一，属4世纪～5世纪初的古坟时代初期的文物。

图1—29 房屋纹镜

房屋纹镜绘有4栋不同样式的建筑，从纹镜图由上至下，自左往右看，依次是歇山屋顶的伏屋形建筑（A栋），人字形屋顶的高床式建筑（B栋），歇山屋顶的高床式建筑（C栋），歇山屋顶的平房建筑（D栋）。这4栋建筑类型意味着什么，是否描绘了日本住宅的原型呢？出于这个兴趣，尝试了各种各样的解释。

木村德国曾以古事记·日本书纪、万叶集和残存的五国古风土记

图1—30 家型埴轮

为底本，收集上代语中有关建筑形式的名称，试图根据历史的记述复原古代的建筑形式。对应着其中的室、仓·祠堂、宫·御舍、殿4个系列,来解读房屋纹镜中的4种形态。(木村德国1979，1988)。池浩三根据祭祀过程的特征，把冲绳、西南诸岛的祭神场遗迹归为稻堆类祭祀建筑，并将其原型的要素与日本古代新尝·大尝祭的中心建筑的室来对比。进而把房屋纹镜的4类建筑看成是大尝祭建筑的原型(池浩三1979，1983)。

仅就房屋纹镜所绘4栋建筑的架构形式而言,在东南亚也是常见的。A栋的原始歇山造，就是一般的竖穴式住居。B栋是东南亚典型的山形墙封檐板屋顶、鞍形屋顶、船形屋顶。D栋类型的平房在东南亚较为罕见，但包含A、C栋在内的歇山屋顶却是随处可见的。

2　原始歇山造

在思考东南亚和日本住宅上颇有见地的学说应推G.多米尼克的构造发展论(Domenig，1984)。按照该学说就可以统一理解看似多样的东南亚住宅的构架形式了。此外包括日本古建筑的构架形式在内，就其发生展开了深层次的讨论。

G·多米尼克认为东南亚和古代日本建筑的共同特性是“人字形屋

图1—31　房屋纹镜A栋

图1—32　房屋纹镜B栋

图1—33　房屋纹镜C栋

图1—34　房屋纹镜D栋

顶，屋脊比屋檐长,封檐板向外倾斜”。山墙封檐板屋顶并不是由人字形屋顶发展而来，而是伴随着由圆锥形屋架派生的、直接在地面铺架的原始歇山屋顶的住居一起产生的。

原始歇山屋顶住居已有很多的复原方案。一般认为是从圆锥形屋架变化而来的。出于出烟口的需要发展了山形屋脊，从而出现了在几对叉首(山形屋顶结构中，在梁上承接檩条的两根木条)上铺檩木的形式。对此，G·多米尼克认为作为最基本的屋脊叉首只有两对，在最开始建造就被使用。虽然会有些微妙差异，但设想的实际建设过程还是十分清晰的。

G·多米尼克提出的住宅构造发展过程的5个阶段如图1—35所示。从在圆锥形屋架上架梁开始，向以2个交叉的叉首为基本形变化。接着发展为4根立柱支撑的形态。其过程是①由叉首组合和椽子构建的圆锥形屋架，直接派生出来的原型。②加入两根横梁构件，出现了排烟用

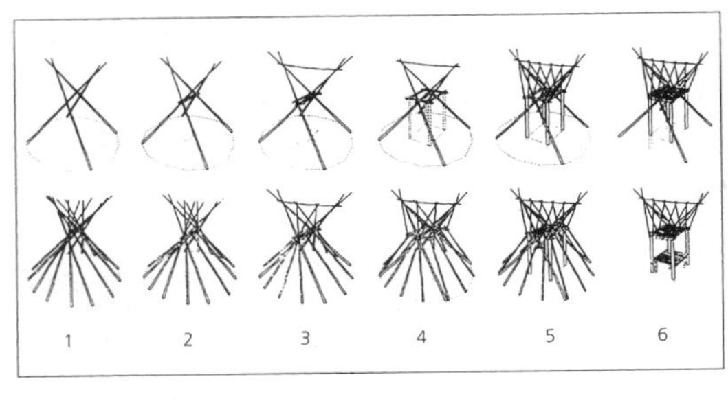

图 1–36　卡洛巴塔克首领的家（纳骨堂），苏门答腊岛

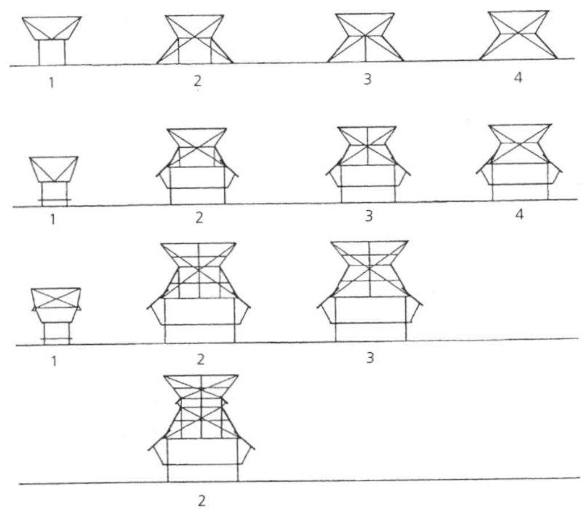

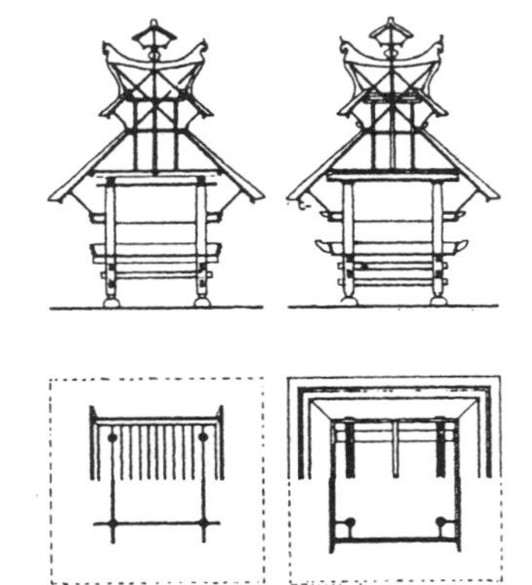

图 1–37　卡洛巴塔克首领的家（纳骨堂）（立面图，平面图）

图 1–35　住居构造的发展阶段（出自多米尼克 G · Domenig）
上图：从原始歇山屋顶住居到高仓的发展过程，
下图：卡洛巴塔克住居的发展过程

的细长孔隙。③排烟结构发生变化，出现了桁梁结构。④桁梁结构逐渐扩大，使内部空间变得宽敞而明亮，构建过程中需要辅助柱，完工后再撤去。⑤在大规模的架构中，辅助柱一直保留到最后，部分埋入地下，上部则与桁梁相组合。

该阶段出现了新的支撑构架，结构力学体系发生了根本变化。交叉叉首结构成为抗风用的斜撑材料，并成为搭建时用的脚手架。也就是说，新的桁梁结构发挥了支撑的功能，对于完成的建筑而言，叉首已丧失了原先的支撑的功能。

更有意思的是，G · 多米尼克认为在以上过程中的第 5 阶段诞生了高仓建筑，并把原始的歇山式看成是北方的圆锥形屋顶与其他高仓体系的人字形屋顶的结合体，指出人字形屋顶的高仓式，也是由原始歇山式的内部发展而来的，是他一贯主张的构造发展论。

04 迁徙式住居
——蒙古包，帐篷，圆锥形住居

让我们将视线再转回大陆，船形屋顶和高床式住居的分布表明海域世界自古以来就紧密相连。大陆世界也有宏大规模的建筑文化交流，游牧民的迁徙式住居传统就说明了这点。

迁徙式居住形态，首先有①蒙古包，其次是②各种帐篷。包括人字形、山形、歇山形、方形等多种形态。还有用圆木搭建的③圆锥形住宅。

1　毡包，蒙古包，毡房

毡包即蒙古包，以蒙古平原为中心广阔分布。贝加尔湖的布里亚特族、哈萨克斯坦的吉尔吉斯族、阿富汗的乌兹别克族、土库曼斯坦的约穆特族、伊朗北部里海东岸的雅姆族，安那托利亚的库尔德族等民族都使用蒙古包。最常用的名称还是毡房。

圆形的内部空间中，正对入口的中央有炉灶，里面是主人使用的场所，面对主人左为男性空间，右为女性空间，布局简单。

蒙古包的基本骨架是由带圆环的中央支柱和圆形的墙，以及联结它们的椽子构成。用皮条绑扎。取材为

图 1–38　毡包，蒙古

蒙古水岸边丰富的柳条或白杨木。柳条可以用来制造各种器物，3 厘米宽的茎编成菱形格子连成一体形成称为“哈那”的圆筒形的墙壁。一个单体的大小约为 1.8 米 ×1.8 米。直径为 3 ~ 4.5 米，一般由 3 ~ 12 个单体构成。屋顶是伞式构造，屋顶的材料称为“乌尼”。被称作“陶纳”的圆形天窗用的部件，由带一对栱（翘）的称作“巴嘎纳”的柱子支撑。陶纳上刻有能让乌尼叉入的凹槽，乌尼的另一端则与哈那的上部绑扎。绳子和带子是由牦牛、骆驼和马的皮毛制作的。毛毡覆盖着骨架。木门和门框也已部件化（工业制品）。入口插入称作“哈鲁嘎”的双扇板门。组合一个蒙古包大约需要两个小时，是女性的工作。5 ~ 6 个人 1 小时，包的组建即可完成。再把名为“多鲁嘎”的火盆放到蒙古

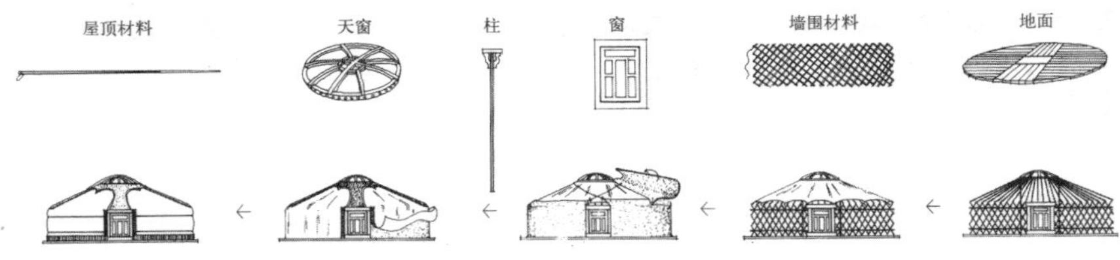

图 1—39　毡包（骨架 · 组建）

图 1—40　赛西亚族（Scythians）的车帐

图 1—41　贝多因族的帐篷住居，沙特阿拉伯

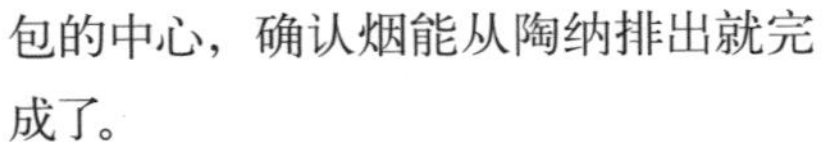

包的中心，确认烟能从陶纳排出就完成了。

游牧时可拆装起来，拆装只需30分钟，一般使用车或骆驼搬运。一家人所需要的蒙古包没有定数，但由于夫妇是分栋居住的，所以至少要有2个包。骆驼、车、家畜数量可观。也有固定的蒙古包，从事农耕定居下来的地区多采用常设形式。而在半狩猎半农耕的地区，则为固定住居与蒙古包并用，蒙古包为夏天的家，固定的房子称为“冬天的家”。

毡包在中国历史上记载有穹庐、拂庐或毡帐、庐帐等多种名称。已知至少在前汉时期匈奴就使用过。有意思的是，据文献中记载，毡包还被称为毡车、车帐、黑车、高车，是带车的住居，车上的住居。说明在车上生活的游牧民族很早以前就存在。赛西亚人（译者注：南俄草原上印欧语系东伊朗语族之游牧民族）在车上生活的事情自古以来被古希腊人所知道，并留下了记录。其相关的明器等模型也有出土。据元代的欧洲旅行家的记载，匈奴使用过毡车为人所知。具体地就是将蒙古包放在车上，由几头到20几头牛拉拽。此外，还有拱形屋顶的幌马车形态。

2　帐篷

帐篷在游牧民中也被普遍使用，在蒙古也被称作麦依康（maikan）。用两根立柱和两开间长的小屋梁呈人字形支起帐篷，在夏季使用。由于帐篷比蒙古包简便，一般不适宜于寒冷地区。但在西藏、不丹等高地可以看到，适合于草原和沙漠。

蒙古包使用的是白色的毡子，而在西亚常见的是黑色的帐篷，帐布用牦牛或黑山羊的毛织成，从北非到阿拉伯半岛，伊朗、阿富汗等地区都有广泛分布。最有代表性的是贝多因的帐篷。帐篷的形态很多，阿拉伯半岛北部的Ruwala族的帐篷，竖起两列支柱，将长约20米的帐篷沿支柱纵横拉伸，使其逐渐接近水平方向。房间内用幕布分隔，只要增加列柱就可以扩建成大的帐篷。

图1—42　圆锥形住居，西伯利亚

图1—43　楚科奇（Chukchi）族的住居，西伯利亚

3　圆锥形住居

用圆木搭成圆锥形骨架再覆以兽皮或树皮的住居称为圆锥形住居。这在鄂温克族、恩加纳萨尼族、雅库特族等生活的北方林地世界较为常见。在西伯利亚一带的新西伯利亚诸民族也使用此类住居。

还有一种也被称为圆锥形住居，不是单独使用斜材搭建骨架，而是建造墙体。即将柱子围成圆形，顶部用梁连接，用椽子搭建成圆锥形屋顶的建造法。形似蒙古包，被称为“折线圆锥形”。西伯利亚一带的楚科奇族和科里亚克族就有这样的事例。此外，远东地区以及旧石器時代的更古老民族的住居也可以看到。

从技术发展的角度出发，可以推定为是“圆锥形住居→折线圆锥形住居→蒙古包”的发展过程。然而，如何解释更古老的民族已经使用折线圆锥形住居是一个饶有趣味的课题。

以下是村田治郎的解释：

①帕拉欧·西伯利亚人向远东迁移时，是从蒙古走到西伯利亚，那时圆锥形住居和作为其进化形态的折线圆锥形住居就已经存在了。

②多年以后在西亚、南俄才开始使用的圆锥形住居，是受土耳其血统的民族压迫而北上的新西伯利亚人将圆锥形住居原封不动地带过去的。

③蒙古包并非起源于西亚，而是在折线圆锥形住居的基础上在蒙古地区产生的。

05 叠木墙式——井干式木屋

日本的木结构建筑基本是梁柱结构，将木材按纵横方向呈直角组合成框架。然而正仓院的井干式却是将木材横向垒积的结构，如今的长屋也是如此。其实日本很有可能有过大量的井干式木结构建筑。只因井干式与埋柱式建筑不同，至今残留的遗迹很少罢了。

井干形式不仅为仓库和寺院的藏经所用，一般的建筑也使用，被称为叠木，或叠木墙。意思是将木头层层叠置成燕笼般的井字梁结构，叠木式又称累木式。用墙承重的墙体结构这点与梁柱结构大不相同。其实不光只有井字梁一种组合，科里亚克族，阿尔泰地区的各族等也有不少八角形和多边形叠合的例子。

图 1–44　阿尔泰地区的住居，俄罗斯

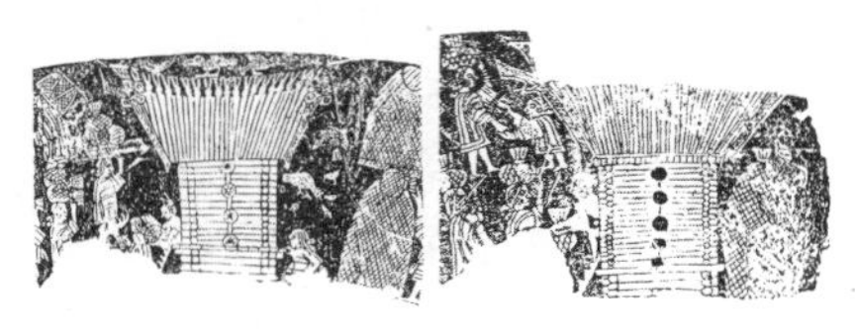

图 1–45　铜鼓上描绘的井干式木屋，石寨山，云南

1　北方的井干式

叠木式是适应于森林资源丰富，寒冷气候地区的构造形式。在欧亚大陆北部，俄罗斯到斯堪的纳维亚半岛、阿尔卑斯山一般都有分布。萨哈林、堪察加、黑龙江沿岸、朝鲜半岛北部、叶尼塞河流域、阿尔泰地区以及喜马拉雅山等地，可以看到与移动住居平行的叠木式的构造法。中国很早以前建造的井干式建筑作为图像保留了下来。此外，文献也有相关的记载。朝鲜建筑常使用“横累木”，“积木”，“桴京”等词语。桴京就是指高床井干式。中国建筑中也有“井干楼”、“井垣”“井韩”，“积木”，“万累木”等称呼。除北亚以外，阿富汗东北部高地的纽里斯坦族和巴基斯坦北部的斯瓦特族还有在组合的叠木的木头间填土的施工方法。土耳其的Pontids地区也有叠木式工法。都属寒冷地区。

图 1–46　红薯的储藏仓库，特罗布里恩岛，巴布亚新几内亚

图 1–47　西马伦根巴塔克族的住居，苏门答腊岛

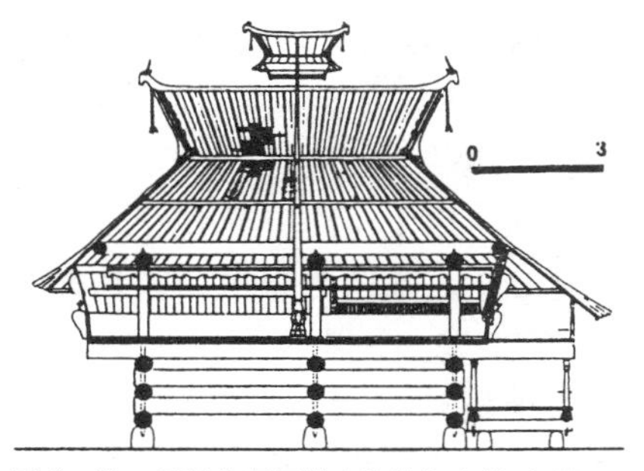

图 1–48　西马伦根巴塔克族的集会楼（断面图）

2　南方的井干式

有趣的是叠木式也存在于热带地区，典型的例子是特罗布里恩（Trobriand）半岛的红薯储藏仓库是井干式的。然而，其木与木之间缝隙的处理方法就和北方有很大差异。如巴塔克·西马伦根族的住居基础就是叠木结构。同一地区梁柱式和叠木式并存的现象并不少见。而令人惊讶的是有梁柱式和叠木式并用的建筑。虽然是被基础结构所限定，撒旦（Sadan Toraja）族的住居也有叠木结构的基础。在同一地区 2 个架构形式并存的例子还有布吉斯族。叠木结构的传统遍及东南亚是不争的事实。

叠木式的构造形式，即井干式是否有共同的起源，目前尚无定论。但有意思的是，移动游牧民的分布与井干式构造形式的分布是一致的。大多为帐篷、毡包并用，实际可拆卸移筑。罗马时代维特鲁威所著的《建筑十书》中就记载了黑海沿岸有井干式建筑。还有人认为井干是通过黑海沿岸传到西欧、北欧，然后跨越中亚经过南（西北印度、西藏、喜马拉雅）和北（西伯利亚）这两条途径传到日本来的。事实是否如此呢？

06 石砌，砖砌
——圆顶、拱顶、穹隅的起源

1 版筑、土坯、砖

木材资源匮乏地方通常使用石或砖的砌体结构。也有木材与砖石混用的。中国自古以来就使用版筑、土坯和烧砖。版筑是一种夯土的构造方法。用土、砖、石来砌筑墙壁不是难事，问题是屋顶。如果有木材的话，像木造建筑那样加盖屋顶，铺木地板就相对容易多了。朝鲜半岛和中国就是木结构与砖石砌筑的混合结构。但木材资源稀少的地方，就只能用石头来搭建屋顶了。于是也就产生了圆顶和拱顶。

圆顶、拱顶广泛分布于埃及、西亚、中亚、印度、中国等地。由于发现了古代美索不达米亚遗迹，就在西亚寻找起源。拱顶的起源也许不难理解。用砖石逐层错位砌成拱形（隅撑式拱）就形成了拱顶。

2 圆形建筑

很有意思的是圆形建筑。位于伊拉克东北部、伊朗边境的哈姆林盆地的泰尔·古帕遗迹（阿卡德时代，公元前2300～前2100年）中有巨大圆形建筑。美索不达米亚及其周边的遗址多有分布。其屋顶应为圆顶。至今伊朗和阿富汗等干燥的沙漠地带，由于没有木材，被称为“格班”(gunbad) 圆屋顶的民居成为基本模式。

说到圆形建筑，毡包形态就是一例。毡包被固定化，用土涂抹加固的事例多见于蒙古、中国北部地区。毡包的形态，作为一种移动住宅，在东西方被广泛使用。作为空间的一种原型，可以设想毡包被砌体结构所取代的过程。

3 隅三角状牛腿式

怎样才能在方形平面上架起圆形屋顶呢？因为屋顶的底边是圆形，要覆在正方形上，形态依据正方形与圆的内接还是外接而不同。但在此之前，有一种很有意思的方法，用方形构件叠加成屋顶或顶棚的方法，称“隅三角状牛腿式”，亦称 laternen Decke（德语），或“方形45°错角搭接”等，没有固定名称。但却是自古以来各地都很常见的做法（图0–21）。

图 1–49　支撑穹隆的角部穹隅

图 1–50　隅三角状牛腿式

将正方形各边中央的点相连，形成一个新的正方形，再将各角的直角等边三角形部分加以充填，接着在新正方形上重复此做法。即在正方形内侧顺次内接正方形来建造屋顶的方法。关键在于缩小跨距，所以也有一开始就搭成八角形的做法。

石结构的例子有高句丽的双楹塚古墓（5 ~ 6 世纪）和山西大同的云冈石窟。木结构的例子在中国的宫殿建筑中可以看到，如《营造法式》中“斗八藻井”的方法，在新疆、西藏、克什米尔的普通民居都使用这种方法。此外，阿富汗的巴米扬石窟，印度次大陆的耆那教寺院等也可以看到；可以推测黑海周围的叠木墙式建筑、亚美尼亚木结构建筑多是因为采用了这种方法；另外，也被伊斯兰教建筑广泛采用，伊斯兰建筑还由此发展了穹隅、帆拱等圆顶技术。

column 2　竹与木

日本与东南亚同属木文化圈或竹文化圈，中国和朝鲜半岛则是木、砖、石混用。虽说南印度的喀拉拉地区和喜马拉雅等地有主要使用木材的地域，但越往西，土文化和石文化的优势就越明显。

在建筑材料上，日本多用松、杉等针叶树，东南亚也有。两针松因在吕宋岛山中的班奎特洲分布较多，也被称作班奎特松。班多克族等民族的住宅结构材料是二叶松，北苏门答腊的巴塔克族、西苏门答腊的米南加保族则多用三叶松。赤道附近海拔越高松树生长得越繁茂。

代表湿润热带地区的树木是龙脑香科树种。在菲律宾用来做三合板的树木是柳安，属龙脑香科。龙脑香科树种共有 570 种，大多分布在从印度到新几内亚一带的东南亚岛屿地区，马来半岛有 168 种，据说仅婆罗洲就有 260 种以上。传说释迦牟尼葬于龙船花树下，这龙船花也属龙脑香科，与日本的沙罗双树（椿木科）完全不同。

Teak 在印尼、马来西亚被称做加迪，缅甸称库恩，泰国称马伊萨库，中国则称柚木。因其强度高耐久性好而被广泛用作建材，同时也是很好的造船材料。如今专门用于高级家具，室内装饰，雕刻等。多产于印度、缅甸、泰国以及老挝等东南亚大陆地区。分布于湿润热带和季风热带，即有明显干季的，海拔较高的地区。紫檀、黑檀、木梨等也是如此。1661 年由隐元禅师创建的京都宇治黄檗山万福寺本堂（大雄宝殿）的柱子采用的全是柚木。巨大的方柱共 40 根，究竟是怎样运输过来的不得而知。但是南洋木材通过中国传入是自古以来为人所知的事实。

一般用于建屋顶的木材被称为阿郎阿郎，是印尼语，即稻科植物中的白茅，英语叫 Cogongrass。木材丰富的地区用木板做屋面，有薄木板屋顶和木质瓦屋顶等。苏门答腊、婆罗洲、菲律宾的低洼热带雨林中常见的婆罗铁木做的薄木板屋顶就很有名。与阿郎阿郎一起用作屋顶材料的还有椰子纤维。可可椰子树、西谷椰子树、油棕、塔拉巴西（一种椰子）、重红裟罗双等椰子的种类有数十种，用于修葺屋顶的只有桄榔的纤维。椰子，也可以说是椰文化，与东南亚生活密切相关，有食用、做成椰子酒、用作燃料等多种用途。

竹也是屋面常用的材料，可将竹子一劈两半像瓦一样上下相叠地葺屋顶。萨达托拉雅族的鞍形屋顶是用竹子多层葺成的。各地也有全部都用竹子建造的住宅。竹子也是顶棚、地板、门窗部等常用的材料。雨水落水管也是竹制的。用作隔墙的竹垫、施工用的脚手架现在也使用竹子。此外也不乏将竹捆扎成筏的水上住宅。很多生活用品也要使用竹子。如各种筐、笼、箩、水筒、扫帚、烟管、笛、笙、竹琴等乐器、田间稻草人、玩具等。竹与东南亚的日常生活息息相关。正如 A · 沃雷斯所说“竹是上帝给与东洋热带居民的最好的礼物”，东南亚的文化就是竹的文化。

图 1-51　巴厘岛的竹房子（屋顶材料也都是竹子），印尼

图 1-52　龙目岛的仓库，印尼

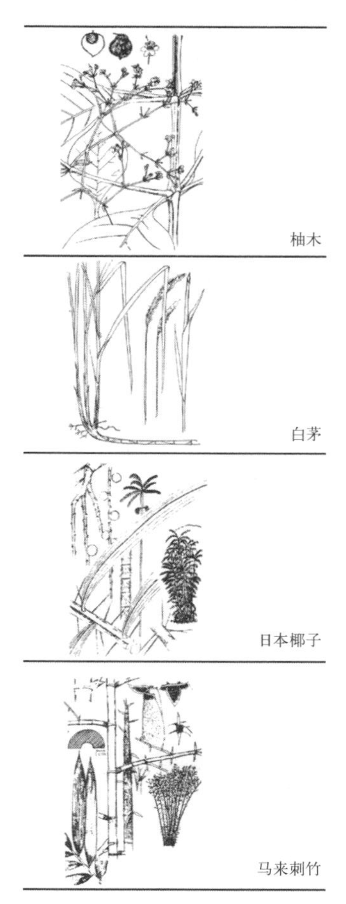

图 1-53　作为建材来使用的树木

07 高床式住居

1 高床式、地床式

高床式住宅分布于世界各地，在亚洲主要集中在东南亚。此外，在里海沿岸、中国南部、海南岛、印度东北部、尼泊尔等也可以看到。

但是南岛世界中也存在没有高床式住居的例外地域，如爪哇岛、巴厘岛、龙目岛的西部，还有地处大陆的越南的南中国海沿岸、西伊利安(Ilian)和帝汶的高地，以及马鲁古群岛的一个名为布鲁岛的小岛，也没有高床式住居的传统。

然而，不可思议的是在婆罗浮图寺和普罗巴兰寺、中部爪哇、东部爪哇保留有高床式住居。9 世纪至 14 世纪建造的昌迪寺（印度教寺庙）的墙壁浮雕中并没有地床式（没有底层架空）建筑，也就是说高床式住居是主流住宅的可能性很大。爪哇岛的巽他（西爪哇）的传统住居是高床式，爪哇岛西部的巴杜依村落、

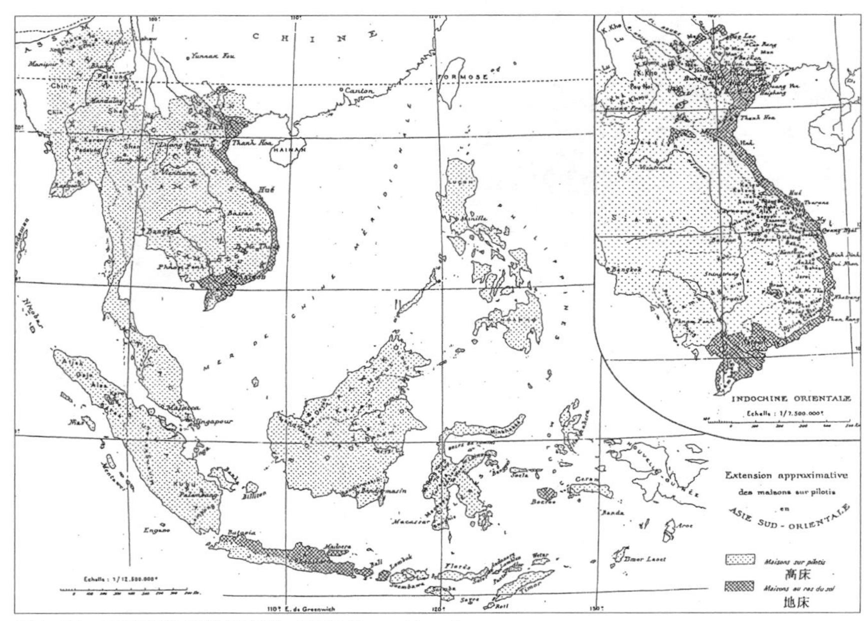

图 1—54 高床和地床的分布图（出自 N. van Huyen）

普里昂岸（以万隆为中心的地区）的那加聚落也有高床式住居。

为什么爪哇岛、巴厘岛、龙目岛的住居是地床式，就这个问题有很多说法。有的认为是受到南印度的影响；也有的认为这些地方重视与中国的关系，应考虑其影响；还有的认为自从伊斯兰教的平等主义冲击了印度爪哇的世袭制社会后，高床式住宅就受到了限制。

越南的南中国海沿岸的地床式住居显而易见是受到了中国的影响，但中国国土广大，并不全都是地床式住居。已经证明汉代以前的长江流域以南分布有高床式住居，华南地区也有地床式住居，而西南少数民族的住居高床式居多。汉藏语系的民族（壮侗语族）的住居是高床式。在百越史研究中，认为壮族、布依族、侗族、水族、黎族等泰裔稻作农民被看作是百越的后裔的说法很有说服力，即干阑式（高床式）建筑是百越文化的重要构成要素。

图 1–55　罗盅哥莨 Loro Jonggrang（巴兰班南 Prambanan）的浮雕家屋图像，爪哇，印尼

图 1–56　高床式的那加住居，普里昂岸，印尼

图 1–57　巴杜依的住居，顺达，印尼

2　抹楼

说到朝鲜半岛住居，带有“温突”的地暖装置是独特之处。此外，还有称作大厅的抹楼（木地板房间）。围绕温突、抹楼的起源问题有很多说法，一个说法是由土间（素土地面）发展成了抬高一阶的地板，逐渐演变为温突，然后向抹楼转化。木地板房间不是由南方传来的传统，而是北方建筑的传统，即中国宗教建筑、宫殿建筑的影响。首尔附近的抹楼

图 1—58　龙目岛的住居，印尼，虽是地床式，但有高差

很多就是这个原因，抹楼从城市传到了南方；另一种说法是由于中国没有木地板房间，也就没有木地板房间从宫殿普及到住宅的过程，因此抹楼是南方系的，南部朝鲜是南洋式的，北部朝鲜是中国式的；还有一种说法是温突是随着高句丽势力南下的产物，与从南方传来的木地板房间相融合而形成的。抹楼在南方很少见，但济州岛有抹楼。“南方说”似乎是常识性的，但“马卢”是住宅的中心意味着神圣的场所，是祭祀家神和祖灵的地方，通古斯族的帐篷中也有称作“马卢”、“马洛”的神圣场所，这一说法也很有说服力。

3　稻作（水稻种植为主的社会）和高床式

人们都认为稻作与高床式住居是相伴而生的，也有将粮仓看成是高床式住居的原型的。然而从中国发掘的遗迹表明，早于稻作以前高床式住居就已经存在。探讨金属器与高床的技术关系也成为热点话题，用石器来建造高床的可能性是很大的。河姆渡遗迹（公元前 5000 年）的高床式建筑使用的材料就只有石器。石制工具仅有斧、凿，为了加工木材，还要使用楔、木槌、木棒等。

稻作与高床式的产生没有关系。高仓（高床式仓库）也不是稻作固有的建筑。在北方见到的高床式仓库与稻作没有关系。但是在稻作发生以后，与其传播相对应的高仓形式的传播也是顺理成章的。东南亚各地的高仓是很相似的，比如北吕宋山岳地带的伊富高族和邦多克族的仓库，与日本西南诸岛的高仓就极其相似。

稻作技术与米仓建造工艺配套传播的可能性是很大的，还有将米仓拆除、移建的例子。以米仓为模式，将高床技术传播到各地的可能性也不无存在。

4　米仓型住宅

另一方面，仓与住宅有密切的关系。东南亚各地的很多米仓几乎可以说是小型住居，非常形似。不仅是小型，东南亚一带甚至可以看到脱胎于米仓原型的住居。米仓型住宅中，有主柱以上的谷仓部分为居住空间的形式，有在主柱中间、谷仓的下面添加生活用地板的形式，以及采用素土地面的居住空间等若干类型。

08 中庭式住宅——Court house

古今中外，在世界各地普遍看到的是 Court house(Court yard/house)，也就是中庭式住宅。

1 古希腊和古罗马

古希腊的奥林托斯和布莱恩的住居，一进门即为中庭，中庭正面是主室，此外，寝室、厨房、浴室、仓库等各室沿走廊布置。中庭周围的一圈列柱被称为围柱式(peristylos)。古代东方的克里特岛和迈锡尼岛遗迹中有一种叫迈加隆的建筑，拥有入口门厅、前室、炉灶的宽敞主室是竖向排列的长方形。希腊住居的起源是迈加隆，其围绕着中庭的组合形式可以说是中庭式住宅的雏形。

古代罗马有一种称为“多姆斯”的独立住居和称为“伊苏拉”的集合住居。伊苏拉的中庭是由中庭和内部私密性较强的列柱中庭两部分构成的，中庭指的是起源于伊特鲁利亚的入口门厅，其中央有承接屋顶中央部天窗雨水的水盘。伊苏拉有 3 ~ 5 层，一层是被称为塔贝鲁纳(Taberna)的商店，二层为承租房，二层以上是居住用房。

2 四大城市文明

上溯到古埃及，卡霍恩(Kahoon)和艾尔－阿玛尔那遗址中，中庭式住居井然有序地排列着，还有美索不达米亚的乌尔城、乌鲁克城见到的是中庭住居，印度河古文明莫亨乔达罗德的住居是中庭式，在中国以汉族为中心的四合院也是典型的中庭式住宅。

由此可以看到中庭式住宅在四大文明古国都有存在，是与城市文明同时出现的。因为底格里斯河·幼发拉底河、恒河、尼罗河、黄河、长江各流域有共同的风土特征，与气候无关，各地可以看到相同的形式。应该确认的是中庭式住宅，无论在中国、希腊，还是罗马，基本上是城市型住宅，也称“联排住宅(town house)”。为了处理城市集中居住问题，解决好通风、采光问题，建造引入自然的中庭是很必要的。中庭是与自然一体化的空间，具有调节环境的功能。不仅如此，如果把确保自然环境这一功能放在第一位的话，在中庭中享受户外空间则是第二，此外，其还可以作为作坊空间，并有连

图 1—59　中国四合院的院子，西安

图 1—60　哈维利，印度

接各个房间的功能。因此具备多功能的空间形态形成了中庭式住居。

3　中庭式住居（court yard/house）的类型

当然，中庭式住居的形式也有多种多样的形态。中庭，即 court，在各地的称呼也不同。court（英）、cour（法）、corte（伊）是同源词，除了 atrium、peristylos、院子、天井等，还有帕蒂奥（patio）、马丹（Madang，韩）、壶……据说印度的 haveli 是来源于古阿拉伯语的 haola(partition，隔断的意思)，也有来源于莫卧尔王朝早期的地名，以及现代阿拉伯语 havaleh（包围的意思）一词的说

图 1—61　斋浦尔的哈维利建筑群，印度

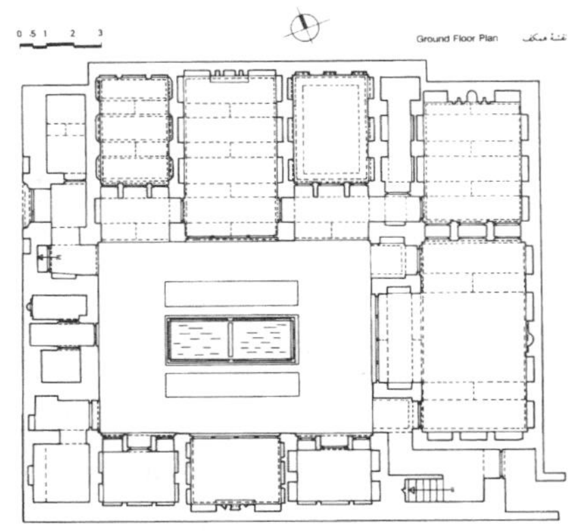

图 1—62　伊斯法罕的中庭式住宅（平面图），伊朗

图 1—63　巴丹的哈维利，古加拉特、印度

法。此外，在印度的西孟加拉中庭被称作 rajbar，在马哈拉施特拉邦称 wada，在安得拉邦称 deori，在喀拉拉邦称 nalekutta 等。

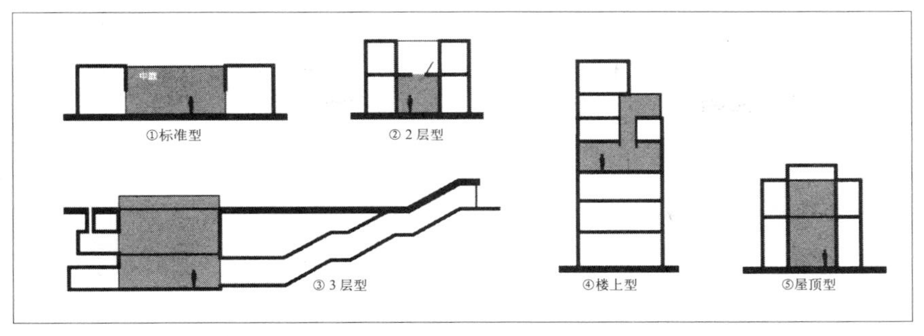

图 1–64　中庭式住宅的类型

马格里布（北非）地区的中庭式住宅有两种形态，中庭中铺有面砖的称“达尔”（译者注：中庭、家，阿拉伯语），在中庭植树的称“利雅德”。

中庭式住宅大体可分为以下几类：

①平房型（标准型）——所有的房间都通过地上中庭连接的形式，如开罗、大马士革、突尼斯等，中国的四合院也属于此类。

②两层型——建有两层，中庭的顶部有天窗。这类中庭住居的屋顶是日常使用的生活空间，如利比亚沙漠和格鲁安（Garian），中东地区的沙漠客栈（Caravanserai）也属此类。

③地下型——即中庭在地下的形式。如利比亚沙漠的哥达姆、突尼斯沙漠的玛特玛他，以及黄土高原的窑洞等。

④楼上型——上层中有中庭，下层用作服务用房的形式，如也门的萨那。

⑤屋顶型——中庭带有屋顶，屋顶开窗的形式，如摩洛哥马拉喀什的住宅。

总之，可以依照布置中庭的楼层以及采光、通风方式进行分类。

阿拉伯伊斯兰圈中常见的中庭式住宅，是随摩尔人（穆斯林）而普及到伊比利亚半岛的。西班牙的中庭，是被美丽的花草树木所覆盖的。这类中庭式住居在殖民地化过程中也带到了拉丁美洲。此外，西欧列强如荷兰在斯里兰卡的高卢等亚洲地区建造的街屋，也确立了中庭式住宅形式。

09 家庭与住居形式

一般家庭的形态分为：

①夫妇家庭（英、北欧、美国、锡兰的僧伽罗族等）

②直系家庭（法、德、爱尔兰、北意大利、北西班牙、日本、菲律宾等）

③复合家庭（印度、中国、中东各国、巴尔干的扎德鲁加等）

④重婚家庭还可以区分为（a）一夫多妻家庭；（b）一妻多夫家庭；（c）集体婚家庭。

居住形式也因上述不同的家庭形式而各有不同，在各种家庭类型上住居形式也是多种多样的。以下以大家庭制②③和复数家庭（多代）的居住生活为重点，介绍有鲜明的构成原理的例子，着眼于集合原理及其共用空间的存在方式。

1 长屋

首先特征明显的是在东南亚大陆和岛屿都很常见的称为长屋（long house）形式的共同住居。岛屿地区有婆罗洲的伊班族、迪雅克族、垦

图 1–65 伊班族的长屋，加里曼丹，印尼

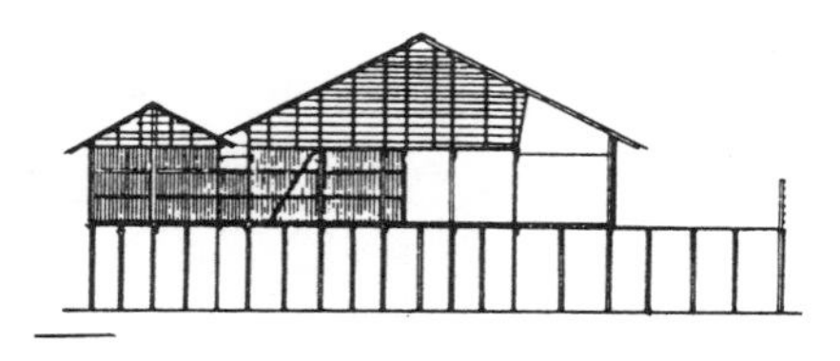

图 1–66 伊班族的长屋（断面图）

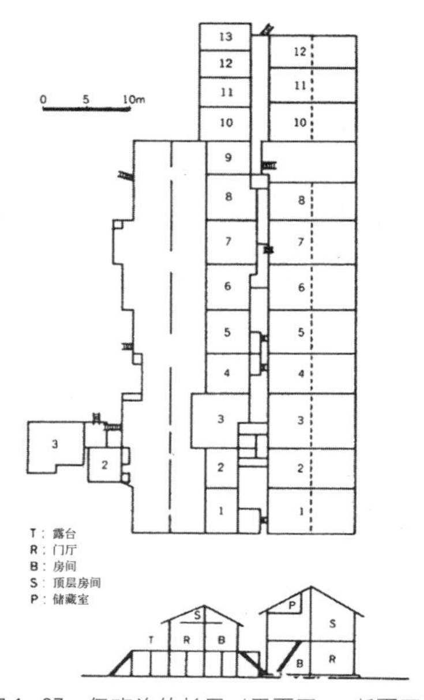

图 1–67 伊班族的长屋（平面图 · 断面图）

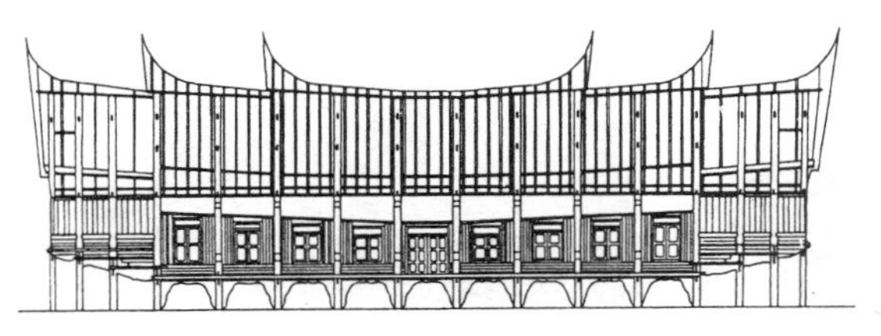
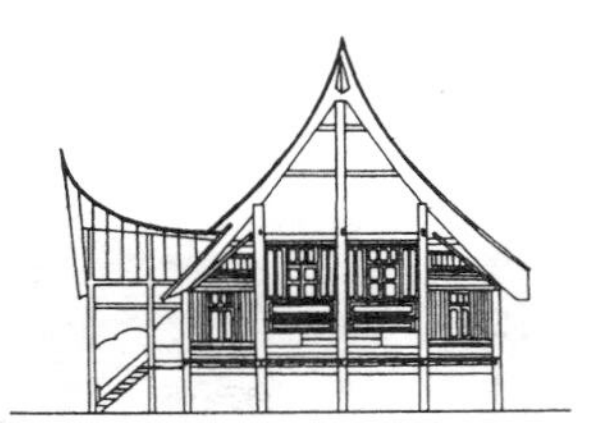
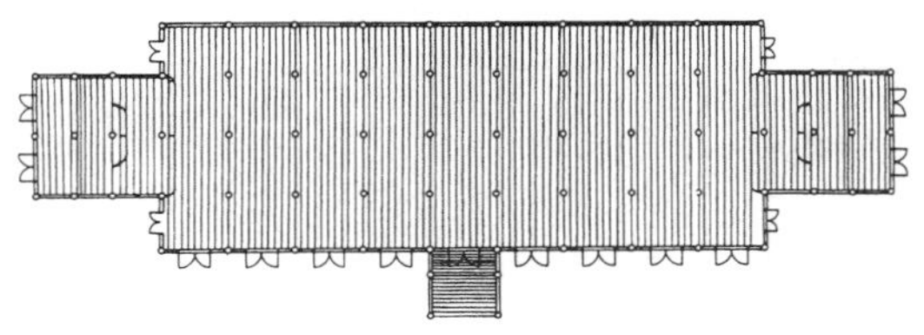

图 1-68　米南加保族的住居（图纸），苏门答腊岛

亚族、开达杨族等，以及印度洋明打威群岛的萨库迪族，棉兰老岛的马拉瑙族，大陆地区则是越南高地的嘉莱族和拉德族等，缅甸、泰国高地的景颇族和甲良族等，与缅甸高地接壤的印度东北地区也与米新族、尼西族一样有类似的高床式长屋。

长屋的形式非常多样，一般是由长廊或开敞式阳台连接的若干独立房间组成的。

2　米南加保族的住居

米南加保族居住在西苏干达腊的巴丹高原一带。有异乡游历（外出劳作）的习俗，移居到马来西亚的马六甲周边地区，并形成了世界上最大的母系社会而为人所知。住居为高床式，屋顶形态十分独特，上有称为康炙古（gonjong）的尖塔。

图 1-69　米南加保族的住居

按柱子数目的不同可分为“9 根柱的家”、“12 根柱的家”等，家庭规模扩大可以采用增加柱距的形式。尖塔有 2 座、4 座、6 座 3 种形式。住宅前方是一对粮仓，称为“安将谷”的台阶状端部经常在冠婚葬礼等仪式时使用。开间方向是按照“罗安达”的单位来计算的。进深方向按照拉布嘎单（labu gadang）的单位计算。称为萨 · 阿布 · 帕鲁伊（sa buah parui）的母系大家族居住。原则上其最里面的一间是供已婚女性家族居住，前面的房间则为几代共用，决定家族和住居规模的是已婚女性人数。规模大的进深为 4 间（4

图 1—70　多巴巴塔克族的住居，苏门答腊岛

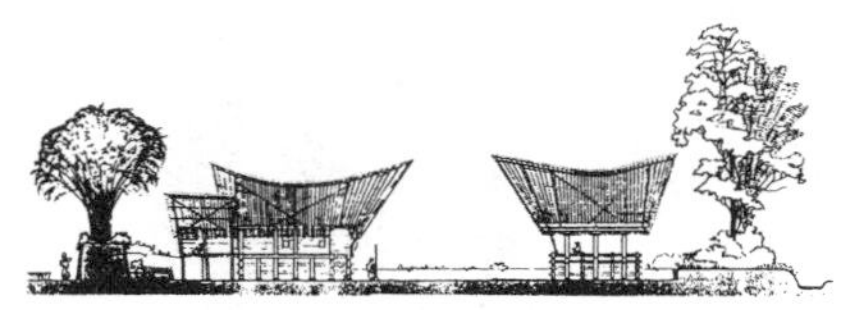

图 1—71　多巴巴塔克族的住居，（立面图）

拉布嘎单），称为布杰·巴邦迪古(raja babanding)，最大能住到数十代人的例子也有。

有意思的是，移住到马六甲的米南加保人却有着完全不同的住居形式。前面是阳台、居住空间，厨房和后栋则是附加的形式。同样的民族其居住形式却完全不同，令人回味。

3　巴塔克族的住居

巴塔克族生活在北苏干达腊地区。分为多巴巴塔克族、卡洛巴塔克族、西马伦根巴塔克族、曼特宁巴塔克族等 6 个族种，各族种相邻而居，住居形式却各有微妙的不同。多巴湖和萨莫西岛周围居住的多巴巴塔克族的住居、聚落就是一个典型的例子。

住居屋顶为鞍形屋顶，屋脊向上高高翘起，大的山墙封檐板向前后挑出，内部是没有任何隔断的一室空间。这种大型的住居以称为“ripe”

图 1—72　卡洛巴塔克族的住居，苏门答腊岛

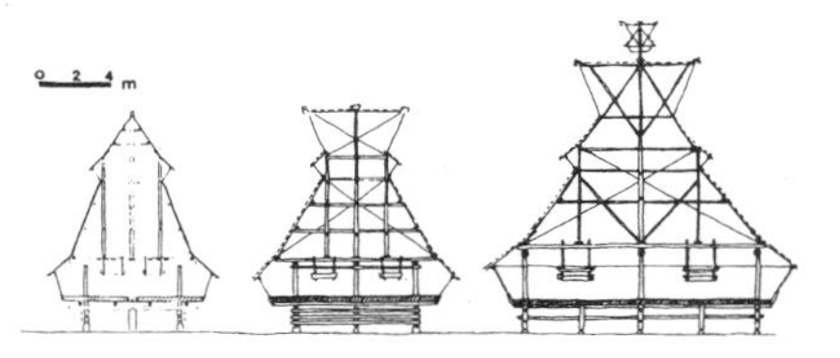

图 1—73　卡洛巴塔克族的住居（断面图）

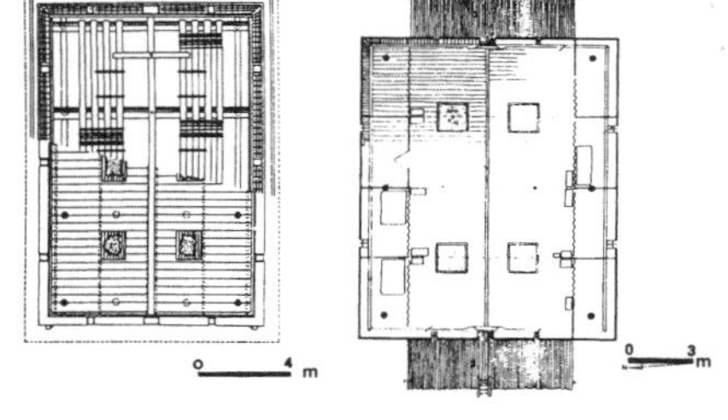

图 1—74　卡洛巴塔克族的住居（平面图）

的核心家族为单位，几个家庭共用一个炉灶。家族扩大到3代就居住在作为一个居住单位的住居中。一家之长的住房在入口的右侧，内部空间有明确的等级划分。

村落坐落在土围墙和竹林之中，住宅与米仓是平行布置的，两者之间的广场有多种功能。这种平行布置的形式在南西里伯斯的托拉嘉族、马都拉岛的马都拉族、龙目岛的萨萨克族等东南亚村落中也能见到。

卡洛巴塔克族的住居比多巴巴塔克族的要大，中央有4～6个炉子，一个炉子不是供1～2家庭使用，整个要有4～12个家庭共同居住，也就是20～60人共住一个大空间中。村落的住居按照统一方向整齐排列(以对应河上、河下为原则)，配有米仓、脱谷等作业用房，未婚年轻人的宿舍、纳骨堂等公共设施。卡洛高原的林加村，其居住规模达到了2000人。

图1—75　萨达托拉嘉（Sadan Toraja）族的住居，苏拉威西

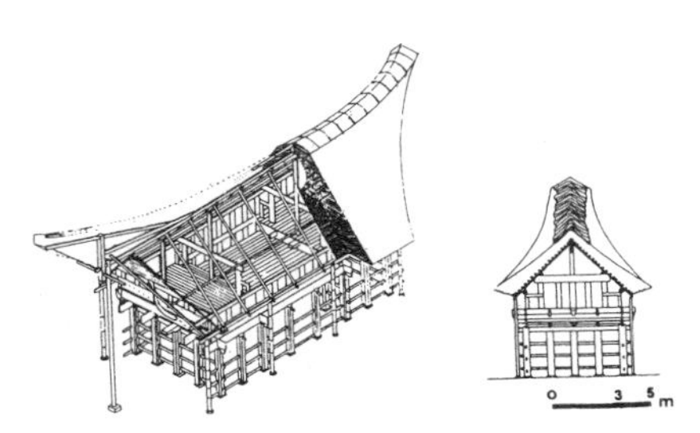

图1—76　萨达托拉嘉族的住居（鸟瞰图 · 立面图）

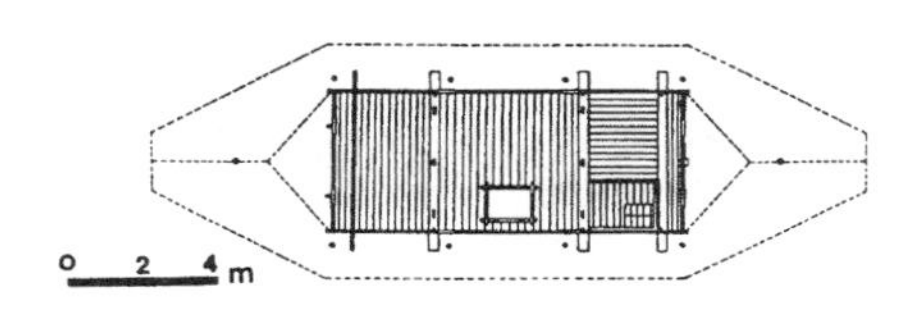

图1—77　萨达托拉嘉族的住居（平面图）

4　萨达托拉嘉(Sadan Toraja)族的住居

居住在南苏干达腊的北方高地的萨达托拉嘉族的住居，被称为“船屋”。船屋是一个大房间，被分成了3个部分。正中间部分称为“萨利”的空间低于周围的地面，放有炉灶，是一个兼有起居室、食堂、厨房等多功能的空间；里侧的“森布”是家长的空间；入口处的“帕鲁安”则是客人与其他成员的空间。

萨达托拉嘉族有双系亲族原理，不论男孩女孩都有平等的继承权。托拉嘉族都可以通过不同船屋、父母的出生地、祖父母的出生地或者更远的先祖的出生地，上溯出身门第。表示亲族关系也常用“家”一词，称为“船屋内的兄弟”、“船屋结合”等。船屋的子孙要从自己的集团中选出一个家庭作为管理者，管理者居住在其出生的船屋中。

10 作为宇宙的家

1 三界观念

"瓦努阿"(Vanua) 一词在南岛语言圈中被广泛使用。意为大陆、土地、村落、村、街、国。印尼语的"布努阿"意为大陆和领土。在萨达托拉嘉,"瓦努阿"是住居的意思,在与其邻近的布吉斯意味着长老或领主统治的领域。在北苏拉威西德的米那哈沙,"瓦努阿"是村落和地方的意思。菲律宾南部的棉兰老岛的语言中,"班瓦(banwa)"指的是领土、地域和村落的集合。在尼亚斯岛,"瓦努阿"的意思是村落、世界、天空。

"瓦努阿"一词的广泛使用也体现了住居和聚落的布局是宇宙的布局这一思想的广泛传播。最有代表性的是"三界观念",即宇宙分为3层:天上界、地上界和地下界。在东南亚大多数的岛屿,人们都相信在上下界之间存在着住人的世界,这个概念是共有的。

在巴厘岛,人们设想岛、村、宅地、屋脊、柱的各种构成上都贯穿了身体(微观宇宙)和宇宙(宏观宇宙)的秩序。首先,按天人地的宇宙三个构造层,巴厘岛被分成山、平原、海三个部分,而且各个村落又被分为头部、身体、足部三个部分。在卡扬安蒂格(Kahyangan Tiga),所有的村落配置都有起源之寺、村之寺、死之寺,3寺一组配置。各个住房也分为屋顶、墙身、基座三个部分来考虑;柱子的柱头、柱脚也施有雕刻,一分为三。所有的构造都对应着头、体、足的身体构造,包含了身体和住居的环境整体就是一个宇宙。

早期高床式住居的构成也反映出了宇宙三层次划分的思想。房屋地面以下的架空层为最不净的部分,用来丢垃圾和粪便或饲养猪等牲畜;架空层之上是人居住的地方,屋顶的房间则用来收藏先祖遗留下来的宝物和稻谷,被视为最神圣的地方。

2 方位

住居、村落的布局在方位上要遵循各种规则,这些规则映射出地域、民族的宇宙观。

巴厘岛的人的方位观是十分鲜明的。首先有"日出方向为正(生),日落方向为负(死)"的观念。此外,以山的方向"卡加"为圣,以海的方

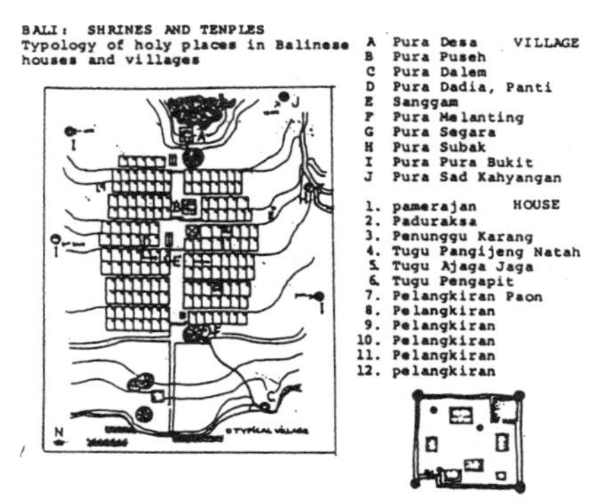

图 1—78　巴厘的住居村落和宇宙论 北为起源之寺，南为死之寺，设有墓地

向“库罗德”为邪。在巴厘岛南部，北是神圣的阿贡山方向，南是恶魔出没、肮脏的海的方向。以东／西、山／海两轴为基准来选择宅基地，最好的场所为东北角、最差的场所为西南来区分，决定建筑的布局。东北角供奉着称为“桑冈”的土地神。然而在巴厘岛以北地区，南为山的方向，东南方是供奉土地神的地方。

另一方面，也有像婆罗洲的恩噶纠迪雅克（Dayak）族那样有很强烈的上游、下游意识的地域。山／海、上游／下游的地理特征影响了其村落的布局，限定了方位。还有对左右的区分在方位感觉上具有重要性的例子，罗的岛和阿托尼（帝汶）都把东西轴看成是固定轴，以东为基准，其左右表示南北。而埃迪（ende，东弗洛里斯）是以海／山为固定轴线，左右于这个轴的关系上是面向海的方向确定的。

卡洛巴塔库族的住居内部引入

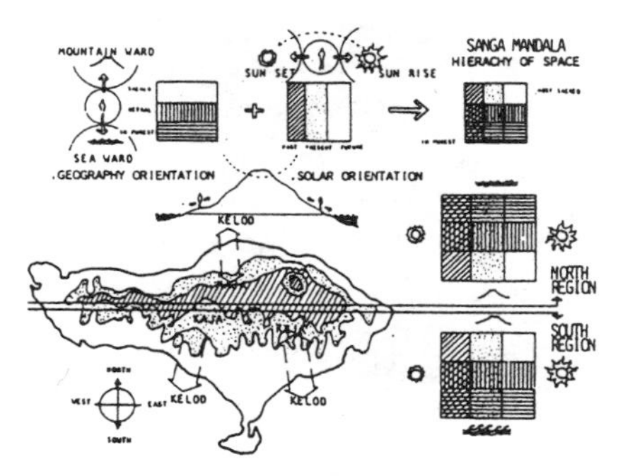

图 1—79　巴厘的住居村落和宇宙论 空间的等级 按照东－圣，西－邪，山－圣，海－邪的方位感将居住用地划分为九个区域。巴厘岛的北和南各方向的等级各不相同。

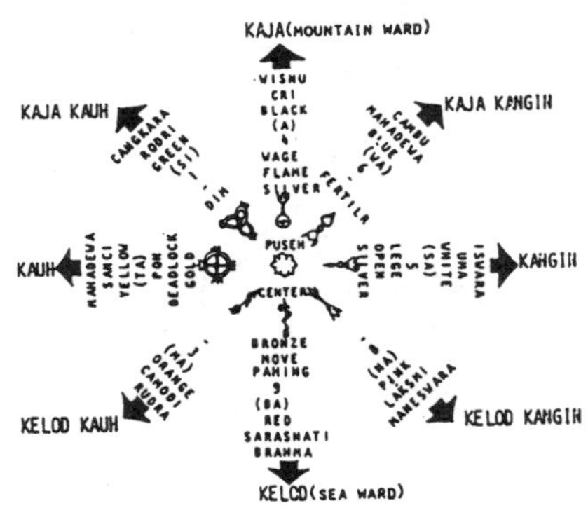

图 1—80　Nawa Sanga（译者注：宇宙方位）巴厘所用的方位

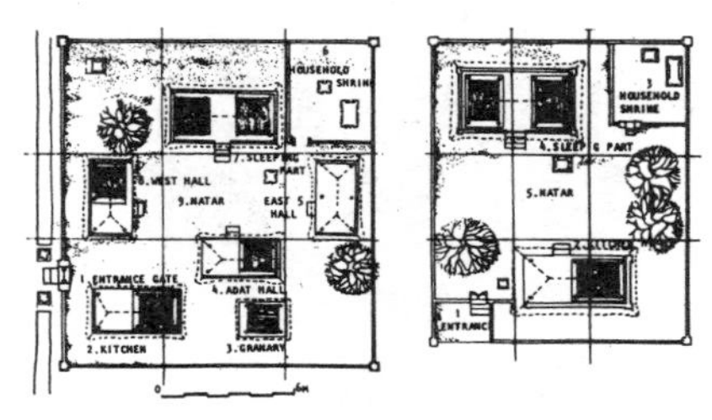

图 1—81　巴厘岛的住居规划 大的可划分为 3×3，东北的一角为供奉土地神的祠堂，北边配置有称作“乌玛美丁”的主寝室

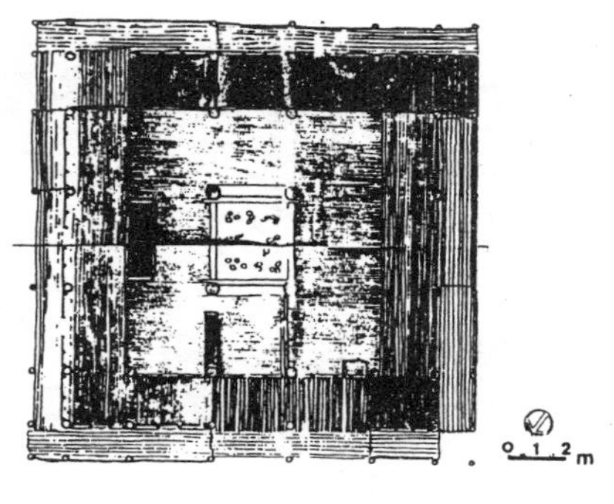

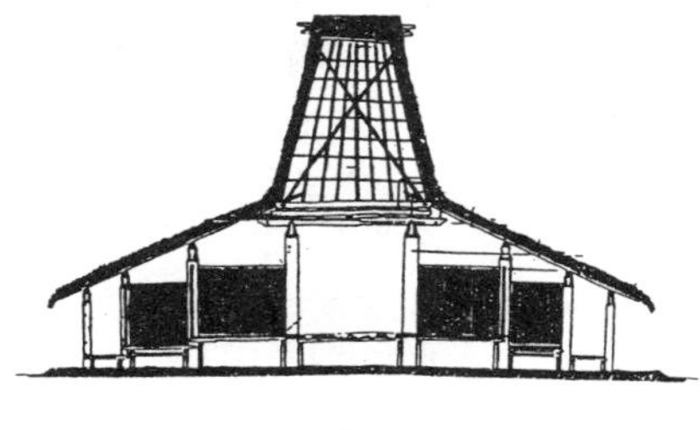

图 1–82　松巴的住居 乌玛（Uma），布莱亚湾村

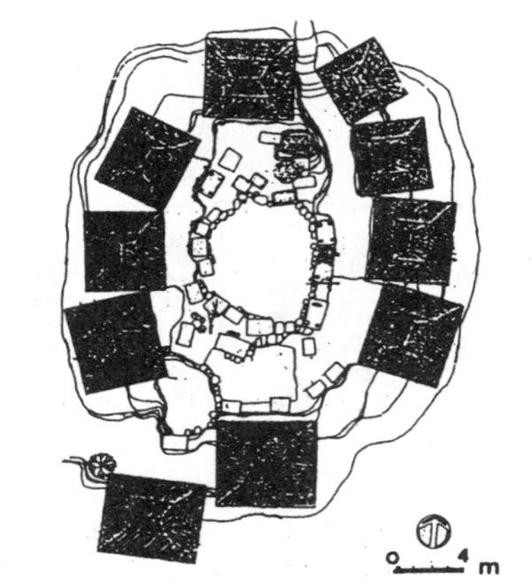

图 1–83　松巴的住居 波拉（Pola），塔龙村，印尼

了地理的隐喻。中央的凹渠和通路的两侧是并列的 2 个高床式的民居，地板沿墙壁向中央稍有倾斜，最高的部分叫“古坦（山）”，是最受尊重的地方，是人就寝的场所。最低的部分则完全没有礼仪约束，被叫做“萨瓦（田）”，内部空间的结构产生出了一种景观，也反映了自然界。

此外，方位的规则也适用于睡觉时头的朝向。在船上生活的巴天族，睡觉时常与船构成十字形。由于模仿船建造的棺材是纵向埋葬的，因此，很在意与死相关的不吉利的方位。布吉斯人认为死者才是朝北睡的；日本认为北枕有恶兆；努尔乌鲁（Nuaulu）人是沿东西方位轴睡，认为若沿山／海（南／北）方位轴睡会死去；托拉嘉族也是沿东西向睡；泰北人也是东枕，认为朝其他方向睡都是危险的。

3　作为身体的住宅

有把住宅的各部分比作小宇宙（微观宇宙）的身体各部分的。萨布族认为住宅是有头、尾、颈、脸、呼吸的空间，甚至还有胸和肋骨。帝汶的德顿族认为住居有脊椎骨、眼、足、体、肛门、脸、头、骨、子宫、阴道各部位的。

桑巴族也把住宅、坟墓、村落、耕地、河川甚至岛屿以身体作喻，且都是有头有尾的身体。位于长边方向中央的门叫腰门，把村的中心部分称作腹、脐或心脏。

从身体角度来思考住宅可从水平方向看，也可从垂直方向看。如把住宅前部比喻是人的头，后部是臀部，顶部是“发结”等。宁迪(Rindi)族认为顶部是住居最重要的部分，人所居住的部分被视为顶部的延长，或者说是手和足。

帝汶的德顿族的住居有细长的人字形屋顶，前部是脸面，开有男性专用的门的是“住居的眼睛”；后部是女性专用的门，称为“住宅的阴道”；侧壁是脚，屋脊是脊骨，后壁是肛门；住宅共3间。礼仪上和居住上最宽敞最重要的空间是最后部房间，称为“住宅的子宫(Uma lolong)”。

住宅的各部分一般按照人体的尺度来建造。巴厘岛是以男主人的身体尺度为基准；龙目岛的萨萨克族则是以妻子的身体为基准，因为他们认为在住居中度过时间最长的是妻子。住居的所有尺度体系依据身体尺度而定，因此虽没有建筑规范和基准，却与自然和景观保持了和谐。尺度就是身体本身，给尺度注入灵魂就有了生气，基于这个观点，印尼

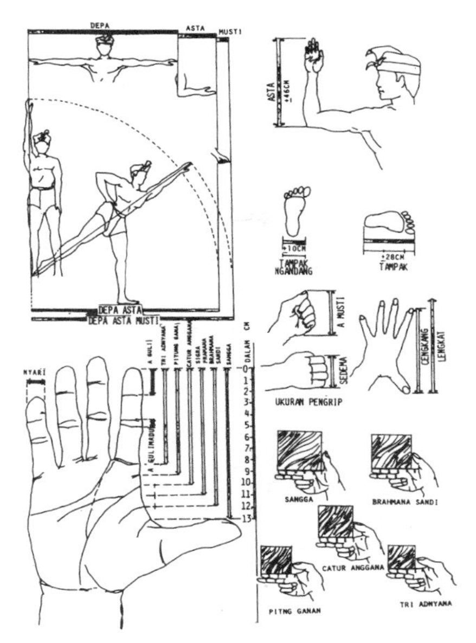

图 1–84　身体尺寸

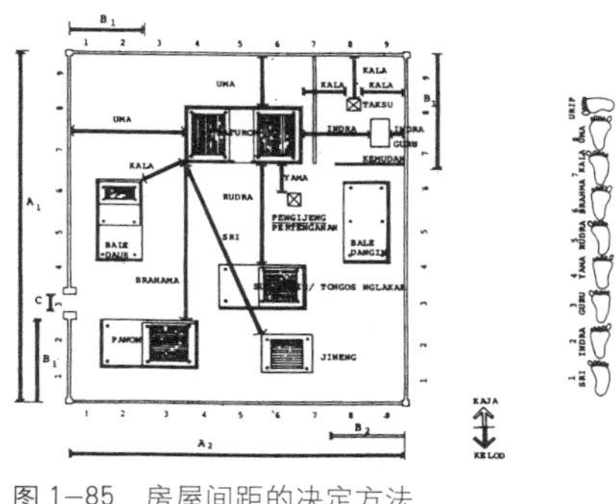

图 1–85　房屋间距的决定方法

(马来)语中把尺度的魂称为尺寸之神(Jiwa Ukuran)。

II

佛教建筑的世界史

—佛塔传来之径—

佛教建筑是指与佛教有关的设施，即与朝拜佛陀的场所、祭祀佛陀诸神的场所、宣讲佛法和修学佛教的场所、普及佛教的场所等有关的必要的建筑物。

可以推测从释迦开始施教的时代，各地就有了施教所需的必要道场、为弟子寄宿的宿舍。不久，兴起了崇拜佛陀舍利的佛骨信仰。当时禁止制作佛像，但可以朝拜佛陀的遗物、佛足石等“支提”（chaitya 礼拜对象）。为此先于佛教寺庙建造了收藏舍利和遗物用的佛塔（stupa）。

佛塔的形态应该有一个原型。因为佛教遗迹中描绘的图像有一个共同形态，现实中也存在与其形态、尺寸相同的佛塔的实例。然而，佛教在各地传播的过程出现了多种多样的形态。地域的土著建筑文化对佛塔形态的形成有很大影响。从印度到遥远的日本，世界最古老的木结构建筑是法隆寺的五重塔，爪哇也有号称立体曼陀罗的婆罗浮屠那样的实例。这种形态变化过程是佛教建筑史的一个焦点。

不久有了佛像，建造了佛堂，与佛塔、支提一起成为了佛教寺院的中心。施教和修学场所所必要的是 Vihara 或 samgha-arama。Vihara 音译为精舍，即祇园精舍的精舍。Samgha-arama 音译为僧伽蓝摩，僧伽蓝摩在汉语中被译作僧伽蓝，简称为伽蓝。佛教寺院须建有僧人居住的僧房等设施，这些设施的布局在各个地区是如何展开的也是一个值得关注的焦点。

本章试图立足于佛教诞生后的传播过程，来探讨佛教建筑的扩展。

13 世纪初在印度消失的佛教，通过各种传播系统至今仍然在延续着法脉。这一庞大的系统之一是日本和中国西藏。另外，在泰国、斯里兰卡等地重视原始佛教的传统，在以严守戒律而闻名的南方上座部的佛教还存活着。

01 佛教的圣地
——释迦的一生与佛迹

1 佛陀 释迦(Sakya)

佛教是由佛陀宣讲佛法的宗教。既是佛陀宣讲佛法的同时也是成为佛陀的教示。佛陀即梵语 buddha，意为“领悟真理的人”，也使用在耆那教的始祖大雄(Mahavira)上的一般名词。开创佛教的佛陀，由于出身于释迦氏族而被称作释迦或释尊(释迦族的尊者)，其俗名叫Gautama Siddhārtha。所谓Gautama意为“最好的牛”，而Siddhartha则意为“成就目的”。

释迦于公元前463年(4月8日)生于北印度的蓝毗尼(Lumbini，现在的尼泊尔)，80岁在拘尸那迦(Kuśinagara)去世。一些口头传承记录了自释迦去世到阿育王继位的年数，但关于释迦的生死年月仍是众说纷纭，莫衷一是。德国的盖革(Geiger)根据南方上座部佛教的原始教典《岛史》、《大史》的记载，认为是公元前563～前483年，欧洲历史学家认同此推断。对此宇井伯寿以传承到中国的说一切有部佛教为根据认为是公元前466～前386年。中村元在这个基础上进行了补充和修正，在日本成为主流(其他还有公元前624～前544年的说法)。

释迦是憍赏罗国释迦族王室的独生子，父亲是净饭王(Śuddhodana)，母亲为摩耶(Māyā)，他在卡比拉城Kapila(Kapilavastu)长大。摩耶夫人在生下释迦7日后逝去，释迦的父亲与王妃的妹妹摩诃波阇波提(Mahāprajāpati)再婚并生下同父异母的弟弟。16岁那年释迦与耶苏陀罗(Yaśōdharā)结婚，生有一子名叫罗目候罗(Rāhula)。

29岁释迦出家，成为修行者。经历了6年的苦行修炼仍不见正果，便在佛陀伽雅的普提树下冥想，苦思7天7夜终大彻大悟(中国和日本认为12月8日为成道之日)。时值35岁，释迦成为了佛陀。

佛陀最初在瓦拉那西(Vāranāsī)的郊外鹿野苑，给原来的5个修行同伴传授佛法并收他们为徒。最初的施教被称为“初转法轮”，此时也有了“三宝”之说，即佛宝——已经成就圆满佛道的一切诸佛；法宝——诸佛的教法；僧宝——依诸佛教法入世修行的出家沙门。

之后，佛陀开始以摩竭陀国

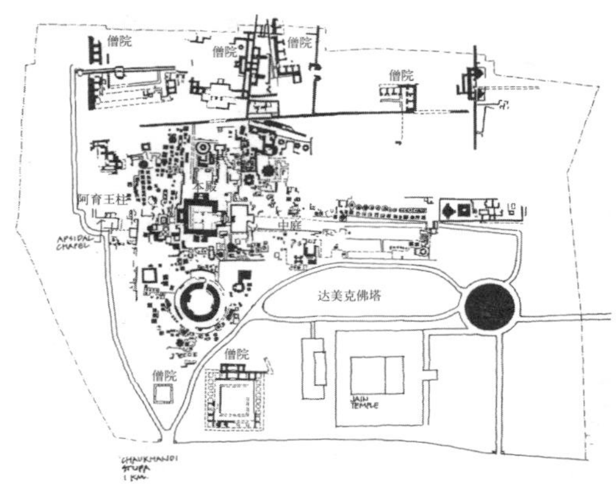

图 2–1 鹿野苑（配置图）

图 2–2 达美克佛塔

(Magadha) 都城王舍城和憍赏罗国都城舍卫城两城市为中心，在恒河中游地域从事施教。祇园精舍 (Jetavana–vihara) 就是舍卫城的须达多长者(Sudatta)所捐赠的僧房。

走过了 45 年传教之路后，佛陀躺卧在拘尸那迦城的两棵沙罗双树间逝去 (2 月 15 日，涅槃会)，其骨骸火葬，遗骸分给其信徒分葬于各塔之中。

2 八大圣地

在众多的佛教遗迹中，佛陀的诞生之地蓝毗尼，大悟之地佛陀伽雅，初传法轮之地鹿野苑，去世之地拘尸那迦并称为四大圣地。再加上王舍城和祇园精舍的祇园槽舍 (Saheth Maheth)，以及佛陀去世以后的毗舍离(Vaisali) 和沙卡西亚(Sankasha)，共为八大圣地。鹿野苑是佛陀晚年经常为传教所造访的街道，佛陀去世后，这里被辟为第二次佛典集结之处而闻名；沙卡西亚是传说中佛陀升天向摩耶夫人说法后降落之处。

对蓝毗尼 19 世纪重建的玛雅圣堂 (Māyā Devi Mandir) 和阿育王王柱 (建于公元前 249 年)，以释迦池为中心的圣园进行了复原修整；卡比拉城城址是蓝毗尼以西 27 公里的迦毗罗卫国王宫提劳拉考特 (Tilaurakoto) 遗址；佛陀顿悟之地佛陀伽雅建造了大菩提寺 (Mahābodhi，5 ~ 6 世纪)，放置了象征佛陀打坐之处的金刚宝座。鹿野苑留下了建于 6 世纪，一部分遭到破坏的达美克佛塔以及伽蓝遗迹，从僧房等遗迹中可以了解寺院的结构。拘尸那迦城中，有纪念佛陀去世之地的涅槃堂，涅槃堂前两棵沙罗双树至今枝繁叶茂。但是传说中的阿育王所建的大佛塔尚未发现。

column 1　　玄奘三藏之道

中国法相宗的开山之祖玄奘三藏（公元 602 ～ 664 年）作为史上绝代的名僧，以及吴承恩《西游记》（公元 1570 年）笔下的主人公而广为人知。

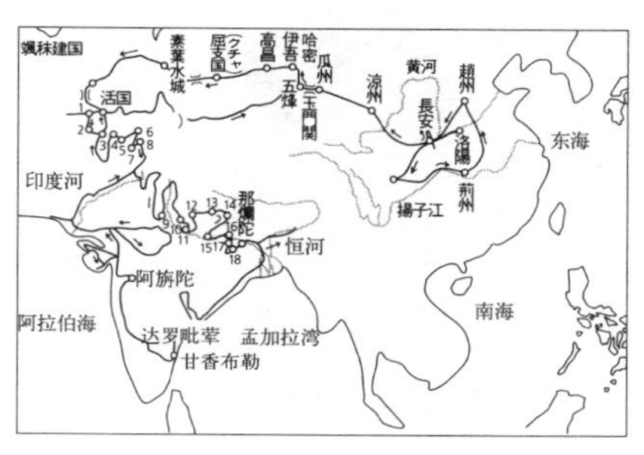

图 2–3　玄奘取经之道

1：缚喝国（Bactria），2：梵衍那国（巴米扬），3：迦毕试国（Kapici），4：那揭罗喝国，5：犍陀罗国，6：乌仗那国，7：呾叉始罗国，8：迦湿弥罗国，9：秣莬罗国，10：羯若鞠阇国，11：憍赏弥国，12：室罗伐悉底国，13：劫比罗伐窣堵国，14：拘尸那揭罗国，15：婆罗痆斯国，16：吠舍釐国，17：波吒釐子城，18：王舍城

他 13 岁出家，在洛阳的净土寺修行，为避战乱而奔赴四川省成都，不断孜孜钻研到 20 岁受戒。之后，入长安，从师于当时的两大名师，善光寺的法常和弘福寺的僧辩。玄奘的声望已经很高，对中国佛教界的大乘佛教中教义上的不完善、圣典以及其解释上的种种异说有着深刻的理解，为探究其奥秘，决心去印度（天竺）求法取经，目标是求得佛教哲学的巅峰之作《一七地论（瑜伽师地论）》。

玄奘于 629 年（也有说 627 年）出发，645 年归国，历经 16 载苦难旅程，写下了《大唐西域记》。其弟子整理撰写的《大唐大慈恩寺三藏法师传》记录了其旅行的经历，其旅行线路如图 2–3 所示。

从躲避泰州→兰州→凉州→爪州线路的禁令，在国内作出发准备之际，玄奘的苦旅就开始了。出瓜州，经玉门关，独自走过戈壁沙漠到达伊吾是最艰难的一段旅程；从伊吾到高昌国，再往天山北路以西，沿天山南路进入屈支国后等待冰雪融化；然后，走过天山北路的素叶水城、怛逻斯、塔什干、撒马尔罕接着向西迈进，在各国首长的庇护下玄奘之旅也是讲学传道之旅，后来的伊斯兰教统治的东西古道是当时的佛教之道；接着他渡过阿姆河进入活国，活国是统治阿富汗的西突厥的中心，与高昌国有亲缘关系。

进入印度（婆罗门）之后，成为探寻圣迹之旅。所拜访的缚喝国，有 100 多个伽蓝，3000 多僧人在学习小乘。梵衍那国（巴米扬）有数十处伽蓝，都城东北有高约 150 尺的金碧辉煌的立佛石像—巴米扬大佛，玄奘所见的这座巴米扬大佛遗产在 2001 年被伊斯兰原教旨主义者破坏。接着他经过迦毕试国、那揭罗喝国（现在的贾拉拉巴德）到达犍陀罗国，犍陀罗国的都城是布路沙布逻（现在巴基斯坦的白沙瓦），曾经是无著、世亲等圣贤出生的地方。城外东南有 100 余尺的菩提树和四如来的佛像，其附近是迦腻色伽王所建的佛塔。之后他陆续走访了古印度河的渡口城乌铎迦汉荼城（现在的安多），呾叉始罗（现在的塔克希拉），以及迦湿弥罗。玄奘在克什米尔，从师于僧称法

图 2–4　巴米扬的立佛像

师进行了两年的修行。

完成了克什米尔的修行之后，玄奘在各地继续不断钻研，志向于摩揭陀国的那烂陀寺。他遍游了秣菟罗国，祇园精舍所在的室罗伐悉底国，释迦的出生地迦昆罗卫国，释迦去世之地拘尸那迦城，初传法轮之地鹿野苑等几乎所有的圣迹。许多寺院的荒芜、令释尊悟性大开的菩提树下的金刚宝座的荒凉，令玄奘心痛不已。

在那烂陀寺，跟随戒贤老师进行了 2 年的修行。之后又开始了以东、南、西印度各地圣迹为目标的旅行。有意思的是从当时的交通路线也能看出玄奘所追求的大乘之道。首先，沿印度河往东，接着向南；沿印度洋南行后，一旦北上就接近憍赏罗国，直到甘吉布勒姆；从甘吉布勒姆往西北上造访了阿旃陀石窟和埃罗拉后到达印度河口。

回到那烂陀寺的玄奘已经成为了印度的一级学者，各地都邀请他去讲经。接着以《瑜伽师地论》为突破口展开对各教义探研的玄奘又开始了回国之旅。持有众多佛像和经典的旅程，远胜来路的艰辛。归国后的玄奘先后成为长安弘福寺，以及 648 年新建的慈恩寺的上座。在该寺的译经院，他埋头于佛典的翻译工作。高达 180 尺的砖塔（大雁塔）建于 652 年，大慈恩寺碑是在 656 年建成的。

02 佛教的系谱

1 佛典集结

释迦涅槃之后，随着时间的推移，在教说上解释的不同日渐明显，于是，以“集结”的形式开始了经典的编辑工作。第一次的佛典集结是以佛陀侍者所在的阿南达为中心的王舍城举行的；第二次则是在毗舍离召开的。然而，在佛陀涅槃100年之后，各种对立不断扩大，围绕戒律而生的对立导致了教团内部的分裂。首先分裂成了上座部和大众部，被称为“根本分裂”。上座部非常保守，大众部坚持规则应该顺应时代而变的立场。

图2—5　阿育王柱，拉乌利亚·难坦卡鲁（Lauriya Nandangarh）

2 阿育王

公元前317年犍陀罗笈多王统一西北印度，建立了孔雀王朝（公元前317～前180年）。首都是华氏城（现在的巴特那）。第3代阿育王时代(公元前268～前232年）举行了第三次佛典集结（公元前244年），形成了“上座部”佛教。上座部的一派，后来传入了锡兰（斯里兰卡），进而将其法脉扩展到了东南亚。

阿育王皈依于佛教颇深，一直努力布教。在与佛陀关联甚深的圣地建有纪念柱，并在柱的下部刻上法敕文（敕令和教谕），还把法敕刻在了街道中显眼的岩石上。从各地保留至今的阿育王柱和碑文就能看出当时传播之广泛。阿育王柱在华氏城周边大量出土，柱头为莲花花瓣托举圆形台座，狮子、牛等圣兽盘踞其上。石材为迦尸城（今瓦拉纳西）南郊求那鲁产的砂岩。现在

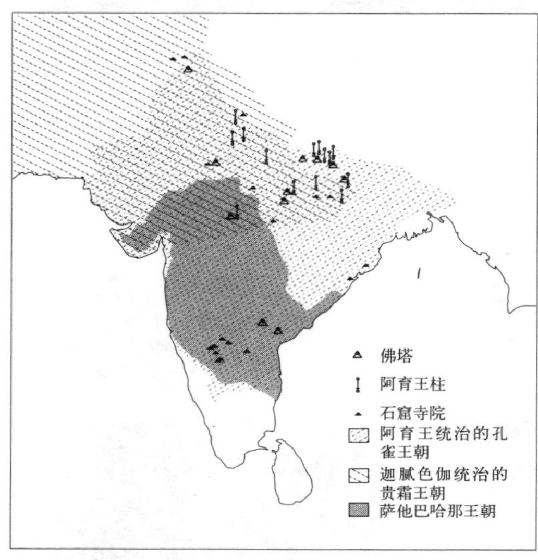

图 2–6　阿育王柱的分布图

图 2–7　阿育王柱（柱头），鹿野苑

已经确认了 15 例石柱、石头。保留比较完整的是难坦卡鲁（Lauriya-Nandangarh），高 12 米，地下埋有 2 米。

3　部派佛教

佛教教团又从两部继续分裂（枝末分裂），佛陀涅槃后 200 年已分裂成 20 部（上座部 12 派，大众部 8 派）。这个时期的佛教被称为“部派佛教”。

佛陀涅槃 400 年后，也就是公元纪年前后，宗教改革运动开始了。自翊为“大乘佛教”的一派，将以上座部为中心的旧“部派佛教”蔑称为“小乘佛教”。大乘的意思是“大的交通工具（乘）”，小乘的意思是“小的交通工具（乘）”。小乘佛教以自我顿悟和解脱为理想（自利），大乘佛教则以救济他人的自觉为目标（利他行，利他救济）。“部派佛教”只有出家人才能修行，要细致地解释教理。而大乘佛教的修行者与在家的信徒一起生活，以拯救众生（慈悲）为理想。从贵霜王朝（45 ~ 240 年）的伽腻色迦时代（140 年左右~ 170 年左右）举行的第 4 次佛典集结（150 年左右）开始，大乘佛教被公式化。奠定 “空的思想”树立大乘佛教教学的是那伽阏剌树那（龙树，159 ~ 250 年左右）。此外还有“唯识思想”的代表者——出身于犍陀罗国的无著（310 ~ 390 年左右）和世亲弟兄（320 ~ 400 年左右）。

4　南传派 北传派

如此，佛教分离为了“上座部佛教”（小乘佛教）和“大乘佛教”两大佛教教派。随后这两大教派被分为南传派和北传派传播开来。南传派佛教依据巴厘语，北传派佛教依据梵语，再加上汉译佛典，将佛教内容截然分开。传到日本的经典大部分来自于大乘佛教的经典。

A　南传派—上座部佛教—锡兰（斯里兰卡）、缅甸、泰国、柬埔寨—巴厘语教典

B　北传派—大乘佛教—中国、朝鲜半岛、日本—汉译佛典

图 2–8　布达拉宫，拉萨

图 2–9　西藏的佛塔，拉萨

5　密教

7 世纪，受婆罗门教等的影响密教得以成立。密教即通过神秘的体验来修成佛陀，只有经过灌顶仪式才能解开真义奥密的“秘密之教”。相反，对所有人开放，通过语言和理论可以理解、修成正果的为“显教”。将密教传入日本的是空海。

密教称传统的大乘立场为　“金刚乘”。在佛教学上，密教是大乘佛教的一环，或者可以认为是大乘佛教的终点。

印度密教史时代被分为前期（到 6 世纪），中期（7 世纪），后期（8 世纪以后）。8 世纪后半叶传到西藏的是后期密教。据说在建立吐蕃王国的赞普松赞干布国王（581 年～ 649 年）时代，有两位与之结亲的外国公主带来了中国佛教和印度、尼泊尔佛教。吐蕃王国赤松德赞国王时期是最鼎盛时期，曾一度占领唐朝的长安城而不可一世，当时的佛教被国教化，779 年西藏的出家人成立了僧团。

传入日本的是代表了胎藏界形成于 7 世纪中期的《大日经》和代表金刚界的《金刚顶经》，因其经由中国，使印度本来的形象有所变形。而藏传佛教，其经典的中心是《西藏大藏经》。继《大日经》系统，《金刚顶经》系统成为优势，其后来形成的

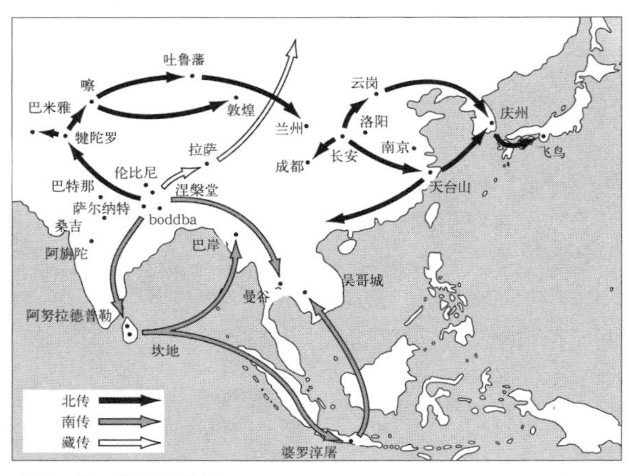

图 2–10　佛教的传播

《无上瑜伽》等也倍受重视。而且与当地的苯教相融合，11 世纪后取得了惊人的发展。从 13 世纪开始从蒙古传播到了西伯利亚，又称喇嘛教。受印度教的影响较深也是其特征。8 世纪创建了西藏文字，也就有了藏语的佛典。这又是一个可以区别于藏派佛教的大系统：

C　西藏系——西藏、蒙古——西藏语佛典

6　藏传佛教

现在的藏传佛教是由 14 世纪（1357 ~ 1419 年）出生的宗喀巴创立的。宗喀巴教派在蒙古布教成功，索南嘉措被蒙古王（1543 ~ 1588 年）授予“达赖喇嘛”的称号（1578 年）。达赖在蒙古语中意为大海，喇嘛则意为法王。达赖喇嘛被认为是观世音的化身，最高的活佛。达赖喇嘛的任命方法十分独特，达赖喇嘛二世（1476？~ 1542 年）以后，找到其转世婴儿作为后继者。达赖喇嘛五世接受蒙古的援助统一了西藏（1642 年）。

创造了佛陀的佛教，就这样在亚洲各地广泛传播、繁荣发展。然而佛教在印度的地盘逐渐被印度教所吞噬。最后的据点为东孟加拉的超行寺，1203 年惨遭穆斯林的破坏而彻底破败，此后佛教便在印度消失了。

03 佛塔的原型

1 舍利

佛陀去世以后，其遗体被火化，祭祀其舍利（遗骨）的塔成为了人们的朝拜对象。舍利首先被分放到了8个地方（八分起塔），容器和灰炭两类加在一起共有10处建造了窣塔婆（舍利塔8座，瓶塔1座，灰炭塔1座）。

祭祀舍利的地方是一种墓。Stupa汉译为窣塔婆。在日本，所谓窣塔婆就是立在为供养追善的墓上，上部呈塔状刻有梵字和经文、戒名等的木牌。虽说Stupa是墓，但不是释迦个人的墓。自古以来在印度造墓极为罕见，因为他们相信“轮回转世”之说。连阿育王也不知道自己的墓。传说阿育王破开窣塔婆取出佛舍利，将其细分成84000份以供各地建造窣塔婆。

窣塔婆在梵语中原意是高显的意思，它表明佛陀达成的涅槃，已没有“轮回转世”，象征一个绝对平稳的世界。可以说，窣塔婆是反映佛教世界观的最初的佛教建筑。

2 支提

作为朝拜对象与释迦有关的圣物被称为支提（汉译：制多，制底，支提等）。支提中存放有释迦的遗骨（含有齿、发、指甲等舍利）、释迦使用过的东西[衣钵等，特别是菩提树（圣树）]以及象征释迦的东西（圣坛、法轮、三宝标等）。窣塔婆是支提中最重要的部分。构成窣塔婆的各个部位都可以看到象征佛陀的各类图像表达，此外窣塔婆本身也绘有浮雕。

可以作为阿育王时代窣塔婆遗例的有桑吉第一塔(公元前2世纪)，塔克希拉的法王塔（公元前1世纪～公元2世纪），和瓦拉纳西西南的巴尔胡特佛塔（公元前2世纪）。绘有浮雕的最著名的窣婆塔的实例当属南印度的阿默拉沃蒂窣婆塔。此外，还有放置在支提窟中的窣婆塔。从以上的各类遗例以及各种相关图像中了解的窣塔婆的原型如下所述。

图 2-11　桑吉的窣塔婆

图 2-12　阿默拉沃蒂 浮雕的窣塔婆

3　窣塔婆的原型

整个半球状由 5 部分组成。

A 台基 medhi——位于底部的圆筒形；

B 覆钵 anda——台基上的半球形；

C 平头 harmika——覆钵顶上放置的四方盒子；

D 伞竿 yasti——建在平头上的立杆（伞柄）；

E 伞盖 chatra——伞。

佛骨是覆钵的中心，在台基上设有舍利室。伞竿、伞盖的形态有各种。桑吉第三塔是一重的，第一塔有三重伞竿。根据各相关图像得知，还有 3 根的、5 根的，分别用布装饰耸立在那里。

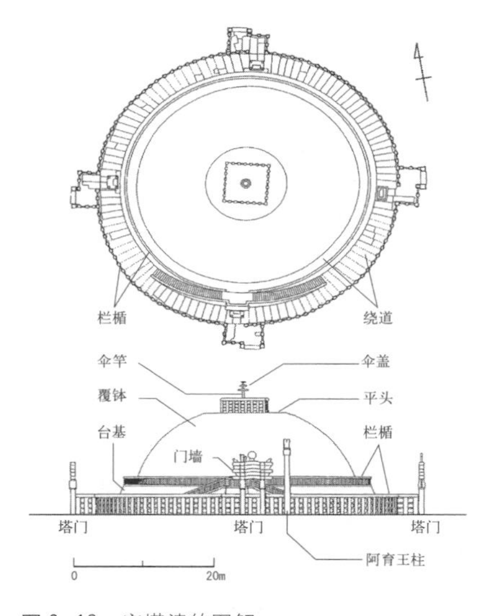

图 2-13　窣塔婆的图解

人们要从窣塔婆的右方绕行朝拜,为此周围设有绕道（pradakshima patha）。规模大的在台基的上下设有两层绕道，一般沿绕道都设有称为栏楯（高栏、栏杆）的栅栏。栏楯环绕在窣塔婆周围有着界定神圣区域的意义。此区域的入口是称为“陀兰那”（torana）的门，作为遗例除了桑吉外还有巴尔胡特佛塔，是在 2 根柱子之间贯通 3 根梁的形态。

column 2 佛陀的形象——佛像的确立

佛陀死后，佛陀被圣者化，被看作是超人的，永存的。其形象也各式各样，大体被整理为 32 相 80 种好。即肉体特征有 32 项，细分则有 80 种。这并不是最全面的整理，只是根据各类经文的相关记载总结归纳的。佛陀去世后，在经典中可以看到阿罗汉（亲传弟子）们聚集在一起，就佛陀的形象作的种种描述。

佛陀的身体为金色，皮肤细腻光滑，体毛为藏青色且末梢向右旋起，头的顶部是肉髻相，表示智慧之包有余而膨胀；毛发也是藏青色且很长；额头宽广，眉间有白毫相（有一根白发）；眉毛细长，瞳孔为金色的水晶稍带蓝头；鼻高唇红，有牙 40 颗……

佛的形象最初是用法轮（将太阳图案化的东西）、佛足迹、圣树（菩提树）、圣坛来象征的。在《本生图》和《佛传图》等则是用语言来表现的。佛陀去世后经过很长一段时间，佛像才得以确立。

关于佛像在何时何地确立，主要有犍陀罗和秣菟罗两种说法。最早论及佛像的起源，主张佛像起源于犍陀罗的是法国的印度学者 A · 富歇（1852 ～ 1952）。在其著作《犍陀罗的希腊佛教美术》（1905，1922，1951 年）中，详细论述了希腊对佛像表现的影响。富歇认为犍陀罗美术是经以希腊人为父亲，印度人为母亲的佛教徒工匠之手塑造而来，东西文化交流促成佛像的形成可追溯到公元前 2 世纪。

与此相反，A · K · 考马拉斯瓦米主张佛像是从印度起源的，他在《佛像的起源》（1927 年）中记述道，印度自古就有树神摩陀袛主厌和龙神那伽的造型，在这种传统中自然而然地创造出了佛像。具体是在古有的树神像的基础上，在秣菟罗制作了佛像。有明确年代考证的初期的佛像据说是伽腻色迦国王初年（120 年）。方 · 罗亥黔 · 狄 · 雷乌根据独自的编年说明补充了 A · K · 考马拉斯瓦米的学说，认为秣菟罗要早于有明确年代的犍陀罗，制作秣菟罗佛像是在公元前 1 世纪的后半叶，最晚也在公元 1 世纪前半叶。

究竟佛像的起源是否能追溯到印度或希腊时代。H · 布富塔卢认为与罗马美术关系颇深。比如，初期的犍陀罗像几乎是原样模仿罗马初期的皇帝像。布富塔卢还指出犍陀罗的佛传场面类似于罗马美术的图像形式（1943 年）。此外 B · 罗兰德从母题和式样的角度出发，认为犍陀罗是罗马美术向东方展开的一环。结论是，犍陀罗最古老的佛像始于 1 世纪末。

此后，J · 马夏卢在《犍陀罗的佛教美术》（1960 年）中尝试将犍陀罗美术在年代、样式的变迁加以体系化。受其影响，高田修著有《佛像的起源》（1967 年）一书。高田深入研讨了狄 · 雷乌的秣菟罗说，提示了佛像起源的某些结论。即犍陀罗美术诞生于公元 1 世纪中叶，作为佛传图的主角首次表现出了佛陀的姿态，即佛像的确立大约是在公元1世纪末期。然而，秣菟罗佛与犍陀罗佛是完全不同的，它以古时的树神像等印度传统形象为基础，在公元2世纪初之后才得以形成。即秣菟罗佛和犍陀罗佛是作为不同的独立佛像而形成的。

高田之说也不一定是定论。可以确定年代的最古的佛像始于伽腻色迦国王时代，在那以前的佛像没有根据。此外围绕伽腻色迦王即位的年代也莫衷一是。对犍陀罗佛、秣菟罗佛是否是完全独立地形成这一问题也留有疑点。狄・雷乌在"关于佛像起源的新证据"（1981年）中，列举出了一系列犍陀罗的初期佛像，进一步强调了其确立受秣菟罗的影响。根据女史记载，公元前1世纪后半叶，秣菟罗佛形成，受其影响，公元1世纪末在犍陀罗才开始了佛像的制作。

这两种说法至今似乎还没有终结。

图2-14　秣菟罗佛

图2-15　犍陀罗佛

04 支提窟和毗诃罗窟
——石窟寺院和伽蓝

1 毗诃罗窟

修学佛教的道场被称作僧伽蓝摩或毗诃罗窟（精舍）。僧伽蓝摩是音译，是由僧伽即“众”和蓝摩即“园”组成的。“众园”的原义，即“向众徒说法的学园”。僧伽蓝摩译作僧伽蓝，进而译作伽蓝。

伽蓝的起源是祇园精舍。据说是舍卫国的富豪须达长者为释迦而建精舍。法显在《佛国记》中描述了其访问祇园精舍时所见的情景，玄奘的《大唐西域记》中描绘了其荒废的样态，然而其具体的形态不得而知。以释迦为主的说法其精舍有祇园精舍、竹林精舍、鹫岭精舍、猕猴江精舍、庵罗树园精舍 5 个，称为天竺五精舍。中国和日本的五山之制是由此而来。

2 石窟寺院

石窟寺院为了解初期佛教寺院的形态提供了线索。在阿育王时代大量被建造。石窟中有祭祀支提的支提窟（chaitya-griha）和由僧舍组成的毗诃罗窟。属支提窟的有须陀摩（Sudāma），康迪威特（Kondivite），康达（Kondāne），巴加（Bhājā），纳西克（Nāsik），阿

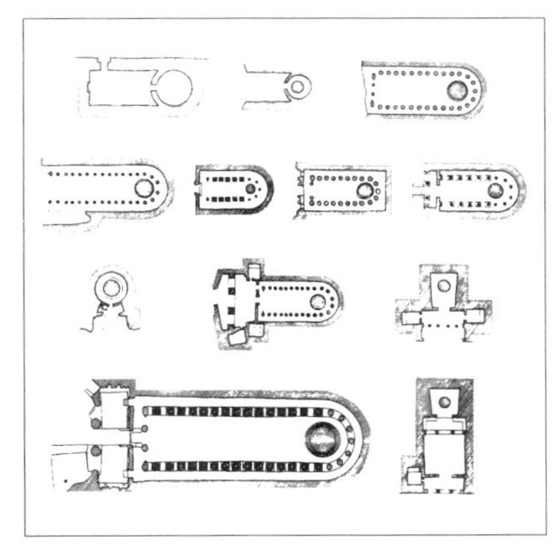

图 2–16　祠堂窟诸例（平面图）

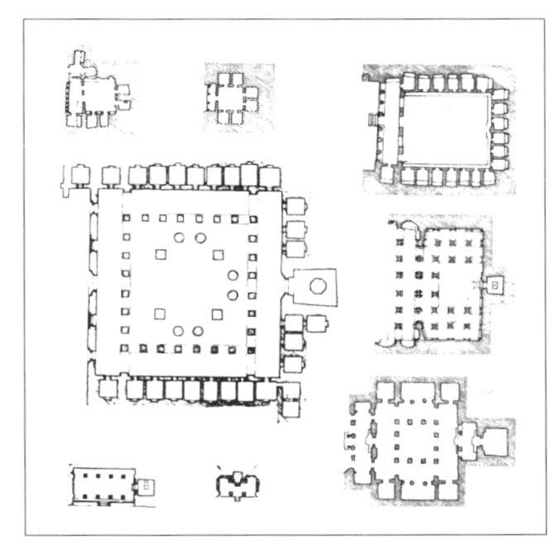

图 2–17　精舍窟诸例（平面图）

图 2–18　卡尔拉石窟

图 2–19　阿旃陀（全貌）

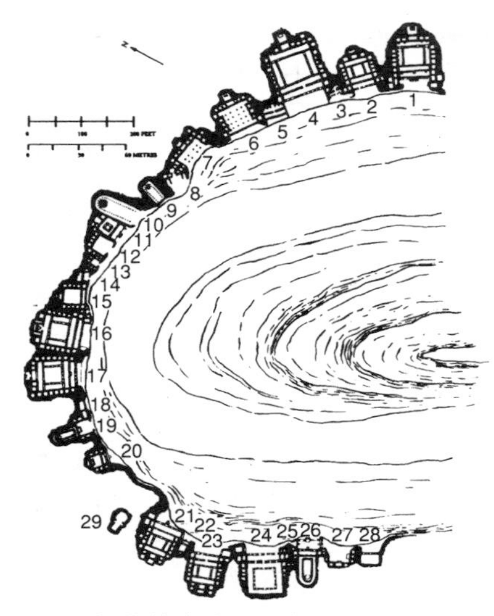

图 2–20　阿旃陀（配置图）

姜塔（AjantaIX），简纳（Junnar），菩提勒雅（Budhlenya），贡土帕利（Guntupalli），巴沙（Bedsa），卡利尔（Karla），库达（KudaI&XV）窟，属毗诃罗窟的则有巴米雅 XIX，阿旃陀 XIII，纳西克Ⅲ，巴格（Bagh）III，巴达米（Badami）III，奥兰伽巴德（Aurangabad）等。

支提窟以“前方后半圆”的形态居多。里面放置圆形的窣塔婆，后部的墙壁沿窣塔婆形成半圆形。从入口向内两侧左右平行排列两行列柱，与窣塔婆的后部半圆形墙壁相连；顶棚被挖掘成穹隆状；而毗诃罗窟是围绕着矩形空间，排列着四边挖通的僧舍；两者的构成都极为简单，表现了原初的形态。

说到石窟寺院，著名的是西印度的阿姜塔和埃洛拉石窟。阿姜塔是在 1819 年被英国军人狩猎时发现的。可以看出 1 个支提窟与几个毗诃罗窟相邻配置的形态。在大小不同的 30 个石窟中，第 9、10、19、26、29 号是支提窟，除此之外都是毗诃罗窟。石窟的营造始于公元前 1 世纪，2 世纪中断，5 世纪再度恢复，一直持续到 7 世纪。其中留下了丰富的壁画，作为佛教绘画源流弥足珍贵。埃洛拉石窟建于 7 ~ 8 世纪，也包括印度教、耆那教的石窟。在整个 34 个石窟中，南边的 1 ~ 12 窟均为佛教窟。

与石窟寺院相平行，也建造了佛教寺院。其主要要素是窣塔婆、支

图 2–21 埃罗拉第 11 窟

图 2–22 西尔卡普，塔克希拉

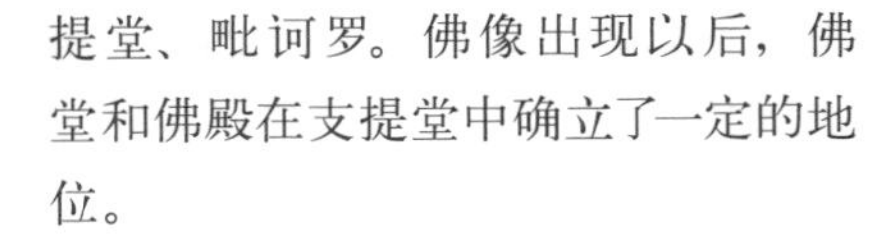

提堂、毗诃罗。佛像出现以后，佛堂和佛殿在支提堂中确立了一定的地位。

3 初期的伽蓝布局

作为了解初期伽蓝布局的遗例，有以塔克希拉的支提堂和双头鹫窣塔婆而闻名的西尔卡普城市遗迹（公元前 1 ~ 1 世纪），由小祠堂圆形包围主塔，拥有多个僧舍的法王塔寺院（公元前 1 ~ 2 世纪），由 3 个僧院和多塔院组成的卡拉旺塔（Kalawan）遗址，由矩形主塔外围小祠堂的塔院和四面 2 层的僧舍构成的乔里央（Jaulian）寺院（2 ~ 5 世纪），以及

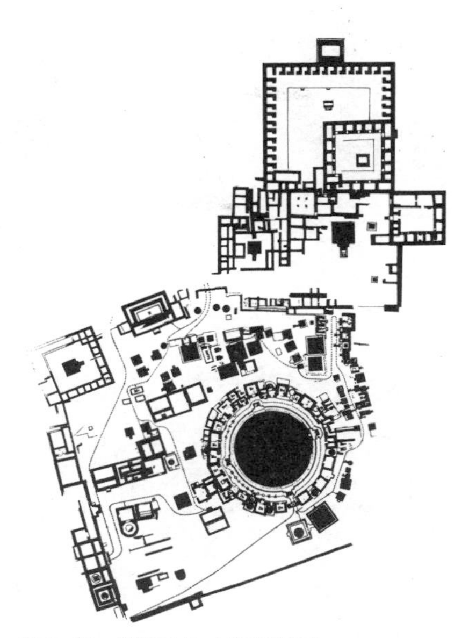

图 2–23 塔克希拉（总平面图）

图 2–24 法王塔，塔克希拉

矩形主塔院和僧院之间有多塔院的、马尔丹北郊的塔克地巴寺（Takhti-Bahi）（2 世纪）等。

在南部的德干高原，有伊库修巴克（Ikshuvak）王朝首都毗迦亚布利（Vijayapuri）的龙树城（Nagarjunakonda）佛教遗址（2 ~ 3 世纪）。方形的多柱室（曼达巴）的三面配有僧舍，相对布置的一对马

图 2–25　乔里央，塔克希拉

图 2–26　塔克地巴，塔克希拉

蹄形支提堂之间是大窣塔婆。

大月氏王朝被萨珊波斯王朝灭亡后，犍陀罗笈乡一世建立起了笈多王朝(320 年 ~ 550 年)。都城是华氏城。在桑吉再次开始了大规模的营造，建造了该时代的代表作第 17 祠堂。

拘摩罗笈多一世（415 ~ 455 年在位）建造了那澜陀僧院，其作为大乘佛教的一大学院一直持续到了 12 世纪。据说法显访问过此僧院，玄奘、义净也都曾在此修学。其兴盛期达数千以至上万人前来学习。这座东西长 250m，南北长 60m 的伽蓝，拥有 5 座祠堂和 10 座僧院。东边的 8 座大僧院朝西并排布置，南接 2 座小僧院面北布置；西边平行排列大小 5 座祠堂。最大的第 3 祠堂位于南端，被确认曾进行过 7 次增扩建。僧院由帕拉王朝(8 ~ 12 世纪) 营建，从其墙厚推测应该有 2 ~ 3 层。

4　高塔

作为笈多王朝创建的佛教建筑引人注目的是“初传法轮”之地，鹿野苑的达美克窣塔婆（Dhamekh Stupa）和“大悟之地”佛陀伽雅的大菩提寺，两者都是前所未有的高塔形式。

在鹿野苑还残存着伽蓝遗址，是法王塔窣塔婆的周围环绕圆形小祠堂的形态，可以看出矩形的中庭型四面僧院等的定型。然而，达美克窣塔婆看上去十分庞大，其整体的形态只能推测，与半球形的原型很不相同。

进入大月氏王朝后，窣塔婆的形态有了变化。台基下部设置基坛以求纵向比率的均衡，同时对台基和基坛施以全面的装饰，而支提的小型化是比较大的变化。卡尔拉的支提窟和阿姜塔石窟的窣塔婆也建在高高的基坛上，还出现了大窣塔婆周围附属有小窣塔婆的形态。这其中备受瞩目的是犍陀罗中覆盖五重、七重伞盖的小窣塔婆。此种塔的形态，在塔克希拉的莫赫拉莫拉都(Mohra Moradu) 遗址的小窣塔婆中也能看

图 2—27　大菩提寺，菩提迦耶

图 2—28　密檐式塔，山西大同

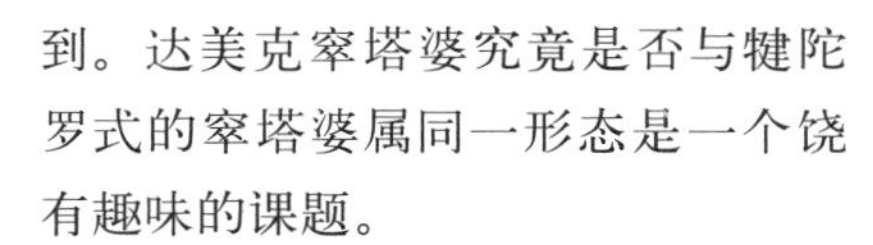

到。达美克窣塔婆究竟是否与犍陀罗式的窣塔婆属同一形态是一个饶有趣味的课题。

另一方面，佛陀伽雅的大菩提毗诃罗的高塔不是窣塔婆。台中设有祭祀佛像用的专室。是在四角锥台上放置相轮的形式，中央的大塔和四角的小塔形成五塔形式，金刚宝座塔究竟从何而来是一大谜团。现在的高塔是 19 世纪末缅甸佛教集团进行大修理后的形态，其原型保留了多少，疑点很多。但是表明了那澜陀的第 3 祠堂向五塔形式变化，金刚宝座塔自古以来一直被尝试建造是不争的事实。

戒日王朝（606 ～ 647 年）以后，印度教的优势彰显出来。印度教和耆那教与高塔形式间的影响关系成为课题，尤其是在尺寸基准（Manasara，印度的建筑学典籍，译者注）中被归类为那嘎拉式（梵语 Nagara，意为都市）的北方炮弹型塔对佛塔的影响应该很大。与中国的密檐式塔十分相似。

05 佛塔的各种形态

形态极其单纯明快的窣塔婆，由中国传到遥远的日本后演变成了木塔。下面我们沿着佛教的系谱，一路追踪一下佛塔的形态。

1 斯里兰卡

首先是斯里兰卡，公元前3世纪阿育王的王子摩晒陀（Mahendra）向斯里兰卡传播"上座部"佛教。中心寺院是"大寺"（Maha Vihara）寺院。据说5世纪时觉音（buddhagosa）来岛，用巴厘语写下了三藏（经、律、论）的注释文，并著有《清净道论》一书，从而确立了上座部佛教的教义。

窣塔婆又称作达戈巴（Dagoba）或达沟巴（Dagaba）。是由Dhatugraba即佛舍利、嘎鲁巴（容器）二词而来。

阿努拉德普勒（Anuradhapura）有三个巨大的达戈巴，即鲁般瓦

图 2–29　加塔瓦纳（Jatavana），阿努拉德普勒

图 2–30　都波罗摩佛塔，阿努拉德普勒

图 2–31　兰克多维黑拉，包伦纳鲁瓦（Polonaruwa）

图 2–32　佛齿寺，康堤

利沙亚佛塔(Ruvanveliseya，公元前2世纪)、阿巴亚基利佛塔(Abhayagiri，BC1世纪)以及杰塔瓦那(Jathavana Dagoba，3～4世纪)佛塔。从中都能看出佛塔原型的传播。阿巴亚基利佛塔高105米，杰塔瓦那佛塔则高达120米。是世界最大级的砖造佛塔。两者都围绕佛塔配置中庭式住宅。

阿巴亚基利从公元前2世纪以后成为斯里兰卡唯一的佛教圣地而繁荣，一直延续到8世纪末。其周边遗留有包含僧舍、食堂、蓄水等设施在内的大量伽蓝遗址。

由于频繁遭受塔米尔人的攻击，8世纪末将首都迁到了波隆纳鲁沃(Polonnaruwa)。留下了大量的遗迹，但佛塔的形态并没有发生变化，名为Alahana Parivena的学问寺、马尼克北海拉(Manikvehera)僧院等还保留着达戈巴的原型。

14世纪以后，将据点转移到康堤，16世纪末与王宫的兴建一起创建了佛齿寺。这里将僧伽罗朝的三都联系在一起，称为文化三角地带，包括丹布拉石窟寺院(公元前3世纪)，狮子山的复合遗址等许多遗址登录了世界遗产。

2 尼泊尔

在尼泊尔也可以见到接近原型的佛塔。从印度传来的大乘佛教在尼泊尔与印度教共存至今。虽然追溯到李查维王朝(4～8世纪)时代的遗例还没有得到确认，但位于巴丹中心及其东西南北四个城市边界的5座佛塔，据说是阿育王时代的建筑。建于12世纪的斯瓦亚姆布纳特佛塔(译者注：又称四眼天神庙)，位于传说中文殊菩萨开拓曾为湖泊的加德满都谷地时最先出现的山丘上。此外，在博达纳特有6世纪建造的世界上最大的佛塔。

图2-33　斯瓦亚姆布纳特，加德满都

最接近窣塔婆原型的是尼泊尔的佛塔。其特征是在平头的部分描绘有佛陀的眼和面容，在平头上挂有雕刻着各路神仙的半圆形浮雕。窣塔婆的内部埋葬着佛陀，隐喻着慈悲之眼凝视着四方。佛殿和佛塔合

图 2–34　博达纳特寺院，加德满都

图 2–35　女神庙，巴丹

为一体，应该是一种形式。台基是圆形的，也有方形的基坛，如博达纳特佛塔就是拥有四座小佛塔的金刚宝座式。

另外，在尼泊尔备受瞩目的是女神庙（Kumbheshwar）的五重塔（17 世纪末）那样的木塔。其整体比例，支撑屋檐用的斜材（方杖）等和中国、日本不同，木塔与石塔、砖塔的并存非常有趣。木塔与巴厘岛、龙目岛的印度教寺庙的木造高塔十分相似。

3　东南亚

让我们把着眼点从传播比较古式佛塔的斯里兰卡、尼泊尔转向东南亚。

以摩诃婆罗庙为中心的锡兰佛教给予缅甸、泰国等东南亚佛教以极大的影响。上座部佛教传入泰国是在 13 世纪（或者更早）。在素可泰王朝（1220 年左右～1438 年），上座部佛教地位得以确立，之后经过大城王朝（1351～1767 年）、吞武里王朝（Thouburi，1767～1782 年），被现在的曼谷王朝（1782 年～）所继承。7 世纪后半开始，以苏门答腊为据点的席威差（Srivijaya）王国和 8 世纪中期兴盛于爪哇的夏连特拉王朝为保护佛教，在东南亚各地广泛传播佛教文化，同一时期的印度密教兴盛，密教派的佛教得以传播。

缅甸

在缅甸，把佛塔称为巴哥达(pagoda)。据说是缅甸语巴雅(paya)和斯里兰卡语达戈巴德复合而成。此外，祠堂称切提或泽提，是来自于支提一词。

在伊洛瓦底江流域，有骠族的遗址吉祥刹土(Sri Kshetra)、拜他诺(Beikthano)、哈林(Halin)、玛印摩(Main Mo)等。以博博基、巴雅基，巴雅玛3座佛塔最为古的遗例。其中博博基塔(7世纪)高46米，5层的圆形台基上建的覆钵是圆筒形。没有平头，只有顶部是圆锥形。其他2座佛塔也是炮弹型，与窣塔婆的原型不同。

图2–36 博博基佛塔，夫摩杂

据说在蒲甘王朝时期(11～13世纪末)建立了数千座堂塔，留下了2000多座建筑。像印度寺院的西卡拉塔那样将巴哥达状塔建在祠堂之上的形式是常见的，从而留下了高塔林立的独特景观。蒲甘的切提(次堂)分为用周围的墙壁承重上部高塔荷载的一室空间，和采用粗墙柱直接承重的两种形式，圆拱的使用是其特征。

图2–37 蒲甘的佛塔群

佛塔、祠堂的形态按照时代分成了几类，单从造型上看，首先基坛成阶梯状是其特征。可以理解由于反复的增扩建，其规模(台阶数、高度)也不断扩大。基坛有圆形和方形两种，方形基坛规模大了即成为金字塔状，形成各层角隅处设置小祠堂的形式；覆钵部分或圆形基坛已连接流畅，不久吊钟状形态应运而生。

图 2–38　索拉萨克寺，素可泰

图 2–39　西沙卫寺（Wat Si Sawai），素可泰

泰国

在湄南河流域，6 ~ 11 世纪孟族之国堕罗钵底昌盛，这个时期的著名遗迹佛统（又名那宏柏颂）的普拉柏颂宝塔是美丽的吊钟形。其基坛成台阶状不断向上堆砌的形式在印度是看不到的，在斯里兰卡和尼泊尔可以见到几例，基坛呈金字塔状的构成在东南亚十分突出。在阶台上设置神祠的形式在东南亚基层文化中是相通的。

在泰国，看看素可泰和其卫星城和北边的西萨差那莱（Si Satchanalai），以及南边的前哨基地坎佩恩（Kanpaeng）寺庙，在吊钟形中被称作“莲之蕾”型的切第（chedi）引人注目。还有，受印度教的影响，称做普朗（prang）的炮弹（玉米）形也不少。在泰国，

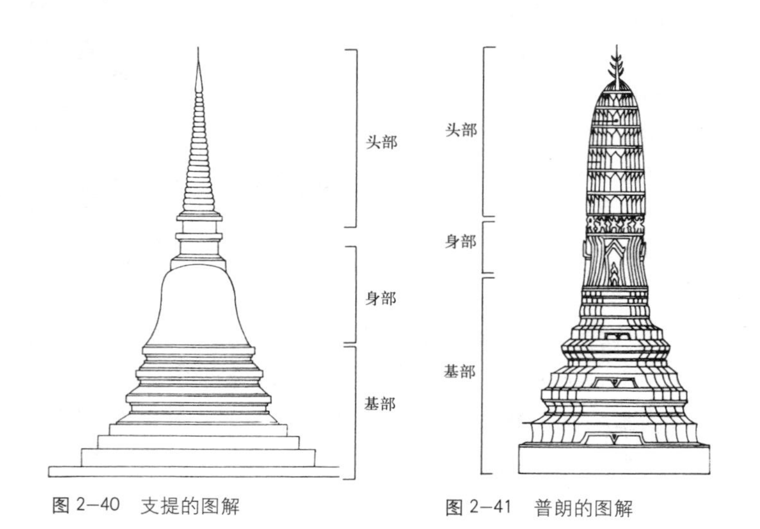

图 2–40　支提的图解

图 2–41　普朗的图解

支提又叫做切第（chedi），但切第和窣塔婆一般无法区别。也有把吊钟形的称切第、“莲之蕾”形的切第称窣塔婆来加以区分的。“莲之蕾”形是泰国独有的，西萨查那莱的柴迪伽拓寺（Wat Chedi Chet Thaeo），素可泰的玛哈泰寺（Wat Mahathat）等就是其代表作。总的来说以一塔的形式居多，但也有像大城的柴瓦塔那兰寺（Wat Chai Watthanaram）那样采用金刚宝座形式的。

柬埔寨

看看柬埔寨。东南亚最早被印度化的国家是扶南（1～5世纪）。其鼎盛期是4世纪，中心地带为湄公河三角洲，领土遍及越南南部、柬埔寨、泰国和老挝。印度教十分昌盛，同时也有使用梵语的南方上座部佛教。取代扶南的是真腊（6世纪～）。9世纪真腊（也就是阁蔑）由闍耶跋摩二世继位（802年）之后，进入了吴哥王朝的全盛时期。留下了吴哥窟（12世纪前半叶）、百因寺（12世纪末）等绚烂的建筑遗产，但有趣的是没有窣塔婆遗构。高棉诸国王信奉湿婆教，也信仰毗湿奴，以及信仰左半身为毗湿奴，右半身为湿婆的神。当时大乘佛教也被接纳，和湿婆教混合在一起的观世音菩萨信仰也十分兴盛。

图 2–42　柴瓦塔那兰寺（Wat Chaiwatthanaram），大城

图 2–43　小吴哥窟，暹粒

爪哇

印尼的支提基本是祠堂，其中唯一没有内部空间被视为窣塔婆的是婆罗浮屠寺，于1814年发现于中爪哇的Kedo盆地中心的密林中。据说是由以大乘佛教为基础的夏连特拉王朝建造的。

这座用安山岩的琢石累砌而成的巨大建筑的最底层是边长约120米的方形基坛（其背后隐藏的基坛也被发现）。共计6层踏步的方形平台上，是三层圆坛，中心为吊钟形的窣塔婆，方形基坛的周围雕刻着无数佛教传说的浮雕，存放座像的佛龛向外敞开。圆坛从下往上依次为32、

图 2-44　婆罗浮屠寺庙的圆顶部，雅加达

图 2-45　婆罗浮屠寺庙的立面

24、16 个镂空的石砌的吊钟状空间，配以内有佛像的小窣塔婆，除了最上一层是圆形其他都是椭圆形。

作为窣塔婆是绝无仅有的形态。关于婆罗浮屠寺的意义有很多说法，最普遍的说法是表示宇宙三界中的宇宙构造的立体曼陀罗。

4　中国

下面将目光转向中国。

佛教传入中国是在东汉（25 ~ 220 年），一种观点认为是在公元 67 年东汉的明帝时代。从犍陀罗穿越帕米尔高原的丝绸之路是佛教传播的途径。应该留意的是，也许此时佛像已经有了。即供奉佛像的佛堂和窣塔婆同时被传播，佛舍利信仰很有可能是在佛像和佛堂传来之后才带来的。

在中国 stupa 译作塔婆，以前有“没有浮屠的浮图”的说法。玄奘三藏在《雀离浮图》中所记载的迦腻色伽国王的大窣塔婆，可以与白瓦近郊的 Shah-ji-ki-Dheri 遗迹类比。浮屠祠、浮图之祠是佛教寺院或佛堂、佛殿，这里的浮屠意为佛陀。有学者认为浮图特指佛塔是在南北朝以后。木造阁楼式的佛塔确立后，窣塔婆、塔婆的语言即随之诞生了。

中国现存的最古老的砖塔是嵩岳寺塔，建于北魏的孝明帝时期（520 年）。外观为正 12 边形的 15 层炮弹形。其顶部置有覆钵或平头状的构件后上面安放相轮 7 重。第一层的基坛分为上下两段，上段有 8 个壁龛；内室为正八边形，搭建楼板共分 10 层。最古老的木造楼阁式塔是被称为“应县木塔”的佛宫寺释迦塔，建于辽清宁二年（1056 年），平面为正八边形，内部有 9 层，4 层为棚顶，基本上是 5 层，分别安置佛像；外观上，首层为带有佛塔外檐的五重塔，上下层的大小基本相同，顶部坐落着小塔婆状或五轮塔状的相轮。在中国前者称为密檐式塔，后者则称为楼阁式塔。

图 2–46　应县木塔（佛宫寺释迦塔），山西应县

图 2–47　云冈石窟的塔，山西大同

木造楼阁式塔婆的起源

早期塔婆的形态，只能依靠文献或考古学遗物，家型明器，图像等来推测。一个焦点是宫殿、官邸、陵墓的门上所使用的阙，以及明器所看到的 2、3 层的楼阁。

关于木造楼阁式塔婆的起源有各种说法：首先是关野贞提出的，以犍陀罗式的小塔婆为模式的犍陀罗说。佛教由中印度传到中国时曾经过了犍陀罗是根据之一。根据其解释砖造的佛塔，塔身以上为相轮，基坛逐渐发达为多层。木造佛塔，其基坛也为木结构，处于构造的需要架设屋顶，成为了多层塔的形式。关野学说还留下了疑问即为何没有以砖造的方式原封不动地实现犍陀罗型的塔婆。

对此，伊东忠太认为是在中国产生了新的佛塔样式。将原有的楼阁建筑形式与塔婆要素相融合就是中国式的佛塔。可以解释为借用中国原有的楼阁建筑，在其之上设置塔婆样式的相轮。实际上云冈石窟的浮雕上也有在 3 层木造楼阁上设平头、伞竿、伞盖的例子。但伊东之说也只能说明结果。

之后足立康提出木造楼阁式塔婆的原型已经在印度出现，之后传入中国。视为《雀离浮图》的沙阿继安代里（Shah–ji–ki–Dheri）遗迹，与高基坛的犍陀罗塔婆同形，而且据说有一段时期曾建造了高塔式的建筑。但此说没有具体的根据。

还有村田治郎的方尖庙（vimana）

之说，方尖庙是印度的高塔。的确与嵩岳寺塔的炮弹形态极为相似。即在中国不是以塔婆而是以方尖庙为模式的。

首先，中国佛塔是汉代按照神仙思想而建的土台建筑为基石的。土台之上是神仙降临之处，一般是搭建楼阁式木结构建筑，顶部设青铜的承露盘。承露盘用小塔婆代替就成了佛塔。在原有宗教基础上就地植入了佛教建筑，这与单纯的折中说、融合说不同。

然而问题是印度并没有这样的原型。鹿野苑达美克佛塔有两层覆钵，可以认为是高塔形，也许是未完成，上部完全崩坏，整体情况不明。其为6世纪古浦他王朝所建。就中国佛塔而言特别成为问题的是，基坛的各层都有安放佛像的房间。因此令人关注的是安放佛像的高塔方尖庙。

方尖庙的起源和原型尚未清晰。一般认为古浦他王朝所建佛陀伽耶的摩诃菩提毗诃罗高塔是先驱，其中心一座大塔与四角四座小塔五塔组合的金刚宝座塔形态的确立尚未明了。这也是古浦他王朝所建。结果村田所主张的，方尖庙的原型是方形高层建筑顶上覆盖着小塔婆的形态，其在犍陀罗确立，而后传入中国的说法，也没有准确的结论。关于木塔的确立，不应忽视尼泊尔木塔的存在。

中国佛塔的类型

中国现存佛塔从形态上分类，除了密檐式、楼阁式以外还能分为单层塔和双层塔。随着时代推移，增加有喇嘛塔和金刚宝座塔。

最古老的石塔是山东省历城县的神通寺四门塔（611年），塔平面呈正方形平面，四面有拱状入口，内部的中央为方形的中心柱，柱四面各安置石雕佛像一尊。这种形式看不出由于基坛升高而省略覆钵的形，或成为四角锥形（宝形）。这时，已经成为拥有内部空间的佛堂形式。在单层塔中，多见直方体（基坛）上有覆钵再放相轮的图像。因为单层塔和双层塔，都是小塔婆形态的直接模仿。日本的木造多宝塔显然是它的延续。

到了元代，西藏佛教即喇嘛教被传播，同时建造的是喇嘛塔。北京妙应寺白塔（1271年）是最初的例子。明代则留下了五台山塔院寺白塔（1407年）等大量实例。喇嘛塔虽然忠实地复制了塔婆的原型，但覆钵的形状不同，让人联想达美克佛塔的比例，上部也许是喇嘛塔的样式。

金刚宝座塔的形式据说是在明代永乐年间（1403～1424年）由印度僧人斑迪达传入中国的。真觉寺金刚宝座塔创建于1473年。还有清代的慈灯寺金刚宝座塔（内蒙古，1727年），碧云寺金刚宝座塔（北京，1748年）等例子。

中国现存的主要佛塔归纳如表2–1。

表 2-1　中国现存主要佛塔

魏晋南北朝

嵩岳寺塔／密檐式塔／河南登封／北魏（孝明帝）/520 年／最古老的塔／正 12 边形 15 层 /40 米

隋／唐

佛光寺祖师塔／单层二层塔／山西五台山 /600 年左右／等边六角形 2 层

神通寺四门塔／单层二层塔／山东历城／隋 /611 年／最古的石塔／单层方形 /13 米

慈恩寺大雁塔／楼阁式塔／陕西西安 /652 年／方形 7 层 /60 米

兴教寺玄奘塔／楼阁式塔陕西西安 /669 年／方形 5 层 /20 米

云居寺石塔／单层二层塔／北京房山 /700 年左右／方形单层

荐福寺小雁塔／密檐式塔／陕西西安／唐 /707 ～ 709 年／方形 15 → 13 层 /43.3 米

嵩圣寺千寻塔／密檐式塔／云南大理／南诏 /836 年／方形 16 层

五代／辽／宋／金

灵隐寺石塔／楼阁式塔／浙江杭州 /960 年／八角 9 层 /10 ～ 15 米

虎丘云严寺塔／楼阁式塔／江苏苏州／北宋 /961 年／八角 7 层 /50 米

栖霞寺舍利塔／密檐式塔／江苏南京／五代南唐 /937 ～ 975 年／石塔／八角形 5 层 15 米

罗汉院双塔／楼阁式塔／江苏苏州 /982 年／八角形 7 层 /35 米

开元寺料敌塔／楼阁式塔／河北定县／北宋 /1055 年／八角形 11 层 /70 米

祐国寺铁塔／楼阁式塔／河南开封／北宋 /1049 年／八角形 13 层(前身八角 13 层的木塔) /57 米

佛宫寺释迦塔／楼阁式塔／山西应县／辽 /1056 年／现存最古老的木塔／八角形 9 层

天宁寺塔／密檐式塔／北京 /11 世纪／八角形 13 层 /70 米

开元寺镇国塔／楼阁式塔／福建泉州／南宋 /1237，1250 年／东西双塔／石塔／八角形 5 层 /48.24 米，48.06 米

元

妙应寺白塔／喇嘛塔／北京／元 /1271 年／方形密檐 /53 米

天宁寺虚照禅师明公塔／密檐式／河北顺德府（邢台）/1290 年／八角形 3 层 /14 米

明

五台山塔院寺塔／喇嘛塔／山西五台 /1407 年

真觉寺金刚宝座塔／金刚宝座塔／北京／明 /1473 年 /15 米

广惠寺华塔／金刚宝座塔／河北正定 /35 米

大塔院寺塔／金刚宝座塔／山西五台 /80 米

慈寿寺大塔／密檐式塔／北京 /1578 年／八角形 13 层

清

西黄寺班禅喇嘛清净化城塔／喇嘛塔／北京 /1723 年

慈灯寺金刚宝座塔／金刚宝座塔／内蒙古 /1727 年

碧云寺金刚宝座塔／金刚宝座塔／北京 /1748 年 /30 米

图 2–48　慈恩寺大雁塔，西安

图 2–49　皇龙寺（九层塔复原模型）

5　朝鲜半岛

佛教传入的 4 世纪后半叶以后，朝鲜半岛建造了各种各样的佛塔。平壤近郊的定陵寺和金刚寺（青岩里废寺）塔从基坛遗址分析应为八角形木塔。而建于 7 世纪中期的百济的定林寺、弥勒寺的塔是石塔。在新罗时期，首都庆州皇龙寺的九层木塔（645 年）和四天王寺（679 年）的双塔为人所知。从古新罗到统一的新罗初期，建造了感恩寺遗址的东西三层石塔、高仙寺遗址的三层石塔、皇福寺遗址的三层石塔等大量石造双塔被建造。还有砖造的芬皇寺的例子。首尔的景福宫的葛项寺的三层石塔，以及庆州佛国寺的释迦塔、多宝塔建于 8 世纪中叶，远愿寺、华严寺的三层石塔则建于 8 世纪后半叶。仿木构架的佛国寺的多宝塔样式独特。此外庆州净惠寺遗址的 13 层密檐塔、华严寺四狮子三层石塔等有着与众不同的特殊形态。

高丽时代在首都开城建造了演福寺五层塔、平壤建造了重兴寺九层塔等大型木塔，但没有保留下来。玄化寺遗址的七层石塔，南溪院七层石塔等多层方形石塔等保留下来。此外还有月精寺塔那样的八角多层塔。

朝鲜时代的实例有法住寺捌相殿（1624）那样的木塔。此外还有圆觉寺十层石塔和洛山寺的七层石塔等。

column 3　　五　轮　塔

五轮塔从下至上依次为直方体、球形、三角锥形、盘形、拟宝珠形（葱花形状的宝珠装饰），喻为地水火风空之五大。方形的地轮，圆形的水轮，三角的火轮，半圆形（仰月）的风轮，宝珠（团）形的空轮，即所谓五轮塔。这种五轮塔在日本到处都是，而中国、印度却没有。

桃山时代醍醐寺圆光院出土的应德二（1085年）铭的五轮塔是记载中最早的例子，实体不明。另外，描绘在法胜寺瓦当，勾漏筒瓦（1122年）上古例表明，方形地轮的高度不高接近宝塔。瓦制五轮塔（1144年）播磨的常福寺。现存较早的石塔除在中尊寺释尊院（1169年）、丰后有两座（1170、1172年）外，福岛县的五轮坊墓地（1181年）也有。颇有意思的是三角火轮有四角锥形和三角锥形两种，三角锥形的火轮都与13世纪东大寺重建时的俊乘坊重源有关联。

关于五轮塔形的起源，首先有来自于带有华盖的舍利瓶的形态之说。若只从形态来论述的话根据不足。作为依据的是与密教的五轮五大的关联。唐朝不空翻译的《宝悉地成佛佗罗尼教》中有关于五轮的字句，善无畏翻译的《尊胜佛顶修瑜伽法轨仪》中将地水火风空五智轮的形态分为方、圆、三角、半圆形（仰月）、宝珠形的5种形状，用梵字a，va，ra，ha，kha来表示，推出五轮图。然而五轮塔的实例中国没有。

因此探寻印度的古例。可以列举象征佛、法、僧（Triratna）的三宝图，意为五大的巴厘文字组合，有桑吉的第一佛塔中的象征图、阿默拉沃蒂佛塔的浮雕等，但都没有与五轮塔完全对应的。

最接近五轮塔的似乎是喇嘛塔。西藏的喇嘛塔象征五大的说法是很有说服力的。问题是喇嘛塔的形式如何确立的。然而日本的五轮塔显而易见是使用了更纯粹的形。

关于五轮塔以下几种说法可以考虑：

①密教经典的五轮图是在印度确立的。其形状是按后期塔婆的轮廓要点用线条勾绘的象征图。因此五轮各形的大小不一定与窣塔婆完全相同是很自然的。

②西藏的喇嘛塔多是模仿印度后期的塔婆。然而古例中相轮下端明显大，似乎受五轮图中三角形火轮的影响。

③在中国，后期塔婆的形式出现在

图2–50　岩船寺的五轮塔

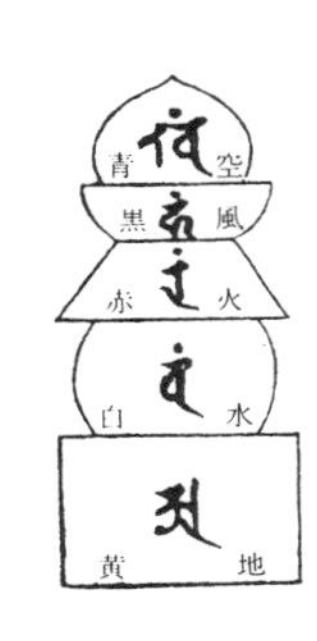

图 2—52　五轮和身体的对应

图 2—51　高野山里的院 五轮塔

南北朝时期（5、6 世纪），立刻被中国化，即成为所谓宝塔形和宝箧印塔形而流行。

④中国和朝鲜至今尚未发现有五轮塔的遗例。五轮塔似乎是日本的独创。

⑤创作以汉译经典五轮图为范本，图是平面的线描，因此将其立体化时，宝塔形态影响强烈，火轮成为棱锥形屋顶的形态。

⑥因此，日本的五轮塔应该称之为印度佛塔的直系，在日本五轮塔广泛使用于墓地，很好地保持了塔婆原本的意义。

此外有意思的是，日本僧人的墓石也采用了炮弹型塔婆的形。

06 佛教寺院

13世纪初在印度消失的佛教，在各传播系统上至今延续其法脉。其大的系统有日本和中国西藏。此外还有以重视原始佛教传统，严守戒律而闻名的泰国，缅甸等南方上座部派佛教。东南亚大陆各国和斯里兰卡都维持着佛教的系谱。

前文通过对佛塔的追踪论及了代表性寺庙，下文将就伽蓝布局和其他部分进行补充。

图2–53 茶巴比，加德满都

1 巴哈 巴比

在印度佛教消失于13世纪以后，尼泊尔和不丹同时成为印度亚大陆佛教的得以存活的地域，延续着法脉。在尼泊尔，尤其是加德满都盆地，至今仍存在许多以中庭为中心周围布置僧舍的矩形佛教僧院（精舍）。居住在加德满都盆地的尼泊尔人，自古以来就发展了都市型集合居住形式。一层作为仓库或饲养家畜的空间，顶层为厨房的3～4层连栋形式很早就有，还有以这个佛教僧院为

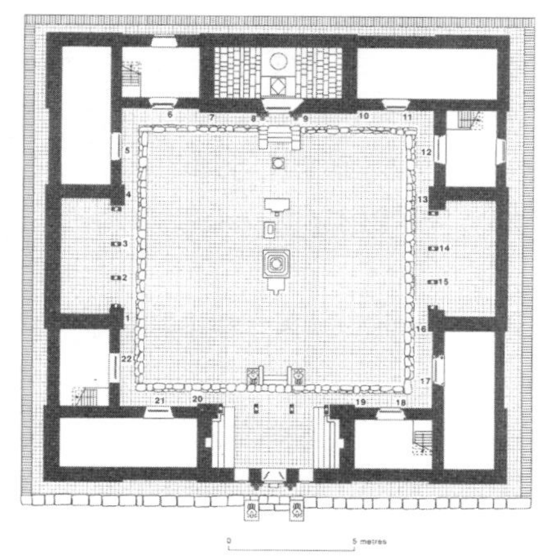

图2–54 丘霞巴哈（平面图），加德满都

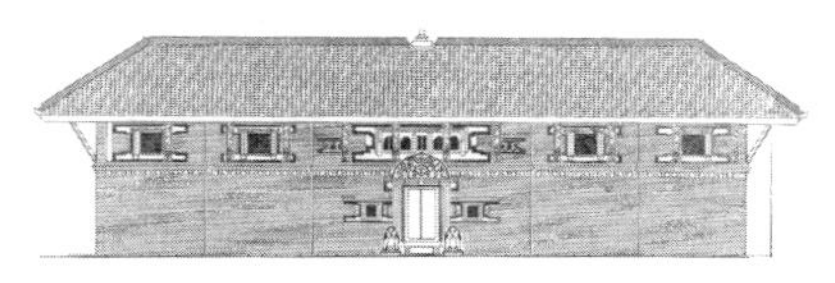

图 2—55　丘霞巴哈（立面图 · 断面图）

原型的中庭式住宅集中的街区。在窥视巴丹等以佛教为中心的城市布局上，极为有趣。

中庭型的僧院有称作巴比（bhai）和巴哈（bahah）两种类型。也有两者综合在一起称作巴哈巴比的形式。巴比是以独身的僧人为对象的僧院，巴哈则为有妻室的僧人所住的僧院。在加德满都郊外位于德欧巴丹中的茶 · 巴比，相传是阿育王的女儿茶鲁玛蒂和尼泊尔王子德巴巴拉结婚时创建的。在其周边，残留有李查维王朝时期的佛塔和石佛；还有神祠之塔，共两层，一层二层均在中庭一侧与外廊相连，贯通到南栋中央的屋顶，在中庭中布置有一列支提。

巴哈的代表例是加德满都的丘霞 · 巴哈，基本上和巴比的相同形式，只是没有塔，正面中央的一室用作祠堂。其细部比简洁朴素的茶 · 巴比要丰富得多。

可以认为本来这里是远离王宫的场所，寺院周围建有巴比以进行修行。7 世纪时，随着密教的出现而有了巴哈。12、13 世纪僧人携带妻子的倾向多起来，随着城市的发展，逐渐将村舍的关系带到城市内。巴哈巴比指的是地区中心的巴比也兼有巴哈功能，由巴哈巴比构成的街区每一住宅区都配有广场、被称做“黑迪”的饮水站、名为“帕迪”的亭子，以及支提等设施。

2　切第，讲堂，法堂

在泰国佛教寺院被称为窟（Wat）。从 13 世纪的素可泰王朝开始信仰上座部佛教。曼谷有黎明寺、郑王庙、玉佛寺、汴恰马波皮特寺院等许多优秀的佛教寺院。

泰国寺院的基本构成要素为切第（chedi）、法堂（ubosoth）、讲堂（viharn）、门德普（Mondop）（译者注：带金字塔形屋顶的方形建筑）、萨拉（sala，亭子）。切第属支提，也包括了塔婆。讲堂周围密集排列的切第形式叫切第莱（ray），其中心的塔也叫切第。安放佛舍利和佛陀遗物的塔和祠堂统称为切第，严格区别于收藏佛舍利的塔婆。也有专门把“莲之蕾”形塔称为塔婆的，这种佛塔在切第中为吊钟形。炮弹（玉米）形的神殿西卡拉（Vimana）被叫做普朗。

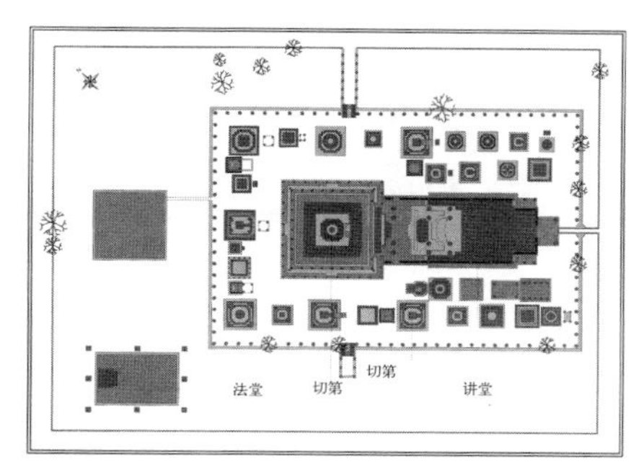

图 2–56 太耶切第寺(Wat Chedi Chet Thaew)(平面图)，席撒查那拿（Sri Satchanalai）

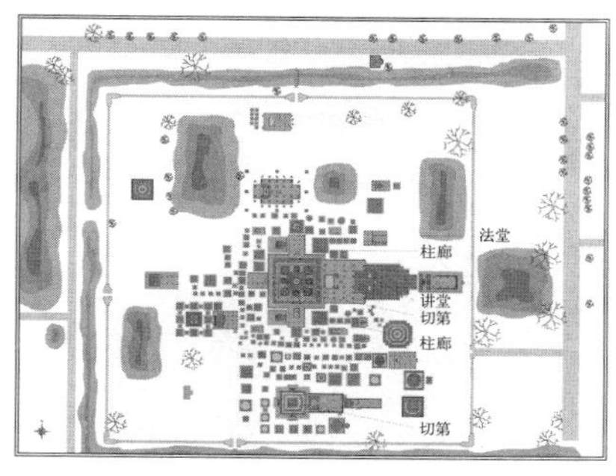

图 2–57 玛哈泰寺（平面图），素可泰

讲堂（viharn）是毗诃罗，即在佛像面前举行各种仪式，宣讲佛法。功能和法堂是一样的，只不过法堂限定为僧人修行的场所，讲堂供一般信徒作朝拜用。法堂和讲堂的区别很简单，法堂内部供有佛像，周围放置有八块边界石（sema），意为神圣的场所。讲堂是曼达波（梵语，柱廊的意思——译者注），有内部空间，时常供奉巨大的佛像，相当于金堂。

小型的寺院前面设有讲堂，后面配有切第，周围围以垣墙，是纯粹的伽蓝的基本构成形式，像素可泰、西萨查那莱的两座环象寺那样，即使加大规模也可以看到讲堂＋切第的构成。一般是佛像面东，信者们面西进行朝拜。

复合的构成多是在同一轴线上重复上述基本构成，而且讲堂、法堂也设置在轴线上的，由于周围设有切第，产生出更复杂的形态。

3 中国的佛教十大寺

正像《三国志》中记载的笮融在徐州建浮屠祠（188 ~ 193 年）那样，中国佛教建筑的记载应该始于汉代末期。北魏末，洛阳城内外有 1000 余座寺庙，其中以中央建有 9 层方形大塔的永宁寺最为壮丽，据说是北魏时代 519 年竣工，工匠为郭安兴。伽蓝的配置不详，这个时期回廊环绕一塔式、双塔式等与日本的四天王寺式、法隆寺式等有关联的若干形式得以确立。

从北魏到南北朝，云冈石窟、龙门石窟、敦煌石窟等多座石窟寺庙破土动工。虽可以认为印度石窟寺院的影响，但也有一些大的差异。首先，中国将石窟作为住宅使用的毗诃罗窟极少，而且支提窟的形态也不同。设置在中心的为塔柱或方塔。塔柱和方塔是北魏时代的石窟特征、模仿木结构建筑的地方也很多。如效

图 2–58　云岗石窟第 20 窟，山西大同

图 2–59　下华严寺，山西大同

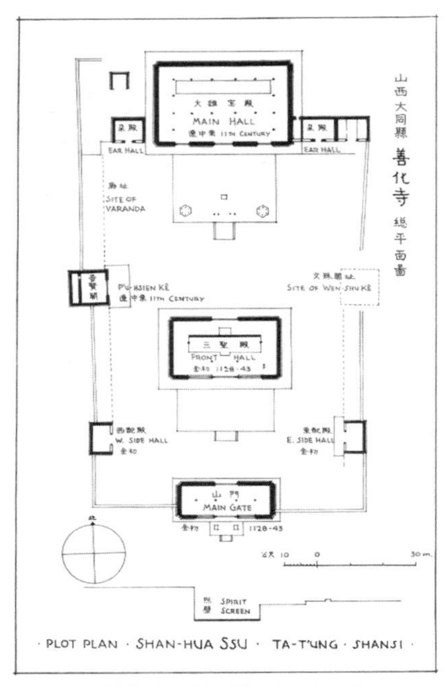

图 2–60　善化寺（总平面图），山西大同

仿楼阁式建筑的形态，斗栱还使用了人字蛙腿形装饰。中国的石窟中有在印度看不到的以佛像为中心的尊像窟。

看看几个有代表性的伽蓝。五台山（山西省）是自唐代以来的佛教中心地。山内建有许多佛寺，有堪称现存最古老的木造建筑南禅寺大殿（山西五台，782 年）。代表性的佛寺还有佛光寺大殿（山西五台，857 年）。该寺随山就势，面阔 7 间，进深 4 间的大殿面西，其前面有左右两配殿。还有面宽 7 间，3 层高的弥勒大阁，其后侧是称为无垢净光塔的八角形砖塔。南禅寺大殿因为年代久远，其规模小，大殿面阔进深各三间，平面近方形，只有 3 间四方，架构形式也十分简单。而佛光寺大殿，柱间为补间直斗，为补间铺作的前阶段。根据宋代《营造法式》中所总结的中国建筑的基本形式，佛光寺的构件尺度极大。可以认为补间铺作技术是从唐末开始经五代，在五台山一代发展起来的。与此相对的，南禅寺大殿那样仅在柱头有斗栱的形式被称为“疎组”（日本古建叫法，译者注）。后来出现的福建省福州的华林寺大殿（964 年）是疎组形式，与日本的有皿形板的斗、有插栱的大佛像的造法有相通之处。

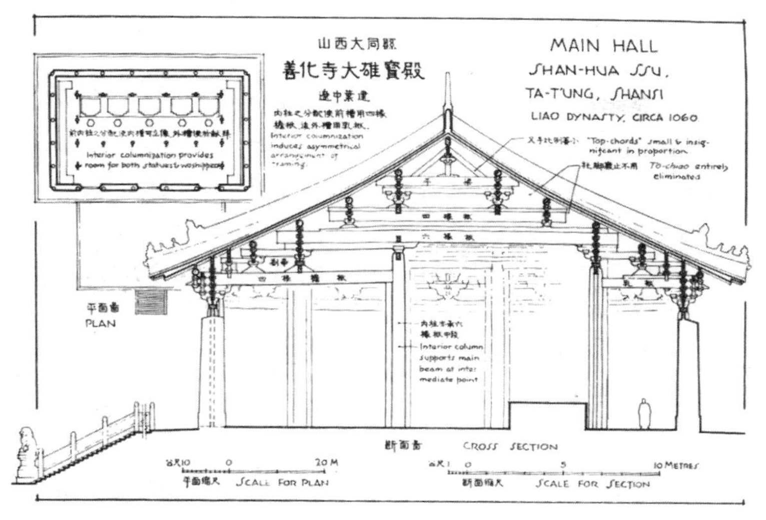

第六十二图 善化寺大雄宝殿断面平面图

图 2–61 善化寺，大雄宝殿（断面图）

辽、金时代，有大同的善化寺和大华严寺。大华严寺在明代分为上大华严寺和下大华严寺。其次还有独乐寺（天津市，984 年），奉国寺（辽宁义县，1020 年）。

宋代禅宗寺院兴盛，流行“伽蓝七堂”制度。禅宗寺院的七堂为佛殿、法道、僧堂、库院、山门、东司、浴室。较大规模的还要加上讲堂、经堂、禅堂、塔、钟、鼓楼。典型的例子有隆兴寺（河北省正定，1052 年）以及保国寺（浙江省余姚，1013 年）等。

广胜寺（山西洪洞，1309）是元代十分有名的佛教建筑，但元代留下的遗迹很少。元代藏传佛教广泛传播。同时白莲教和白云宗等也十分兴盛。在明代佛教进一步渗透到民间，与道教混杂在一起。清代庇护藏佛教的寺院大量兴建。

中国历史上的十大寺院为：

①庐山东林寺——位于江西省北部的名山庐山上，北临长江，东面是广阔的鄱阳湖，为中国净土教之源头。由慧远（334 ~ 416 年）奠基，太元 11 年（386 年）创建。

②天台山国清寺——位于浙江省天台县，天台宗的源头。智顗大师（538 ~ 597 年），太建 7 年(575)创建。

③太白山天童寺——位于浙江省宁波市。为日本曹洞宗的祖庭。义兴，晋朝（300 年）建。

④摄山栖霞寺——位于江苏省南京市玄武湖南岸的九华山，为三论宗的中心。吉藏奠基，唐大中 5 年

(851) 创建。

⑤ 扬州大明寺——位于扬州西北，为日本律宗之祖，鉴真曾在此学习。457～464年间创建。

⑥慈恩寺（大雁塔）——位于陕西省西安市，法相宗的发源寺院（玄奘三藏）。慈恩，唐贞观22年（648）创建。

⑦终南山华严寺——位于西安市东南，华严宗的圣地。杜顺（557～640年），唐贞观14年（640）创建。

⑧石壁山玄中寺——位于山西省交城县，净土教的圣地。道绰（562～645年），北魏延兴2年（472）创建。

⑨洛阳白马寺——位于洛阳市东郊，被认为是中国最早建立的寺庙。东汉永平11年（68）创建。

⑩香积寺——位于西安市西南的长安县香积村，有净土宗第三祖善导的墓塔。

还有一座与日本有渊源的寺庙青龙寺。位于长安城东南郊，是真言宗的开祖空海修炼学习的寺庙。隋代开皇2年（582）创建。青龙寺也是隋文帝（杨坚）出生的地方。

4 朝鲜半岛

佛教传入朝鲜半岛是在4世纪后半叶，即三国时代。372年，秦王苻坚将僧顺道派遣到高丽，于375年创建了伊弗兰寺。374年，僧阿道来到朝鲜开设了肖门寺。广开土王3年（394年），平壤周边建起了9座寺庙。5世纪建立的定稜寺和清岩寺（金刚寺）遗址中，可以看到3座金堂围绕一座八角形塔的一塔三金堂式（飞鸟寺式）。

384年，一位名叫摩罗难陀的印度僧人造访百济，在首都汉山开设佛寺。圣王时代（523～554年）开始正式进行佛教活动，修建佛寺。百济最后的都城扶余（泗沘）的周围为定林寺、金刚寺和弥勒寺的遗址。定林寺和金刚寺为中门、塔、金堂、讲堂呈一条直线配置的一塔式（四天王寺式）伽蓝布置。弥勒寺则为一塔式伽蓝的东西、中院呈三列并置的形式。定林寺和金刚寺的东西院有石塔（5层石塔）。

在新罗承认佛教是在法兴王（514～540年）时代，由百济向梁派遣使者，著名的寺庙是兴轮寺和皇龙寺。据推断兴轮寺为一塔式，而新罗最大的皇龙寺则聘请百济的工匠阿非知，于645年完工。其形式为9层巨塔，后面并列三座金堂。

在朝鲜半岛，佛教最为兴盛的时期是统一新罗（676～918年）时期，由元晓、义湘等将法相宗与华严宗统一，从而确立了实践性的佛教；纯正密教传入，并正式传教；以信奉阿弥陀和相信一心念佛就能成佛的净土教也在平民百姓间普及。统一新罗寺庙的特征是金堂前东西相对布置两塔的双塔式（药师寺式）的伽蓝，

图 2–62　佛国寺 多宝塔，庆州

图 2–63　石窟庵，庆州

塔有木塔（四天王寺，望德寺）和石塔（感恩寺、佛国寺等）两种。最著名的佛国寺有多宝塔和释迦塔（无影塔）两座石塔，其中有意思的是多宝塔是仿造木塔形式的异形石塔。此外，石窟庵也同样是在8世纪中期建立的。

高丽时代（918～1392年）佛教作为国教繁荣发展。知讷（1158～1210年）确立禅宗，成为朝鲜半岛佛教的主流。禅宗和华严结合，称为曹溪宗。至今，曹溪宗还在韩国有很大的影响力。后著成的《大藏经》

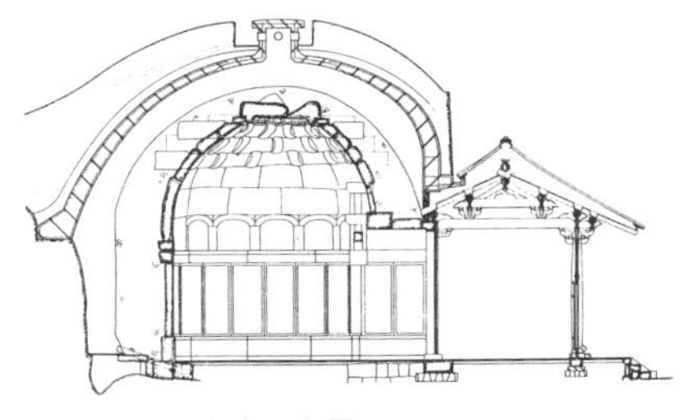

图 2–64　石窟庵（断面图）

（1251年），传承至今仍在海印寺中，高丽的《大藏经》也多次传到日本。

李氏朝鲜时期（1392～1910年）儒教成为国教，佛教被镇压，以至衰退。

column 4　佛教在中国的传播

佛典汉译版的出现促使佛教迅速传播。最初的汉译版为支娄迦谶、安世高等人所译，《大般若经》、《法华经》、《阿弥陀经》、《大智度论》等多数主要佛典则是由鸠摩罗汁（350～409年）所译。中国人也推进了佛教的理论研究，在初期的教团组建中起了重要作用的道安（312～385年）是慧远（334～416年）的师弟；之后，各大小宗派纷纷出现。给予《法华经》最高评价的天台宗是由智顗者大师开创的。而后，吉藏（549～623年）创立了三宗论——《中论》、《十二门论》、《百论》。之后到天台山学习天台宗的是最澄，他还在禅林寺学过禅，在龙兴寺学过密教。他创立的比睿山延历寺，成为了集圆（天台）、密（密教）、禅、戒为一体的综合佛教，因而本山实力强大。

唐代的玄奘（602～664年），629年从玉门关秘密出国，经中亚到达印度，在那澜陀学习了佛典后于645年回国。《大唐西域记》记录了他为期16年的求经之旅。玄奘回国后翻译了《大般若经》、《俱舍论》、《成唯识论》等，取得很大成就。其翻译忠实梵文原文，与以前译本的风格大不相同。

玄奘的汉译佛典对中国佛教的影响很大。尤其是翻译了唯识系统佛典，玄奘的弟子慈恩大师（窥）基（632～682年）创立了以唯识说为核心的法相宗。日本的道昭（629～700年）等也数次传经，从而形成了南都六宗一派，成为核心寺庙的是元兴寺、兴福寺。此外，法隆寺在1950年圣德宗确立之前，也一直是法相宗的大本山。

协助玄奘进行佛典翻译的道宣（596～667年）推进了戒律的研究。“戒”为居士应遵守的规范，“律”为教团的规则。道宣通过对《四分律》的研究将戒律进行了系统整理，形成了南山律宗一派，鉴真相当于道宣的孙弟子。当时日本还没有具有正式传播戒律资格的僧人，因此邀请鉴真到日本传教。鉴真远渡日本之旅屡遭挫败，直到第11年、第5次才终于成功。鉴真开创了唐招提寺一派。日本的律宗在镰仓时代分成了唐招提寺、戒坛院、西大寺、泉涌寺，明治时代的佛教政策中律宗被划入真言宗中。现在，只有与其抗庭的唐招提寺以律宗自称。

此外，法藏（643～712年）完成了重视《华严经》的华严宗。华严宗把毗卢遮那佛比作囊括整个宇宙，光芒照遍各地的神，在日本的东大寺进行传播。东大寺的大佛就是毗卢遮那佛。其宗祖为良弁，良弁为法相宗的学者，受圣武天王邀请任东大寺的前身金钟寺的住持，曾听过从新罗邀请来的审祥的讲学。

初唐时期，善导（613～681年）和昙鸾（476～542年）开创的净土宗广为传播。净土宗的《观无量寿经疏》给予法然（日本僧人）以很大影响。在净土宗中加上《观无量寿经》和《阿弥陀经》作为三个基本圣典称“净土三部经”。净土宗的总本山为京都的知恩院，大本山为东京的增上寺、京都的金戒光明寺、百万遍知恩寺、清净华院、久留米的善导寺、镰仓的光明寺、长野的善光寺等。法然死后，其弟子信空、弁长、证空、亲鸾等继承教业，作为净土宗、净土宗西山派、净土真宗流传至今。

禅宗是梁代的由达磨（? ～ 530 年）传入中国的。由神秀（606 年左右～ 706 年，北宗禅）和慧能（638 ～ 713 年，南宗禅）确立的，后者较为兴盛，其系统衍生出临济宗和曹洞宗。

到了宋代（960 ～ 1279 年）来自印度新经典的传入途径中断。于是禅宗得以隆盛。元代藏传佛教繁荣，同时白莲教和白云宗等民间宗教也十分兴盛。到明代，佛教渗透到普通百姓之中，与道教混合在一起。清代在藏传佛教的庇护下寺院大量兴建。乾隆帝（1711 ～ 1799 年）刊发所谓《龙藏》的大藏经，并完成了其藏语翻译。

这样在中国形成了佛教的大趋势，但并不是一直被中国社会所接受的。有以推行排斥佛教政策而闻名的皇帝“三武一宗”，即北魏的太武帝（446 ～ 453 年），北周的武帝（574，577 年），唐朝的武宗帝（845 年），以及五代后周的世宗（955 年）。在排佛政策的背后，可以看出中华世界中“蛮夷印度宗教”的佛教观。

中华民国（1912 ～ 1949 年）时期出现了佛教复兴的动向；中华人民共和国的成立后，在文化大革命时期（1966 ～ 1976 年）大量的寺庙遭到了破坏洗劫。

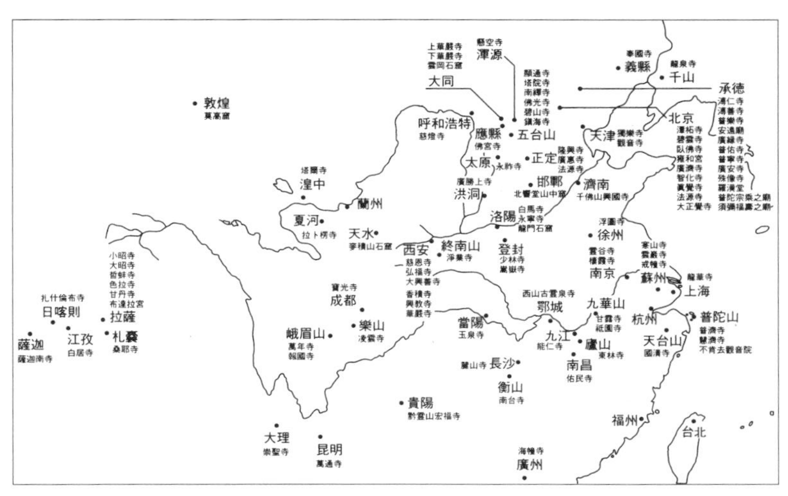

图 2–65　中国主要佛教寺院的分布图

07 佛教的宇宙观——诸神的万神殿

1 曼陀罗

梵语中曼陀罗（mandala）意味“圆形的东西”，训象用的圆形驯象场称为曼陀罗。藏语音译为吉廓（dkyil-vkhor，dkyil指中心，vkhor是围绕的意思，意译“围绕中心”）。于是把诸神现身的场所诸神合称为曼陀罗。曼陀罗如同一个器皿，诸神在其中各司其职，各占其位。

曼陀罗首先作为举行仪礼的装置发挥作用，最早在印度，有筑土坛招神的祭祀仪式，该土坛仪礼被佛教所采纳。继承印度佛教传统的藏传佛教，至今还保留着筑土坛、用白粉划线、焚烧护摩的仪礼。在此祭祀中，诸神在万神殿的排布就是曼陀罗。

公元1～3世纪确立的《阿弥陀经》和《华严经》等初期大乘佛教经典中有大量的佛和菩萨出现。7世纪左右佛教的万神殿完成，是曼陀罗提示的世界构造。在日本，著名的有《净土曼陀罗》或《净土变相图》、《智光曼陀罗》、《清海曼陀罗》、《当麻曼陀罗》。《净土曼陀罗》表现了净土的形象。《智光曼陀罗》出自奈良时代末的僧人智光之手。

9世纪初期，空海带来了一对的金刚界曼陀罗和胎藏界曼陀罗，成两部（界）曼陀罗。胎藏界曼陀罗（大悲胎藏生曼陀罗）是按照《大日经》，中心大日如来大佛的四周配置四佛、四菩萨，以八叶莲花瓣环绕的布局形式；而按照《金刚顶经》的金刚界曼陀罗则采取以3×3=9的正方形（九宫格）为中心的配置形式，位于中央正方形中的是大日如来及环绕在周围的37尊佛像。将这两种曼陀罗合为一对的思想印度没有，应为中国的独创。

从曼陀罗中描绘的城墙、门、王宫等来看，应是以古印度的都城为模型的，与《实利论》中所记载的都城相比较颇有意思。曼陀罗表示了大宇宙和小宇宙的构造，即世界的布局。

积极地将世界构造进行体系化的是大乘佛教之前的阿毘达摩佛教。公元4世纪，世亲所著的《俱舍论》采用了最完整的形态。

《俱舍论》中写到，世界的中心耸立着须弥山，周围被正方形的七重山脉与海洋交替围合，四方有4大陆（4 大洲）和 8 岛（8 小洲），最外侧是被称为金轮的边框，世人所居住的是须弥山南方的瞻部洲（阎浮提）。

2　佛、菩萨、明王、天

佛教的曼陀罗不是象耆那教和印度教那样的人体宇宙图，表现所有诸神的配置是其特征。

佛教不承认神自然存在，而在密教有各种佛和菩萨诞生。在日本，佛教诸神被分为①佛（如来）、②菩萨、③明王、④天四类。

①佛（如来）就是佛陀，意为觉悟、顿悟。第一代意味着释迦，但随着各时代又诞生了许多佛陀。佛陀，有一个时代只有一个佛陀的一代一佛的思想，乔达摩是第七位佛陀，而成为第八位佛陀的弥勒是在 56 亿 7000 万年之后才出现的。此外，还有住在西方净土的阿弥陀佛（如来），东方琉璃光世界的药师佛（如来）等。

东西南北中这五方都有佛。大日如来（中央）、宝生如来（东）、开敷华王如来（南）、无量寿如来（西）、天鼓雷音如来（阿弥陀如来，北）称为胎藏界的五智如来。

如来、佛的模式是开悟的释尊、佛陀。因此表现出 32 相 80 种好的特征。发为螺发，头上肉髻，额间白毫，耳有耳环（穴）；身上只着衲衣（粪扫衣）；座禅的形状为结跏趺座，右足外为降魔座、左足外为吉祥座。如来是以手指和手的形状、佛像的面容来区别的。

②菩萨是梵文音译“菩提萨埵”的简称。意为拥有开悟的勇气（萨埵），但还没到真正开悟。有观音（观自在）菩萨和文殊菩萨等。

③明王是守护佛法的神格（护法神）。意为明（智慧之光明）的王（驾驭一切的神），有不动明王等。

④天即天神（Deva），也就是指诸神，包括印度自古以来的吠陀教和佛教里的诸神。Indra 即帝释天，Brahma 为梵天。佛法的首都，或须弥山的四门是由四天王守卫的。即，持国天（东）、广目天（西）、增长天（南）、多闻天（北）。

京都的东寺讲堂有 21 尊像安置在南面。中央是以大日如来为中心的 5 佛（五智如来），相对的右（东）面为五大菩萨，左（西）面为五大明王。在这 3 组的周围是四天王，最东端立有梵天、最西端则为帝释天。其特征是佛、菩萨、明王成同心圆的配置。

3　坦特罗

坦特罗（tantra）意为“知识”，语源为梵语的 tari 或 tantri，最早是“径线”的意思，坦（tan）为扩大之意，也有解释为扩大知识之意的。因此坦特罗不是宗教，是一种人生体验，是挖掘人类与生俱来的精神力量的一种方法、体系。具体来说，瑜伽行法就是坦特罗仪礼之一。坦特罗最终目的是从圣悟到圣悟的直觉学问，是精神的行法。

坦特罗的教义为古印度的非阿里雅土著民族所知，与吠陀的行法密切相关。此外坦特罗派(tantrism，印度的古代宗派）也影响到佛教、印度教、耆那教和密宗。

坦特罗认为世界是由名为逋沙(purusa)的男性原理和名为萨克蒂(sakti)的女性原理组成的。湿婆信仰和萨克蒂信仰自古以来就联系在一起。男女的交合，由湿婆神与萨克蒂创造性地结合而产生的是坦特罗的基本思想，坦特罗的圣典一般有64种类型。

佛教的圣典中出现坦特罗一词是在公元7世纪后半叶。当时正值婆罗门教回归传统的潮流，在佛教以前的诸神纷纷被纳入到了佛教的万神殿中，转生为佛教诸佛、菩萨、明王、诸天等。

有着各式规矩和作法，重视精神方面的冥想法的是行坦特罗，其代表作为《大日经》。此外，以瑜伽冥想法为核心，试图让佛和菩萨一体化的是瑜伽坦特罗，其代表作为《金刚顶经》。坦特罗的思想是通过冥想，将心中所描绘的东西用各种图形表达出来。印度教坦特罗中将此图形称为符图(yantra)，佛教的坦特罗则称之为曼陀罗。

图2—66　东寺的金刚界曼陀罗

图2—67　东寺的胎藏界曼陀罗

III

中华的建筑世界

中国文化的起源，一般被认为是在黄河中下流域（被称为中原）和长江流域。有史以来在中国占有核心地位的王朝的首都也都是在中原（长安、洛阳、开封等）和长江流域（杭州、南京等），以及北部沿海地区（北京）。

在古文献中有指四方未开化民族为“东夷、西戎、南蛮、北狄”的表述。与此相反，指中原都市文化圈的则是“中国”。作为其主体“汉族”文化的概念的成分更多，实际上是由四方各民族融合而形成的。同样，可以认为中国建筑也是以中原以及其他地域为核心，在与南北为首的各地建筑文化的反复接触和交融中形成的。战争、交易、民族迁移等是其原动力。在汉、唐等长期的统一王朝时代，首都建筑在技术和形式上集约化的同时，也不断向地方普及。元、清等少数民族王朝在此过程中发挥的作用是极大的。

另一方面，与印度、西亚建筑的交往被青藏高原（西南）和沙漠地带（西北）所阻断，仅留有很少一部分。而对地理上开放的朝鲜半岛、日本（东）、越南（南）等，中国建筑文化的扩展有着规范化的影响力。

中国建筑宏观来看，可以说像形成粗壮的树干那样发展起来。比如称作“四合院”的住宅被视为典型的中庭型空间构成，不拘宫殿、寺庙等建筑类型而在中国广泛频繁使用，其渊源似乎可以追溯到3000年前或更早的年代。

本章首先概括介绍宫城及礼制诸建筑等与皇权相关的各建筑传统，以确认中国建筑中普遍存在的基本的、规范的空间构成及其渊源的深度。

然后，关注在东亚建筑形成上颇有贡献的木造构架的技术和形式，追寻从先秦时代到唐代确立期的样态，以及宋、元以后的发展。

中国建筑除了住宅、宫殿、礼制建筑、佛殿等以外还有很多种类型，本文仅介绍文庙等与儒教有关的建筑及道教建筑。

只要与中国的建筑文化有着深远的渊源关系，就要关注朝鲜、日本、越南等，尤其在这里提到清代出现的与西藏建筑、蒙古建筑的交流。此外，还叙述与建筑并称为中国环境造型文化双璧的“庭园”。

01 紫禁城——王权的空间

1900 年 8 月，德、法、日等八国联军以镇压义和团之乱的名义侵占了北京。联军不久撤退，1912 年宣统帝宣布退位，紫禁城成为中国悠久历史中的最后的宫城。

在联军的占领下，日本军负责管理紫禁城，由东京帝国大学派出了学术调查队。日本建筑史学的开拓者伊东忠太也加入了该队伍，正式揭开了中国建筑史研究的序幕。

伊东忠太在论述中国建筑特征中提出了“宫室本位”的观点。即，与在建筑史中宗教建筑占主要地位的欧洲和印度不同，中国是以宫室建筑为中心的。实际上，从紫禁城的空间构成上可以得知能够通用于其他建筑类型的中国建筑的许多基本特性。

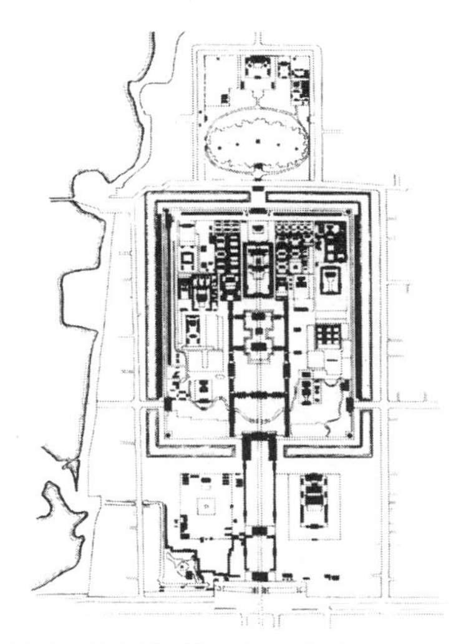

图 3–1　紫禁城（平面图），北京

1　紫禁城的构成

紫禁城之名，源于把天帝之星称为“紫微垣(位于北斗七星以北的星)”的“紫宫”,以及皇帝的住居“禁城”的结合。该名称本身说明宫城具有宇宙论上的含意，因为在中国皇帝被认为是接受天帝之命维持世界

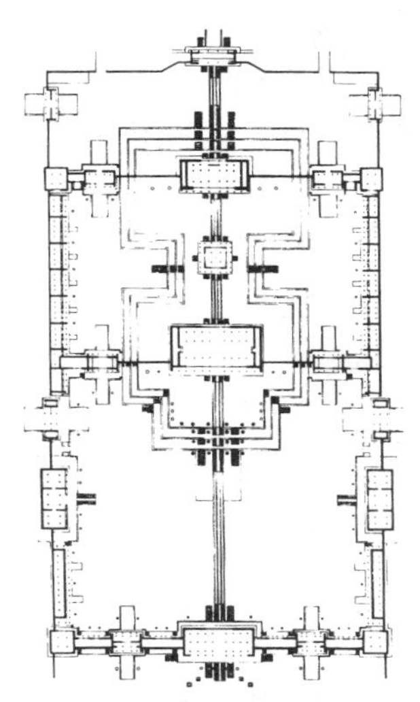

图 3–2　紫禁城（中心部平面图），太和殿 · 中和殿 · 保和殿

图 3–3　从景山看紫禁城

图 3–4　紫禁城 太和殿

秩序的“天子”。

紫禁城即明清宫殿，是按照明朝第三代皇帝明成祖永乐帝之令建造的，1420 年竣工。之后的 500 年间经历了多次烧毁、再建、修复。现存建筑是清朝中后期建成的，整体布局构成继承了最初的形式。

紫禁城被城墙环绕，规模为南北长 960 米，东西 760 米。宫城被皇城、内城、外城套匝式层层环绕，构成了都城（北京城）的城市空间。宫城的建筑群位于连接景山和天安门的中轴线上，其展开具有严格的左右对称性，该轴线也是整个城市中的轴线。紫禁城在北京空间构成上是名副其实的中心。

在功能上，紫禁城被分为外朝（南侧）和内廷（北侧）两个区域。作为公共的、礼仪场所的朝廷在前面，作为私密的生活空间的内廷放在后面，即“前朝后寝”的传统原则。

外朝由三座大殿构成，均为三层建在高大基坛上的木结构建筑。最前方是设有皇帝宝座的太和殿，是举行皇帝即位、节日仪式、公布诏书等国家仪式的地方；中间的中和殿是为皇帝举行国家仪式前作准备的地方，后面的保和殿供举行酒宴或科举殿试之用。

内廷是皇帝的寝宫，和外朝一样是三座大殿沿轴线排列的形式。其两侧为嫔妃们的住所，北侧设有御花园。

太和殿的前面是宽广的中庭，其东、西、南面为外朝区辅助用房和门楼，它们之间用回廊连接形成一个封闭的区域。紫禁城可以说具有同样构成的大小区域都按照“前朝后寝”的传统原则，整然有序的排列。隋唐时期的长安和洛阳的宫城也采用同样的格局。

2　阙

被称为午门的紫禁城的正门采取了有别于其他建筑的独特形式。砌筑了平面呈凹形的高大城墙，中有重檐的庑殿式的门楼。沿城墙延伸着步廊，左右的弯曲部分和端部，各有4座双重棱锥形屋顶的亭子。因此、午门又俗称“五凤楼”，该名称唐代以来用于称呼宫城之门。由此宫殿、庙、陵墓等建筑群由中央的门和左右的楼阁构成凹字型平面，以中央为宽广通路的形式称“阙”。其起源据说可以追溯到周代以前。

图 3–5　紫禁城 午门

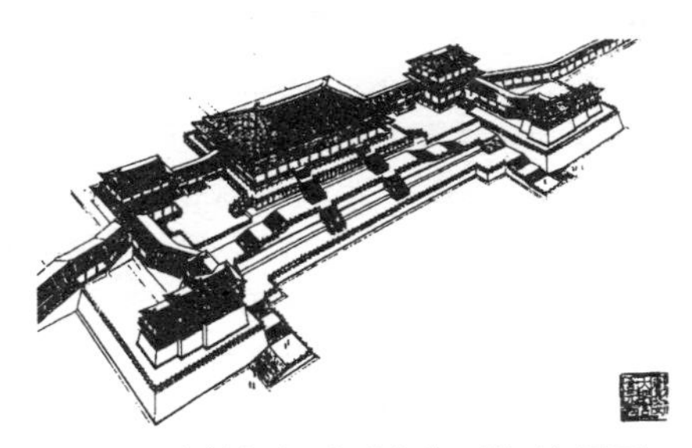

图 3–6　唐长安城　大明宫含元殿（复原图），陕西西安

以阙为例，众所周知的唐朝（618 ~ 907 年）长安城大明宫（陕西西安，唐朝，634 年）的含元殿。其相当于宫城的正门自然作为正殿被用于国家仪式的舞台。另外该含元殿的正面中央处是否存在被称为“龙尾道”的宽大斜路，至今还未有定论。

除中国外，古代日本的平安宫应天门也是采用阙的形式的宫门，各楼阁的名称等也和含元殿一致。此外，还有模仿紫禁城建成的顺化紫禁城的午门（越南，1833 年）。

3　模数与等级制度

紫禁城内的建筑物，从模数、柱间数到屋顶形态、装饰、色彩，以太和殿为极致，都被严格序列化了。清官所撰写的技术书籍《工程做法》（1734 年）中，可以看出与此对应的制度。《工程做法》中，把官式建筑分成小式、大式、殿式 3 种，并展示了各种形式。另一方面以被等级化的“斗口”（栱 = 肘木的宽度）为模数，来决定各部位的尺寸和架构，取材和工时数也能合理地计算出来。

如太和殿的规模就是 11 间 ×5 间（约 64 米 ×37 米），高 30 米，重檐庑殿，细部和装饰色彩均为最高等级。其他的建筑也依据其重要程度决定了规模和设计。

在清代，必须建造大量的与宫殿、地方统治机构相关的大规模建筑。为维护以皇帝为顶级的儒教等级，运营膨大的事业，有必要用模数和比例来整合建筑。这种制度和技术，早在《营造法式》（1100 年）中，以网罗的、综合的形式进行了总结。

column 1　皇帝的日常生活

外朝是皇帝举行各种仪式、处理政务的公共空间。内廷则为皇帝的私密空间。皇帝与后妃们的日常生活都在内廷中进行。服侍后宫的是宦官。各时代各有不同规定，可以拜见皇帝的是大臣级别，一般的官僚是不能进入紫禁城内的。在明代即便是大臣也不准进入内廷，清代大臣、官僚可以比较自由地出入内廷了，明代经常发生服侍皇帝日常生活的宦官滥用职权的事件。甚至有沉迷于后宫，政治全部交由宦官处理的皇帝。

到了清朝，自第三代顺治帝开始，日常的政务离开了太和殿，转移到内廷的乾清宫。在位长达 64 年被尊为太上皇的第六代皇帝乾隆（1711 ～ 1799 年），是雍正帝的第四个儿子，生于雍和宫（喇嘛教寺庙），6 岁时随祖父康熙帝迁到了紫禁城内，居住在西六宫北边的重华宫。此后，内廷成为乾隆帝的生活空间。据说康熙帝夏天去热河的避暑山庄时，常常带上孙子乾隆。

乾隆年间清朝的领土达到了中国历史上的最大规模，而乾隆帝本身却一次也没有带兵出征过，却消耗了巨额的经费。但乾隆也不是在紫禁城中闭门不出，除了每年的 4 月到 9 月经常去热河外，还“南巡”到南方去巡幸。此外还去山东曲阜的孔庙等处参拜。

乾隆帝的日常生活是在雍正帝以来的养心殿度过的。养心殿位于乾清宫的西南，分为前殿和后殿。前殿的中央为执政、引见场所的宝座，东西有东暖阁、西暖阁。所谓暖阁，是配有座炕的房间，西暖阁的西边是收藏墨宝的三希堂，北边有小佛堂。后殿的五间房都是皇帝的寝宫。

乾隆帝的一天是这样度过的：4 点起床；首先拜佛，阅读记录祖父治绩和教戒的《实录》、《宝训》；7 点早餐；之后，到养心殿或者乾清宫处理政务。下午 3 点回到暖阁吃晚饭。当时为一日两次正餐，两次间食，共计 4 餐。之后为自由时间，晚上 9 点就寝。

乾隆年间，紫禁城的面目也整治一新。内廷的东北部建立起了名为畅音阁的大舞台，在宫中也可以演戏了。

在乾隆时代后宫制度得到了整顿。规定皇后以下设皇贵妃一位、贵妃两位、妃两位、嫔妃六位，分居在东六宫、西六宫。下设贵人、常在、答应，不规定人数，接着是宫女、秀女，她们都在坤宁门两侧的板房居住。

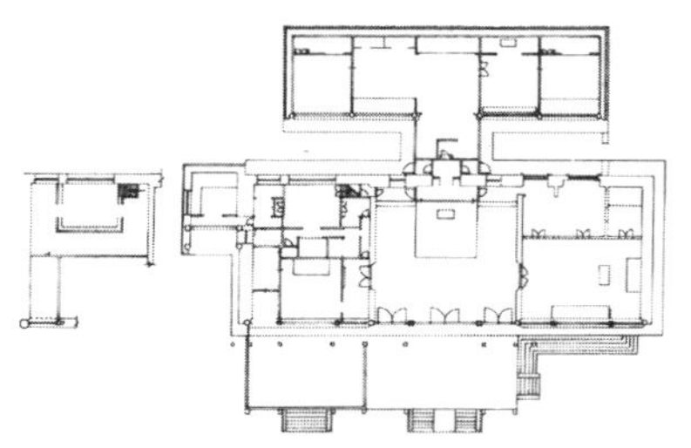

图 3–7　养心殿（平面图）

图 3–8　乾隆帝

02 四合院

紫禁城的大小区域中看到的围绕中庭的空间构成是一种不仅限于宫廷，无论哪种类型都可使用的中国建筑基本的平面类型。其中被称作“四合院”的汉族住宅可以说是典型的例子。

1 四合院住宅

四合院即由东南西北四栋房子围成绕院子（中庭）的形式。在北京城以及山西、山东、河北、河南等北方各省广泛分布。在北京，院子坐北朝南的房屋被称为“正房”，东西相对的房子为“厢房”，建在南侧的房子为“倒座”。房屋均为长方形的平房，面向院子开窗，其他三面封闭。各栋面向院子的一侧有走廊连通，将四栋房间联系在一起。这样院子和四方的堂屋群连为一体，形成了左右对称的封闭形式。这就是四合院住宅的基本单元。

四合院最大的特征就是在于将基本单元按后方或左右连接自由地构成整体。尤其在中轴线上展开得极为明快，围绕中庭的单元向后延伸，用“进”来计数，有“一进”、“两进”、“三进”等。

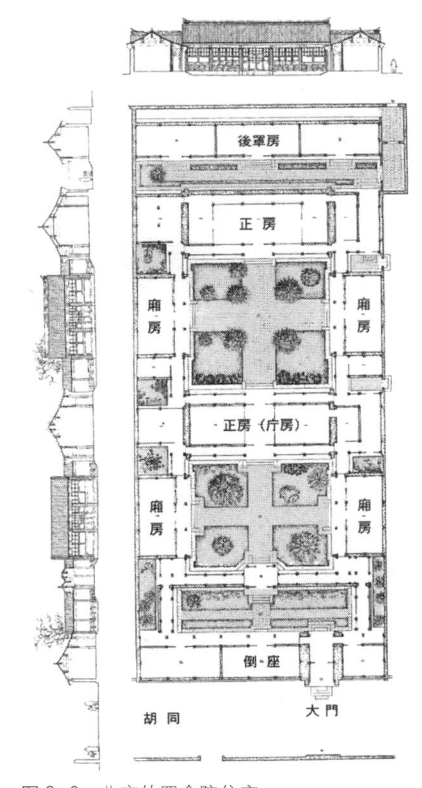

图 3–9 北京的四合院住宅

构成城市空间的四合院住宅实际上是一种复合式建筑。在北京，从南北大道进入被称作“胡同”的东西小道上，原则上是以北为里排列着面南的宅基地。胡同两旁是住宅的高大坚固的墙壁，比各住宅的大门还要高出一截。大门一般开在位于南边倒座的东隅，这是出于风水上的考虑，也是为了防止直接看到以院子为中心的生活空间。

进入大门以后，前方有一座“影壁”遮挡视线，向左拐即可看见中轴线上的垂花门。中等规模以上的四合院是以正房、东西厢房、倒座房围绕中庭的形式建造的，一般由垂花门将内院和外院隔开。外院是夹着倒座、与胡同平行、进深较浅的庭院，是外部空间的延长，具有公共空间的意义。影壁上施以砖饰，垂花门有花纹雕刻装饰的称为垂花柱的吊束等，是整个住宅中最华丽的点缀。倒座被用作佣人居室、仓库、门房、接待室等。

穿过垂花门，是接近正方形的宽敞的内院，从这里开始即进入住宅的私密空间，正面的正房是主人，即家长的空间，特称“厅房”。东西厢房是家属、佣人的居室。各堂屋基本上由3间构成，有入口的中央的为堂屋，左右为卧室（寝室）的，“一明两暗”的空间格局。厅房的堂屋供家长起居，会客和举行祭祀祖先以及冠婚葬祭等仪式之用。

前院在住宅中也拥有礼仪之意，厅堂后面的后院，是妇女和有孩子的家庭日常生活的空间。这个关系与宫殿的“前朝后寝”是相对应的。在最后方，东西布置有长方形的房间，用作佣人的居室或仓库。胡同与胡同相连的规模宏大的住宅中，与北边胡同背对背的房子称“后罩房”。自古以来中国上层阶级就是大家族居住，各院、各栋的使用方法，按照儒教的长幼尊卑的序列关系进行安排。

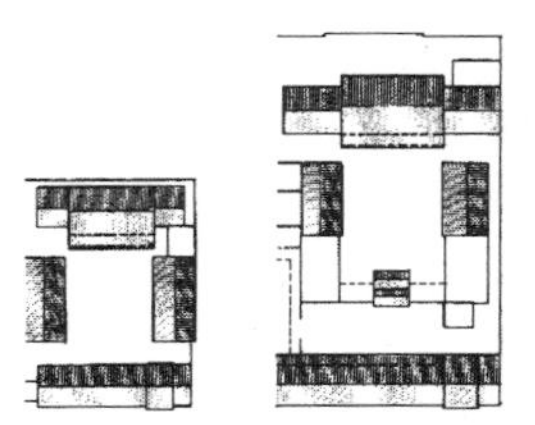

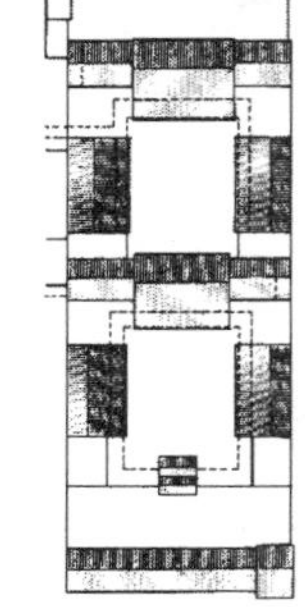

图3–10　四合院的平面构成

2　中国建筑的平面构成

如上所述紫禁城和四合院住宅在空间构成上有着共同的基本原理。伊东忠太不仅研究了住宅和宫殿，还比较了官衙、陵墓、佛寺、武庙、道观、文庙、书院、清真寺的平面，指出显而易见中国建筑的平面构成不论类别几乎都有着一律的原则。

中国建筑一般在主要的正房南侧设置中庭，其他的堂屋和回廊相连形成左右对称的格局。各栋房都面向中庭开放，四方的背面被坚固的墙壁封闭。各堂屋成三间或五间的奇数划分，中间房屋为入口，左右对

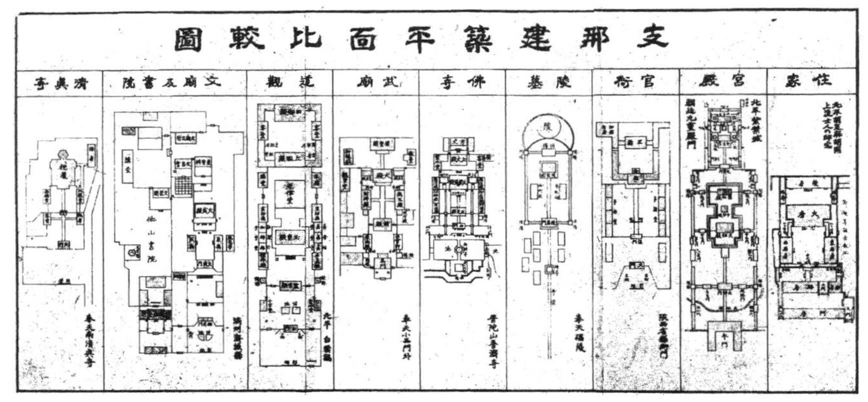

图 3–11 伊东忠太绘制的中国建筑平面比较图（1930 年）

称，具有一定的独立性。根据整体规模扩大和功能复合化的要求，来增加围绕中庭的基本单元数。因此，中国建筑一般作业单一建筑也能创造出向复合建筑群变化的丰富景观。针对由封闭的中庭群展开的这样一种空间构成可用“封闭式院落”一词来描述。

中国有这样一个故事：说天子背向天帝所在的北极星，站在堂屋前的基坛上，对广场上集结的各大臣下敕令。其原则是不论什么类型的建筑，其主人面南占据主要的正房，前方是与外部环境截然分开的庭院；另外，其后面的单元具有作为私密生活空间之意，这在许多建筑类型都是相同的。可以说四合院的平面形式是与儒教的秩序结合后而加以定型，并长久维持下来。

3　四合院的渊源

四合院形式的住宅因地域不同产生了多彩的变化，它几乎广泛分布和重叠于汉族的居住范围，而且该空间构成形式跨越建筑种类成为中国建筑的基本原理。那么，这种形式的历史起源在何时呢？

在属于新石器时代住居发掘的遗址中，公元前 3000 年左右的地上住宅有连室型或分室型等，从中可看出住宅从一室（即功能未分化）阶段脱胎的过程。然而，没有资料显示先史时代中有四合院形式的住宅存在。据古文献的记载，周代（B C1100 年～B C256 年）官僚知识层的住宅，是拥有中轴线的中庭型，即堂屋的周围由垣墙围合，南边留出门房，基本上是把主要的一栋作为平面中心布置的形式。但是从汉代（前汉：B C202

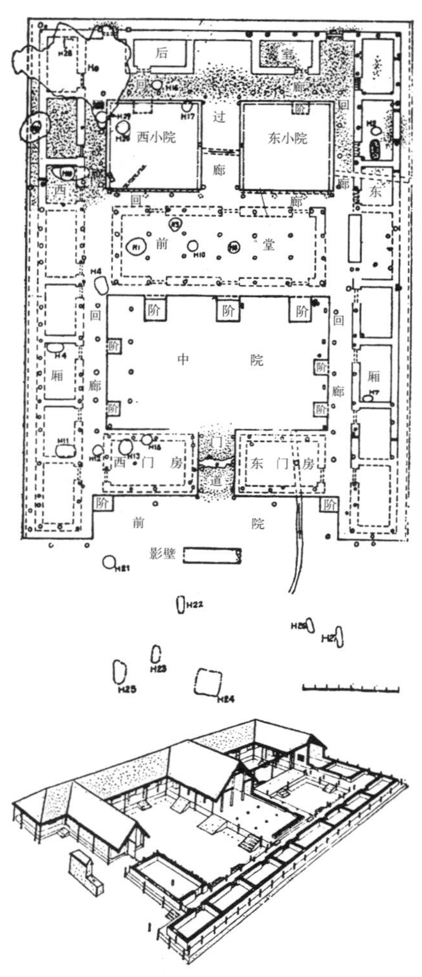

图 3–12　凤雏甲组建筑遗址(平面图及复原图)，陕西岐山凤雏，公元前 1100 年左右

年～BC8 年，后汉：25 年～200 年）的明器（陵墓中作为副葬的器物）和绘画资料可以看到北侧的主殿前为中庭，东、西、南三面为回廊或用建筑环绕的住宅。富足的官僚地主、商贾等的中型以上的住宅，此时已有和四合院类似的规整平面，但可以追溯到何时不得而知。

把视野扩大到宫廷建筑的发掘遗址上，四合院形式的起源就可以追溯到很远了。其中 1976 年发掘的周原建筑遗址的中，凤雏甲组建筑遗址（陕西岐山凤雏，BC1100 年左右）表现了完整的四合院形式十分珍贵。据推测是周代的宗庙建筑，东西 32.5m，南北 45.2m。南侧有门屋，北侧是隔为三间的后室，中央为前堂，这 3 栋是被两侧南北长的建筑夹在中间的形式。建筑全部建在基坛上，全栋的屋顶应是相互组合连为一体的。可以说整体上是两进的四合院。

1984 年出土的殷代宫殿中的尸乡沟 D4 号宫殿遗址（河南偃师，BC1700 年左右），正殿与左右连接的厢房围合成中庭的形式，与四合院接近。此外，迄今为止的平面构成最清晰最古老的建筑遗址有 1987～1988 年发掘的二里头 2 号宫殿遗址（河南偃师，BC1800 年左右）。正殿的周围为回廊和土墙环绕的形式，正殿靠近北侧，中庭向南侧伸展十分宽敞。

可以说四合院的空间构成有着令人惊叹的悠久的传统根基。

03 “明堂”与礼制建筑

中国的皇帝自古以来，遵循以儒教思想为基础的礼教制度，举行各种仪式。作为这些仪式的舞台设施除朝廷外还有庙和坛、以及陵墓附属设施的陵寝等。

汉朝在建立强大的中央集权制时，在礼制建筑的确立上用心良苦。当时最正统的规范是周朝的礼制。特别是天子朝见诸侯，相传政教分明的明堂是宫殿中最重要的礼制建筑。后世明堂被分化为朝廷、宗庙、社稷等而独立。关于明堂的建筑形态有很多种说法，相同的推测是中心建有高大建筑物，四面对称的向心性构成。与四合院的形式不同，可以说是另一种传统。

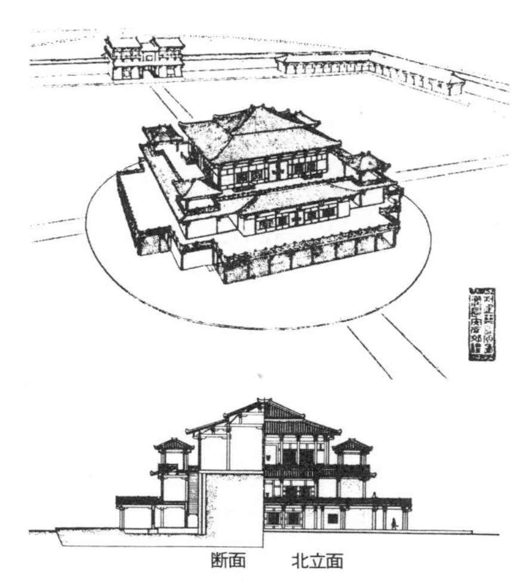

图 3–13　前汉长安南郊礼制建筑遗址（复原鸟瞰图及立面 / 剖面图），陕西西安大土村，公元 4 年

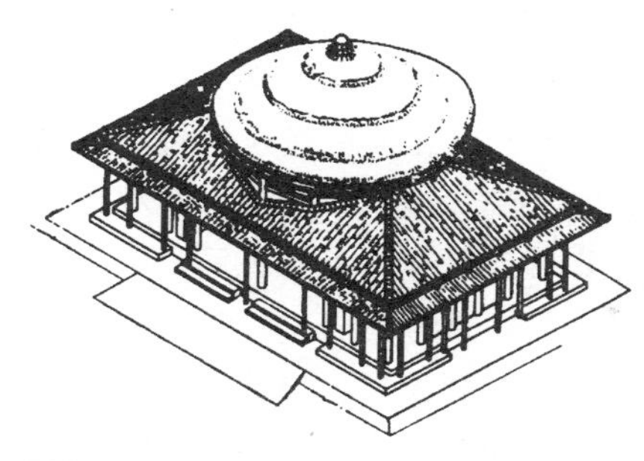

图 3–14　西周原召陈 F3 号建筑遗址（复原图），陕西扶风召陈，公元前 980 年左右

1　明堂

《周礼》“考工记”的匠人营国条，记述了众所周知的都城之制，以及“夏后氏世室”、“殷人重屋”、“周人明堂”这三代宫室建筑，是记载先秦时代宫室建筑的唯一完整史料。最初的两个建筑分别是指夏朝的宗庙和殷代的王宫正殿，但缺乏具体的描述。相比之下“明堂”的记述比较完整，除了整体的尺寸、各房间的尺寸外，还有“高台”、室数为 5 室等。但离决定具体形态还相距甚远。历

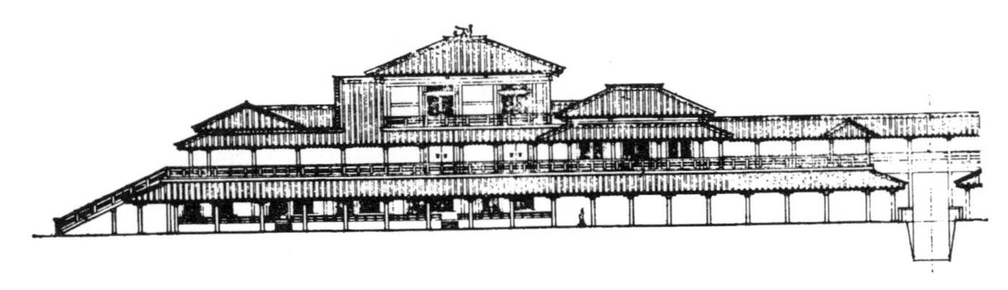

图 3–15　秦咸阳宫 1 号遗址（复原图），陕西咸阳

代的考证学者不断加以注释，围绕其复原的争论还很激烈。可以说在儒教思想中强烈追求理念式的形态是中国建筑的指向性之一。

在汉长安城的南郊，发现了十几处前汉的礼制建筑群的遗址（陕西西安大土村，AD4 年）。其中有一处为十字型平面，两层台基的四面和上部配置木构架的形式被复原。周围的墙壁的长度是边长 235 米，其外侧环绕有直径 368 米的圆形护城河，是纯粹的向心式构成，可认为是在前汉实际建造的明堂。

此外，在周原建筑遗址中召陈 F3 号建筑遗址（BC980 年）根据柱子以建筑为中心配置在同一圆周的特点，复原为庑殿顶（四面坡屋顶）的上部让圆屋顶突出的形态。很多文献认为“明堂”表达了儒家“天圆地方”的宇宙观，周代宫城中出现此种形态的建筑物，在与明堂的关联引人关注。

2　台榭与宫廷建筑

像前汉的礼制建筑那样，砌筑高台，在其上修建木结构建筑的形式称为“台榭”。很多时候高台下也建有挑出高台的回廊式木结构建筑，呈现出立体的木结构建筑样态。高台是将土层层捣固而成，被称为“夯土”（日本叫版筑）。

从文献和刻在铜器上的画像文（肖像文）可以得知，春秋时代（BC770 ～ BC403 年）和战国时代（BC403 ～ BC221 年）各地均建造了台榭式建筑。之后的秦代（BC221 ～ BC207 年），有秦咸阳宫一号遗址（BC221），该遗址只是统一战国的秦始皇所营造的咸阳宫的一部分。东西 6 千米，南北 2 千米的范围为宫殿中心区的一部分，发掘时为长方形曲尺形平面，外观上为 3 层的“台榭”式建筑。这样，台榭的形式木楼阁组合搭建的技术在汉代发达之前，作为一种建筑多层化的有效方法而被频繁用于特别是以宫殿为中心的建筑。

明堂的“堂”，在先秦时代是指一种高大的方形基坛状的建筑。《周礼》中所记载的明堂也是在台上建有一室，其四周的下部配有四室木结构部分，整体上为十字型平面的台榭建筑。

3 庙与坛

庙是祭祀祖灵，坛则是祭拜自然的地方。把祭祀历代皇帝灵的宗庙和祭祀土地神和谷物神的社稷坛设置在宫城的左右，是中国都城悠久的传统。

周代宗庙的发掘遗址，当首推西周原凤雏宗庙遗址。一般的庙和宫城的“前朝后寝”一样，即前方为安置供奉牌位的“庙”，后方为摆放衣冠和生活用具的“寝”，取“前朝后寝”的形式。而同一遗址的后半部的区域，前堂和后室之间由高一阶的长廊连接，组成“工字”型的平面。这也是古代文献所提到的建筑类型中相当于“庙”的特征。随着时代的变迁，如明代遗址山东曲阜的孔庙等，庙宇建筑一般用廊连接正殿和寝殿的平面实例较多，由此可以看到长久地沿袭古制发展而来的历史。

从前汉的长安南郊礼制建筑遗址可以看到源于向心形台榭式建筑的庙宇。规模和形式都相同的12座建筑遗址整齐地排成三列，均为四面对称形的台榭建筑。

作为坛，今天广为人知的是北京的天坛（明，1420年创建），以王都南郊建圜丘祭天，北郊设方泽祭地祈谷是自古以来的制，尤其祭天的仪式是作为天命接受者皇帝的权利和义务。

图 3–16　天坛，北京

天坛拥有北京城南280公顷的宽阔领域。整体平面的南边为方形，北边则为抹角的圆形，表示“天圆地方”的宇宙观。此外，代表天的圆形，以及用奇数表示阴阳的“阳”等在各处使用。成为中心是圜丘，方墙围绕的范围内，建有3层圆形石坛，皇帝每年冬天都在此处举行祭天仪式。中轴线北边是储存“黄天上帝”牌位的皇穹宇以及祈愿新春丰收的祈年殿，西边为皇帝斋戒沐浴用的斋宫。每一个坛和建筑都是中央高的向心形立体的构成。

04 陵寝建筑

埋葬驾崩的国王和皇帝的墓地称为陵，其附属设施称为“寝”，有墓主的生活空间等含义。在皇帝陵旁附设寝来举行各种仪式的制度，被认为是始于从战国中期至前汉，确立于后汉，通过唐、宋，以及明、清得以发展。

1 陵寝的确立

前汉之前一直实行的是“陵侧起寝”（陵的旁边或顶上起寝）及“陵旁立庙”（陵的旁边建庙）的制度。

作为战国时代的发掘遗址，中山王陵（河北平山，BC310年左右）是很著名的。这是东西90米，南北110米，高15米的三层梯状金字塔方形墓丘。据推测遗址周围还有木造葺瓦的回廊式台榭建筑。可以说也属于向心式建筑系列。该陵还出土了镶嵌在铜板上的金银绘制的“兆域图”，即墓地图被认为是现存最古老的建筑设计图。从该图可以看到，面向图从左边开始是夫人堂、哀后堂、王堂、王后堂、X堂（X表示文字不明）共5栋，并列布置在四周的墙壁中的整体画像，由此得知该

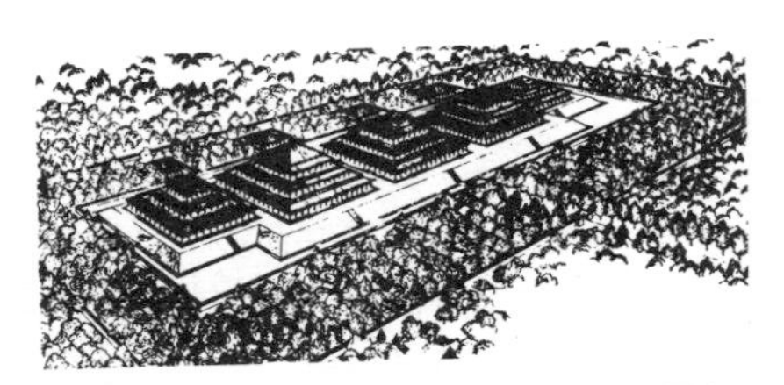

图3–17　中山王陵（复原鸟瞰图），河北平山，战国时代 公元前310年左右

遗址相当于王堂。此台墓上的建筑，即“堂”，是用于祭祀的庙（享堂），还是墓主生活空间的寝，争执不休。因兵马俑坑的发掘而广为人知的秦始皇陵也类似于中山王陵的构成。

后汉时皇帝到陵墓进行朝拜、祭祀，开始了所谓的“上陵之礼”。因此陵寝是由朝拜和祭祀用的“寝殿”、神灵进行日常生活的“寝宫”、供墓主灵魂游乐的“便殿”所构成。唐、宋时代，将这些分别称为“献殿（祭殿，上宫）”、“寝宫（外宫）”、“神游殿”，分别配置于墓室之前、山下以及陵门附近。

2 明代的改革

元代没有采用陵寝制度，而是遵从了蒙古族的习惯，明代得以复兴，并进行了各种改革。第一，陵墓由方

图 3–18　明十三陵（整体布局），北京，明 1435 年～

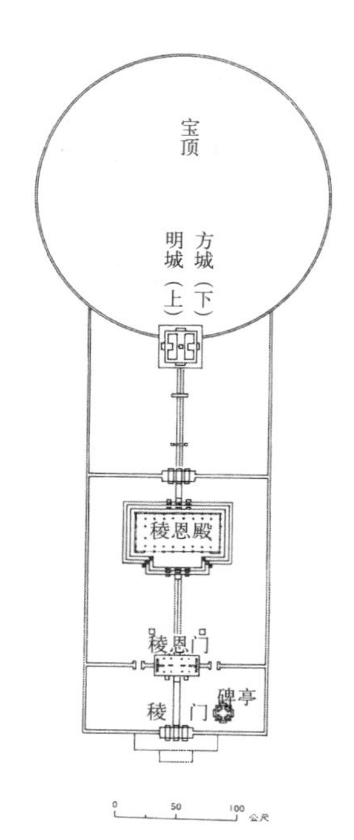

图 3–19　长陵（平面图），北京，明 1474 年

形改为了圆形；第二，中止了寝宫（外宫）的营造扩建了祭殿（上宫）；第三，将陵园平面做成进深很深的长方形，并分成三个院子（有中庭的划分），依次布置陵门、祭殿（享殿），方城明楼（方形台基上建楼阁，立墓碑）。将细长的墓园伸向陵的前方，整合为以祭殿为中心的中庭群构成。

明十三陵（北京）是由第三代永乐帝的长陵（1474 年），以及其后历代皇帝的陵墓组成的。各陵寝的规模差异不大。长陵由东西 150 米、南北 340 米的红墙包围，分为三院，在进深方向展开建筑群。相当于祭殿的稜恩殿，九开间，重檐歇山顶式。从明楼下部的方城砖墙延伸围合着圆形的坟丘，坟丘之下为墓室。清代的陵寝也是遵循明代规制营造的。

图 3–20　长陵 方城明楼

05 木结构建筑的发展

中国建筑的主要构造，大体上可分为石、砖砌块砌筑系统和木材组装系统。

基坛上立柱井然排列，复杂的木构架支撑葺瓦大屋顶，一般认为这种木结构独有的技术、形式体系，是在汉代发展，其样式在唐代得以确立的。

然而中国现存的木结构建筑遗迹所表现的，充其量是唐代中期以后的，而且其遗迹不过只有可数的3栋而已。因此，先秦时代到唐代木建筑确立时期的样式，还要依据发掘遗址以外的壁画等图像资料，或者日本飞鸟、奈良时代的现存遗迹来推测。

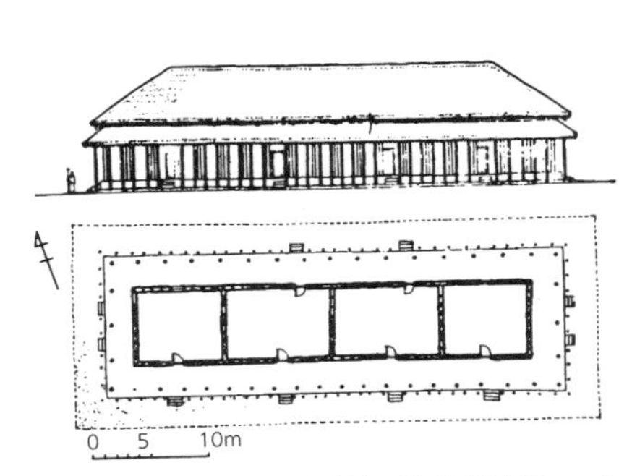

图 3–21　盘龙城宫殿遗址（复原平面图 · 立面图），湖北黄陂盘龙城，公元前1300年左右

图 3–22　河姆渡遗迹出土的建筑构件，浙江余姚河姆渡，公元前5000年左右

1　先秦时代

殷代中期的盘龙城宫殿遗址（湖北黄陂盘龙城，BC1300年左右），是先造夯土墙后建房屋，其周围排列的柱子并不加筋，即主结构是墙体，通过周围的柱子把简单的屋架搭设在墙体上。那个时代还做不出整齐的栅格状梁柱结构。

然而，在前述的西周时代的宗庙遗址（BC1100年左右）等，可以看到整齐的栅格状柱子排列，相反对墙体的承重没有要求是预示着流传后世的中国建筑基本木结构体系开始的一个里程碑。

如前所述，到了春秋战国时代，由于夯土台基加高加大，木结构建筑多采用多层化、立体化形成的台榭形式，其实这是一种混合结构，木造多层建筑应该是发生在汉代以后。

长江流域以及以南地区与以上列举的以黄河流域为中心的北方展开不同，有着埋柱式木造高床式建筑的古老传统。最著名的是浙江省河姆渡遗址（BC5000 年左右），是代表江南初期稻作文化的新石器时代遗址，出土了大量的桩状、板状的木制建筑构件。被推测建筑之一为进深 6.4 米的主体，附有 1.3 米屋檐，面宽在 23 米以上的大规模宅邸。像这样不建基坛，而是立起柱子，靠接口和榫衔接的纯木结构的挑高地面建筑被称为“干阑式建筑”。

然而，湖北省圻春县出土的周代的干阑式建筑遗址（BC1000 年），被认为是柱筋完备的规整结构。从前述的殷代宫殿遗址同样是湖北省出土来看，中原的基坛、墙体结构系统和南方的高床、梁柱结构系统在此相会、共存。两者的在文化和技术上的接触也许成为产生后代木结构的一个契机吧。

2　汉、南北朝时代

表现从汉代到南北朝时代木结构建筑的具体形态的资料，首先是作为立体资料的石阙（陵墓的门）和家形明器，用石和铜／陶表现木结构建筑的形态。图像资料中有墓葬画（再现墓主生前生活的壁画）等。

由这些资料得知，汉代的木结构建筑，屋顶以带鸱尾的庑殿顶或人字屋顶为主。用始于西周的瓦覆盖，各层围以高栏的多层楼阁建筑也发达起来。在斗栱上，战国时代以后至汉代普遍使用双斗口似乎是正统手法，到后汉出现了一部三斗。

图 3–23　云岗石窟第 12 窟，山西大同

南北朝时代佛教兴盛，北朝还开挖修建了很多石窟寺庙。山西大同的云冈石窟（北魏，主要石窟为 460 ～ 494 年）、山西太原／天龙山石窟第 16 窟（北齐，560 年）等木结构建筑的形象是，柱上的大斗承桁，其上则为三斗（柱上）和人字栱（柱间）反复重叠建成的小壁带为显著特征。到汉代为止，主流的双斗已消失，云冈多见的是斗上再附加皿斗形。放入卍形门窗棂条的勾栏也是特点。在朝鲜的高句丽壁画墓（5 ～ 6 世纪）也可以看到三斗和人字栱（驼峰）。

日本法隆寺东院的建筑（奈良，670 年以后）加入了汉代至南北朝的

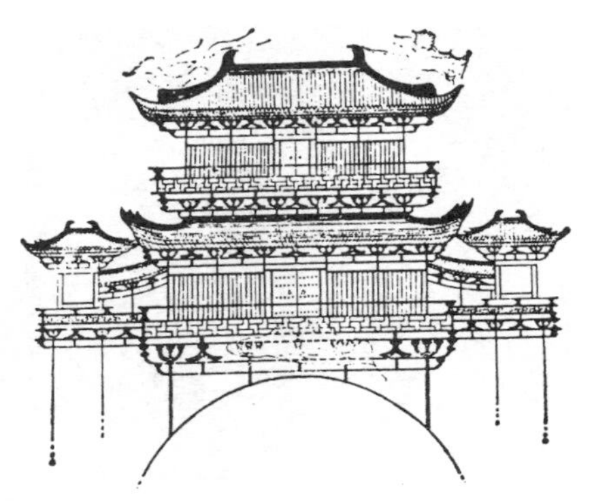
图 3–24　李寿墓壁画（临摹），陕西三原

图 3–25　慈恩寺大雁塔石刻佛殿图，陕西西安

样式特征。细部的最大特征是云斗云栱（翘），可以看到汉代流行的双斗系装饰的变化。从上层框饰可看到的、三斗和人字栱并排的带是云冈石窟等所看到的北齐以来的形式。勾栏的卍形门窗棂条是在北魏开始出现的。另外，保留埋没状态出土的山田寺（奈良，7 世纪中期），发现了很多不同的特征。飞鸟时代的佛教建筑中包含了比同时代的隋唐时期更古老的、各个时代的样式和技法。这是因为样式传播过程中经由朝鲜的缘故。

3　唐代

到了初唐，绘有比较详细建筑图的壁画墓多起来。在主体结构上，让贯穿柱子的飞贯与柱顶横穿板相接近，其间立支柱以加固骨架。即所谓的“两层阑额”（阑额是头贯的意思）手法形成一定类型。三斗和人字栱的并列带，初看与上述石窟的做法很相似，但其连接木构架的基础手法的横挡在初唐首次出现。相反，南北朝时代在柱上大斗上承桁的手法，应该是西域石造建筑系统的残留。规格高的建筑可以清晰地看到含尾棰（昂）的三跳斗栱，檐为平行椽木，与地椽木、飞檐椽木构成重檐的表现。从李寿墓（陕西三原，唐 630 年）的建筑图等可以看到高大开敞的柱列上装有平坐斗栱，已有发达的楼阁建筑存在。

到了晚唐，不久出现了南禅寺大殿（山西五台，唐 782 年），广仁王庙正殿（山西芮城，唐 831 年），佛光寺大殿（山西五台，唐 857 年）3 座现存遗址。其中佛光寺大殿，是有四跳斗栱的正统建筑。主体中，从内柱到栱由 4 层托架支撑月梁，其上置驼峰作为四周凹圆的格子顶棚，

图 3–26　南禅寺大殿（立面图），山西五谷，唐 782 年

图 3–27　佛光寺大殿，山西五谷

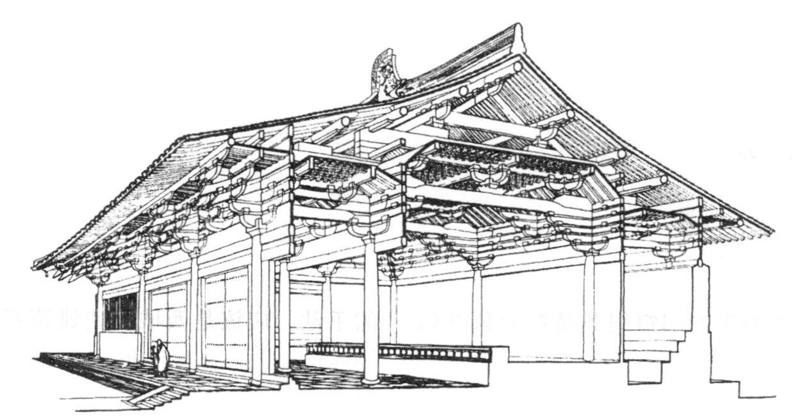

图 3–28　佛光寺大殿（剖面透视图）

将叉首组合的屋架隐藏在内。内部空间组成拱状造型的疑似构架。与晚唐形式相对应的日本代表性古建筑是唐招提寺金堂(奈良,770 年代)。内部空间中也有月梁和带驼峰的四周凹圆的格子顶棚等正统形式，但斗栱跳数减少，可以说其形式比佛光寺大殿进一步简化了。

4　《营造法式》与中国建筑的技法

北宋（960 ~ 1126 年）的 1100 年，主管国家营造的将作监一职的李诫（李明仲），著就供宫廷／官署建筑等之用的标准书《营造法式》上奏徽宗皇帝。全书共 34 卷，卷 1 ~ 2 记载建筑名称和述语的考证、劳动日数的计算法，卷 3 ~ 15 为建筑各部的施工技法。卷 16 ~ 28 为各工

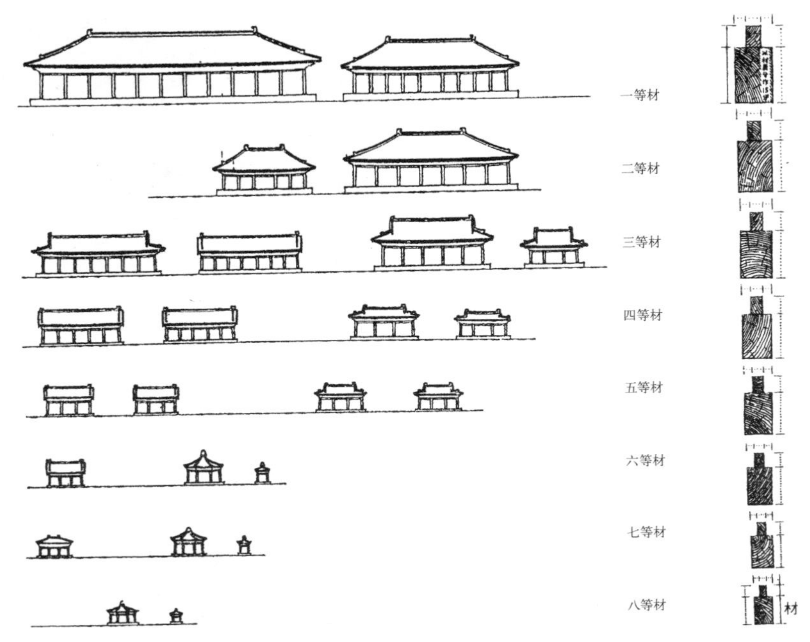

图 3—29　《营造法式》（宋 1100 年）中的"材"和建筑形式

程预算的规定，卷 29 ～ 34 刊载附图。

《营造法式》中，以栱的断面尺寸为基准规定 8 等级的"材"，表示它为模数的建筑架构，并详细规定了预算方法和劳动时间等。目的是在维持儒教等级制度的同时，提高作业效率，也是国家财政改革的一环。另外，《营造法式》中还详述了建筑技术，是具体了解当时设计方法和施工技术的不可多得的文献史料。

作为《营造法式》的记述的一例，介绍进行建筑主要构架"大木作"中的"椽"条项。

所谓椽在日本叫垂木，此项中规定当"架"（主屋的桁间水平距离）在 6 尺以内时，椽子的长度按倾斜度来求证。并记述了椽子的间隔，呈扇形配置椽子时的手法等。在中国建筑中，椽子在主屋架桁的相叠延续，只有在檐檩上进行越点测长挑出屋檐，从而决定了屋顶的曲线，称为"举折"。可以说中国建筑檩条的配置是构架的基准。

《营造法式》对复杂的条项都进行了详述的基础上，还附录了表示各种形式和规模的"侧样图"（进深断面图）。这些侧样图中还附有诸如"十架椽前后三椽栿用四柱"的说明，即檩条跨距数为 10，在前后檐搭设三重月梁，进深方向上使用 4 根柱子

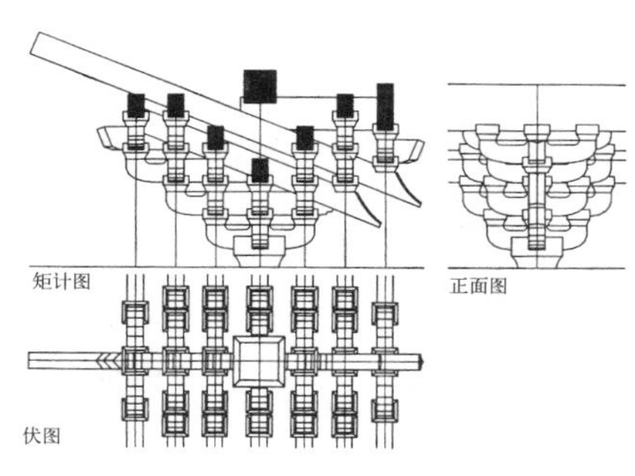

图 3–30 《营造法式》中的铺作（斗栱）一例

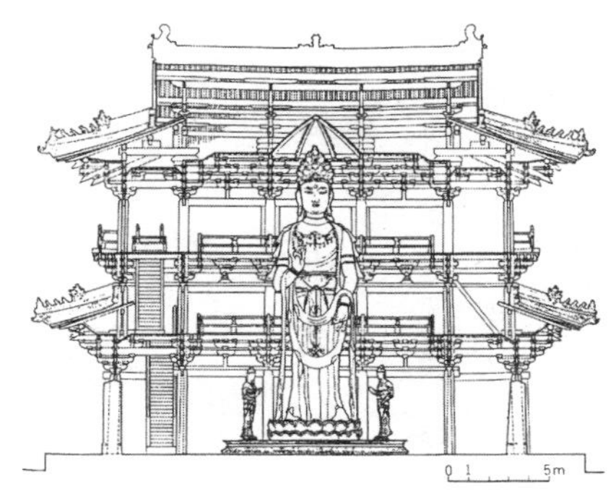

图 3–32 独乐寺观音阁，天津市蓟县

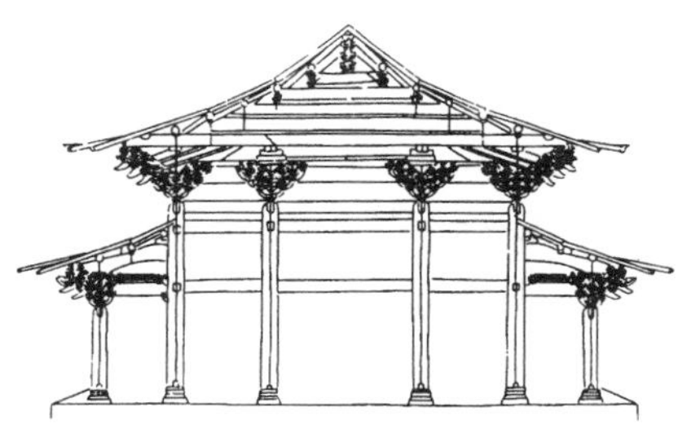

图 3–31 《营造法式》中的侧样图，殿堂的一例

图 3–33 泰国寺大雄殿，辽宁义县

的意思，也是标明以檩条为基准的架构及规模。这样，表示规模和架构基本信息，按类型把握建筑，采用适宜各类建筑的形式，配合其等级进行选“材”，建筑才得以实现规格化生产。

5 木结构构架的改革

中国木结构建筑在唐代有了一定程度的确立，经过了宋、辽、金、元等各代有了结构上的发展，与此相应的设计上的改变和整合也在进展。

首先引人注目的是，不仅在柱上设斗栱，出现了在补间（柱与柱之间）设置斗栱（补间铺作）的做法。即所谓一攒斗栱的确立，其萌芽早在晚唐就可看到。前述的佛光寺大殿就是一例。柱头是四跳，但补间也有两跳，简化的同时在前方挑出斗栱。这也是为了在补间设置支撑屋檐的结构支点所做的改进。独乐寺观音阁（天津市蓟县，辽 984 年）也显示出同样的阶段。

不久，出现了在柱上设置名为“普柏枋”（日本的台轮）的长台座，与放置斗栱的高度找齐，出现了柱头和柱间排列着完全一样的斗栱形式。

图 3–34　下华严寺薄伽教藏殿内天宫楼阁，山西大同

图 3–35　善化寺大殿，山西大同

一攒斗栱在形式上完成。在日本由于中世纪引进中国技法突然出现的一攒斗栱，在中国经过了这样的过渡阶段，花费了不少时间才获得的。

完成后的一攒斗栱，也可以在《营造法式》确认。现存的遗迹有玄妙观三清殿（福建莆田，北宋 1016 年）、泰国寺大雄殿（辽宁义县，辽 1020 年）、善化寺大殿（山西大同，辽 11 世纪）等早期的例子。即使到了 12 世纪过渡形态犹存。

在一攒斗栱基础上重要的是骨架和屋架结构连接的加固。到唐代为止，水平连接柱子的手法是柱顶横穿板、飞贯或月梁所看到的程度。上部结构的基本构思是，柱上依次搭建斗、栱、尾棰、大梁等构件，以取得天秤般的平衡。然而《营造法式》中的样式则不同。中小规模的建筑类型，几乎只建到檩条为止的柱子，多用横档和月梁来加固水平方向的连接，把它们作为露明屋架。而在规格高的“殿堂”，使用多跳斗栱，吊顶，屋顶结构采用由大梁重叠支撑的整体上加固的形式。

如上所述木架构形式逐渐进入了新的阶段，到以后的明、清，以此结构为前提在形式上有了改进和变化。如原来寄望于天秤效果的尾棰丧失了其意义，取而代之的是在斗栱和梁的前端部作出尾棰形“假昂”（昂为尾棰之意）为普遍做法。此外由于一攒斗栱的发展，使斗栱小型化，数量增加。与假昂一起以加强檐下装饰性。

6　朝鲜的多包式建筑和日本的禅宗样

对以唐代的中国建筑为基础发展起来的朝鲜和日本木造建筑而言，以上所述的中国新阶段木架构引进，是一个巨大冲击。针对这一点进行论述。

在朝鲜，待到高丽时代出现了第一个木结构建筑现存遗址。那以后，木结构建筑类型，一般分只在

图 3–36　心源寺普光殿，朝鲜／黄海北道

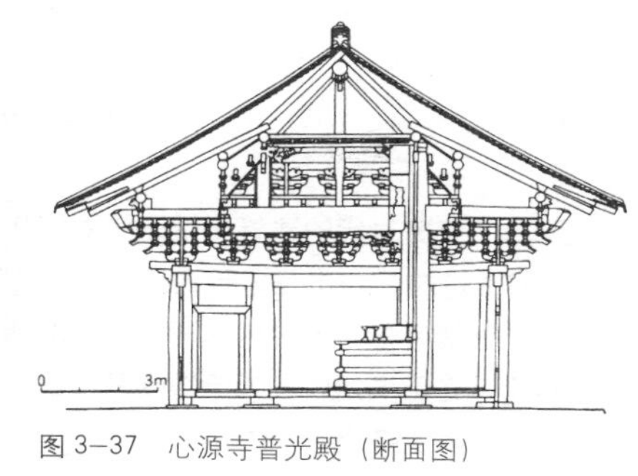

图 3–37　心源寺普光殿（断面图）

柱头上置斗栱的“柱心包式”和采用一攒斗栱的“多包式”。1270 年高丽置于元的统治之下，之后在各自的首都元大都和开城（高丽都城）之间有了政治、文化交流畅通的渠道。可以说多包式建筑就是以这个关系为背景引进了华北的先进建筑技法，以此为基准李朝时代的建筑也发展起来。对此柱心包式主要受唐朝业已确立的形式的影响和多包式影响，以小型建筑为中心使用。

华北建筑一般倾向于把梁等水平构件的木工法式（日本古建筑中确定木构件尺寸和比例的法式）加大。普遍做法是把梁的端部向外突出的部分作为装饰的“梁头”。与上述半装饰化的斗栱和假昂等一起作装饰檐口。心源寺普光殿（朝鲜，黄海北道燕滩，高丽 1374 年）等高丽以后的多包式建筑也带有此特征。

此外，中世纪的日本通过禅宗所吸收的是被金王朝所迫迁都至江南的南宋建筑（1127 ~ 1279 年）。以模仿南宋五山的镰仓五山（之后加入

图 3–38　元觉寺舍利殿 内部构架，镰仓

了京都五山）制为背景，以定型化的样式向全国普及。这就是禅宗样。样式的确立大约在 13 世纪末到 14 世纪前半叶。其基础应是前往南宋的僧人所带回的南宋五山建筑图纸等信息。

在江南地区，有将配合斗栱的小型化梁宽减小，将梁高加高的倾向。虽然南宋五山遗址已不复存在，但日本的禅宗样则引入了其成熟的一攒斗栱形式和其他技法，内部构架因薄而高的梁纵横交叉架设，小尺寸的斗、斗栱、尾棰交错，而给人以纤细而严谨的印象。园觉寺舍利殿（日本镰仓、室町时代）等是代表性的遗址。

column 2 大佛样的特异性

飞鸟、奈良时代的建筑无疑是受到汉代至唐代中国建筑的影响而确立的。对日本第二次较大的文化冲击是宋代建筑，它带来了平安时代为止的日本建筑结构上的革新。因此，产生禅宗样和大佛样这两种中世纪新样式并不奇怪。然而，大佛样与其结构的明快相比，在历史定位上却不得要领。这是因为先行的模式不明，而且对后来样式的影响力也太弱的缘故。

东大寺在1180年焚烧后，重建成为国家课题，存在着用历来的平安样式无法处理的技术难题。被选拔担任东大寺大劝进职的俊乘房重源利用其在宋的经验，使用新的技术建造了大佛寺南大门等大型建筑。重源的营造业绩还有各地东大寺的别院等，仅有记载的就多达60余座，保留下来的建筑按照年代顺序只有作为播磨别院的兵库净土寺净土堂（1194年）、奈良东大寺南大门（1199年），东大寺开山堂（1200年）3座。

那么，重源所参考的北宋建筑是什么样的呢。田中淡从这个问题出发搞清了大佛样这种不成样式的样式的特异性格，将其简略介绍如下：

首先，东大寺南大门的建筑规模和形式过于特殊，在中国找不到类似的例子。此外，与净土寺净土堂在特征和建筑年代上接近的建筑，集中在中国大陆南部的福建省，其源流为北宋末期的同一地方。

净土寺净土堂是方三间单层棱锥形屋顶，在形式上是集约的，一间20尺的模数已是打破常规，内部柱子垂直贯通，从四天柱（四隅木）到侧迴柱架设的圆粗的三重月梁等框架明快强健。贯和插斗栱加强了主体结构，柱间的游离尾垂木，以露出结构作为设计意图等，在平安时代之前可以说是没有先例的。

与净土寺净土堂有着共同特征的中国建筑可列举华林寺大殿（福建福州，北宋964年）、元妙观三清殿（福建莆田，北宋1016年），陈太尉宫（福建罗源，南宋……）等。但是这些建筑虽然在贯、隅的扇椽，三重月梁（尤其是净土寺净土堂）等可以看出与大佛样的共同点，但其共同点在其中任何一个建筑上并为集中表现出来。

在中国，华北和中原的官式构架法为“抬梁式”，而江西和浙江以南到福建广东、广西一般多用贯的构架法的“穿斗式”（中国南方的“穿”即为贯）。《营造法式》中大木作制度图样中有与净土寺类似的三重月梁构架形式，被标明为特殊的地方样式。然而，先于净土寺净土堂的华林寺大殿和元妙观三清殿中，也没有使用支撑檐下的插斗栱，说明福建地区也引进了中原的正统手法。总之，多用贯和插斗栱的大佛样，在同时代的中国也具有地方性的，且落后于时代。或者说实际上重源所参照的样式原型，在福建地区也没有。

另一方面，大佛样也有日本式误解和变形的特征。净土寺净土堂中，主屋每一檩条的椽子依次下折，一方面是正当采用了中国木造建筑的基本技法“举折”，但由于一直施用到侧桁的位置，从而失去了天秤的作用。而在本来钉上即可的椽头板（其本身直属福建）背面事先做出榫孔以安装椽子的做法，按其本意来说并非不合理。

平安末期的日宋通商兴隆，人员来往频繁。铸造匠人陈和卿也多次来日经商，由于船遇难在镇西博多登陆，被重源发现，担任了东大寺重建工程的技术总指挥。于是宋朝的工匠把北宋末期福建的样式和技法直接传到了日本，但另一方面如果没有日本工匠的大量参与，就不能说明上述的大佛样特征。与禅宗样基于一定的图纸而被定型、普及的情况不同，大佛样最初是由日宋匠人在已有的技术上进行取舍和变形的基础上而产生的不确定的复合样式。大佛样在重源死后没有留下完整的影响，也从反面也说明了这种样式的不确定性。

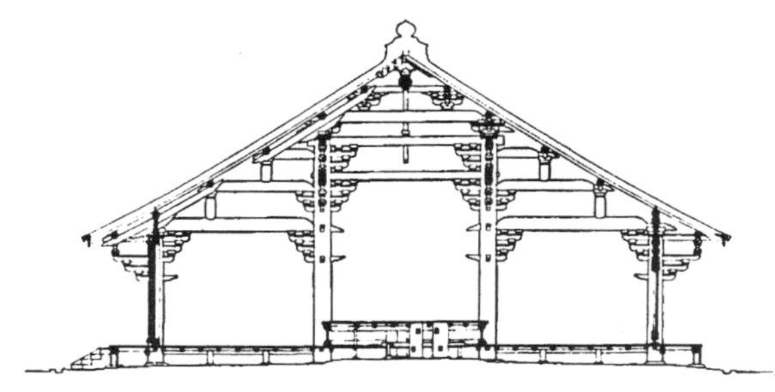

图 3–39　净土寺净土堂，兵库

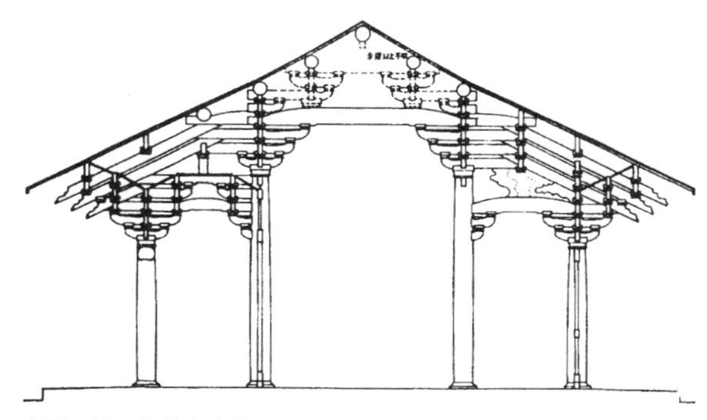

图 3–40　华林寺大殿，福建福州

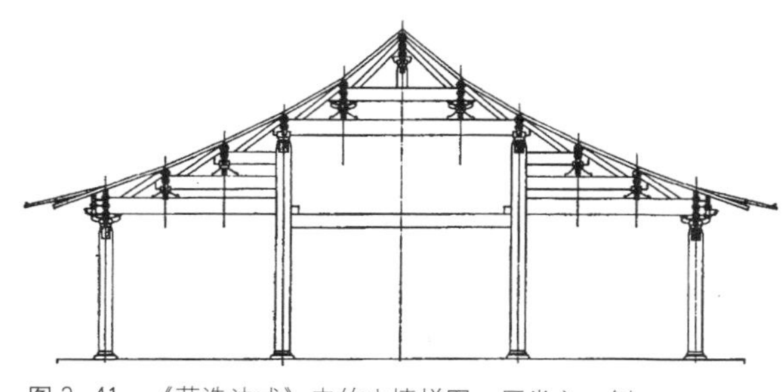

图 3–41　《营造法式》中的山墙样图，厅堂之一例

06 文庙和道观

中国有包括伊斯兰教和藏传佛教（在西藏发展起来的大乘佛教的一派）在内的多种宗教，尤其是儒教、道教、佛教发挥了很大的作用。前文叙述了佛堂等主要古建筑，下面来看看儒教和道教建筑。

1 文庙和书院

春秋时代，生于鲁国昌平乡陬邑（现在的山东曲阜）的孔子（BC551～BC479年）成为集思想之大成的儒教之祖。以仁为理想道德，以孝悌、忠恕来成就此理想的根基是其教义。儒教作为治国之道特别是被后汉以后的历代王朝所尊崇，礼制建筑等特别是强烈地渗透在与王权相关的建筑的设计思想中。

祭祀孔子之灵的庙称作孔庙或文庙。在首都孔庙与最高学府的太学并设，县城以上的城镇学校也要附设孔庙，以促进官僚知识层的形成。孔庙原本是以孔子旧宅为庙发展起来的，到汉末首次由国家兴建以来，各王朝都进行祭祀。

山东省的曲阜县是以中国现存最大、最古老的孔庙（明1504年，清1724～1730年）为中心构成的。庙东西宽140米～150米，南北长630米，进深方向长，总面积达10公顷。沿基地中轴线从南端的灵星门往北，依次排列有奎文阁、大成门、大成殿、寝殿、圣迹殿等主要建筑。整体上以中庭为单位在进深方向上展开了8进院落。大成殿中央供奉着孔子像，两侧配有颜回、曾参等四大亚圣以及十二哲。葺有金黄色的琉璃瓦的重檐歇山顶，仅次于皇帝宫殿的规模和规格。建筑是清代1730年重建的，石砌的二重台基前的月台用于祭祀时舞乐。

中国各地的文庙采用了与此相似的格局形式，受中国文化强烈影响的越南，也有据说是模仿曲阜孔庙的河内文庙（15世纪）。朝鲜和日本也在律令制度下的大学寮附设了文庙等设施来祭祀孔子。在朝鲜特别是李朝时代，提倡儒教教育，兴建了大量公共机构性质的乡校，以及民间书院。乡校以汉城的成均馆为顶点，在府、牧、郡、县各设一校。各校由讲堂的明伦堂和文庙构成，因此朝鲜也都在各地方建文庙。另一方面，书院由祭祀儒教先哲的祠和传讲教

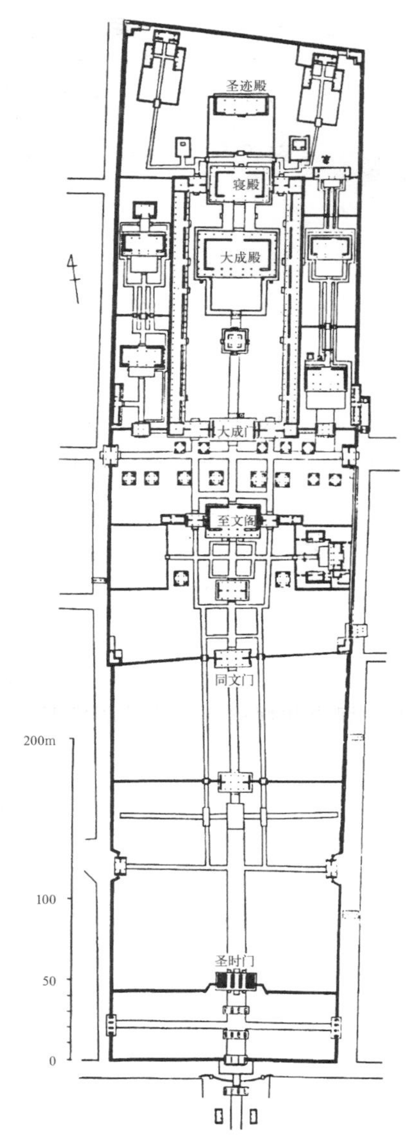

图 3-42　孔庙（平面图）

义的斋构成。典型的例子有陶山书院（庆尚北道安东，李朝1574年）。在日本，江户汤岛圣堂（现存）较为著名。

图 3-43　孔庙，山东曲阜

2　道观

道教是以黄帝和老子为始祖崇拜的多神宗教，与儒教和佛教并列为中国的主要宗教之一。它汲取主张无为自然的老庄思想的精华，注入了阴阳五行和神仙思想，追求不老长寿之术，实施符咒和祈祷等。在后汉末期的张道陵之后，吸纳了佛教的教理等，逐渐被整合为宗教形态，至今对中国的民间习俗有长期的影响。佛教的寺庙被称为佛寺、佛阁，道教的寺庙称作道观。北魏的寇谦之（363～448年）整顿教团组织，以致使道教成为国教，道观也在各地被兴建。

祭祀春秋时代晋国的始祖唐叔虞的山西太原晋祠的建筑群中，安

图 3–44　晋祠圣母殿，山西太原

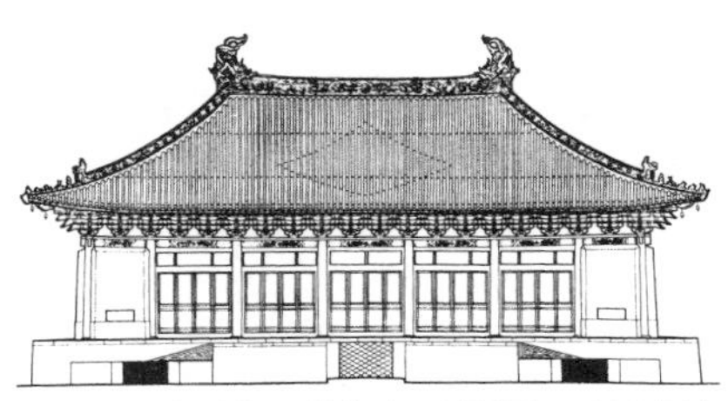
图 3–45　永乐宫三清殿（正立面图），山西芮城

放宋代仕女像的圣母殿（北宋 1102 年）是宋代建筑样式较古老的道教建筑。面阔 7 间，进深 6 间，重檐歇山顶。是了解与李诫的《营造法式》有对应关系的遗址的代表事例之一。建筑类型属该书所述的“殿堂”的佳例，周围被环绕的通敞的副阶在书中被称为“副阶周匝”。殿内因采用了减柱法而没有柱子。

玄妙观三清殿（江苏苏州、南宋 1179 年）中供奉的是三清像。9 开间，进深 6 间的重檐歇山顶，但与同时代的其他建筑所不同的是没有使用减柱法，被视为明清时代殿阁发展趋势的先驱。

图 3–46　白云观 山门，北京

此外还有永乐宫（山西芮城，元 1262 年），为元代兴隆的新兴三大道教之一，以全真教的据点闻名。其布局为中轴线上从前面开始依次排列无极门、三清殿、纯阳殿、重阳殿，用墙壁围合。构造上使用假昂，一攒斗栱也几乎失去了结构上的意义，使人感到明清代形骸化的征兆。全真教的本山为北京西军门外的白云观，是 50 余堂构成的中国最大的道观。

不仅在中国，东南亚城市中的华人地区存在的关帝庙、娘娘庙、城隍庙等也是道观的一种。

07 西藏建筑与蒙古建筑的关系

位于中国西南部的西藏不仅拥有独特的地形、气候风土，而且在与中国、印度、西亚等的位置关系中，积蓄了其自有的建筑文化。另外，以蒙古为首，北方辽阔的游牧地带则培育出了与其生活方式相适应的移动、组装式建筑文化。这些建筑文化，尤其在元、清时代与中国建筑接触和融合。下面介绍几个典型例子。

1 西藏建筑

作为西藏建筑的代表事例，著名的是达赖喇嘛的宫殿布达拉宫（拉萨，1645 年 ~，1682 ~ 1694 年）。在政教合一的原则下，喇嘛教的寺院同时也是政府机构，布达拉宫是其巅峰之作。现在的布达拉宫为 17 世纪重建后的建筑，由达赖喇嘛Ⅴ世阿旺罗桑嘉措所建的白宫、其子大摄政第巴桑结嘉措所建的红宫组成。白宫是达赖喇嘛的寝宫，有读经堂、僧官学校等。红宫则为大经堂和祭祀达赖喇嘛Ⅴ世的庙。

红白两宫耸立于红山之上，总面积 41 公顷，总高度达 117 米，是用花岗岩建造的平屋顶的高层建筑，展示了藏族的建筑技术和形式。若将视野放大，还能看到与印度西北部和西亚干燥地带相通的特征。另一方面，红宫顶层建有采用歇山屋顶的楼阁建筑，细部上采用了表明清代特征的斗栱等，也吸取了大陆建筑的形式和技法。

2 西藏建筑的引进

喇嘛教寺庙，在元代进入中国各地，进而在清朝的保护下迅速发展起来。以北京为首各地兴建喇嘛塔，为蒙古族而建的喇嘛寺庙的建设也倾注了全力。以至清朝第 5 代皇帝雍正帝将其王府（即位前的府邸）改造为喇嘛寺庙，称为雍和宫。

随着雍和宫的出现，作为藏族、蒙古族的怀柔政策而修建的以“热河遗址”闻名的承德外八庙，即 8 大喇嘛寺庙（河北承德，清 1713 ~ 1780 年）。这是指附属于避暑山庄皇帝行宫 11 庙中的 8 座。这组建筑群的各大寺庙均建在山坡台地上，左右对称，纵深展开。此外，将喇嘛教的曼陀罗具象化的设置配置和色彩构成也随处可见。

其中的普陀宗乘（小布达拉）庙

图 3–47　布达拉宫，拉萨，中国西藏

图 3–48　普陀宗乘庙，河北承德，中国

是模仿了前述的布达拉宫的建筑，是达赖喇嘛的行宫。须弥福寿（扎什伦布）庙是模仿日喀则的扎什伦布寺修建的，用于班禅喇嘛的行宫。藏式的平屋顶高层建筑的最大特征是顶上覆以中国式棱锥形或歇山顶的木楼阁，各细部设计为藏、汉、满族三样式混合形式。

3　蒙古的毡包形式建筑

13 世纪喇嘛教正式传入蒙古，经明清时代而繁荣，大量传入了西藏建筑。此外，中国建筑的技术和设计思想也给蒙古建筑以很大影响。例如 17 世纪的蒙古寺庙建筑和宫殿建筑就融合了中国建筑和西藏建筑形式，其表现方式的强弱也各种各样。但是把古代游牧民族的毡包形式通过木结架构构建造出巨大毡包式寺院，将其不断继承与发展，也形成了一种建筑类型。

位于乌兰巴托西部丘陵之上的甘登寺，作为与教育机构并设的喇嘛寺

图 3–49　甘登大乘寺（Gandan Tegchilen），乌兰巴托，蒙古

庙而建（1838 年），是现存的寺庙中最具有代表性寺庙之一。伽蓝中最蒙古式的建筑……是巧可钦多甘（庙），它是边长 21 米正方形平面的两层木结构建筑，以中央正面的祭坛为中心排列着僧侣的祈祷席，信徒则绕着四周进行礼拜。首层屋顶为蒙古帐篷型毡包发展而来的形式，四方锥台形，毛毡覆盖的顶上开有天窗；上层建有楼台，带栏杆的平台环绕，这种整体形式被称为毡包楼台形式。

08 中国庭园的世界

在中国，宫城、离宫、陵墓或私邸、佛教寺庙、道观……文庙等所有建筑都建有庭园，发展了独自的环境文化。

古代，为神仙思想所倾倒的秦始皇和汉武帝所营建的、以海滨风景为主题，建有称作蓬莱山的神仙式庭园十分流行。平等院凤凰堂（日本，京都，1053 年）等日本净土庭园也受其影响。除了这种写意式庭园，还建有始于南北朝时期反映士大夫隐遁思想、注重原始自然风趣的林泉式庭园，以及隋唐时期开掘池塘和运河而形成的舟游式庭园。到了宋代，文人墨客在禅宗思想的影响下把诗画艺术带入造园中，即所谓文人庭园盛行，创建了如今所看到的中国庭园的原型。

1 宫廷庭园

宫廷庭园的例子首推颐和园（北京，清 1750 ~ 1764 年，1888 ~ 1894 年重建）。从元代开始就以风光明媚

图 3–50　颐和园，北京

图 3–51　留园，江苏苏州

之地而闻名。位于北京城西郊的明代建筑好山园，改建后成为清朝康熙、雍正、乾隆帝避暑用的大规模行宫庭园群，即畅春园（1690 年），圆明园（1744 年），香山静宜园（1751 年），玉泉山静明园（1753 年）和万寿山清漪园（现在的颐和园），堪称三山五园。

颐和园总面积 3.4 平方千米，以规模宏大而著称。因乾隆帝思慕江南风景，修建了借周围的群山和田园之景模拟杭州西湖、无锡黄埠墩的景观，利用万寿山和昆明湖　“北山南湖”地形的颐和园。万寿山中央建有大报恩延寿寺（现在为佛光阁的一部分），配合前湖来表现“梵天乐土”。昆明湖中有三岛，即模仿所谓东海三神山的蓬莱、瀛洲、方丈，这也是继承了前文所述秦汉以来神仙式庭园传统。园内的谐趣园模仿了无锡的寄畅园(明 1506 ~ 1521 年)，描写的是江南风景。

2　江南地方的庭园

江南的庭园，想以苏州四大名园之一留园（明 1522 ~ 1566 年，清 1798，1876 年）为例。江南庭院一般多修建在贵族、官僚、豪商等府邸内，涵碧山房北侧的苑池原位于当时官宅后面，为留园的中心。主要建筑环池东、南而建，西、北以假山为主，此布局称为“南厅北山”，在江南园林中是常见的。江南庭园中常以各种形态的太湖石点缀，以表现山等地形，留园的林泉耆硕之馆的后面有巨石峰——“冠云峰”。此外，江南庭园还有在潇洒的四合院式的住宅旁巧设苑池的网师园（苏州，清 18 世纪中叶）等洗练的实例。

column 3 风 水 说

中国等古时传承下来的地相学、宅相学、墓相学属风水说，也称堪舆、地理、青鸟。其基本概念是观察山脉、丘陵、水流等地势，吸收阴阳五行和易学之说，为建设都城、住宅、坟墓选定吉兆场所的手法。生者的住居称阳宅，死者的墓地称阴宅。风水说体系的确立被认为是出自管辂（209～256年）和郭璞（276～324年）之手。

风水说流传极广，由此而产生了专门为顾客鉴定吉兆之地的职业，产生了称作地师、堪舆家、风水先生等所谓风水师。9世纪出现了以杨筠松为首的重视判断地势的形势学派，11世纪则产生了以王伋为首的重视天地运行原理的原理学派。

近代科学把风水视为伪科学或无用的迷信加以排斥，但在朝鲜半岛、台湾、冲绳等还有根深蒂固的生命力。中国近年来从生态角度对风水进行重新认识。

风水说认为人由于接受了大地内聚藏的“气”而获得生命。此“气”的聚集之处称“穴”，在“穴”中建造居所生活的人们可以补“气”入体而兴旺。要在“穴”中留住“气”需要“四神砂”（玄武、朱雀、白虎、青龙）。风可以带来或带走“气”，可以储藏风的地形叫“藏风”地形为好。流入的水一旦入“穴”储藏后流出的“得水”的形为好。风水说将地形的吉凶进行了各种的体系化。

在朝鲜半岛从三国时代开始普及风水说，作为都邑选址的依据备受重视。从新罗末期到高丽初期，道诜将其体系化，在高丽与佛寺建立结合后受到王室的重视。为求王朝的繁荣，寻求风水宝地而经常成为迁都论的依据。

传说高丽的首都在开城的选址上，到各地选出了最符合风水理论的地形。据说朝鲜半岛的“气”发源于长白山，沿山脉流入地中。开城四面环山，到达那里的气不会漏出，是“藏风”地形。李朝开朝时从开城迁到汉城（首尔）的迁都也是以风水说为依据的。北边有三角山和白岳两座山，白岳为汉城的镇山。南边有南山，来自东北的汉江流域是风水上的吉兆。风水在韩国社会深深扎根，传说殖民地时代日本在朝鲜总督府的建设是为了断绝朝鲜半岛的气脉即所谓“日帝断脉”之说。

发源于中国的风水说不仅在朝鲜半岛、日本，还广泛传播到老挝、越南、菲律宾、泰国等地。有意思的是与印尼爪哇的Primbon的比较。

西欧的相关著述有，德 霍鲁特所著的“*The Religious System of China*”（6vols，1892～1910年）：《中国的风水思想》，第一书房，1987年）。日本的相关著述有，村山智顺的《朝鲜的风水》（朝鲜总督府，国书刊行会重版，1972年）。此外，中国的重要著作有《风水与建筑》（中国建材工业出版社，2000年）。

Ⅳ

印度的建筑世界

—诸神的宇宙—

印度世界，在空间上指的是印度次大陆，1947 年以前为英属殖民地印度领土。现在一般称南亚，包括印度、巴基斯坦、尼泊尔、不丹、孟加拉、斯里兰卡、马尔代夫 7 个国家。以北面的喀喇昆仑山脉、喜玛拉雅山脉，东面的阿罗汉山、西面的土巴卡卡山为界，呈倒三角形状突出于南面的印度洋，自古以来都是相对独立性较高的地区。

在梵语中叫 Sindu，波斯语为 Sindhu，希腊语为 Indos，汉语译为身毒、贤豆、天竺——公元前 3 世纪时被认为是一个世界。古时梨俱吠陀所见到的最强大的部落，婆罗多族（Bharata）的领土＝被称为婆罗多国（Bharatavarsa），被认为是佛教中的胆部洲（阎浮提）或转轮圣王（Cakravarti）的国土。

印度建筑史的先驱詹姆斯弗克松所著《印度及东洋建筑史》一书包括：第 1 卷 I：佛教建筑、II：喜玛拉雅建筑、III：达罗毗荼样式、IV：遮娄其样式；第 2 卷 V：耆那建筑、VI：北方／印度雅利安样式、VII：印度萨拉森样式；之后是东洋建筑史部分、VIII：后方印度、IX 中国与日本。在达罗毗荼样式上研究了南亚建筑，在遮娄其样式上研究了德干高原的印度建筑。

伊东忠太的《印度建筑史》包括：绪言；第 1 章总论；第 2 章佛教建筑；第 3 章闍伊那教建筑；第 4 章印度教建筑。第 4 章模仿弗克松的“印度雅利安样式”、“遮娄其样式”、“达罗毗荼样式”分成了三类。村田治郎进一步划分，则为序（1）；然后是先史时代和原始时代（2）；按照时代划分叙述了古代（3）、中世（4）、近世（5）；然后在印度类建筑（6）中叙述了尼泊尔、锡兰、印尼、柬埔寨、缅甸、阿富汗。按宗教划分的佛教建筑、耆那建筑、印度教建筑以及伊斯兰教建筑；按地域划分的北部和南部（或中部）；时代划分的印度河文明时代以后，印度时代、伊斯兰时代、英属时代、独立以后。

本章的焦点是印度建筑，耆那教建筑也作为印度世界独自的建筑在这里被提及。而与佛教建筑、伊斯兰建筑或殖民地建筑的发展，以及印度的都城相关内容在其他章节中论述。这里只将视线聚焦于被“印度化”的东南亚地区。

01 印度教的诸神

1 印度教的成立

印度最早的原住民是南亚语系的民族。公元前3500年来自西方的达罗毗荼语系民族扩大了居住区域。公元前2300年，以印度河流域为中心的地区诞生了一大青铜器文明的印度河城市文明（Harappā，摩罕吉达罗 Mohenjo-daro等）。然而，因为印度河文明文字还未能解读，据文献记载得知是公元前1500年雅利安人入侵以后。

入侵后，原为牧畜民的雅利安人迅速转化为农耕民。随着农耕社会的发展，婆罗门抬头。公元前1200年，《利格经》问世，公元前500年左右又出现了其他圣典，婆罗门教进入全盛时期。此时，社会等级种姓制度的雏形伐楼那制也得以形成。公元前600年，印度的政治经济文化中心向东方的刚底斯河流域转移。在各城邦国家争霸中抬头的是摩竭陀国。公元前4世纪中叶将整个恒河流域纳入其统治之下，此时也出现了与婆罗门教相对抗的新宗教——耆那教和佛教。

在这样的社会变动中，公元前2～3世纪婆罗门教吸收了土著的非雅利安要素，演变为一直发展到现代的印度教。

印度河流域成为阿契美尼德王朝波斯的属州，之后被亚历山大大帝征服（BC326～BC325年），横扫了希腊人的势力，在摩竭陀国建立起了印度史上第一个统一帝国孔雀王朝。此后的阿育王遵照佛陀，进行统治普及了佛教。从公元前1世纪开始，西北诸民族再次入侵。伊朗系的大月氏族建立起了大月氏王朝，迦腻色伽王也举行佛典集结，极力保护佛教。

另一方面，公元前后出现了被誉为印度教核心的长篇叙述诗《罗摩衍那》、《摩诃婆罗多》，以及《摩奴法典》。其中两大叙事诗的原型在公元前数世纪就已产生，到3～4世纪才全部形成。《摩奴法典》是在公元前200年到公元200年间形成的。

4世纪初期，旃陀罗笈多一世（319～335年在位）出山，与其儿子沙摩陀罗笈多（335～376年在位）一起建立了孔雀王朝有史以来最强大的统一政权笈多王朝。在笈多王朝下确立了延续至今的印度教秩序。

2 印度教

印度教不是由特定的教祖创建的。而是以《利格经(Rg–Veda)》、《雅哲经(Yajur Veda)》、《萨马经(Sama Veda)》、《阿萨那经(Atharva Veda)》等吠陀圣典为基础发展起来的婆罗门教吸收了土著民族的民间宗教而演变为印度教的，广义上也包括婆罗门教。

作为圣典，除吠陀之外还有两大叙事史诗，其中一部《薄伽梵歌》、古谭，以及《摩奴法典》等大量梵文文献。

印度教是多神教，有太阳神苏利耶、司法神婆楼那、火神阿耆尼、风神阿尼罗、暴风雨神鲁得拉、河之女神恒河，英雄神因陀罗等，丰富多彩。可以说所有的自然景观的要素(树木、丘陵、山、洞穴、涌泉、湖沼……)中都有神的存在。

诸神中最通俗的是湿婆（大自在天)和毗湿奴（遍入天)以及婆罗贺摩（大梵天)，组成三神一体。他们的分工是婆罗贺摩创造宇宙，毗湿奴维持宇宙，湿婆主管宇宙的破坏与再生。传说毗湿奴娶女神拉克希米(佛教名:吉祥天)为妃，有10个化身。即灵鱼摩差耶、神龟库尔马、野猪瓦拉哈、人狮那罗辛哈、侏儒瓦摩纳、持斧罗摩、克里希纳、佛陀、白马卡尔基。

印度教信奉诸多女神。崇拜女神自古就有，公元7世纪以后尤为盛行。湿婆最初的妃子是贞女神萨蒂，第二位是帕尔瓦蒂，她也是杀死水牛魔神的杜伽，喜好血的迦梨女神是帕尔瓦蒂的别名。湿婆和毗湿奴合力生出了大母神摩诃黛维。此外还有毗湿奴的妃子拉克希米，大梵天的妃子睿智女神萨罗斯瓦蒂(辩才女神)等五花八门。

与方位相关的守护神有因陀罗(帝释天：东)、阎摩(阎摩天：南)、伐楼那(水天：西)，俱毗罗(宝神：北)、阿耆尼(火神：东南)等。此外还有药叉、干达婆等半神半人，牛、猿、蛇等动物，不胜枚举。

印度教可分为毗湿奴和湿婆派两大派，此外，还有一个重要宗派是崇拜湿婆妃子杜伽(或者说迦梨)的夏可蒂(Shakti，性力)派，或称坦特罗派。受伊斯兰神秘主义(mysticism)的影响，印度教试图与伊斯兰教融合，于16世纪成立了锡克教。

规范印度教徒社会生活的法规(dharma)是形成社会等级(种姓)制度的基础。社会等级(种姓)来自于葡语的卡斯塔(家世、血统)，在印度以内婚制为基础的同一血统集团被称为迦提(Jati)(出生)，婆罗门(司祭)、刹帝利(王侯、贵族)、吠舍(庶民、农牧商)、首陀罗(奴隶)这四姓被称为瓦尔纳。瓦尔纳原意为“色”，四种瓦尔

图 4–1　梵（Surya）

图 4–3　湿婆和帕尔瓦蒂

图 4–5　迦梨女神

图 4–4　湿婆的家族

图 4–2　毗湿奴

图 4–6　辩才天女（Sarasvati）

纳以外的种姓为不可触民（指定种姓）。在迦提、瓦尔纳制下对结婚、共食礼仪、职业等设定了各种制约和规则。

印度教徒的生活实际上是被很多礼仪所戒律。一生要经过 40 种以上的人生礼仪，每天早上要在河、池沐浴，礼拜神像之后方能进

图 4–7　跳舞的湿婆

图 4–8　林迦

图 4–9　象面神

食，在清扫过的出入口处描绘密宗(tantra)图形等，每天的生活也是由各种礼仪行为组成的。作为礼仪行为的场所，建造了以印度教寺院为首的相应空间。

3　诸神的图像

要品味印度教建筑以及空间的意蕴，有必要描绘诸神的世界。印度教诸神也深入到了佛教，被日本人熟知的也不少，动物等图像浅显易懂。首先，了解区分各神的特征很重要。应从神像手中所持的物品、着装、乘坐物着手。此外，各神间的关系（家族、化身）。神像一般有 4 只手，分别拿着固定的东西。有独具特色的的着装、发饰、首饰，以及固定的乘坐物，与特定的动物相关。下面看看几位主要的神。

湿婆形象为虎衣缠裹裸体，脖上卷绕着念珠和蛇。其特征是额头有第 3 只眼。此外，手持三叉的枪（三叉戟），小鼓、小壶。最大的象征是做成男性生殖器的林迦(Linga)，其坐骑为南蒂（牛），如果神像有三叉戟南蒂（牛）、林迦，就可判定是湿婆。此外，经常会加画湿婆之妻帕尔瓦蒂、儿子格涅沙（象面神）、室健陀（韦陀天），以组成湿婆家族像。湿婆也是舞蹈之王，“舞蹈湿婆”像十分受欢迎。象征富贵繁荣、智慧与学问之神的格涅沙是象的面孔，很容易辨认，其坐骑是老鼠；战争之神室健陀的坐骑则是雄鸡。

毗湿奴头上顶着有 5 个或 7 个的头的那伽（蛇）伞，经常以半跏坐的形式坐在 Ananta（永远）龙王身

图 4–10　印度众神图（上行左起）毗湿奴的化身摩差耶（Matsya）和龟（Kurma），瓦拉哈／毗湿奴的化身那罗辛哈（Nrisimha）（人狮）／毗湿奴的化身罗摩和野兔（Krishna），（中行左起）因陀罗（Indra）／阿耆尼（Agni），（下行左起）大梵天／哈奴曼／大梵天

上；4 支手分别持有光环，棍棒、法螺贝、莲花；乘坐物为加尔达（金翅鸟）。如前文所述，鱼、龟、猪、人狮是毗湿奴的化身。毗湿奴的妃子拉克希米（吉祥天）是富贵和幸运的女神，站在水中浮起的莲花之上，手持莲花。其神像多画有象征财富的硬币、纸币、宝石类，坐骑是象。

婆罗贺摩（梵天）以 4 张面孔象征 4 部吠陀；4 只手中分别握着念珠、圣典吠陀、小壶、杓（法器）；其乘坐物为汉萨（Hamsa，天鹅、白鸟）。婆罗贺摩的妃子萨罗斯瓦蒂（辩才天）是学问和技艺之神，一双手持念珠和吠陀（椰子文书），另一双手则在弹奏琵琶；其乘坐物为孔雀。由于其为水神，背后多画有河流。

湿婆的妃子帕尔瓦蒂有多个异名，性格也多变，拿着武器战斗就变成了杜伽或伽利女神。杜伽女神的 10 只手中拿着各种武器，出现在杀戮的场面被图像化，其坐骑为老虎或狮子。伽利女神更加恐怖，多被描绘成手持首级的形象。

此外，很接近孙悟空的模式的猿神哈努曼。诸神的乘坐物着眼于各种动物，他们和《罗摩衍那》、《摩诃婆罗多》的世界一起，是通往印度建筑世界的捷径。

02 印度建筑

1 印度寺院

印度寺院位于印度社会的中心。寺院是作为礼拜神举行各种仪式的场所、是教育的场所、艺术活动（舞蹈、雕刻）的场所，对印度教徒来说所有的活动场所。其实寺院作为活动的核心也支撑了村落的经济。印度的宇宙论和都城将在第5章介绍，位于宇宙以及城市中心的是印度寺院。

首先，印度寺院是神之座或坛（波拉沙达 prasada）、神之家（Deva Griham）。神像以及象征物都收藏在内，诸神以暂时停宿在神像中的方式显在化。对人们而言，印度寺院是通过礼拜这一行为体验人神合一的场所。即，寺院是礼拜的场所，是与神交流的祭祀的场所。主持礼拜的是婆罗门，婆罗门是地区社会的代表，承担着神与人类之间的媒介任务。主持每日礼拜的同时，还主持团体的礼拜。每年定期举办的祭祀是举办山车巡行的祭祀活动。祭祀时，顺时针绕行神像和寺院。寺院选定的场地，以及寺院的形式与这种祭祀的形式有密切的关系。

印度寺院作为“神之家”，与宇宙是同样的形式。位于印度世界的中心，即宇宙的中心位置是美鲁山。湿婆神的天上住所是西藏西部的冈仁波其峰的山顶。印度寺院经常被比喻为至高无上的山（吉利 Gili），其形态象征着山峰、山顶（希诃罗 Sikhara，炮弹、玉米形顶部）。此外，印度寺院还被比喻为神圣的洞穴。洞穴是胎内，是神的泊地。印度寺院作为这种空间被建造。

2 Manasara 的世界

印度古时有关于建筑技术的手册。名为《SilpaSastra》，意为“诸技艺之书”，是涵盖了城市规划、建筑、雕刻、绘画等的梵语书集。最完整的是《Manasara》，还有《Mayamata》、《Kasyapa》等。《Mayamata》的作者马雅也是天文学书《Suryasiddhant》的编者，其内容与《Manasara》差别不大。

Mana 意为“尺寸”，sara 意为“标准”，Manasara 则为“尺寸标准”的意思。也有人认为 Manasara 是作者的名字。Silpa 指“技艺”，

Sastra 为“科学”的意思。瓦斯托 Vastu 是“建筑”，Vastu Sastra 即为“建筑科学”。由此，原名为 *Manasara·Vastu Sastra*（译为《尺寸标准 · 建筑科学》）

Manasara 是用梵语写成的，其内容以 P·K·Acharya 英译和图化(1934 年)而广为传播。全书由 70 章构成。第 1 章对世界创造主梵天神（Brahma）祈祷的同时简单综述了整体内容；第 2 章，建筑师的资格和尺寸体系；第 3 章，建筑的分类；第 4 章，选址；第 5 章，土壤调查；第 6 章，方位棒的建立；第 7 章，用地规划；第 8 章，供品；第 9 章，村落；第 10 章，城市和城塞；第 11 章到 17 章，建筑的各部分；从第 18 章到 30 章，顺次讲述从 1 层到 12 层的建筑；第 31 章为宫廷，之后按照建筑类型的叙述，一直写到了 42 章；43 章为车，具体到家具、神像的尺寸等，全书极为综合化、体系化。关于其完成年代有很多种说法，根据 Acharya 的说法该书写于公元 6 世纪到 7 世纪的南印度。有意思的是，其结构与公元前 1 世纪罗马时代的维特鲁威的《建筑十书》极为相似。

3 印度建筑的技法

首先看看尺寸体系。第 2 章在叙述了建筑师的资格、阶层（建筑师，设计制图师，画家，木匠、工匠）之后，记述了尺寸的体系。使用 8 进制，感知可能的最小单位为 paramanu（原子），其 8 倍为 rathadhuli（车尘，分子），其 8 倍是 valagra（头发），接下来是虮——虱子的卵（liksha)，虱（yuka)，大麦粒（yava)，指宽（angula)。指宽分大中小 3 种，即 8 粒（yava）、7 粒、6 粒。

建筑使用安古拉（angula）作为单位，其 12 倍为 vidatthe（手，跨度为大拇指和小指的间距），vidatthe 的两倍为 1 肘（ratana=hattha)，再加上 1 安古拉就可作肘尺（prājāpatya）用。即 24 安古拉或 25 安古拉为肘尺，但要是碰到 26、27 指宽的东西就复杂了。26 指宽的叫做达努鲁姆休提（dhānur-mushti)，其 4 倍为 1 棒（danda)，8 倍为 rajju（尺寸、长度单位）。肘一般主要用于车，肘尺主要用于住宅，达努鲁姆休提则主要用于寺院等大型建筑物。用于距离的只有棒。

布局规划在 9 章（村）、10 章（都市和城塞）、32 章（寺院伽蓝）、36 章（住宅）以及 40 章（王宫）都有叙述，其共同点是都采用曼陀罗的布局。第 7 章叙述了曼陀罗的类型。将正方形依次分割的样式，分别命名以便区别。即 Sakala($1\times1=1$ 分割)，Pechaka ($2\times2=4$ 分割)……Chanra-kānta ($32\times32=1024$ 分割)，共 32 类。圆、正三角形的分割也是同样。

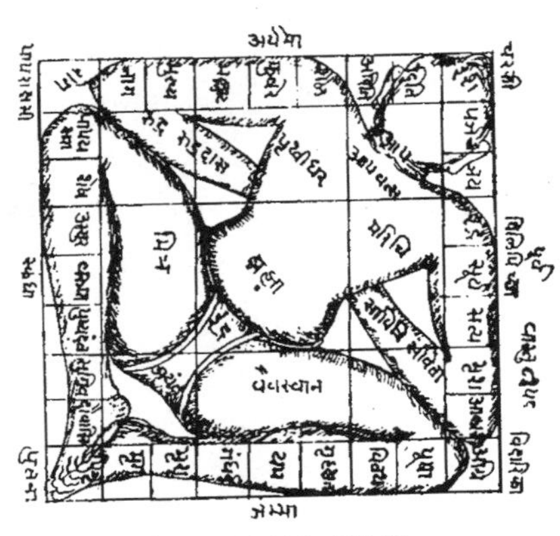

图 4–11　普鲁夏（原人）曼陀罗

这样分割的各种类型，与人体这一微型宇宙和诸神的布置所形成的宇宙重叠在一起。把适用于来自身体的宇宙和四姓（人类）而生成的原始人普鲁夏（plusha）称为Vāstu–Pursha–Mandala。用的最普遍的是prājāpatya （9×9 = 81 分割）和Mandūka （8×8 = 64 分割）。

村落规划、城市规划用 8 种类型加以区分。以村落为例，分为当达卡（Dandaka）、桑瓦多巴多尔（Sarvatobhadra）、拿提亚巴鲁拉（Nandyavarta）、帕德马克（Padmaka）、修瓦斯蒂尔卡（Svastika）、普拉斯它尔（Prastara）、卡鲁西姆（Karmuka）、茶托鲁姆卡（Chaturmukha）8 种。

在建筑设计上，叙述了要先决定整体规模和形式，然后在此基础上决定细部比例关系的方法。对于一般建筑物，从 1 层到 12 层分别分成了大、中、小三类，共计 36 种。此外对宽度高度如何设定，则给出了 1 : 1、1 : 1.25、1 : 1.5、1 : 1.75、1 : 2 等 5 种比例。

4　印度寺院的类型

如上文所述，印度建筑的样式，按建筑类别和规模分有几种类型。在尺寸标准（Manasara）中，经常出现那格拉（Nagara）式、达罗毗茶（Dravida）式、维萨拉（Vesara）式 3 种建筑样式。Nagara 意为城市，Dravida 意为民族名，Vesara 意为动物骡子（雄驴与雌马的杂交）。按照 P · K · Acharya 的翻译和解释，就 8 层建筑的顶部（26 章）、山车（43 章）、林迦（湿婆神的象征，译者注）（52 章）的形态进行了说明，即 Nagara 为四角形，Dravida 为八角形或六角形，Vesara 为圆形。但也有 Nagara 为北方，Dravida 为南方，Vesara 为东方（52 章）的记述，即也可以作为地域类型进行说明。福克森把印度建筑样式划分为几个大的地域，北方为印度 · 印欧样式，南方为达罗毗茶样式，中间部分按王朝名称遮娄其样式。E · B · Havell 则将这种地域划分适用于尺寸标准的三划分中，分别为那格拉式（北印度样式）、达罗毗茶（南印度样式）、维萨拉样式（混合样式）。在用语上有些混乱，但北部（喜马拉雅山麓到德干北部）、中部（德干高原）、南部

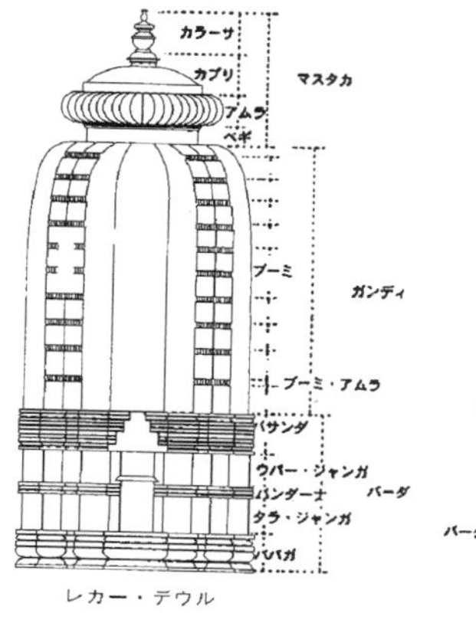

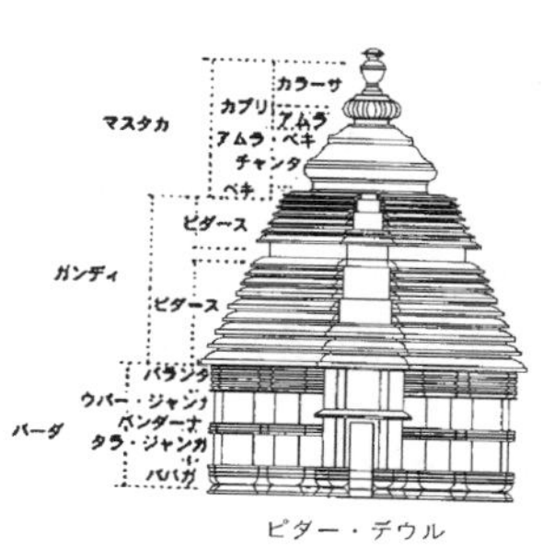

图 4–12　寺院内部的名称

（泰米尔纳德邦州、班加罗尔州）的地域类型划分是普遍被认同的。而西部的古吉拉特邦、东部的奥里萨等可以看出更大的地域性的变异。

北方型与南方型最显著的区别是上部构造的不同。构成北方型特征的是称为希诃罗的炮弹形（玉米形）顶部。南方型则在基坛上梁柱结构之上冠以顶部。越往上越小的屋顶平台重叠，呈现出多层的屋顶形态。在许多建筑技术著作中把前者称为波拉沙达，后者称为 vimana（方尖庙或神殿，译者注）加以区别。希诃罗在北方指的是整个上部构造，在南方只指顶部。由于南部将高塔整体称为方尖庙，因此也有希诃罗式和方尖庙式的两种区分方法。

北方型与南方型的不同也表现在平面、装饰、圣像群的排列上。北方型的寺院是由名为“胎室”(garbha–griha，指寺院的本堂）的圣所和圣所前设置的名为曼达波（大厅 mandapa，有柱廊的前殿）礼拜堂构成的。一般前者为炮弹形，后者为架设金字塔型（四角锥）屋顶的。构成南方型特征的是称为瞿布罗 (gopura) 的楼门，比祠堂高出很多，断面为台形，四角锥台上耸立着幌形 (Wagon Vault) 的屋顶。此外南方型寺院采用被二重、三重墙壁围合的大伽蓝布局是其特征。包围寺院的墙壁的东南西北的中央建有方形的瞿布罗。可以认为只要有这个楼门，即使在印度以外的地方也有来自南印度的印度教的传入。

维萨拉是以上两种类型的中间型，进而随地域和王朝不同而不同。由于地域的样式与各王朝的样式基本上一致，诸如笈多样式，遮娄其样式，帕拉瓦样式，卓拉样式等从王朝名可以看出样式的区分。下文有具体展开。

column 1　瓦拉纳西的迦特

迦特（Ghat）是阶梯状形态的总称，东西两高止山脉名称也是由此而来。

印度的主要河川和湖池的岸边，其中一部分或全域内可以说几乎都建造了迦特。从功能上说迦特是一种护岸和亲水设施。不仅是印度，自古以来水边就是生活中不可或缺的场所，不论水位高低阶梯都是为能接近水面的一种形态，但是像印度这样更执着于水边建筑化的地方可以说在世界上是绝无仅有的。其形态从沿着河岸的一层阶梯到多层阶梯，以及伴有露台、门、寺院、宫殿的复杂大规模的复合体等，多种多样。用日本近年所用的浅薄的“亲水”　概念很难解释它。迦特的建设背景是因为水岸对印度教有着极为重要的宗教意义。

印度教把圣地称作提尔塔（tirtha），在梵语中本意为“水边”或“渡口”，正像这种极端的表达那样，印度教将与水（特别是河）有关联的地方视为神圣。为什么呢？首先是认为水有圣力的观念。即水不仅可以净化物质的污秽，而且有着洗涤罪过和肮脏的力量。直接用水来沐浴洁身是印度教最重要的净化仪式之一。第二是因为印度教认为水边与死有很深的关系。在南亚最普遍举行的葬制是火葬，也伴有将其骨灰撒入河流的水葬仪式。人们认为这些骨灰顺流而下会流到湿婆所在的喜马拉雅的怀中，也就是说水边、河边是死者通向来世的出发点，是最神圣的地方。因此，迦特作为接近神圣水边的场所表现了最原始的形态，可以说是拥有以水为神体的称作拜殿的宗教建筑。

现在，在建筑上或有效利用上最具魅力且壮丽的迦特群是在印度的圣都瓦拉纳西（varanasi）。市区沿印度最神圣的恒河西岸延伸，河岸被长达6公里的无数的迦特群所覆盖。以印度各地藩王建设的宫殿为背景，在被大小寺院和祠堂点缀的迦特，教徒们每天早上要朝拜从神圣的方位东方升起的旭日，并进行沐浴。看上去就是一座宛如鉴赏圣河恒河的巨大圆形剧场，是一座祈拜对岸升起太阳的崇拜太阳寺院。在瓦拉纳西

图 4—13　迦特的远景

图 4—14　迦特的人们

有印度为数不多的火葬迦特马尼卡尼卡迦特（Manikarnika Ghat），每天遗体从印度各地运来，火葬的烟火终日不绝。人们相信荼毗（即火化）后的骨灰流入恒河，就会轮回转世得到解脱。有很多希望死在此地的人们滞留在迦特周边的“待死之家”，河岸一带火葬用的薪柴堆积成山，形成一种气氛浓厚的“死亡”空间。在瓦拉纳西，迦特密布的西岸是生者的空间，东岸则是死者的空间，东岸没有迦特。

迦特的重要性不仅在于宗教的一面，迦特也是做饭、洗衣、水浴、休息等人们的生活舞台，这是除火葬迦特以外无一例外。迦特情景明确地表达了日常生活和与来世的接触浑然存在于一个场所中的这种印度教空间的特性。

图 4–15　寺院和迦特

03 最初的印度寺院
——北方型寺院的形成

1 笈多王朝

雕绘在各种浮雕上的建筑是木结构建筑，后来的石窟寺院和石雕寺院也模仿了木结构的，由此得知印度建筑本来也是木结构的。但是因此也没有留下古例。石造寺院应是公元4世纪笈多王朝时代建立的。

大月氏王朝灭亡以后，北印度处于分裂状态，不久摩揭陀国君主旃陀罗·笈多一世得势，掌握了恒河东、中部流域的霸权。他同孔雀王朝一样定都于华氏城（现在巴特那），于公元320年建立笈多王朝。在其子沙摩陀罗·笈多（公元335～376年在位）和旃陀罗·笈多二世（公元376～414年在位）的统治下，笈多王朝迎来了鼎盛时期，成为统治东自孟加拉湾西至阿拉伯海北印度一代的庞大帝国。其繁荣也使印度教得以兴盛，尤其是对毗湿奴和湿婆两神的崇拜十分强烈。笈多王朝的国王多为毗湿奴的信奉者，编撰支持毗湿奴信仰的《古潭·毗湿奴》、《Bhagayad-Gita》等圣典和叙事诗，王朝的家徽也采用毗湿奴神的坐骑迦楼罗（金翅鸟）。印度诸神的圣像雕刻，在大月氏王朝后期开始出现，这时开始正式制造。

2 迪高瓦，德福堡，乌达亚布

5世纪初期的马德亚普拉德什（Madhya Pradesh）州迪高瓦（Tigowa）的坎卡里德维（Kankali Devi）寺院很好地体现了早期印度寺院的原型。石砌的美丽外观，有着平屋顶的方形圣所garbha-griha，与列柱支撑的门廊一起建在几个朴素的踏步的台基上，连续的屋檐线脚使之一体化。这种形式与桑吉的第17佛堂很相似，这种寺院形式是超越宗教差异而被采用的。桑吉的柱子明显地是孔雀王朝的样式，而迪高瓦则采用了壶叶饰柱头。刻有401年碑文的最古老的印度教遗址——中印度的乌陀耶吉的石窟寺院群其柱头的设计也是壶叶饰的，这些都表示新样式的出现。

进入5世纪后半叶印度寺院建筑的基本特性清晰地显现出来，即，①墙面的分节，墙面中央凸出的装饰门扉；②埋入圣像的线脚（凹形边饰）带来的基石部分装饰化，圆形台座上为圆环形边饰，在其上凹线环绕至上端部；③上部结构的建立；④表明巡回礼拜的绕道。

在乌达亚布（Udayapur）早期的祠堂中，墙壁被竖向分成三部分，中央区域突出，雕刻成菱形花纹的线脚带将壁面水平分成两节。墙壁下为装饰性的基部，上部是伸出的屋檐凹线环绕，上面加了一层屋面板。表示上部结构发展的开端。

6世纪初期德福堡（Deogarh）的达沙瓦塔尔寺院（Dashavatara）是这个时期发展高峰阶段的产物。寺院建在宽敞的基坛上，采用了后来印度建筑很普遍的五堂形式。其上部构造已严重破损，对应墙壁的中央部分冠以有凸出部的金字塔形屋顶。

德福堡的宽大基坛设有绕道。对于环绕圣所的带有屋顶的绕道形式的，目前所知的最早例子是布玛拉的湿婆寺院和纳杰纳（Nachna）的帕瓦提寺院。在那接纳为能表现湿婆神的住处——凯拉萨山，在仿古砖风格的石造基台上建造了正方形的圣所。

圣所空间上部的高层化进程促进了希诃罗的建设。5世纪比他鲁嘎欧（Bidargaon）的毗湿奴寺院，是该时代现存的唯一的砖瓦建筑。建在高高的基坛上，并被划分为三部分的圣所，通过墙柱对衔接部分进行处理，模仿毗湿奴神和湿婆神像

图4—16　达沙瓦塔尔（Dashavatara）寺院，德福堡

图4—17　毗湿奴寺院，比他鲁嘎欧

的赤土墙板镶嵌在主要区域。希诃罗越往上方越狭小，由半圆形装饰条和线脚层状构成。它与德福堡的寺院一样，通过中央的凸起部分一直到达顶部来强调垂直感。圣所和入口大厅为托架式穹隆，而连接它们的通路部分使用的是印度建筑中极少见的拱。

04 石窟寺院与石雕寺院

1　石窟寺院

印度的石窟寺院是始于公元前3世纪，孔雀王朝的阿育王向阿耆毗伽教（Ajivikas，佛教称其为邪）捐赠的比哈尔邦首都格雅北部的巴拉巴鲁山丘的石窟群。公元前2世纪末，开始以印度西部为中心积极开凿佛教石窟，阿旃陀、巴加、卡尔拉、纳西克等早期的佛教石窟被开掘。到了5世纪，受后期佛教石窟开窟的影响，印度也开始开凿石窟。在乌德耶里开凿了最初的印度石窟。6世纪中期到后期，德干地区西北部的迦格修瓦里、巴达米、象岛等地区也进行开凿。在埃罗拉，继印度石窟之后先后开凿了佛教石窟和耆那教石窟。此外印度东南部，尤其是马哈巴利普拉姆（mahabalipuram）也开始了新石窟的开凿。

印度石窟似乎是从佛教的精舍窟发展而来的。然而，印度教徒意识到修道生活没有必要后，僧院就开始向围绕大厅的集中式转变。从6世纪中叶开始的前期遮娄其王朝之都巴达米第1～3窟，由内部大厅和其前部的柱廊型露台组成，内部的岩壁开凿了祭祀湿婆和毗湿奴像用的无绕道圣所。佛教石窟中大厅两侧设置的僧院没有了，换为浮雕的雕像墙板，墙面由附墙柱和半柱划分。天井雕刻的进深方向在第1窟中与阳台平行，第2窟中与阳台垂直，第3窟中为环绕大厅的同心圆状，各不相同。进而在第3窟阳台前面设置了矩形前庭等，可以看出印度石窟在独自的空间构成上的尝试。

前期遮娄其王朝，在6世纪后半叶开始开窟的埃罗拉中，可以看到面向入口布置的圣所为了使周围巡回成为可能，备有绕道的圣所和大厅间很洗练的关系。在初期的Rameshvaram（第21窟）中，配置了南蒂（圣牛）像和有小祠堂的前庭，石窟内部由横长方形的柱廊大厅和有绕道的大圣所构成。这是印度寺院的基本的曼达波（前殿）与圣所的构成，大厅的两端设有副祠堂，连接它们的轴线以及联结南蒂像和圣所的轴线垂直相交并存，成为更动感的空间构成。该构成在同样位于埃罗拉的多马路雷纳窟（Dumal　Rena，第29窟，6世纪后半叶）和艾勒方达岛的湿婆寺院（第1窟，6世纪）有了很

图 4–18　埃罗拉第 29 窟

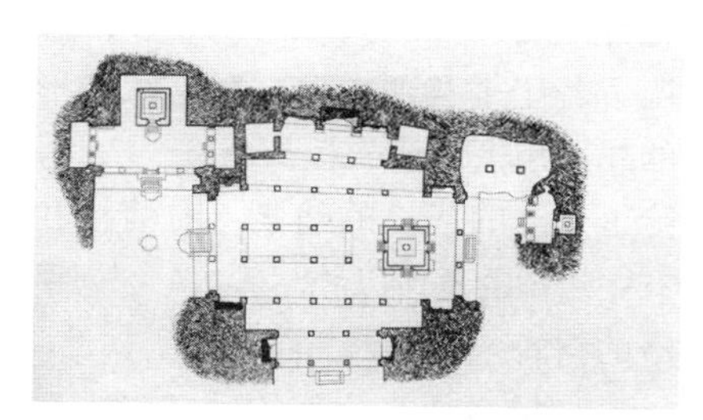

图 4–19　湿婆寺院（平面图），艾勒方达岛

大的发展。两者都是在近似正方形列柱厅的内侧设置了被墙围合的四方有入口的圣所。联络入口和圣所的东西向主轴线通过天井的雕梁得以强调，同时引入了圣所前方垂直的南北向轴线，整个平面的构成呈十字形。在多马路雷纳（Dumal Rena）窟圣所的尽头被岩石封闭，主轴线的起点和终点十分明快，南北轴线的两端设置了向外开放的入口。而在艾勒方达岛，东西主轴线的两端则设置向外开放的中庭，其中一个也可以通向另一个石窟的入口。

2　石雕寺院

到了 8 世纪，石窟进一步发展，出现了整个寺院都由岩石块雕出的石雕寺院。拉什特拉库塔王朝（753 ~ 973 年）的克里什那一世（757 ~ 775 年在位）所建造的埃罗拉的冈仁波其峰寺院（第 16 窟）面宽 45 米，进深 85 米，由岩山雕刻而成，其规模的宏大是史无前例的。其空间构成模仿了前期遮娄其王朝第 3 个首都帕塔达卡尔的毗楼博叉天（Virupaksa）寺院。有瞿布罗（楼门），前庭设有南蒂堂，两侧立有纪念柱。经由门廊和楼厅，以及玄关大厅之后被引向圣所。圣所上部耸立有 4 层的方尖庙本殿，外侧环以无屋顶

图 4–20　冈仁波其峰寺院（埃罗拉第 16 窟）

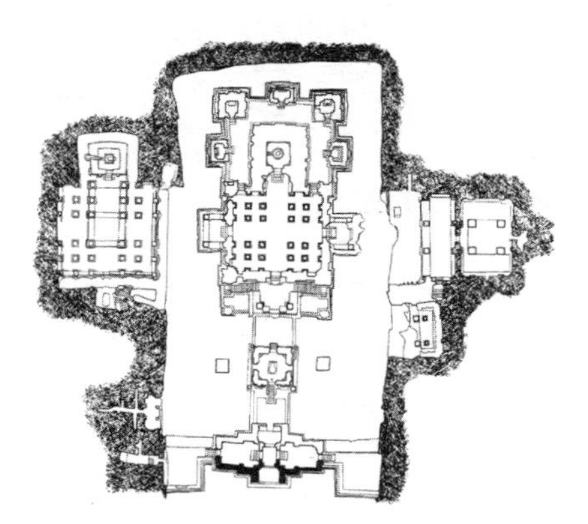

图 4–21　冈仁波其峰寺院（平面图）

图 4–22　毗楼博叉天寺院，帕塔达卡尔

的绕道，且被 5 座副祠堂群所环绕。随着石雕寺院的出现，石窟寺院的发展已告结束。

3　南印度初期的寺院

南印度在 7 世纪的帕那瓦朝和潘迪亚王朝及其周边各国营造石窟。其中潘迪亚朝的石窟是体现南方型寺院诸特征的早期作品，弥足珍贵。其基本形式是在马赫多拉瓦尔曼(Mahendra varman) 一世 (600 ~ 630 年在位) 的统治下发展起来的，有德拉瓦努 (Dalavanur) 的夏多鲁马拉 (Shadlematta) 和蒂鲁吉拉伯利 (Tiruchirappalli) 的拉里塔尼克拉石窟等。这些石窟吸取了自古以来木构建筑的样式，在面向东或西的正面排列列柱，通过石窟内柱子进行分段处理的大厅内侧和侧面开凿了若干个圣所。正方形或八边形的断面用带有托架柱头的柱子支撑，除了简洁的基坛的线脚、附墙柱和有守门神的圣所以外，基本上都为平滑的空间。

马赫多拉瓦尔曼的后继者那罗辛哈瓦尔曼一世 (630 ~ 668 在位) 在南部的千奈建造了摩诃巴里补罗寺院群，这些属帕那瓦朝前期的遗迹，除了名为“拉塔 （山车） ” 的花岗岩块雕凿的石雕寺院外也有石窟寺院。在摩诃巴里补罗寺院群中，拥有三个圣所的玛赫夏玛鲁德尼 (Mahābalipuram) 窟和一个圣所的瓦拉哈窟，分别代表了那罗辛哈王初期和后期的石窟。

05 五座拉塔——南方型寺院的原型

1 摩诃巴里补罗

南印度留下的最古老的建筑遗迹为摩诃巴里补罗的“五座拉塔(Pancha ratha)”(意为货车、马车、战车、山车，寺院)。帕那瓦朝的那罗辛哈瓦尔曼一世时期雕刻的“五座拉塔”，简直就是五种建筑的雏形。有意思的是它们如实地模仿了梁、椽、斗栱、柱等木结构。从北到南为哈嘛纳伽(Dharmaraja)拉塔(No.1)、比玛拉塔(No.2)、阿琼那拉塔(Arjuna，No.3)、蒂劳柏迪拉塔(Draupadi，No.4)，以及不在其列、位于西边的那库拉撒哈迪瓦拉塔(Nakura-Sahadeva Ratha，No.5)。各拉塔的名称均源于《摩诃婆罗多》中的英雄。

图 4-23 “五座拉塔”，摩诃巴里补罗

图 4-24 哈嘛纳伽拉塔（Dharmaraja）（No.1）

图 4-25 比玛拉塔（No.2）

No.1是正方形平面金字塔式多层屋顶，最顶部为低矮的八角形

图 4-26 阿琼那拉塔（Arjuna）（No.3）

图 4-27　蒂劳柏迪拉塔（Draupadi）（No.4）

图 4-28　那库拉撒哈迪瓦拉塔（Nakura-Sahadeva）（No.5）

图 4-29　海岸寺院，马哈巴利普拉姆

希诃罗。各层屋檐下设有精致的马蹄形线脚（库多 Kudho，支提窗）。No.3 的形态则完全是哈嘛纳伽的缩小拷贝。No.2 平面为长方形，车篷形（wagon vault）屋顶，正面两根柱子由狮子支撑。No.4 有着起拱的四坡顶，素朴的民居风格。No.5 兼有 No.1 和 No.2 的样式。正面为拥有两根狮子柱的山墙开门式，但最顶部的后边为圆形。这种样式又被称为象背（elephant back）屋顶。平面为前方后圆。就像对设计进行过研究一样。它们并不是作为伽蓝建造出来的，No.1 为未完成状态，No.1、No.3 的屋顶是所谓的达罗毗荼（Dravidian）式，为南方型的典型样式。No.2 则为较普遍的楼门屋顶。这座石雕寺院在那罗辛哈瓦尔曼二世（Rajasimha，在位 690 ~ 728 年）统治下被砌造结构所取代。其典型是海岸寺院。

海岸寺院是由朝向相反的大小两座湿婆神殿构成。面向海（东）的大祠堂是祭祀湿婆林迦，面向陆地（西）的小祠堂是祭祀湿婆、帕尔瓦蒂以及他们的儿子塞犍陀的。祭祀毗

图 4—30　凯拉撒那神庙（Temple Kailasanatha），坎契浦兰（Kanchipuram）

图 4—31　南蒂像，坎契浦兰

湿奴卧像的细长的祠堂连接着两座祠堂。两座祠堂都是采用只带简洁的短门廊的正方形圣所的形式。是将大小巧妙错开的出色设计。其屋顶的倾斜度远大于“五座拉塔”的模式，这是石雕寺院向构筑寺院转化过程中的重大变化。

2　坎契浦兰

坎契浦兰的凯拉撒那（Kailasa-

图 4—32　婆卢玛尔神庙，坎契浦兰

natha）神庙也是在那摞信（Raja-simha）时代建造的。东西并列着主祠堂和前室，礼拜堂被小祠堂密布的围墙所包围，入口的设计采用了以东边突出的形式。入口外面排列有小祠堂，30 米处设有南蒂像。主祠堂的神殿为 4 层金字塔形，入口的湿婆祠堂覆盖车篷屋顶。伽蓝配置与僧舍环绕中庭的形式相似。花岗岩被用作基础和主要结构材料，除雕刻使用烧砖外，还使用砂岩。整个建筑覆以彩色漆饰。

更重要的是婆卢玛尔(Vaikuntha Perumal）寺院。主神殿和礼拜室被狮子柱排列的回廊环绕（内阵），进而前室突出（外阵）的构成十分清晰。主神殿由 4 层构成，各层都有圣所。下面的三层放置毗湿奴像，到处都有各种圣像和王室的浮雕装饰着墙壁。

06 遮娄其的实验

由于补罗稽舍一世的统治，6 世纪中叶兴起的前遮娄其王朝，以巴达米（Badami）为都统治着德干一带，被拉施特拉库塔王朝灭亡后，延续到了 8 世纪中叶。前遮娄其王朝的统治下建造了艾荷洛（Aihode）、帕塔达卡尔、马哈库达（Mahakta）等多座寺院。前遮娄其王朝的建筑样式，正如福克森建立的遮娄其样式范畴一样，兼有北方型和南方型的要素呈现出多样性。

1 艾荷洛的试行

艾荷洛（Aihole）初期的寺院，和笈多朝那丘纳（Matunā）的巴瓦娣寺院一样属于北方型。

拉汗寺院（Lad Khan，7 世纪末）的入口设有 12 根（4×3）柱子排列的门廊。由九宫格（3×3）平面扩张而成的圣所（4×4），由同心柱列组成双重回廊，中央安置南蒂像。

Kontigudi 寺院群（gudi 是寺的意思）是更朴素的形式。长方形的前殿（曼达波）被粗大的柱列纵向隔开。这种初期寺院的柱子，只有自然石头的体积感，没有任何装饰，再现了木结构的主要要素。柱子为

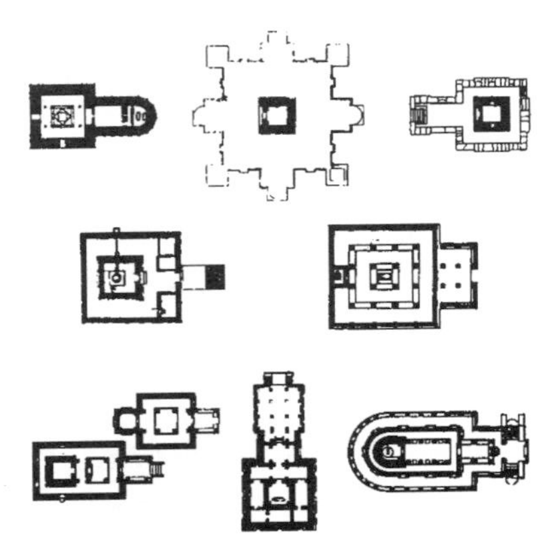

图 4–33 前期遮娄其朝寺院的诸例（平面图）

图 4–34 拉奇玛拉古提寺院，艾荷洛

图 4–35 塔拉帕库蒂寺院，艾荷洛

图 4-36 杜尔迦寺院，艾荷洛

图 4-37 美古迪寺院，艾荷洛

单岩的正方形断面，没有柱础，柱头处只设有简单的托架。拉汗庙内部的柱子有几根是八角形的，在托架上雕有波纹状的线脚。

遮娄其王朝的寺院，为了克服拉汗寺院的圣所不在中央绕道、被遮挡的难点，其后的寺院取消了最外边的回廊，采用了将中央高身中廊与两侧低侧廊分开的组成形式。其中一座九宫格形大厅后部附有为圣所服务的三间无绕道的前殿。还有一座的侧廊部分被延长，做成环绕圣所的绕道。前者在大厅和圣所之间附加了前室性空间，后者通过分隔圣所和大厅内部的柱间形成前室性空间。塔拉帕库蒂（Tarappagudi）寺院和纳拉亚娜（Narayana）属于前者，拉奇玛拉古提（Huchchimallagudi）寺院则属于后者。

将后者的形式加以改变的是杜尔迦寺院，其沿袭了佛教支提堂的马蹄型形式。半圆壁龛型（前方后圆）的曼达波包含了主厅和带绕道的圣所，外侧环绕有列柱回廊，形成了另一条巡回路。刻有634或635年赞美补罗稽舍二世的碑文的耆那教的美古迪（Meguti）寺院是在艾荷洛唯一记录纪年的寺院，也是在印度记录正确年号的最古老的构筑式寺院。山丘上所建的这个寺院具有与前述两种类型不同的独特形式。曼达波与圣所分别构成各自的区域，玄关部分则设置在两个区域的中间。

2 帕塔达卡尔

美古迪寺院，拥有带线脚的基部和用墙柱划分墙面的南方型要素特征。此外巴达米的两座湿婆拉雅（Shivaraya）寺院的南方型特征更强。上湿婆拉雅（7世纪初）的圣所已失去前室，但环有绕道。马雷格提·湿婆拉雅（Malegiti Shivaraya，7世纪）则没有绕道，是由正室、前室、4根柱的门廊简单构成的。

此外，在马哈库塔（Mahakuta）也有能追溯到7世纪的寺院群。马哈库塔休巴拉（Mahakuteshvara）寺院被绕道环绕的圣所，4根柱子的前室（门廊），在前部没有南蒂

图 4-38　湿婆拉雅寺院，帕塔达卡尔

图 4-40　玛丽卡朱那寺院，帕塔达卡尔

图 4-39　马哈库塔休巴拉寺院，帕塔达卡尔

图 4-41　桑哥门休维拉寺院，帕塔达卡尔

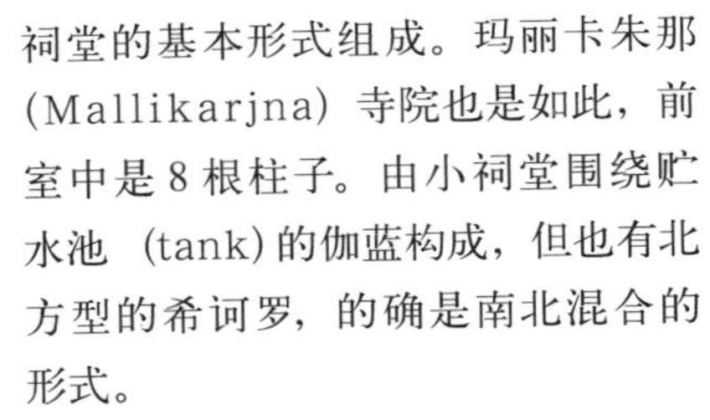

祠堂的基本形式组成。玛丽卡朱那(Mallikarjna) 寺院也是如此，前室中是 8 根柱子。由小祠堂围绕贮水池 (tank) 的伽蓝构成，但也有北方型的希诃罗，的确是南北混合的形式。

经历了上述的初期形式之后建造大规模寺院群的是帕塔达卡尔。毗楼博叉天寺院和玛丽卡朱那寺，是为了纪念第 8 代维克拉姆帝亚二世攻破帕那瓦王朝，而于 745 年建造的，由甘吉布勒姆的建筑师昆达 (Gunda) 主持建造。该寺院受到当地的凯拉萨神庙的强烈影响，其特征为曼达波的 3 方向设有入口。再加上桑哥门休维拉 (Sanghameshvara) 寺院，这三座寺院都是受到了帕那瓦王朝影响的南方型。帕帕纳塔 (Papanatha)，哥拉哥那库 (Garaganatha)，卡西维休瓦纳塔 (Kashivishvanata)，杰布林加 (Janblinga) 等都冠以北方型的希诃罗。

07 荣华似锦的希诃罗
——北方型寺院的发展

1 普腊蒂哈腊王朝

8世纪以后统治北印度中央的是定都于曲女城的普腊蒂哈腊(Gurjara–Pratihara)王朝。在这个王朝中北方型寺院走向成熟。10世纪中叶改朝换代的坎德拉王朝，以卡杰拉霍为中心绽开了印度建筑绚丽之花。

图4–42 帕拉修拉门休威拉寺院，布巴内斯瓦尔（Bhubaneswar）

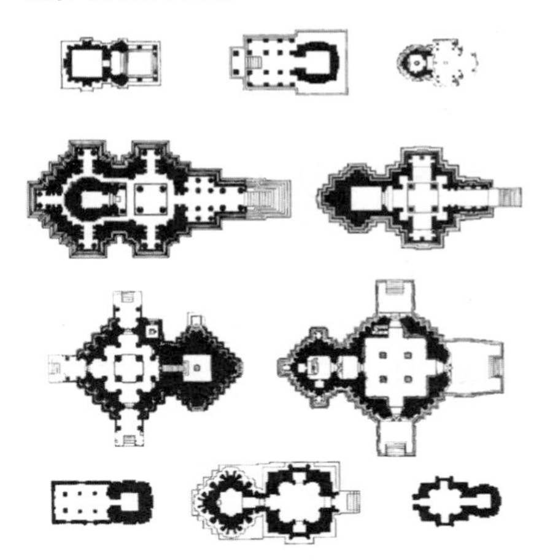

图4–43 北方型寺院的诸例（平面图）

以奥里萨的巴内斯瓦尔为中心繁荣起来的羯陵伽王朝、东恒河王国留下了很多印度教寺院。其中最早的为帕拉修拉门休威拉(Pathashrameshvara)寺院(7世纪)，是由圣所和曼达波构成的基本形式。此外还有作为古例的维塔鲁迪乌鲁(Vital Deul)寺院(8世纪)，其顶部的形状为穹窿式，十分稀有。

图4–44 布拉夫美修瓦拉寺院，布巴内斯瓦尔

图 4–45　拉贾拉尼神庙，布巴内斯瓦尔

取自于民居的屋顶称作卡卡拉，别无它例。

在奥里萨地区，圣所又被称作迪乌鲁，曼达波称作“加拉莫汉(jagamohan)”。有希河罗的圣所称雷卡迪乌鲁(rekha deul)，有金字塔形屋顶的曼达波称维塔迪乌鲁。以这两种形式构成的典型寺院代表是乌库提休威鲁寺(10世纪后半叶)。布拉夫美修瓦拉寺院(Brahmeshwara，1060年)寺院完成了伽蓝四角建有小祠堂的五堂形式(邦恰亚·塔纳 panccha-yatana)。此外拉贾拉尼神庙(11世纪初)也是典型的奥里萨的形式。最具代表的以宏大规模著称的是林加拉加寺院(11世纪后半叶)。迪乌鲁＋加葛墨翰的前面设有舞堂(纳多·曼德鲁 Nato Mandir)和供物殿(博古·

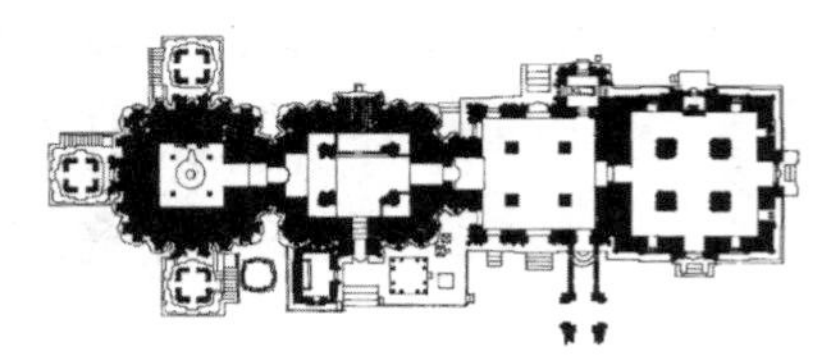

图 4–46　林加拉加寺，布巴内斯瓦尔

图 4–47　苏利耶(Surya)寺，科纳克

曼达帕 BoghMandapa)。达到了奥里萨印度建筑的顶峰是戈纳勒格的太阳神庙(13世纪前半叶)。雷卡迪乌鲁(Rekha Deul)圣所已不复存在，天马行空的苏利耶太阳神的巨大7匹马车的皮塔迪乌鲁(Pitha Deul)十分壮观，墙面的雕刻之丰富是出类拔萃的。

普腊蒂哈腊王朝(8～9世纪末)寺院，在东西方向上朝东并设圣所和曼达波，未见五堂形式。然而其平面构成逐渐复杂化。初期的代表

图 4-48　肯达利亚·玛哈戴瓦神庙，男女交合的雕像，卡杰拉霍

图 4-49　拉希玛纳寺，卡杰拉霍

例有欧斯亚的 Hari-Hara 寺院群。还有一个特例为瓜廖尔的（Teli-ka）寺院，它是普腊蒂哈腊王朝时期的遗迹。此外还有巴洛里的哥迪修维拉（Ghateshvara）寺院，加拉斯普鲁（Garaspur）的马拉德维（Mala Devi）寺院。

2　卡杰拉霍

到了 10 世纪，开始带有瑜伽行法等直接通过身体得到解脱的坦特

图 4-50　昆湿瓦纳塔寺，卡杰拉霍

图 4-51　昆湿瓦纳塔寺，壁面的雕刻群

罗韵律具有较强的影响力。崇拜女性之力的夏克获，试图通过男性原理与女性原理的结合来获得无上幸福的运动在印度教、佛教，甚至耆那教都有广泛的传播。镂刻在卡杰拉霍寺院群中极为开放的男女交合雕像，表现了其豁达开朗的世界。

图 4—52　肯达利亚 · 玛哈戴瓦寺（左）和戴维 · 迦甘丹巴寺（右）

图 4—53　帕尔斯瓦那特寺，卡杰拉霍

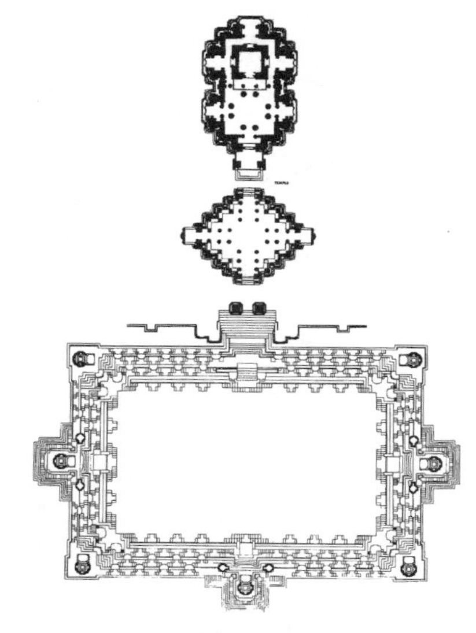

图 4—54　太阳神寺（平面图）

在丹伽王（公元 950 ～ 1002 年）的统治下掌控了天下的章德拉王朝留下了大量的遗迹。首都卡杰拉霍的古建群分为东、西、南三区。最古的遗址为西群以南的朝萨斯 · 瑜格尼（Chaunshat Yogini），其典型是从拉克什曼（Lakshmana）寺院（954 年）开始的。接着昆湿瓦纳塔寺（Vishvanatha，1002 年），契特拉古波塔寺（Chitragupta，11 世纪初），戴维 · 迦甘丹巴寺院（Devi Jagadamba，11 世纪初），肯达利亚 · 玛哈戴瓦寺院（Khandariya Mahadeva，11 世纪中叶）相继建成。与希诃罗相邻而建的西群寺院群显得巍巍壮观。其特征是基坛上建有祠堂、采用五堂形式，4 座祠堂连为一列，顶部逐渐增高。最大且最美丽的要属肯达利亚 · 玛哈戴瓦寺，是北方型寺院的代表作。东群为耆那教的寺院群，其中心是帕尔斯瓦那特（Parshvanatha）神庙。

除了奥里萨和卡杰拉霍，在西印度可以看到北方型寺院的发展。如古吉拉特邦的梅特腊卡王朝（5 世纪末～ 8 世纪）以及后继的遮娄其王朝（10 ～ 13 世纪）拉贾斯坦的欧辛建筑群。

代表遮娄其王朝的是首都莫德拉的太阳寺（11 世纪）。寺院由在东西轴上并列的两座建筑组成，即由大厅、带绕道的圣所、曼达波，以及阶梯状沐浴池构成。细致而丰满的雕刻突出了遮娄其样式的特征。此外遮娄其王朝还留下了古吉拉特邦的基尔那尔山等很多耆那教建筑。

08 高耸的瞿布罗——南方型寺院的发展

1 卓拉王朝的建筑

将南方型印度建筑推向顶峰的是卓拉王朝（Chola，9世纪中期～13世纪）。首先是帕那瓦王朝到卓拉王朝过渡时期的寺院——那尔塔马拉依（Narttamalai）的维贾亚拉丘利休瓦拉寺（Vijayalaya cholishvara，9世纪中期）。其特征是有着被8座小祠堂所环绕的圆形圣所。然后是卓拉王朝初期的寺院，柯杜巴鲁鲁（Kodumbalur）的穆瓦尔科维尔寺（Muvarkovil，公元880年）。现存的遗迹中曼达波已缺失，原为3座的圣所也只剩下2座，现存有16座小祠堂的伽蓝形式。

从帕朗塔卡一世（Parantaka，907～955年）统治初期建造的那格修巴拉修巴拉寺（Nagashvarashvara）和布拉夫马普日休巴拉寺

图4—55 维贾亚拉丘利休瓦拉寺，那尔塔马拉依

图4—56 穆瓦尔科维尔寺，柯杜巴鲁鲁

图4—57 那格修巴拉修巴拉寺，坤巴克纳姆

图 4–58　布拉夫马普日休巴拉寺，坦加布尔

图 4–59　提雅格拉迦 · 休巴米寺庙，蒂鲁瓦鲁尔

图 4–60　布里哈迪休巴拉寺，嘎纳盖库德阿恰奥拉普拉姆

(Brahmapurishvara) 等，可以看出其重要的发展。即，出现了高耸于瞿布罗主祠堂的伽蓝形式；此外，成了三祠堂形式，在壁龛中放置了雕像。

此后，在乌斯塔嘛 · 注辇国王 (Uttama Chola，969 ~ 985 年在位) 和罗荼罗乍 (Rajaraja，985 ~ 1016 年在位) 国王一世的统治下，完成了蒂鲁瓦鲁尔的阿恰雷休巴拉 (Achaleshvara) 祠堂那样的精细装饰化的杰出建筑。继承它的提雅格拉迦 · 休巴米寺 (Thyagarajasshvami，13 ~ 17 世纪)，以典型的南方型寺院而闻名。

在罗荼罗乍一世最后的 10 年中，在帝都坦加布尔 (Tanjavur) 建造了一座巨大寺院布里哈迪休巴拉寺 (Brihadishvara，1010 年)。寺院整体被 75 米 ×150 米的回廊环绕，高耸的方尖庙超过 60 米。东西轴方向上，瞿布罗、南蒂祠堂、2 座曼达波、前室、圣所连成一条直线。前室的南北方向都设有出入口，成为卓拉王朝印度寺院的基本形式。虽然瞿布罗还比较低矮横长，但无论在规模上，还是在巧妙的空间构成上，该寺院都达到了南方型寺院的顶峰。

还有一座可以与之匹敌的寺院，即拉金德拉一世 (1012 ~ 1044 年) 在新首都嘎纳蓋库德阿恰奥拉普拉姆 (Gangaikondacholapuram，征服了恒河的注辇国都城) 建的布里哈迪休巴拉寺 (Brihadishvara)。比起坦加布尔的直线形方尖庙，该寺比较圆润，稍稍偏低，因此引来“男性的”，“女性的”的评论。

作为这两座布里哈迪休巴拉寺院的延续，结束卓拉王朝的是坦加布尔的阿伊拉瓦提休巴拉寺(Airavateshvara，12世纪中期)，和Tribhuvana的冈帕哈雷休巴拉寺(Kampahareshvara，13世纪初期)。

图4-61　阿伊拉瓦提休巴拉寺院，坦加布尔

2　后期遮娄其王朝和曷萨拉王朝的建筑

图4-62　后期遮娄其王朝寺院的诸例（平面图）

后期遮娄其王朝(9世纪末~12世纪末)在对抗卓拉王朝的过程中影响了南印度。其主要建筑有拉坤提(Luckundi)的卡西为休瓦纳塔寺(Kashivishvanatha)、依塔哥(Ittagi)的马哈迪瓦寺院、库卡努鲁(Kukkanur)的卡雷休巴拉寺，哈维利Haveli的西迪休巴拉(Siddeshvara)寺、尼拉鲁哥德(Nirargi)的西达拉美休巴拉寺(Shidarameshvara)等。

这些寺院的基本构成是没有绕道，圣堂+前室(昂特拉拉)+礼拜堂(曼达波)呈直线排列的，但平面形态和规模各不相同。共同的特点是，以正殿为中心施以极为精细的装饰，特别是使用绞车削出的柱子使各寺院能做出各具特色的设计。

图4-63　卡西为休瓦纳塔寺院，拉坤提

步西恒河王朝的后尘，在迈索尔地区兴盛起来的曷萨拉王朝的建

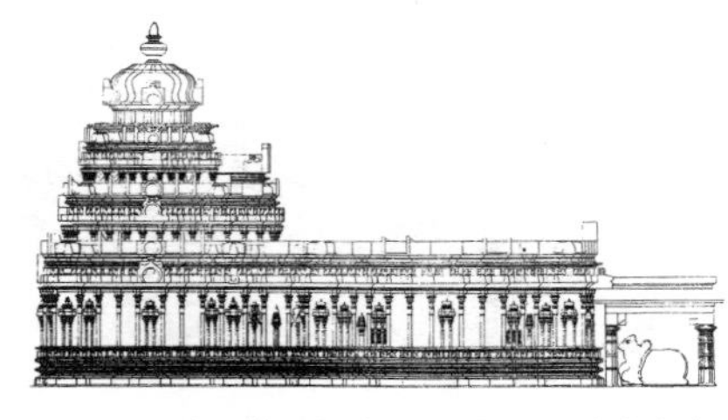
图 4–64　卡雷休巴拉寺（立面图），库卡努鲁

图 4–65　西迪休巴拉寺（立面图），哈维利

图 4–66　凯沙瓦寺，索姆纳特布尔

筑主要以首都哈勒比德和贝卢尔、索姆纳特布尔村为中心分布。

曷萨拉王朝的寺院建筑的特征是，正殿通过细腻的分段处理后圣所平面几乎接近圆形。而索姆纳特布尔村的凯沙瓦寺（1268 年）三个正殿具有献给不同姿态的毗湿奴神的独特平面形，应该是这种类型的完成型。

3 维查耶那加尔和那亚卡朝（Nayaka）的建筑

12 世纪后的南印度先后被朱罗

图 4–67　米纳克希神庙，马杜赖

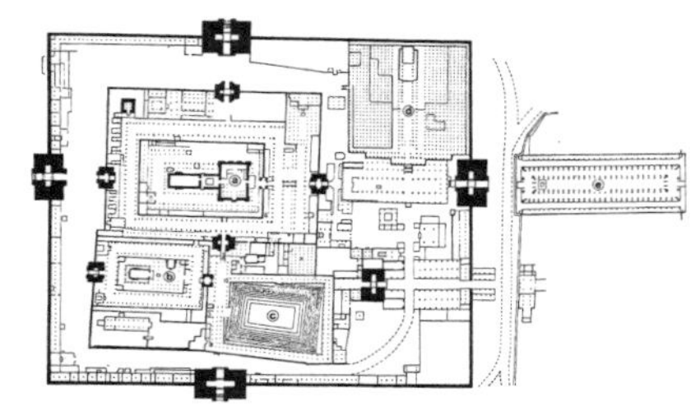
图 4–68　米纳克希神庙（平面图）

王朝、维查耶那加尔王国，以及那亚卡王朝所统治。南印度型寺院有了长足的发展，特别是在 15 ~ 16 世纪的维查耶那加尔王国，寺院走向了巨大化，其伽蓝拥有城市的规模。

一般的构成是圣所的周围环绕了几重围壁，可通过数门进入内阵（神社过寺院供奉神佛的正殿，译者注），此外还建有巨大的楼门瞿布罗。寺院积极与城市生活结合，随着寺院的扩大，也引进了各种设施。实际上像斯里兰格姆那样也有寺院形成了街区本身的例子。印度圣地马杜赖的米纳克希神庙内还建有列柱厅和人造水池等。

column 2　白亚的宇宙——耆那教寺院的兴盛

耆那教（Jaina）

由出生于东印度比哈尔邦的筏陀摩那马哈维拉（Vardhamana，BC549～477年或BC444～372年）兴盛的耆那教，以不杀生、非暴力（阿希姆萨 Ahimsa）为教义，以苦行和禁欲为根本。因耆那教不组建集权式的教团，也没有热心布教，所以没有佛教那么大的影响力，因此也从未走出过印度世界。然而13世纪佛教从印度消失后，耆那教又以西印度为中心延续至今，留下了很多优秀的建筑作品。

耆那的意思是胜利者（Jina）的教义。马哈维拉30岁出家历经12年苦行后成为了耆那。当时已有23位耆那祖师（提尔山克拉 Tirthankara，提尔塔指的是造船人，即救济者之意），马哈维拉是第24位祖师。

耆那教是在批判婆罗门教的供牲和祭祀及否定吠陀圣典权威的基础上建立起来的，是本来无神论。它回避肯定，经常采用"从某点来看（syat）"之类限定语的相对主义态度。

马哈维拉死后，其教义、教团被其弟子继承，受到了孔雀王朝旃陀罗笈多王的庇护而兴盛。之后教团分裂为白衣派（Svetambara）和裸行派（Digambara）两派。前者认同僧尼的着衣，后者则从无所有的教义出发主张遵守裸行，而且否定女性的解脱。现在白衣派大多居住在古吉拉特、拉贾斯坦邦等，裸行派多居住在南印度。

耆那窟

耆那教很早就开有石窟。奥里萨州的肯德吉里（Khandagiri）和乌德耶里（Udayagiri）的石窟是古迹（BC2～1世纪）。两座山丘相对而立，分别留下15窟和18窟，其最大的是王后窟，柱列的尽头僧舍，呈"コ"字形排列在前面的广场。此外还有模仿虎口的，看起来像癞蛤蟆的巴古窟（baghgumpha），以及放有大象雕塑的嘎内加窟（ganeshagumpha）等。

Madhya Pradesh州的乌德耶里有接近自然窟的耆那窟（5世纪），在巴达米到处刻有提尔山克拉（祖师）像的耆那窟（6～7世纪），卡纳塔克州的艾荷洛有在三个方向以祠堂围合曼达波的耆那窟（6～8世纪），埃罗拉留下5座耆那窟（第30～34窟，9世纪），都是与佛教

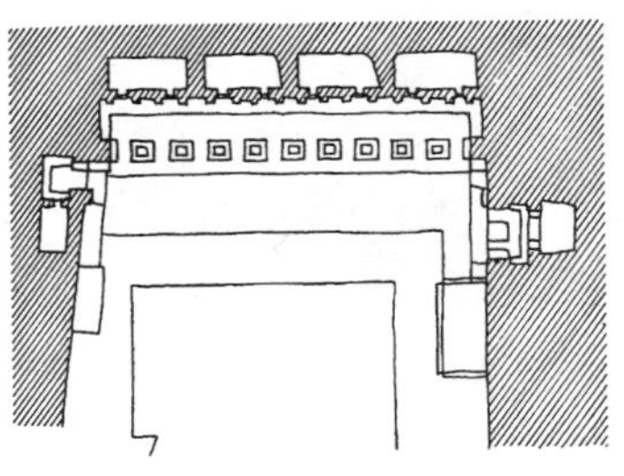

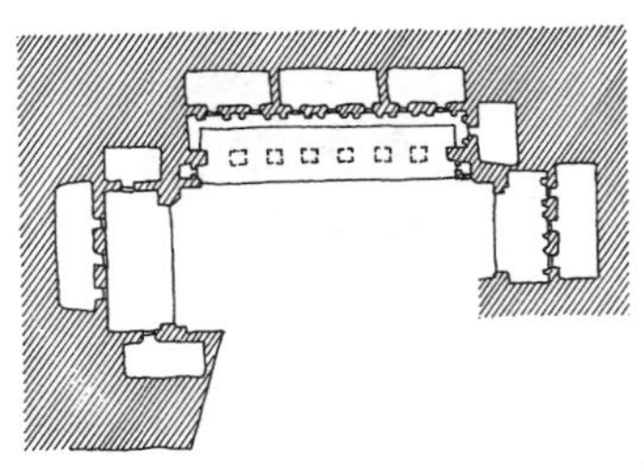

图4-69　乌德耶里石窟（平面图）

窟并存。埃罗拉的第32窟的规模最大，为两层，堂采用了耆那教特有的四面堂(Chaturmukha)形式。

图4–70　王后窟，乌德耶里

图4–71　埃罗拉第32窟 四面堂，印多拉萨帕

图4–72　耆那教寺庙，卡杰拉霍 印度教寺院，清真寺合体的珍贵一例

耆那教寺院

对耆那教徒来说最大巡礼地是第一位祖师阿迪那沙（又名筏驮摩那，译者注：）经常踏访的古吉拉特州的夏多龙加亚（shatramjaya）山。10世纪开始建造了许多寺院而成为了一大山岳寺院城市。寺院的样式都以冠戴希诃罗的北方型所统一。

仅次于夏多龙加亚山的山岳寺院城市的是第22代祖师尼米那沙的涅磐之地的圣山哥路那鲁（Gimar）山，是于11世纪初由遮娄其王朝建立。这里的各寺院也都冠戴希诃罗，曼达波以白色为主基调，镶有马赛克面砖的圆形屋顶十分显眼。那些面砖当然是近年来的材料。

孔雀王朝的创始者旃陀罗笈多国王改信耆那教，移住到南印度的卡纳塔克地区，据说在Sravanabelagola 苦行修炼，那里也是南印度最大的耆那教圣地。在北山（Chandragiri Hill）并排建有10座寺院，沿袭了南方型印度教寺院的传统，颇有意蕴。

09 印度风土——土著化的印度建筑

以上用北方型、南方型及其中间（中部）型大体划分了印度建筑，但在各王朝核心域以外的周边地区产生了各种变形。这是因为气候风土的不同，可利用的建筑材料也各不相同，必要的建筑技术也稍有差异的缘故。在古浦他王朝时期，其周边的克什米尔和孟加拉，以及南印度的喀拉拉等可以看到形态各异的印度教寺院。

1 孟加拉

孟加拉地区缺少石材，自古以来都是以砖、土、竹为主要的建筑材料，几乎没有留下古建筑遗迹。孟加拉原本受到佛教的强烈影响，在12世纪势力壮大的森纳王朝于13世纪吸收了伊斯兰教，这也是印度教建筑遗迹稀少的原因。在这种情况下，毗湿奴普尔（Vishnupur）仍保留下了一批独特的印度神庙。柯修塔·拉雅寺（Keshta Raya）、沙姆莱寺（1643）等建于17世纪到18世纪之间，最引人注目的是被称为邦嘎鲁塔路（Bangardar）的独特的弯曲屋顶。这种屋顶形态很明显是模仿了bangura地区农家的孟加拉形态。除了砖还使用了红土，用赤陶（terracotta）的墙板进行装饰。平面为正方形，向心性很强。此外，邦修贝利阿（Bansberia）的哈瑟修巴利阿寺（Hanseshvari，1814年）等伊斯兰教和印度教混合的样式也颇为有趣。

2 喜马拉雅

克什米尔等北印度的印度教建筑也有很丰富的地域性。因为此地雨水极多，所以多使用很陡的人字形屋顶、四坡顶、方形屋顶。马鲁坦多的太阳神庙（750年左右），阿瓦提普鲁的阿瓦提瓦明神庙（9世纪），布尼亚卢的毗湿奴神庙（900年左右）等古迹上部结构均已缺失。此外在喜马拉雅杉树等木材丰富的地域，那加尔（Nagar）、森戈拉（Sungra）、萨拉罕（Sarahan）等各地也能见到木造的印度神庙。在群山环绕的喜马偕尔邦，有像查姆巴县的拉库休米·纳卡娅那（Rakshmi Narayana）寺院群（14世纪）那样，可以看到顶部上部用草笠覆盖的木造屋顶。

3 喀拉拉

同喜马拉雅地区一样位于印度次大陆最南端的喀拉拉地区也是多雨地带，有木构建筑的传统。特里凡德琅(Trivandrum)的玛哈戴瓦神庙(14 世纪)，墙体是红土制的，

图 4–73 Hawa Mahal（风之宫殿），斋浦尔

图 4–74 Jantar Mantar（天文台），斋浦尔

图 4–75 宫殿，乌代普尔

图 4–76 久德普尔城，焦特布尔

图 4–77 杰伊瑟尔梅尔的鸟瞰照片

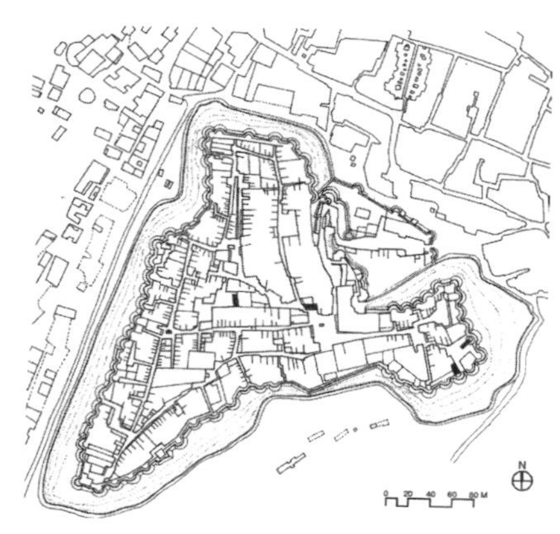

图 4–78 杰伊瑟尔梅尔（配置图）

屋顶为木造的。喀拉拉邦最有代表性的是泰里索的Vadakkunatha神庙(12世纪)，圆形祠堂非常独特。

4 拉贾斯坦邦

拉贾斯坦邦是王之国的意思，自古以来被称为拉杰普特国(拉奇普塔那)，以地域独特而闻名。古时自称为刹帝利的子孙，在伊斯兰王权莫卧尔帝国的统治之下还一直保持了印度的文化元素。

18世纪初期，辛格二世(JaiSingh)依照印度的城市原理建造的斋浦尔就是佳例。斋浦尔可以看到风之宫殿(Hawa Mahal)、天文台(Jantar Mantar)等独特的建筑。此外，还有乌代普尔、焦特布尔、杰伊瑟尔梅尔等拉杰普特族所建的珠玉般的城市。

琥珀堡(Amber)、安久梅鲁堡(Ajmer)、杰加尔堡(Jaigarh)的城郭宫殿值得一看的作品很多。奇特多咖(Chittorgarh)是8世纪到15世纪末蒙兀尔国的首都，除奇特多咖城以外，还留有被称为"名誉之塔"、"胜利之塔"的两座绝无仅有的高塔。

5 尼泊尔

在加德满都盆地，有加德满都、巴丹、巴德岗(Bhaktapur，即

图4–79 名誉之塔，奇特多咖

图4–80 达卢巴鲁广场、巴丹

图4–81 卡西塔·曼达波，加德满都

图 4–82　湿婆寺院，巴德岗

Bhadgaon）三座古都，有从李查维王朝时期（5 ~ 9 世纪）存续下来的 30 多个小城镇和村落。佛教和印度教，加上土著民族的习惯和信仰自古被尼瓦尔族继承下来。印度寺院和佛教僧舍以及佛塔就近一起建造，印度寺院和佛塔构成一个伽蓝的居多。加德满都盆地的城市街道和广场是为城市交流的日常生活而建造的，建有佛教僧院、祭祀印度诸神的寺院和祠堂、水场、休息场所等设施，形成了独特的景观。特别是 3 座城市的王宫和 Darbar（王宫前）广场，可堪称为建筑的宝库。

城市设施上，配有供总称为"达拉姆萨拉（dharmusala）"的巡礼者使用的住宿设施和地区集会设施。规模上分有萨塔路（sattale）、帕提（pati）、曼达波、羌帕多（chapat）等类型。加德满都的卡西塔·曼达波（Kāstha Mandap）是最大的达拉姆萨拉。达拉姆萨拉中有巴哈、巴比，以及巴哈·巴比三种。巴比是独身者专用，巴哈则为带妻子的人而建，成为了地区的中心会堂的是巴哈·巴比。三种都是围绕中庭的集合形式，使街区秩序化。

图 4–83　帕苏帕蒂纳特寺，加德满都

图 4–84　长谷那拉扬寺，加德满都

尼泊尔建筑以木造为主，与砖并用是其特征。尤其是木塔极为独特。不采用斗栱而用斜腹杆撑（斜撑）支撑檐头的做法，以及与砖并用等做法与日本塔其趣迥异。

印度寺院的中心是湿婆派的总本山帕苏帕蒂（兽主）纳特寺。此外还有李查维王朝的长谷那拉扬寺。

10 传自海外的众神
——东南亚的印度教建筑

东南亚地区的“印度化”现象始于公元前后。所谓“印度化”是指印度世界得以成立的原理和由其文化而产生的诸要素，具体的是指诸如印度教、佛教、神王思想，梵语、农业技术等传播和被接受的状况。

可以假定被印度化以前的东南亚，存在水田稻作、奶牛、水牛的饲养，东山青铜器文化、铁的使用、崇拜精灵、祖先信仰等共同的基层文化。瑟德斯（George Coedés）把它称为先雅利安文化，这一阶段也有印度次大陆与东南亚的频繁交流，比如水牛在印度东部被驯化，很有可能是外来文化。就印度文化要素的传播而言，有一种说法认为印度次大陆土著民的南岛语族集团随着雅利安人入侵而迁徙，其文化也被带到了东南亚。卡斯特制度为何没有传入东南亚等围绕“印度化”的辩论十分有趣。在此以印度建筑的发展为中心进行探讨。

东南亚现存的可上溯7世纪以前的印度建筑遗迹几乎没有。下面就划分几个大的地域，以主要王朝为轴线展开考证。

1 高棉——吴哥

东南亚中最早被印度化的国家是扶南，统治了湄公河三角洲，最鼎盛时期为4世纪。虽以俄厄（Oc Eo）遗址闻名，且当时也有南方上座部佛教，但印度教更为兴盛。

真腊6世纪末在湄公河中流域兴起，7世纪中期征服了扶南，在

图4-85 战象台阶，吴哥

图4-86 乳海搅拌雕像，吴哥

图 4–87　观世音菩萨面，百因寺，吴哥

图 4–90　巴本宫，吴哥

图 4–88　巴孔寺，吴哥

图 4–89　空中宫殿，吴哥

伊奢那城（现在的吴哥城）设都。其周边保留有印度教砖造的祠堂遗迹，基坛上置有直方体的主堂，其上架有屋顶。屋顶的形式主要为台阶式金字塔多层重叠状和高塔状两种类型。

802 年阇耶跋摩二世（在位 802 ~ 834 年）开创了吴哥王朝，以这个朝代为界分为前吴哥时代和吴哥时代。吴哥的语源是来自梵语中那嘎拉（城市）。那以后，迁都十分频繁，高棉族的首都则在吴哥地区固定下来。阇耶跋摩三世之后，印度拉巴鲁曼一世（877 ~ 889 年在位）登基，在罗洛士（Roluos）建都诃里诃罗洛耶（Hariharalaya）。建设吴哥窟（12 世纪前半叶）和百因寺

表 4–1 吴哥时期的主要王朝和建筑样式

诃里诃罗洛耶	印度拉巴鲁曼一世(877 ~ 889 年)

罗洛士遗址群：普利哥样式 (Prah Ko)
普利哥寺：879 年　巴戎庙 (Bakong)：881 年　罗雷祠堂 (Lolei)：893 年

吴哥（第一次）（耶输陀罗补罗）	耶输跋摩一世 (Yasovarman I) (890 ~ 910 年) 曷利沙跋摩一世 (Harshavarman I) (910 ~ 922 年) 伊奢那跋摩二世 (Isanavarman II) (922 ~ 928 年)

巴肯 (Bakheng) 样式
巴肯寺 (Phnom Bakheng)　耶输陀罗塔塔卡　荣寺 Phnom Krom
豆蔻寺 (Prasar Kravan) 921 年

科克 (Koh Ker)	阇耶跋摩四世 (928 ~ 942 年)

科克样式

吴哥（第二次）	罗贞陀罗跋摩 (944 ~ 968 年) 阇耶跋摩五世 (968 ~ 1001 年) 苏利耶跋摩一世 (1011 ~ 1049 年)

东梅奔寺 (East Mebo) 952 年　变身塔 Rep Rup　961 年
女皇宫 (Banteay srei) 967 年……　女皇宫样式
塔凯欧寺 (Takeo)　空中宫殿 (Phimeanakas)　科雷安 (Khleang) 样式

吴哥（第三次）	乌迭蒂耶跋摩二世 (1049 ~ 1066 年) 赫萨跋摩三世 (1066 ~ 1080 年) 阇耶跋摩六世 (1080 ~ 1107 年)

巴本宫 Baphuon 样式
巴本宫　玛莱湖 (West Baray) 坦城 (Muang Tam)

	苏利耶跋摩二世 (1113 ~ 1150 年)

吴哥窟 (Angkor Wat) 样式
吴哥窟　披迈寺 (phimai)　托马侬神庙 (Thommanon)

吴哥（第四次）	阇耶跋摩七世 (1181 ~ 1220 年)

百因寺样式
百因寺　吴哥通王城　塔普伦寺 (Ta Prohm) 班提可德寺 (Banteay Kdei)
普拉坎 (Preah Khan)　龙蟠宫 (Neak Pea)　达松将军庙 (Ta Som)

(Bayon，12 世纪末）之时吴哥王朝迎来了鼎盛时期。

高棉诸王信奉湿婆教派，因此林迦崇拜十分盛行，同时也有信仰毗湿奴和诃里诃罗神的。另外还混有大乘佛教，据说吴哥通王城百因寺（中心山寺）的建设者阇耶跋摩七世(1181 ~ 1220 年在位）就十分重视观世音菩萨。

吴哥时期的王都名、国王名，以及主要建筑等如表 4–1 所示。样式是按照装饰纹样以及浮雕来区分的。吴哥到处都能看到有 5 个头或 7 个头的神龙那伽像。此外乳海搅拌的雕像也很有特色。镂刻有观世音菩萨容貌塔的百因寺等无以伦比。

图 4–91　披迈寺，吴哥

图 4–92　塔凯欧寺，吴哥

图 4–93　百因寺，吴哥

图 4–94　塔普伦寺，吴哥

图 4–95　女皇宫，吴哥

图 4–96　普利哥寺的雕刻，吴哥

在高棉没有窣婆塔遗迹，组成寺院的是祠堂。祠堂由基坛、主堂、屋盖三部分组成，是将印度宇宙观的三界观念——印度教中的天界(Svarloka)、空界(Bhuvarloka)、地表界/他界(Bhurloka)，以及大乘佛教中的无色界(Arupadhatu)、色界(Rupadhatu)、欲界(Kamadhatu)，和南方上座部佛教的卡玛洛卡(kāma loka)、卢帕洛卡(rūpa loka)、阿鲁帕洛卡(arūpa loka)，将中国佛教译作“世(loka)”和译作

图 4-97　罗蕾寺，吴哥

图 4-98　东梅奔寺 皇家的浴池（Srah Srang），吴哥

图 4-99　龙蟠宫，吴哥

图 4-100　北科雷安的花棂窗，吴哥

“界（dhatu）”具象化的产物。

寺院的形式是极富几何形的，十分易懂。平面形式是，中心祠堂一座（①），三座式（②）、4 座副祠堂围绕中心祠堂的五座式（③金刚宝座）、6 座式（④）等样式。立面形式则有整体呈平面状展开的（平地式），建在山坡上的（坡上式），在台阶式金字塔上展开的（堂山式），以及在山坡上呈阶梯平台状展开的（山腹式）四种形式。

属于第①种形式的有巴孔寺、空中宫殿、巴本宫、西梅奔寺、托马依神庙、披迈寺等。大体分有内阵一室构成和平面分化进化的十字型平面 2 种。属于第②种的有巴肯寺、东梅奔寺、变身塔、塔凯欧寺等。塔凯欧寺为十字型平面，是在台阶式金字塔上建的五座祠堂。吴哥窟、百因寺、塔普伦寺、班提可德寺等可视为将五座式复繁琐化的形式。属于第③种的有荣寺、女皇宫、西撒瓦寺等。属于第④种的是普利哥寺（Preah·ko）。

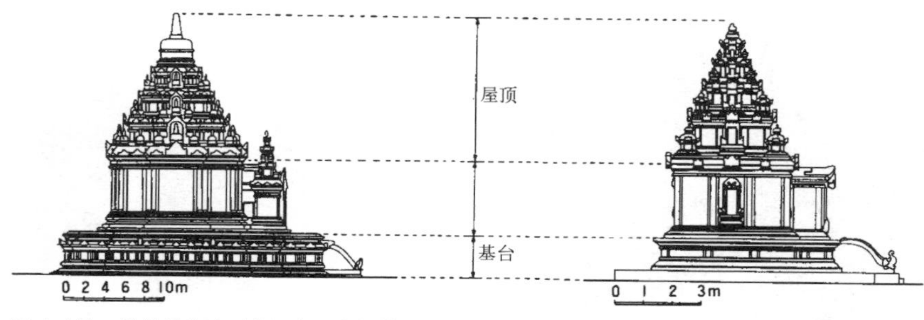

图 4—101　佛教的坎迪（左）和印度教的坎迪（右）

图 4—102　罗罗九古拉寺，普罗巴兰

伽蓝配置采用完全向心式的曼陀罗形式，本殿－拜殿－楼门布置在一条直线上的不少。这一点与南印度或东北印度相类似。除了作为墓庙的吴哥窟面西以外，基本上几乎所有的主祠堂都朝向最神圣方位的东方。

2　爪哇

先于吴哥王朝时期的高棉绽放印度教、佛教建筑之花的是爪哇。从迄今出土的梵文碑文来看，早在5世纪印度文明就波及到了爪哇，但其起源不明。

在爪哇中部的非迪恩高原(Dieng plateau)有阿朱那寺(Candi Arjuna)、毕马寺(Candi Bima)等最古的建筑遗址，据说是7世纪的建筑。以后，以沙伦答腊王朝(750～832年)时代的建筑为中心，在中部爪哇保留了7世纪末到10世纪初建造的大量建筑。

无论印度教还是大乘佛教，在爪哇寺院都被称为坎迪(Candi)。可以认为坝迪是来自梵语的Chaitya（支提）一词，是除了可看作无内部空间的窣塔婆的婆罗浮图佛塔(坎迪)和精舍，以及藏经用的多层萨里坎迪(Candi Sari)和普拉欧萨坎迪(Candi Plaosan)以外，是收藏所有神佛像和林迦的祠堂。

最著名的要属婆罗浮屠佛塔(Candi Borobudur)和罗罗九古拉寺(Candi Lolo Jonggrang，别名Candi Prambanan)。前者为沙伦答腊王朝大乘佛教的遗产，于1814年被“发现”。6层的方形阶梯金字塔上3层圆形阶梯相叠，围绕中心窣塔婆的3层圆形阶梯上分

图 4—103　千陵庙（Candi Sewu），普罗巴兰

图 4—105　卡威山，巴厘

图 4—104 象窟，巴厘

图 4—106　巴厘建筑的入口处使用的坎迪本塔卢（劈门），巴厘

别环形排列有 32、24、16 共计 72 座小窣塔婆。各层的墙壁上装饰有以佛法传教为题材的浮雕。婆罗浮屠佛塔究竟意味着什么，围绕这个问题众说纷纭。它与位于东边 1.8km 和 3km 的坎迪帕温（Candi Pawon）和坎迪门多特（Candi Mendut）排列在同一轴线上，应为一组建筑。

罗罗九古拉寺是以湿婆为主神的印度寺院，创建于 856 年，是拥有大小 240 座坎迪的寺院群，大体可分为外苑、中苑、内苑三个部分。内苑有中心祠堂和两侧的副祠堂，以及与其分别对峙的小祠堂共有 6 座坎迪。

此外，复合型坎迪还有千陵庙（Candi Sewu）、Candi Lumbung、Candi Plaosan 等，都是极富几何形的造型。

10 世纪中叶印度爪哇文化中心向东部爪哇转移。由于沙伦答腊王改信印度教、受到室利佛逝王国（Sriwijaya，又称三佛齐）的威胁、默拉皮火山（Gunung Merapi）爆炸等有多种理由，印度教王国的中心先后向谏义里（Kediri）（930 ~ 1222 年）、新柯沙里（Singasari）

图 4–107　苏库寺，爪哇

图 4–108　坎迪巧多寺，爪哇

(1222～1292年)、马札帕希特(Majapahit)(1293～1520年)转移，但都位于伯兰达(Brantas)河的上游，苏腊巴亚是其外港。

到了东爪哇时期，印度教和大乘佛教的混合进一步发展，成为密教。没有窣塔婆和精舍，收藏神像的祠堂坎迪在各地都有保留，与中部爪哇时期相比，一般宽度较窄高度较高。此外，卡拉·马卡拉(Kala Makara，鬼面)装饰中只有上部的卡拉(Kala)，卡拉是陆地上的动物，马卡拉(Makara)海上的动物，都是想象的动物，用来作开口部位上下的装饰。古建筑遗迹很多，巴厘岛的象窟(Goa Gajah)和卡威山(Gunung Kawi)属于谏义里王朝的建筑。坎迪吉达尔(Candi Kidal)、加哥遗址(Candi Jago)、帕纳塔兰寺(Candi Panataran)是新柯沙里王朝的代表坎迪。此外，在德罗乌物兰(Trowelan)周边则留有伽维寺(Candi Jawi)、鼠寺(Candi Tikus)等马札帕希特王国的建筑。

马札帕希特王国在16世纪初被伊斯兰势力所驱逐，将据点转移到了巴厘岛。印度教衰退期的独特建筑遗迹是中爪哇乌拉山的苏库寺(Candi Sukuh)，以及留在普纳昆冈山Penakungan的巧多(Candi Ceto)寺。

3　蒲甘(Pagan)

与高棉、爪哇并肩为东南亚印度教佛教建筑三大中心的是缅甸伊洛瓦底(Irraewaddy)河中游流域的蒲甘。

伊洛瓦底河流域是古骠族文化发源地。自古以来受印度影响，如贝塔诺（Beikthano）遗址就有南印度安度拉王朝（c.BC1 世纪～AD3 世纪中期）的影响。在修里库谢多拉遗址中，还有可以看出受印度东海岸中部阿摩罗跋底（Amaravati）地区影响或孟加拉、奥里萨 Orissa（印度）影响的帕戈塔（pagoda）遗迹。

伊洛瓦底河流域还有从北方南下的缅族建立的蒲甘王朝。传说蒲甘王朝始创于 2 世纪初，鼎盛时期是统一了伊洛瓦底河流域的阿努律陀国王（King Anawrahta，1044～1077 在位）继位之后的 250 年。蒲甘王朝的历代君王营造的堂塔达到了 5000 座，至今还留下了 2000 多座遗产。南方上座部佛教是蒲甘王朝的中心，8 世纪以前大乘佛教的影响强烈，而且骠族以来的印度教影响浓厚。

蒲甘王朝的建筑一般是北印度式，即耸立希诃罗风格的高塔。塔，即帕戈塔以及祠堂慈德（Zedi）的塔部已经在第二章中涉及到，12 世纪后取代孟文化的是缅甸文化的出现，11 世纪中叶缅甸型的佛塔产生。精舍遗址有索民迪（Somindi）、塔马尼（tamani）、阿玛纳（amana）等，基本形态都是围绕中庭的方形平面。

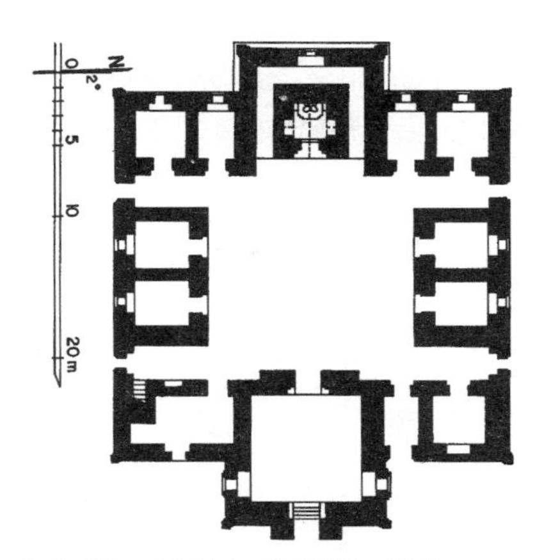

图 4–109　索民迪寺（平面图），蒲甘

4 占婆（Champa）

东南亚大陆的南中国海沿岸自古受中国影响很深。尤其北部公元前 111 年被汉武帝所征服，受其统治。2 世纪末脱离中国统治独立的是占族（Cham）的占婆国。该国也是当时南中国海沿岸兴起的印度化国家之一。其历史分为林邑期（192～758 年），环王期（758～860 年），占城期（860～1471 年），从 2 世纪末一直持续到 15 世纪末。该国以印度教为主，辅以佛教。林邑期的中心地带是越南中部的茶荞故城、美山、桐杨一带，梵名为阿曼罗瓦提（Amaravati，今越南广南）地区。现存的遗迹都是印度教祠堂，称为渴仰（karang）。

到了环王时期核心地带移到了南部的筐和阿（Kwanhoa），藩朗 Phan Rang 周边。在河内，保留有802年即位的诃梨跋摩一世(Harivarman I)所建的喀琅建筑群。

到了占城期，核心地带再次向北转移，筐纳姆(Quang Nam)周边地带成了代表性遗迹留下的有美山以南的南桐杨。9世纪因陀罗跋摩二世(Indravarman Ⅱ)信奉大乘佛教，这个时期占婆也出现了唯一一次的佛教兴盛。

占婆的建筑样式与相邻的高棉和古浦他王朝印度的关系甚深，自古以来就与爪哇有交流。此外，还能看到中国的影响。

V

亚洲的
都城和宇宙观

都城是城郭城市吗

关于都城，在《广辞源》中解释为"（四周）修筑城郭的城市"，而在《世界考古学事典》中关野雄解释为"周围环有城墙的城市遗迹，从以往的惯例来看一般只限定中国、朝鲜和日本"。这两个解释在把都城看作"由城郭或城墙围绕的城市"这点上是一致的。

然而，环视一下欧亚就会知道，围墙不仅在城市，在大的村落也是常见的普通设施。即便是强调其存在，也只是叙述欧亚城市的一般特征，构不成都城这一特殊城市的说明。那么都城是什么？有必要在这里重新加以考证。

所谓都城是"首都的城"，现代史上，首都的城作为王权所在地是超越其他城市的至高存在，所谓"都"意为帝王在国家的名誉下处理政事和祭事的场所。由王宫、官衙等政事设施以及神殿、寺院等祭事设施来体现。把两者一体化，构成祭政一体的"都"核心的很多。而另一方面"城"意味着都城所具有的军事层面，由城墙、护城河等来体现。把都城解释为"由城墙环绕的城市"的前述定义是仅仅关注了都城的"城"。诚然，城墙不仅有军事设施的意义，在中国也是文明的象征，而且在西亚、印度世界还是衡量城市规格的指标。

日本的都城只采用了"都城" 中的"都"，没有接受"城"，尽管如此奇怪的是日本定义"都城"是却强调"城"。

政事、祭事、军事三方面，是以王权的权威和权力为基础展开的。王权权威的源泉是通过圣典、神话传承下来。只要回顾一下古代中国"作为天帝在人间的儿子——天子"的王权思想，以及根据"梵文圣经的垄断者婆罗门（僧侣）在刹帝利中所认证的帝王"，古代印度的王权思想就会得到印证。因此，由王权建立起来的都城以王权为媒介与神论结合在一起，都城是"在大地（人间）实现的宇宙缩影"。有如此至高性的都城，自然只限于主权所在地的王都。

但是，最初从属于神话、圣经的王权在权力扩大的同时实现了自我膨胀，以致超越了宇宙论，由王权进行都城世俗性的重组，即巴洛克化开始了。例如显示站在王宫上帝王视线的轴线道路出现，就是最好的例子。因此，可以将考虑都城形态展开的基本概念设定为三个：即神论、王权、巴洛克化。

01 都城和宇宙论——两个亚洲

1 都城思想和亚洲——A·B两地带

都城是王权的产物，因此其形成只限于帝国成立地。但是，不能说所有的亚洲帝国成立地带都建都城。亚洲被分成具有“宇宙、王权、都城”相关的都城思想的A地带和与其没有关联的B地带。属于A地带的有南亚、东南亚、东亚，B地带有外延的西亚、北亚。两者的环境与西方湿润和干燥、北方温暖与寒冷的生态条件差异几乎是对应的。

A地带在共同存在的都城思想上具有共同性，但其内部把产生都城思想的核心领域和受其影响的周边地域，以“中心——边缘”的结构来表示。其核心域存在两个：即古代印度（A1）和古代中国（A2）。两核心域的周围存在着接受都城思想的外围地带。A1的古代印度都城思想的外围地带是除越南外的东南亚；接受A2古代中国都城思想的是朝鲜半岛、日本、越南等。

这种关系可用图5-1表示。本章的对象是其中的A地带，但

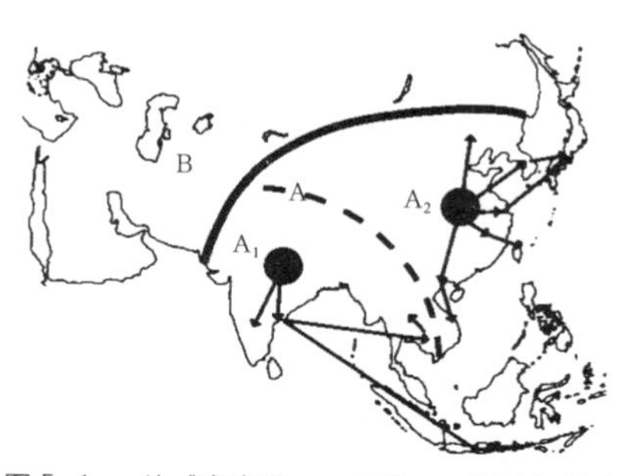

图5-1　从“宇宙论——王权——都城”的连带关系看亚洲（出自应地）

在集中讨论之前，有必要简述一下B地带的伊斯兰诸帝国建立的王都为什么不能称都城，下面就以阿拔斯王朝的巴格达为例子来思考这一问题。

2 都城思想和伊斯兰——以巴格达为例

历史上最初的伊斯兰帝国是661年成立的倭马亚王朝。该王朝的王都定为现在的大马士革。但是大马士革是先行的罗马帝国和拜占庭帝国的重要城市。因承袭了两帝国建设的街道形态和主要设施的位置，在这里建立了伊斯兰帝国最初的王都。它意味着大马士革虽然是伊斯兰最初的王都，但其都市的特征带有非

伊斯兰的要素。在这里之所以以巴格达而不是大马士革为例，是因为巴格达是基于独自构想建立的伊斯兰最初的王都。

阿拔斯王朝第二代哈里发曼苏尔经过周密的选址着手在巴格达建都。每天使用10万人，花费了4年的时间，于766年完成新都的建设。正式名为平安之城（madinatas-salam），与几乎处于同一时期的日本都城平安京具有一样名称和意义的新都，有着护城河和三重城墙环绕的圆形城市（图6-13）。

沿着拉斯纳（Rasna）总面积约为500万平方米，半径约为1260米，圆周为7920米。圆形城市由同心圆的内城和外城组成，外城部分是最内侧城墙的外围部分，主路和支路分布呈放射状，那里是大臣和将军们的住宅区，不允许普通市民居住。内城的中心建有一个正方形大清真寺，与其东北相连的附属建筑是王宫（黄金门宫）。这两个建筑为城市核心，其周围建有王族的府邸、诸官厅、警察、卫戍队驻所等。

圆是具有没有向特定方向偏颇的各向同性形态。由内圆向外圆构成的巴格达也是由基于各向同性原理的同心圆构成的。但图6-13给人的印象是仅凭各向同性原理是无法说明巴格达城市形态的。其理由就在于处于中心位置的清真寺的存在。清真寺在正方形这种非各向同性形态上，还以靠近吉布拉的麦加方位为最优先。其直白的表现是以吉布拉为中心规定方向的4条大道，由此将圆形城市等分为4块，在其内部脱离了巴格达圆形具有的各向同性原理。从中可以领会虽然是圆形，却带有朝着麦加方向偏移的伊斯兰城市性格。

那么可以把巴格达理解为体现伊斯兰宇宙的都城吗？小杉泰认为，伊斯兰也存在宇宙论，但不是每个城市都体现宇宙论的思想。所体现的是诸城市作为群体互相之间具有一定的关系的思想。即，城市最重要的设施清真寺都朝麦加靠拢，其结果伊斯兰世界所有的清真寺以致城市都是朝着麦加克尔白神殿的磁极，呈向心式布置。壮丽的清真寺和城市的星座组成，就是伊斯兰的宇宙。这与“每个城市介于王权结成宇宙”的A地带是不同的原理。即便在历史上伊斯兰世界建设帝国和王都这点与A地带相同，但相同的世界作为没有城都思想的B地带的理由就在于此。

圆形和正方形，放射状以及垂直状街道这种以几何学组成的巴格达酷似伊斯兰风格，但是圆形的采用不能归属伊斯兰。伊斯兰之前的美索不达米亚是苏珊王朝波斯的版图。波斯在悠久的历史中建造了许多圆形城市，早在公元前8～6世纪就有希罗多德关于麦地那王国首都

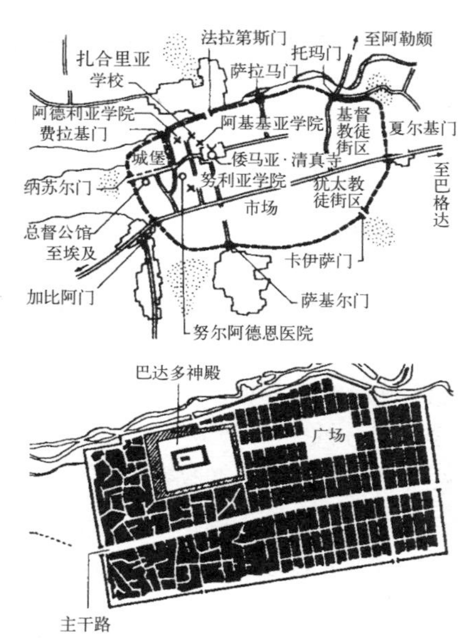

图 5-2　大马士革的伊斯兰化（出自山中）
上：13 世纪　下：罗马时代

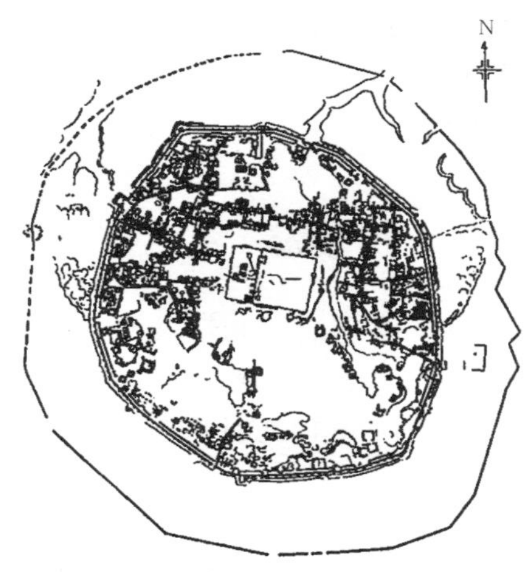

图 5-3　哈特拉遗迹图（出自深井）

厄克巴塔纳（现伊朗西北部的哈马丹城）的记述。

他在叙述美狄亚王蒂奥凯斯后写道："蒂奥凯斯修建了宏伟而坚固的城城郭，这就是今日命名为厄克巴塔纳城，同心圆的城墙重重环绕。该城城郭每层城墙按胸墙的高度设计。城呈现这样的形状，虽有丘陵地形且便于援助之意，但不如说是特意设计成这样的。环状的城墙，共有 7 重。最内重的城墙内有王宫和宝藏，城墙中最长的几乎与雅典城的圆周一样长；第 1 重城墙的胸墙为白色，第 2 重为黑色，第 3 重为深红色，第 4 重为藏青色，第 5 重为橘红色，每道城墙的胸墙都被涂色，而且最后两道围墙的胸墙包着板子，各为金银两色……平民被勒令住在城墙之外"（松平千秋译）。

在这个记述中将把 7 重城墙改为 3 重，把"王宫和宝藏"改为"王宫和清真寺"，其记载的内容也适用于阿尔曼苏尔（Mansour）的巴格达。

伊朗的高原和美索不达米亚残存的伊斯兰时期以前的圆形城市遗迹，其他还有凯特斯芬（3 ~ 7 世纪）、哈特拉（Hatra，BC1 ~ AD3）（图 5 ~ 3）、尼沙布（3 ~ 10 世纪）等不胜枚举。圆形城市巴格达特异的几何学形态给人以伊斯兰风格的印象，但实际上巴格达是以苏珊王朝的波斯城市为范本建设的。

02 古代印度都城思想——A1 地带

1 《梵语文献》的都城论

关于古代印度都城的详细记载散见于BC2～AD2世纪形成的《梵语文献"实利论"》第2卷的第3章"城砦的建设"，和第4章"城砦城市的建设"。根据上村胜彦翻译的岩波文库本（初版）概括为以下几点：

1）选址——在建筑学者推荐的基地上建设，比如河川的交汇处、水资源丰富的湖池岸边、有陆路和水路的地方。

2）形态——根据地形，取圆形、长方形或正方形。

3）护城河——周围由三重环护城河围绕，宽度分别约为25米、22米、18米。

4）城墙——距最内侧的护城河7米的地方，用挖护城河掘出的土建造坚固的城墙，高度约11米，基底的宽度是其2倍。

5）街道——市区被从西至东3条王道、从南到北3条王道分隔。城墙共有12个城门，王道宽约14米，一般街道的宽度是其一半。

6）王宫——四姓共同居住的最佳住宅地。其位置位于从住宅区（市区）中心北方至第9区域，朝东或朝北建造（但上村译再版本修订为第9区域是整个都城面积的九分之一，这一部分的梵语原文，可以解释为两种意思，在此以初版本为准）。

7）诸设施和居住地区划——按照来自王宫的方向区划如下（下划线是指在本书其他章节叙述的长官管辖的公共设施）。

·北偏东：僧侣、宫廷祭司、顾问官的住宅，祭祀的场所，贮水场。

·南偏东：厨房，象舍，粮库。

·其中，香烛、花环、饮料商人，化妆品手艺人，以及刹帝利住在东面的方位。

·东偏南：商品库，记录会计所，以及手艺人的居住区。

·西偏南：林产品仓库，武器库。

·其中，工厂管理者，军官，贩卖谷物、食品、酒、肉的商人，艺妓，舞蹈家，以及印度教徒住在南面的方位。

·南偏西：驴、骆驼棚，作坊。

·北偏西：交通工具、战车库。

·其中，羊毛、线、竹、皮、甲胄、武器、盾的手艺人，以及庶民住在西面的方位。

· 西偏北：商品、医药的储藏库。

· 东偏北：宝库，牛马圈。

· 其中：城市、国王的守护神，金属和宝石的手艺人，以及婆罗门教徒住在北面的方位。

8）神殿（寺院）——城市的中央有婆罗门教等诸神殿

2　古代印度都城的形态复原

根据这个记载可以得知如何复原古代印度都城形态。在古代印度，都城是依据印度的宇宙论“在地上实现的宇宙（世界）缩影”。这是复原的出发点。

定方晟以鸟瞰图的形式整理了印度教的宇宙论（图 5–4）。在人类居住的圆形大陆（瞻部洲，Jambu）的中央，耸立着世界的中心须弥山，其平顶面，以宇宙创造神梵天神的圆形领域为中心，东为印度的帝释天神，东南为火天神，南面为炎魔天神，以下为守护世界 8 个方位的 8 大守护神排列在圆形领域，表现它们的是各种曼达拉。

在曼达拉中经常被建筑或城市规划考察所吸引的是把正方形用 8×8=64 区块进行分割后，再确定 45 个诸神的领域的满度卡（Mandūka）曼达拉（图 5–5）。前述的概要⑤在都城内除王道以外还存在一般街道，因此 8×8 的曼达拉的采用与其不冲突（矛盾）。

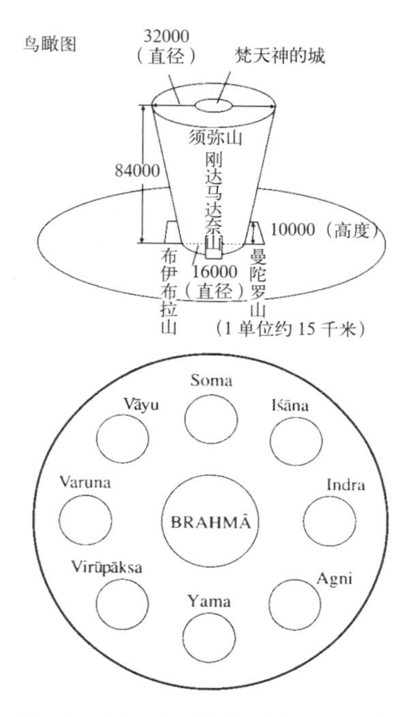

图 5–4　上图：印度教的世界观（出自定方）
下图：须弥山顶各神的领域配置

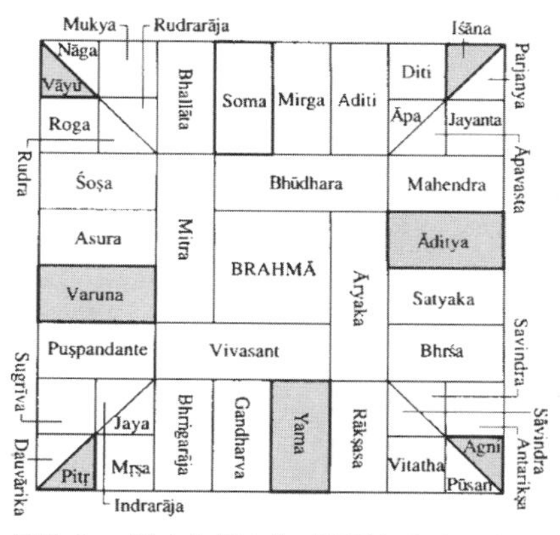

图 5–5　满度卡曼达拉（阴影部分为八大守护神的领域）

将此曼达拉作为底图解读《梵语文献》的都城记录，概要③的护城河，概要④的城墙就迎刃而解了。

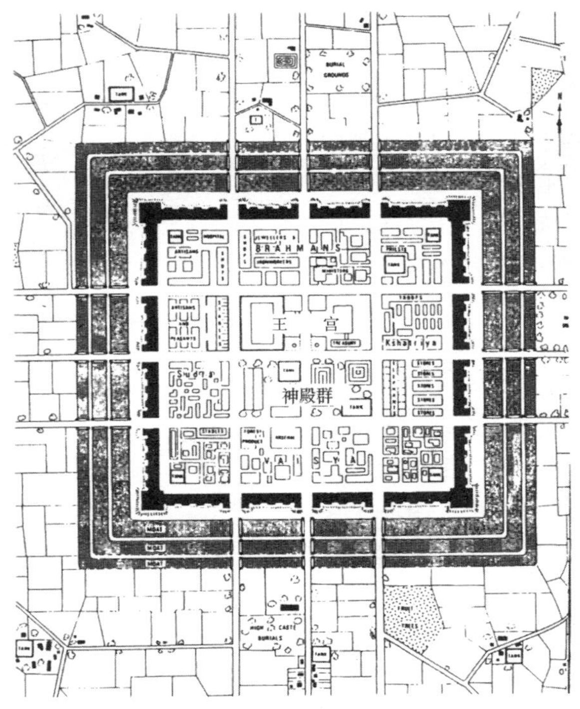

图 5–6 根据《实利论》绘制的都城复原图（出自 W · Kirk）

概要⑤中，市区由东西和南北各三条王道平均分成 16 个区域。该曼达拉的街道是 8×8，因此一般道路在王道间穿插即可。在王道与城墙的交叉点处设有门，每边 3 个门共 12 个城门。

困难的是，如何在难以确定 16 等分的中心市区，设定概要⑥的住宅地（市区的中心），以及如何由此推定“北方的第 9 区域”就是王宫的位置。迄今的诸研究没有就这些问题提出令人折服的解答。例如，图 5–6 的卡库（Kirk）方案中，王宫也是位于市区中心，与概要⑥相悖。

将东西、南北各三条王道纳入满度卡曼达拉就出现了图 5–7 的图示。包围中央王道的交叉点的 4 个区域在该曼达拉上相当于梵天神的领域是最神圣的中心（图 5–5）。因而会设想位于概要⑧的“城市的中央”的神殿（寺院）建筑群。

问题是“中心以北方的第 9 区域”，第 1 区域无疑是这个神殿（寺院）建筑群，印度寺院，正门朝着最尊的方位东方。因而第 2 区域成为东面正门前的区域。当巡视印度教修行，即念经（罗达拉）寺堂，以及巡礼时的线路是按右旋转即顺时针方向进行的；当从第2区域按照顺时针方向来数区域时用图5–7的小号数字表示，问题的第9区域就是神殿群东北方的大号数字2的区域，那是位于“住宅地（市区）中心以北”，而且满足了用王道区域东和北“朝东或朝北”建王宫的概要。其结果，包含概要⑥王宫在内的“最佳住宅地”，应在大号数字3的城圈城圈内。

最后的概要⑦，从王宫看到的各方位的诸设施和四姓居住地区的位置的确定，其记载是系统的。根据记载王宫为东方“北偏东”＝北东方是学匠的住宅等，“南偏东”＝东南方有厨房等，进而“其对面”即“北偏东”和“南偏东”合起来的区域对面是香的商人和刹帝利居住区的所在。将其整理归纳为图5–7大字数字所示：“北偏东”为4，南偏东为5，“其对面”为6的各区域。剩下的关于各方位的记载也是同样的。由此可以确定概要⑦共有12区域的布置，并记在图5–7的图下。

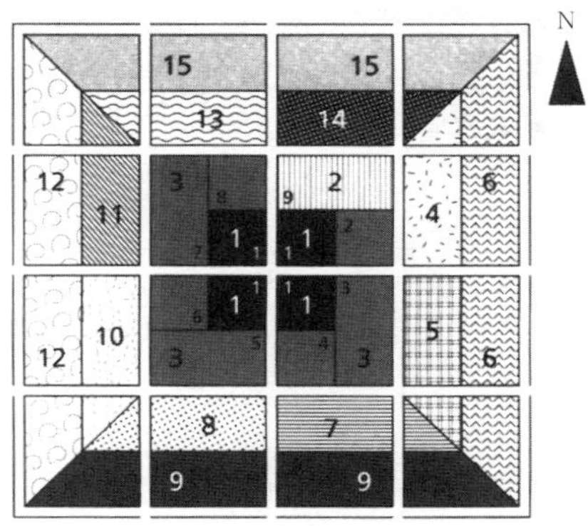

核　　心　1 神殿（寺院）群
内 城 圈　2 王宫　2・3 最佳的住宅地
中间城圈　4 北偏东　5 南偏东　7 东偏南
　　　　　8 西偏南　10 南偏西　11 北偏西
　　　　　13 西偏北　14 东偏北
外 城 圈　6 北偏东和南偏东的远侧
　　　　　9 东偏南和西偏南的远侧
　　　　　12 南偏西和北偏西的远侧
　　　　　15 西偏北和东偏北的远侧
（4以下的所在各设施参照本文的引用⑥）

图5–7　根据《实利论》绘制的都城复原图（出自应地）

以满度卡曼达拉为底图，解读《梵语文献》的记载，得知设曼达拉45诸神的全领域，在该书所述的诸神设施中恰如其分地进行了填补，仿佛《梵语文献》的作者在记述这部分时把入满度卡曼达拉放在手边一样。

那么整体看一下被复原的古代印度都城形态，就会浮现出更有意思的体系结构。对应图5–7所标记的大字数字来表示，首先在中央的核心〈1〉有神殿（寺院）群，构成都城的中枢。围绕它的内城圈〈2、3〉中的〈2〉为王宫，〈3〉为最佳住宅地所在。其外侧的中城圈〈4、5、7、8、10、11、13、14〉主要是长官管辖的官厅、官库等官衙群集中在这里。最边缘的外城圈〈6、9、12、15〉集聚着性格不同的2个功能。一是各种手艺人，商人的职住一体的空间，换言之即大巴扎；另一个是四姓的住宅地。这样复原后，古代印度的都城，以神殿（寺院）为核心，围绕它的是内→中→外各城圈，担任着不同的功能配置的完美构成。

03 古代中国的都城思想——A2 地带

1 天地对应的宇宙论

古代中国也根据宇宙论产生了都城思想，在中国把世界用“天圆地方”，即天是圆的，地是方的语言加以概括，天圆的中心称为天极，具体用北极星来表示。来自天极的宇宙轴连接着天和地在运转，把天的神力（能量）传达到地上，在大地接受着其神力的是“上帝之子”的天子，天子所站立的地方是大地的中心。这就是都城（王都）所在的位置，天的神力通过天子的身体在方形的大地上向四方发散。

地上的中心都城，自然也有着方形的城墙。在中国，四方形的城墙被视为正统也来源于此。天子发出的神力向四方传递的过程中逐渐衰弱，以致到零。这个地点到达中国，即文明世界的尽头，其外围为夷狄居住的野蛮世界（图 5–8）。

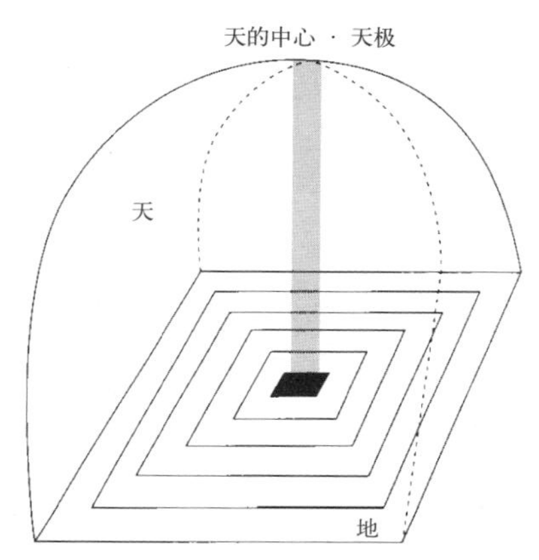

图 5–8 中国的宇宙论和王都的位置（出自妹尾）

2 周礼的都城理念

中国都城理念是以公元前 3 世纪的《周礼》冬宫、“考工记”、“匠人营国”等为代表的。“匠人营国，方九里，旁三门。国中九经九纬，经涂九轨，左祖右社。面朝后市，市朝一夫”。当时“国”是指王的首都，即都城。文意为在都城的建设上“（正方形的城墙）边长为 9 里，各边有门 3 个。都城的内部有经、纬各有 9 条道路。路宽为 9 轨（9 辆马车可以并行的宽度），左为祭祖的祖庙，右为祭土地神的社稷。前面为朝廷(官衙)后面为市场，其朝廷和市场的面积都为一夫（100 步见方）”。

文中的“九”的数字频出，这是因为九在吉利的瑞数中是奇数中是最大的数，是象征天子的数字。城墙各边有 3 个门，因此 9 条道路中

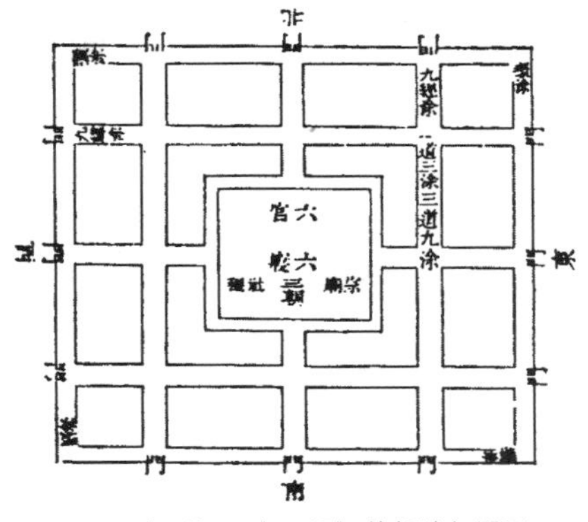

图 5-9　《周礼 · 考工记》的都城复原图（出自戴震）

民廛	后 市　市	民廛
民廛	中 宫　公	民廛
民廛	前 右　朝　左 社　　　祖	民廛

图 5-10　《钦定礼记义疏》的朝市廛里图

直接连接城门的道路为 3 条，除此之外还有 6 条道路。这种道路构成与古代印度都城是一样的。另外文中的左右以及前后是坐北朝南天子所看的左右和前后。图 5-9 是清代戴震根据《周礼》进行复原的都城。

在论述中国的都城时，与《周礼》一起经常使用的文献有清代的注释书《欽定礼记义疏》附录“礼器图”的“朝市廛里”条，“古人，立国都时，还使用井田法，划九区，中间 1 区为王宫。前面一区为朝，其左为宗庙，右为社稷，后面一区为市，商贾万物聚集于此。左右各三区均为市民的居所，为民廛”。所谓“井田法”就是九宫格，即像“井”字那样，划分 3 ×3=9 区的方法。其中中央区布置王宫，两端连接南北的 3 区为平民的住宅地。《欽定礼记义疏》中表示古代中国的都城复原的是图 5-10。

以这两个文献为基础，那波利贞用 4 字成语将中国都城理念概括如下：

①中央宫阙——所谓宫阙原指天子的居所——宫城的正门；后指宫城。其宫城位于中央。

②前朝后市——坐北朝南的天子的前方南为朝廷（皇城），后方（北）为市场所在。

③左祖右社——坐北朝南的天子的左方（东）为祖庙，右方（西）为社稷。

④左右民廛——所谓民廛是庶民的住居，宫阙的前后不允许民居存在，庶民的居住只限于宫阙外的左方和右方。

这四句成语，已经成为现在论述中国都城思想时经常引用的固定成语词汇。

04 古代印度与古代中国的都城思想比较

根据《梵语文献》记载复原的古代印度都城理念的形态如图 5–11 所示。

另外，按照《周礼》所云“九经九纬”即 8×8=64 区域的道路形态，忠实地将中国的都城理念图示化的是图 5–12。

两张图看上去有着惊人的相似性。这是基于《梵语文献》、《周礼》都是城门在各边有 3 门，3 条大道作为基本道路构成，用“九经九纬”把都城划成 16 块。但尽管有共性，古代印度和古代中国的都城思想存在着很大的差异。对应概括中国都城理念的 4 句成语，把印度的都城理念概括为成语，如表 5–1，就两都城显示的主要的差异点仅从以下 4 个方面论述。

1 宇宙论决定的内容——位置和内部构成

古代印度都城的内部构成根据宇宙论而定，然而对都城的位置，宇宙论却只字未及。《梵语文献》关于都城的建设场所，在概要①“建筑学者推荐的地方”强调具体的河、湖等水边局部的自然条件。其背后有印度教背景，印度教认为水是洗涤一切污秽的源泉。在选定古代印度都城位置上，不是对应宇宙学说，而是强调水边局部的圣性。

另一方面，古代中国都城的位置是根据“天的中心——天极——地的中心”所谓宇宙论的天地对应来决定的。但是宇宙论对都城的内部构成只字未提，这一点与古代印度都城思想完全不同。

2 都城的核心设施

与中国都城的“中央宫阙”不同，古代印度的都城思想是中央为神殿（寺院），即宗教设施所在，可概括为“中央神域”，两者设的核心设施完全不同。其差异反映了两者王权思想的不同，印度的王权承担者不是排在第 1 位（等级）的婆罗门教，而是第 2 位的刹帝利教。在原理上王权从属于婆罗门教所具有的教权。例如《梵语文献》也“主张徒弟从师、从者从属君主那样，国王听从于宫廷祭僧（上村胜彦译）”。印度都城的“中央神域”理念是王权与教权分

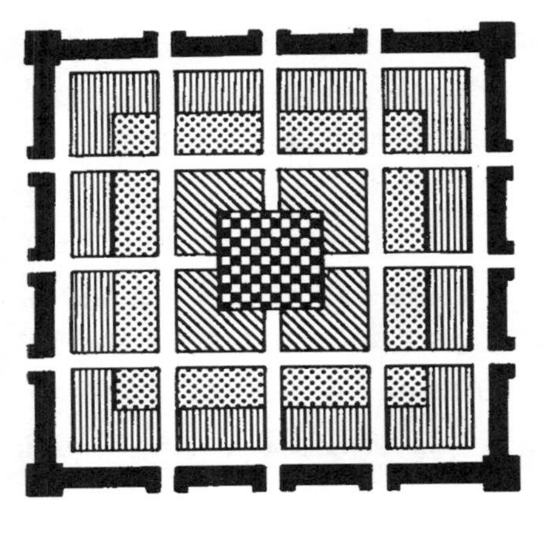

图 5–11　古代印度都城的理念形态（出自应地）

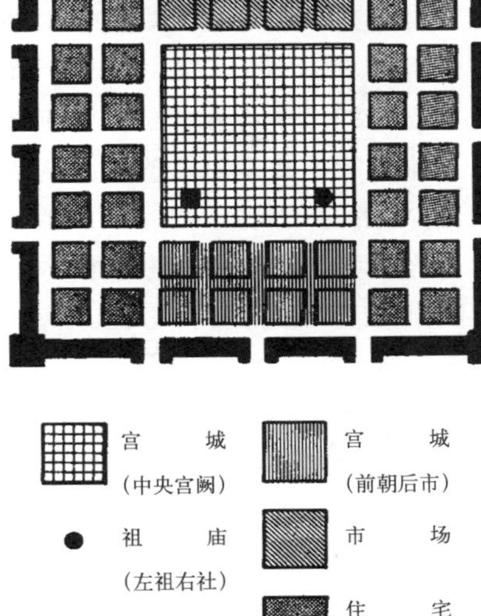

图 5–12　古代中国都城的理念形态（出自应地）

表 5–1　古代印度和古代中国的都城思想的比较——理念和形态（出自应地）

	古代印度	古代中国
基本构思	同心城圈 各向同性	南北条纹 非各向同性
基本形态	方形 旁三门 十六街区	方形 旁三门 十六街区
核心设施	中央神域	中央宫阙
宗教设施	（包括中央神域）	左祖右社
官衙／市	中朝外市	前朝后市
民间住宅	外围民廛	左右民廛

注释：根据《实利论》、《周礼》"考工记"及《钦定礼记义疏》做成

离，从而反映了王权从属于教权的王权思想。而基于天命思想的中国王权是超越的存在，是神圣王权，"中央宫阙"是符合于这个王权思想的都城构成。

3　基本思想

印度都城的构成是从"中央神域"朝三个周边城圈等方向迁移，即以"同心城圈"为基本型，那里没有只注重特定方向的方向性偏颇，对此中国都城是以南北向长的 3 条条纹状构成，即"南北条纹带"为基本型。即都城构成对宫阙而言有方位性的偏移。这个非各方同性的中国都城构成特征与都城理念所说的"前朝后市"、"左祖右社"、"左右民廛"

等成语是一致的。这些都是以面南站立在“中央宫阙”的天子的前后、左右身体方位论述的。规定中国都城内部构成的不是宇宙论本身，而是体现它的天子身体方位。对应天子身体的所谓微型宇宙的内部构成就是中国都城的特征。

这与古代印度都城思想根本的不同点，以天子的身体方位为基本型的非各方同性的中国都城的构成，是作为神圣王的中国王权思想的产物。对此印度都城各向同性的“同心城圈”的构成，王宫也仅仅是城圈的一部分而已。王权中心的都城构成不可能是从属于教权的王权。

4 内部构成

看一下表 5-1 就可以对中国和印度两都城内部构成的不同一目了然。

印度都城的构成是“中央神域”由内、中、外 3 圈同心城圈所包围。这三个城圈都承担着明确的功能，印度都城城圈间的内部构成清晰的分化是其特色（图 5-7、图 5-11）。中国都城在左、中、右 3 条南北条纹带也具有不同功能这点上与印度都城相同。但是中国都城与王权直接相关的中央条纹带姑且不说，左右两条纹带为“左右民廛”，同时包含了所有庶民的居所。对于与天子没有直接关系的关心甚少是其特色，这也许是来由于作为神圣王的中国王权的性格。

在印度的都城，内城圈有王宫和“四姓共居的最佳住宅地”。这是指包括国王，服务于“中央神域”的四姓居住在内城圈的状况。其外侧的中城圈集中有官厅、官库，在中国都城相当于朝廷的空间。最边缘的外城圈是商人，手艺人，按行业集聚的市场（巴扎）和按四姓区分的住宅地构成的市民空间。

因此在印度都城，在中城圈布置朝廷，在外城圈布置市场。如果与中国都城“前朝后市”相对应就是“中朝外市”。另外市民们的住宅地在外城圈，按中国都城的“左右民廛”来形容就是“外围民廛”，这种形成对照的差异在两都城思想中可以看到。剩下的中国都城的理念是“左祖右社”。在印度都城当然宗教设施包括在“中央神域”里。

05 印度和中国的城市原初形态

简述一下印度、中国两世界出现期的城市，可以看出两者之间意外的共同性。印度世界的城市形成始于印度河文明。作为其特征被认为具有类似网格状街道形态。另一个特征是呈现出城堡和市区连接起来的双重结构，占领制高点的城堡在西面，低处的市区位于东面的例子很多。由此把它称作西高东低的城市构成，以公元前1700年繁荣的印度共和国西北部的卡利班甘为例（图5-13），都是围有城墙的城堡兼王宫和市区以西高东低的形态排列，市区内的南北街道与非对称的城门连接，斜向穿行于整个市区。相反东西街道呈直线状与南北街道部分地连接形成的丁字路在市区内也很多。兼有避难功能的城堡西面的卡利班甘，东西街道的丁字路化对城堡防御是极有利的街道形态。其街道的构成不能说是清晰的网络状，但是在世界初期文明中诞生的诸城市中是最接近的。

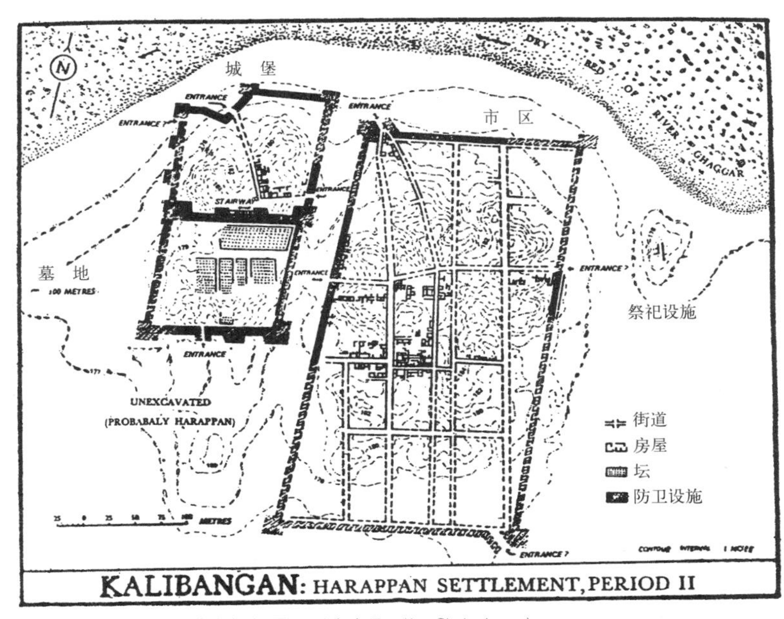

图5-13 卡利班甘的发掘复原图（出自D·K·Chakrabarty）

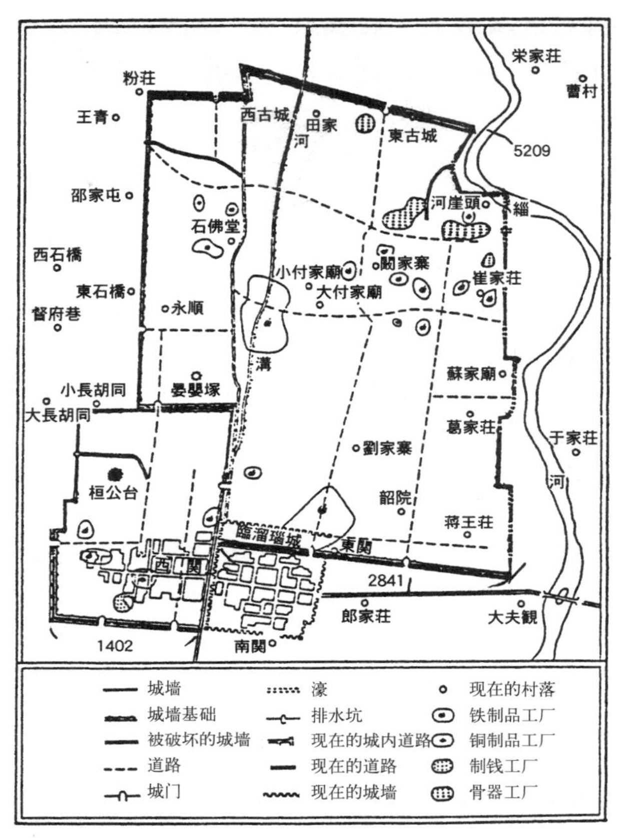

图 5–14　临淄的发掘复原图（出自杨宽）

杨宽把中国的城市形成分为 3 个时期，第 1 期为公元前 11 ~ 前 3 世纪的西周到东周时代（春秋战国）时代，这个时期是从在城内王宫和市民的居住地并存的阶段向逐渐形成的新城城郭——小城和大城城郭连接的结构性变化。其变化始于周公旦的东都成周（BC10 世纪）。以公元前 9 世纪的齐国的国都临淄为例（图 5–14），西南的小城（城堡）和东北的大城城郭（市区）连接，呈现出与印度河文明城市一样的西高东低的构成。王宫位于小城西端的桓公台。杨宽把这种布置与《论衡》“四讳篇”的“西南隅称之奥，为尊长之处”的记载结合起来解释。国王在西南的尊者场所，以接受臣下之礼的姿势就座，即出现了“坐西朝东”的都城构成。

06 印度都城的巴洛克式展开

无法追溯印度河文明衰落后至13世纪的穆斯林王朝成立之前的印度世界的城市形态的展开，因此把目光转向东南亚。因为6～13世纪东南亚被印度河文明所席卷，谢得士（George Coedes）把它称为东南亚的印度化（参照第IV章第10节），这一观点得到广泛支持，至少在考虑城市形成和展开上允许将当时的东南亚包括在印度世界来考虑。这个时期以东南亚大陆的平原为舞台，出现了诸王朝兴盛与灭亡历史。以有代表性的3王朝建造的都城为例，尝试对其形态进行解读。

1 吴哥通王城

吴哥通王城是位于吴哥窟以北的都城，是12世纪末阇耶跋摩七世建造的。正方形的京域，是一座由十字路等分为4的都城（图5-15、图5-16）。多认为其原型是取自古代印度作为理想的村落形态的基本形檀特山（Dandaka），这是妥当的，但据印度古代的建筑书《尺寸标准》

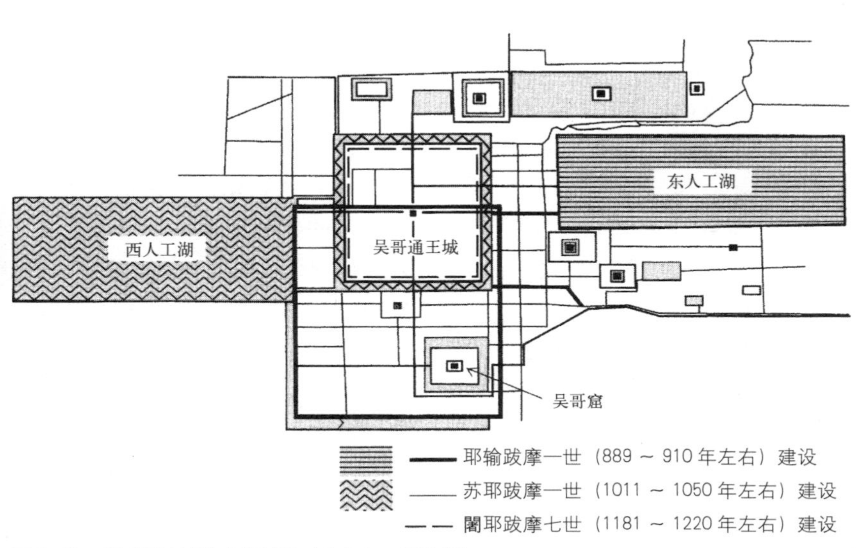

图5-15 吴哥通王城的建设过程（出自G·瑟德斯）

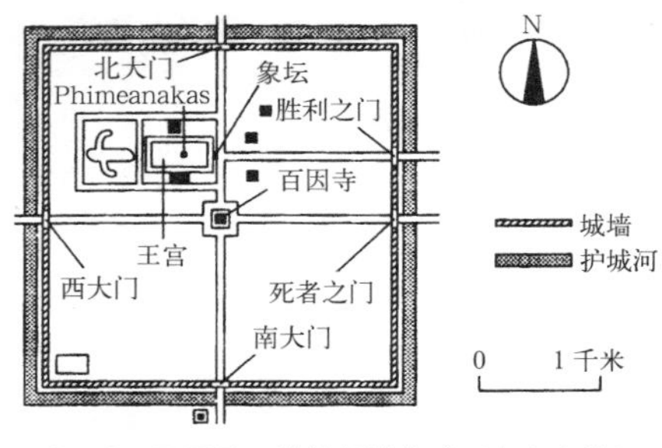

图 5–16 吴哥通王城的都城构成（出自应地）

记载，檀特山型的村落中最理想的在村落的西南方向配备淋浴和用水的贮水池。吴哥通王城通过引入苏耶跋摩一世所建的西南部大人工湖(Baray)，实现了理想的檀特山型(图 5–15)。该人工湖的存在几乎是因袭了 11 世纪的苏耶跋摩一世的旧王都，这也许是阇耶跋摩七世迁都于此的最大理由吧。

分割边长约 3 千米的京域的十字路交叉点，也就是耸立在京城中心的是百因寺寺院（又译巴戎寺 Bayon)，该寺院梵语意为山，也称吉利(giri)。在印度教的宇宙论中，位于世界中心的是须弥山(图 5–4)，吴哥通王城把象征须弥山的百因寺放在中心，实现“中央神域”的印度都城理念。进而印度教的宇宙论中围绕着须弥山的是正方形的山脉，象征它的是围绕着正方形京域高 8 米的坚固的红土城墙，其外围东西两个人工湖得以扩展，它象征着环绕世界的大洋。

因此吴哥通王城的构成，可以理解为是印度教的宇宙论与古代印度理想的村落形式相结合的产物。王宫建在百因寺的西北方，位于“中央神域”以北的王宫，基于与《梵语文献》同样的考虑，在吴哥通王城，王宫的存在是从属于“中央神域”的百因寺院的。

2 素可泰

素可泰位于泰国中央平原的北部，是泰族最初建的 13 世纪的都城。该遗迹为由城墙和 3 条护城河环绕的，东西 2.6 千米 / 南北 2.0 千米左右的长方形，各边开有城门(图 5–17)。遗迹内道路自由交错，从现状很难观察出都城构成的统一原理。

但是原理是必然存在的，复原的第一个线索是城门与主路的关系。测量一下保存状况完好的南门，如图 5–18 所示的那样，主路是从南门通过都城通向正北。这也许就是都城建设时的南北大道的走向吧。如东西大道也是正东西走向，由两条大道复原的素可泰都城如图 5 ~ 19 所示。该图在京域中央部出现了由大道围合的城郭范围。该图表示与吴哥通王城一样，把檀特山型的都城构成作为基本型，其十字路部分朝着中心城郭扩大。在中心城郭中，东为王宫，西为称作佛舍利寺院的规格最高的寺院。即两者并立在都城的中心城郭，以王权和教权对等的关系构成了都城核心域。这是象征教权的百因寺作为“中央神域”而耸立，而且是与从属于他的王宫的吴哥通王城不同的中心核构成，其背后有王权的延伸，但是王权仍然是没有越过教权的“中央神域·宫阙”，表明了以王权思想为依据的都城巴洛克化的过渡阶段。

为验证这个复原的妥当性，可以看一下从东和北城门伸出的两条大道的交汇点。那里有意为“国础”的拉窟·目昂(Lak Muang)祠堂。国础是指率先于国家、城市建设之前奠定的石柱或石碑。这是将印度宇宙论世界中心须弥山象征化了的作品，有着与吴哥通王城的百因寺同样的意义。素可泰的拉窟·目昂面东建在来自圣洁方向东面的大道与南北大道相交的重要地点上。这一事实似乎表明了上述的都城复原的妥当性。

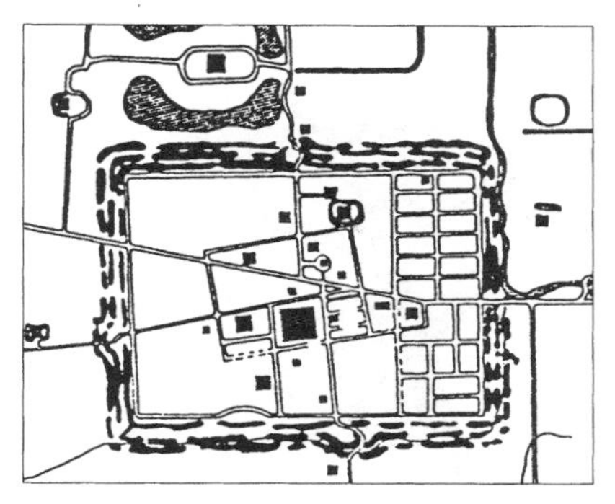

图 5–17　素可泰的现状图（出自日本建筑学会）

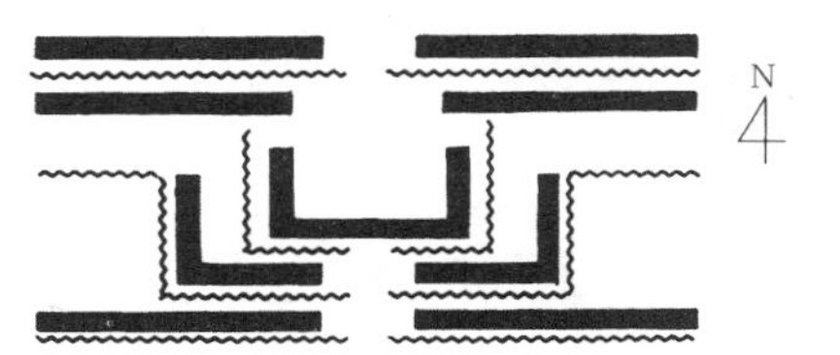

图 5–18　素可泰南门（纳摩门 Namo　Gate）的略测图（出自应地）

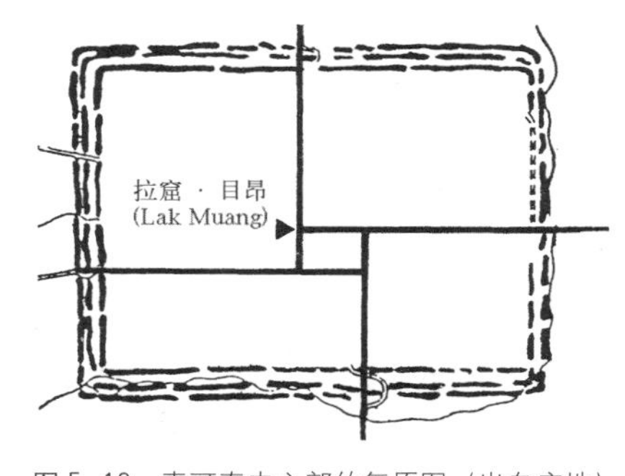

图 5–19　素可泰中心部的复原图（出自应地）

3　大城

素可泰垮台后，为应对海上交易的发展，泰族的首都一举向海岸部南迁，据泰国语史料称：1351 年 3 月 4 日的早上 9 时 54 分，大城的拉窟·目昂奠基，但其地点不明。

仅就王宫和寺院的关系来考察大城的都城形成(图 5–21)。建都的同时一起修建王宫和佛舍寺院。当时的王宫位于现为宫廷寺院的三王寺(Phra Sri Sanphet)的地方。相当于佛舍利寺院的玛哈泰寺(Mahathat)，修建在王宫东面的现在所在地。这种状况持续了约100年。1424 年佛舍寺院以北建立了拉查普拉纳(Rachapurana)寺，或许这时往来于两寺院之间的东西大道业

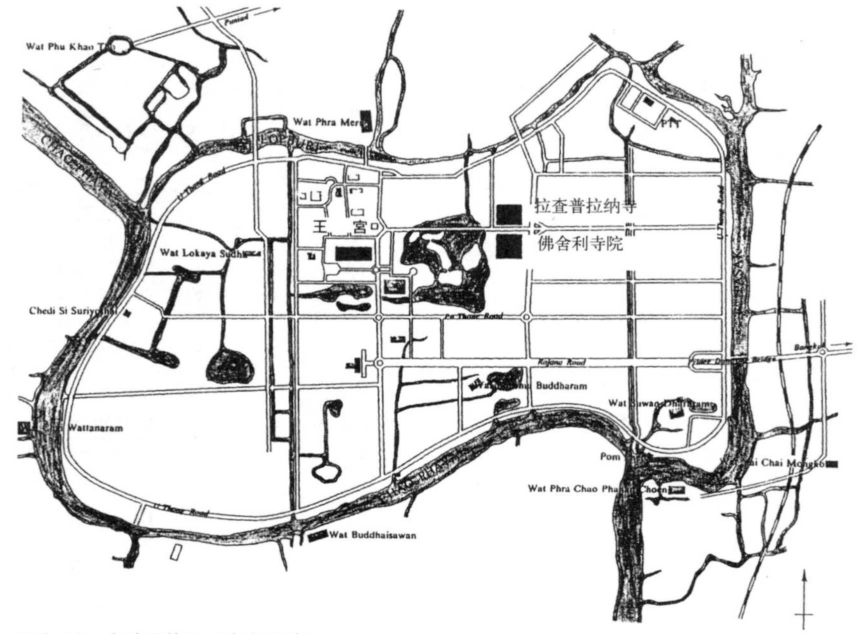

图 5–20　大城现状图（出自应地）

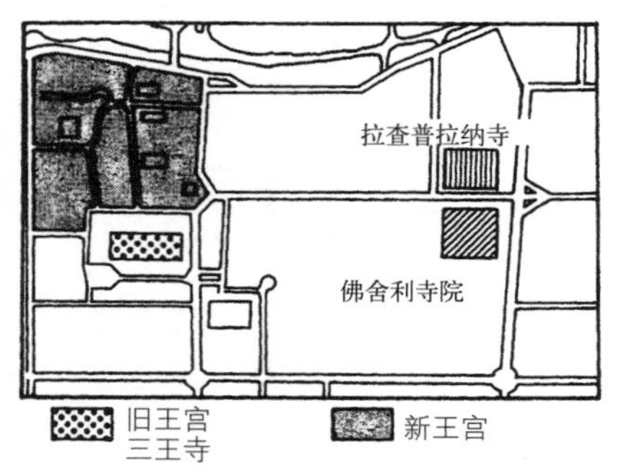

图 5–21　大城中心部的建设过程（出自应地）

已完成。到了 1448 年，在旧王宫以北宽阔的基地上建造了新王宫，狭窄的旧王宫基地被用于宫廷寺院。至此现在所看到的大城都城的中心部完成。图 5–20 描绘了自新王宫通向两大寺院之间只贯通至东面城墙的直线道路。那是展现自王宫向神圣方向眺望的国王视线的轴线道路。高规格的佛舍利寺院的建造也不过是为王宫和国王实现更庄严的轴线道路上的垫场戏而已。在这里王权凌驾于教权之上，创出了从宇宙论脱颖而出的巴洛克空间。大城是与吴哥通王城以及素可泰不同的巴洛克化都城。

4　斋浦尔

在印度世界，13 世纪的德里苏丹王朝建立以后，在北印度推进穆斯林王朝下的王都建设。其中作为

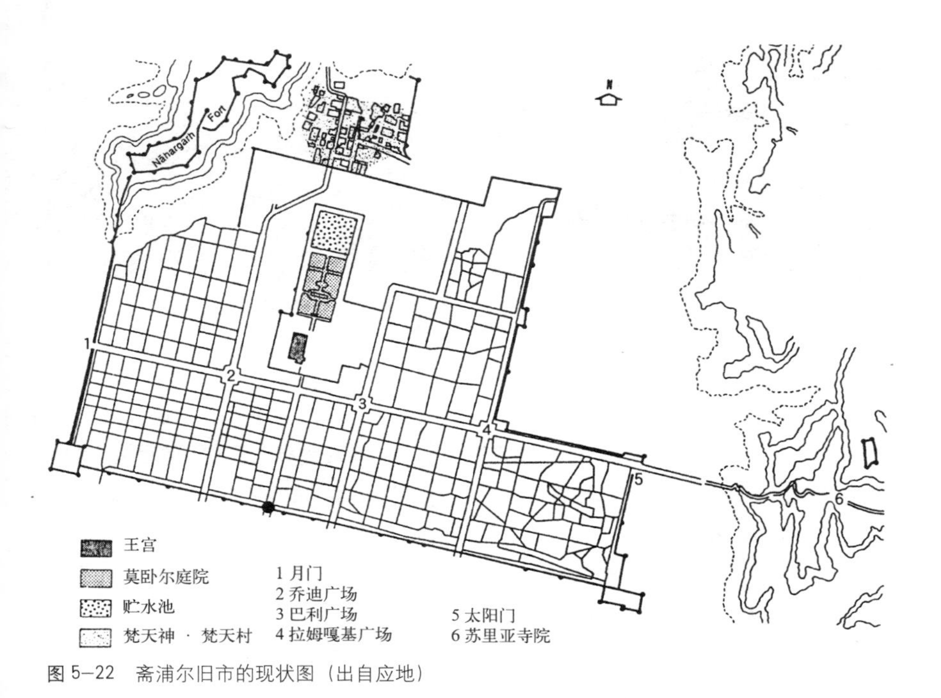

图 5–22 斋浦尔旧市的现状图（出自应地）

巴洛克化印度都城的例子，首推拉贾斯坦邦首府斋浦尔。

斋浦尔（斋的城市之意）是1728年印度土著王权的辛格二世着手建设的都城，3名婆罗门教徒参与了基本规划、道路与给排水的规划等。

旧城为800米×800米正方形组成，“井”字型即九宫格划分的网格状为基本型的城市，但东南一个区域凸出，使九宫格的构成不规则（图5–22）。中央北边的区域为王宫，与《梵语文献》、吴哥通王城等印度都城相同。王宫南边的东西大道称为王道。东城门太阳门（Suraj Pol）和西城门月亮门相呼应贯穿都城。与它垂直，有一条从王宫南边中央门通向南城门的“广大路”，该道路在最初的总体规划中没有，是在建设过程中追加的。“广大路”向北延伸，经过王宫的宫廷寺院、莫卧儿庭院，到达向北面的贮水池中央。即成为3×3的九宫格的南北向中轴线。其延长，在越过都城北面的村落内也可以观察到。这是称作梵天村的婆罗门村落。其位置正好对应《梵语文献》所说的北侧的外城圈为婆罗门的住宅地。广大路与大城一样，是轴线道路化，即都城的巴洛克化的象征。

图 5–23　斋浦尔　鸟瞰照片　近处是太阳门

图 5–24　New　Gate，斋浦尔　建在图 5–22 的●处

为什么东南的一个区域凸出呢？以往的说明认为最初构思是要构成 3×3 区域，由于西北方有山地，西北区域不能建在都城内，所以作为替代，向东南方伸出一个区域，让九宫格在数字上得以自圆其说。但是如果西北山地有障碍的话，都城整体向南错一个区域就可以了，问题是为什么不能这样做。

揭开这个谜的钥匙是“王道”。“王道”是连接东面“太阳门”和西面“月亮门”的象征，即太阳从东到西经过都城，将其净化意味着”太阳之道”。如把“王道”从“太阳门”再向东方延伸的话，就会顶住东面的山岳顶部（图 5–22），那里是都城营造者辛格氏族，无限崇尚的“太阳寺”所在。即“太阳寺院”——“太阳门”——“王道”——“月亮门”排列在一条线上。将其偏离“王道”就无法成立，这也许就是都城不能向南移动的理由吧。简略地说，斋浦尔的南北大道偏东 15 度角。“王道”的方向是与南北大道垂直的。

面向“王道”和南北大道排列的带有商店的中层建筑，1853 年英帝国维多利亚女王的夫君阿伯特（Albert）公开访问那里时，面向大道的墙面都用粉红色涂料统一涂刷了，因此斋浦尔现在还被称作“粉色城市”，粉红在当地意味着“欢迎”。为保持城墙内面向大道的印度风格的建筑设计和墙面颜色的统一，目前实施景观和建筑的规范。

column 1　港口大城

1616 年出版的中国文献《东西洋考》中有关于大城的记述："从（湄南河）河口出发约 3 天到达第 3 关，再经过 3 天到达第 2 关，而后再用 3 天左右的时间即可到达佛郎日本关"。所谓关就是指要寨的军事盘查设施。从此文可以得知，虽然欧洲势力策划打入亚洲扩大的交易机会，但大城仍从河口逐渐向内陆定位，加强对从海上进入的外敌以及海盗的防备。

最后的"佛郎日本关"是位于都城南郊的最重要的"关"，所谓佛郎是指葡萄牙。这个时期葡萄牙将殖民地经营的中心转移到巴西，亚洲的葡萄牙人处于所谓弃民状态。因此他们许多人成为当地国家、其他欧洲诸国的佣兵。而且日本人作为商人以外的佣兵进行工作的很多。山田长政是其代表人物，他曾为与上述记载同期的大城王朝服务过。

大城选建在三条河的汇合处，首先都城的西北方湄南河流经这里。因此中央泰国的诸物产被运送到这里。另外，都城东北端有两条河汇合。自东合流的是巴萨河，自西合流是洛汶里河，分别成为东北泰国、北泰国物产的输入途径。

为发挥环绕都城的船运线路以及作为环护城河的河流作用，在都城东北端人工挖掘了环渠。

这个环渠再次在都城的东南端汇合，成为渭南河的主流，向南流下。佛郎日本关位于偏南（图 5-20 的 P 点）的地方。估计其对岸有日本人街，但其位置毕竟是推断，1980 年日本政府拿出基金建造旧大城日本人街纪念公园时，遭到当地的反对。

大城的交易据点位于佛郎日本关北方、环渠汇入湄南河向南流动的地带。在那里安营扎寨，成为交易商人中心的是中国人。现在那里还是唐人街，也是 1325 年安置大佛像的中国寺三宝佛寺的所在地。唐人街的对岸即湄南河的西岸一带是穆斯林教徒的居住地，那里也有阿拉伯血统的人，多为布吉斯、锡江、马来、蒙、占族等从东南亚海域来的交易集团。

特别是沿着向西北延伸的运河，他们的居住地向内陆延伸。欧洲人的居住地区是都城西南方向的环渠对岸一带。至今那里还留有天主教堂，1661 年以后法国人被允许在对岸的都城内边缘区居住。

不允许法国人在都城内居住的 17 世纪中期以前，泰族以外的集团原则上居住在城外。其中例外的是中国人和波斯人。中国人的居住区限制在都城东南端的市场周围，不允许居住在市中心。但是允许波斯人住在都城中心城即王宫以南的居住区。后来听说他们成了佛教徒。大城王朝的外交公用语言是泰国语，居准公用语言地位的是波斯语，波斯人受到重用，波斯语被重视的理由有若干，其中最重要的也许是他们在东南亚港城运营上发挥的作用吧。

图 5-25　三王寺（旧王宫遗迹），大城

图 5-26　大城河港（旧佛郎日本关附近）

交易活动是从各地汇集港城，语言、习惯不同的商人之间的（生意）买卖能否顺利进行，不仅需要翻译，还需要在商业交易以及港城管理和运营上有权限的自治协调者。这种制度和机构在东南亚海域世界很早就产生了。担任协调工作的管理者，称作夏帮塔尔。所谓夏帮塔尔在波斯语意为“港王”。在伊斯兰教传入以前，波斯人与印度的古加拉特邦人都是从西方来到东南亚的重要的航海商人。他们为夏帮塔尔制度的发展和定格发挥了重大的作用。这就是在大城王朝下，他们被允许居住在城内中心部的理由。

夏帮塔尔的权限和责任依时代而变化，以殖民地化以前的东南亚为例有以下几个方面：

1）接见来港交易的船长、航海商人，确认货物、目的、来历后作为身份担保，介绍给政治统治者；

2）具有交易买卖的监督责任，同时可以决定和征收交易商品的课税额；

3）在港市拥有运输制度和运输组织的运输责任；

4）是港湾仓库的管理负责人，负有保管商品的责任；

5）监督和统一度量衡及货币的交换汇率。

作为接待来港商人和当地统治者的接口港城发挥着功能的基础上发挥重要作用的是夏帮塔尔。

07 中国都城的巴洛克式展开

过去中国以及日本的人生观是“修身、齐家、治国、平天下”。其语出处是前汉初形成的儒教教典《大学》。所谓治国就是治理城市国家，“平天下”就是平定城市国家群，使天下太平，建立领域国家。中国最初的领域国家是秦始皇实现的，但是他建设的都城也由于王朝的短暂留下许多疑点。

1 前汉长安——家产制领域国家的都城

关于前汉长安，根据发掘结果进行了都城的复原（图 5–27）。城墙全长达 25.1 千米。如果将不规则的

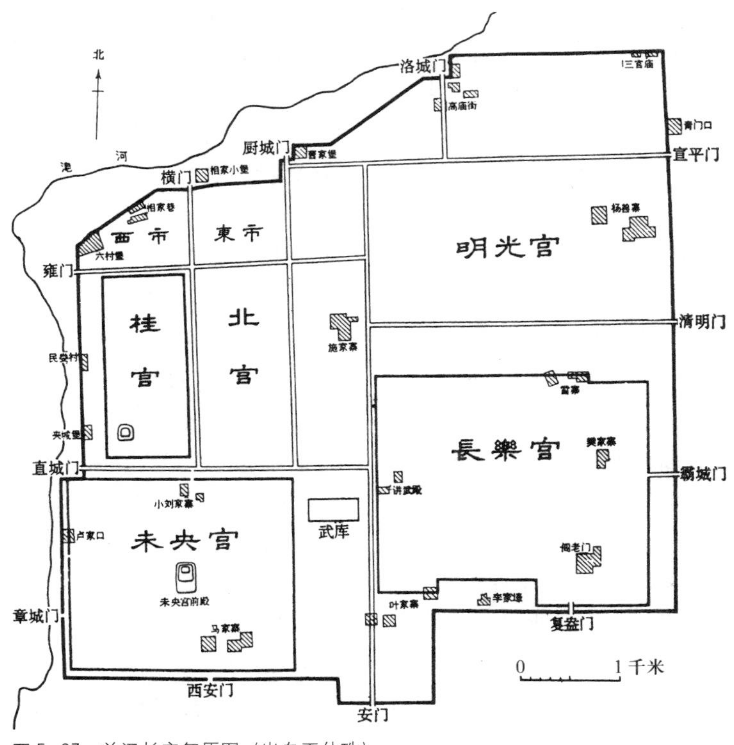

图 5–27　前汉长安复原图（出自王仲珠）

城墙看成是四边形的，每个边就有三个城门。这与《周礼》的理念是一致的。但是城门的位置参差不齐，城门的位置前出后进、不在一条直线上。都城内部：以中央的南北向道路为界分为东、西。西面自北建有市（西市、东市）、后宫（桂宫、北宫）、未央宫。城东的北侧建有明光宫，南侧为长乐宫，其周围是市民住宅区。宫殿群从第一代的高祖（在位 BC206 ~ BC195 年）到七代的武帝（在位 BC140 ~ BC87 年）约 100 年间断断续续被营造。前汉长宫是宽畅的天子的居所“城”，附带着包括市民空间“城郭”的都市。正像欠缺连接城门的街道那样，前汉长安以“城”和“城郭”双重结构为特色的都市国家阶段的都城，在面积上扩大了，但还没有创出与领域国家相匹配的新都城。

宫殿的布置也显示出这一点，最重要的宫殿是占领都城的南西角即尊长之处的未央宫。天子在这里以“坐西朝东”的姿势君临天下。与前述的临淄一样（图 5–14），都城的正门也是城墙东北边的宣平门。前汉代在领域国家刚刚成立后，仍保留有家产制国家的特征。前汉长安可以说是符合这个阶段的都城。

据说都城中央南北直线道路的走向，与长安北方的天斋祠、清河的曲流部、遥远的南方的秦岭山地中的子午谷连接的正南北的直线是一致的。该道路走向不单是按照都城内的规划决定的，而且与包括都城在内的壮观的轴线有关。在宇宙论和都城思想的关系上，宇宙论决定的东西在古代印度是都城内部构成，而在中国是都城的位置，其差异已被指出。在前汉长安的中心街道的位置和走向的决定上，这个中国的特征比较妥当。

2　汉魏洛阳——巴洛克化的端倪

符合领域国家的新都城到了后汉才实现。从前汉的“坐西朝东”变为“坐北朝南”，即“天子面南”。天子坐在都城的北面，以面南的姿势接受臣下的拜礼。以眺望南面的自己的视线作为都城构成的轴线，以致新都城思想的诞生。它是从《周礼》天子宫处的理念即“中央宫阙”中脱颖而出的。后汉第一代的皇帝光武帝（在位 25 ~ 57 年）以膨胀的皇帝权利为背景，把郊祭（都城南郊的祭天礼仪）作为新的国家礼仪而制度化。由此南面的天子居所——北方的宫城和南郊的祭天设施相连的线，作为都城南北轴线出现，这是在皇帝权利下都城的巴洛克式构成的端倪。

后汉洛阳在后汉末被破坏后，北魏的孝文帝（在位 471 ~ 499 年）于 5 世纪重建，因此将两个朝代名合二而一称为汉魏洛阳。该都城由相当于中央北方“城”的内城和相

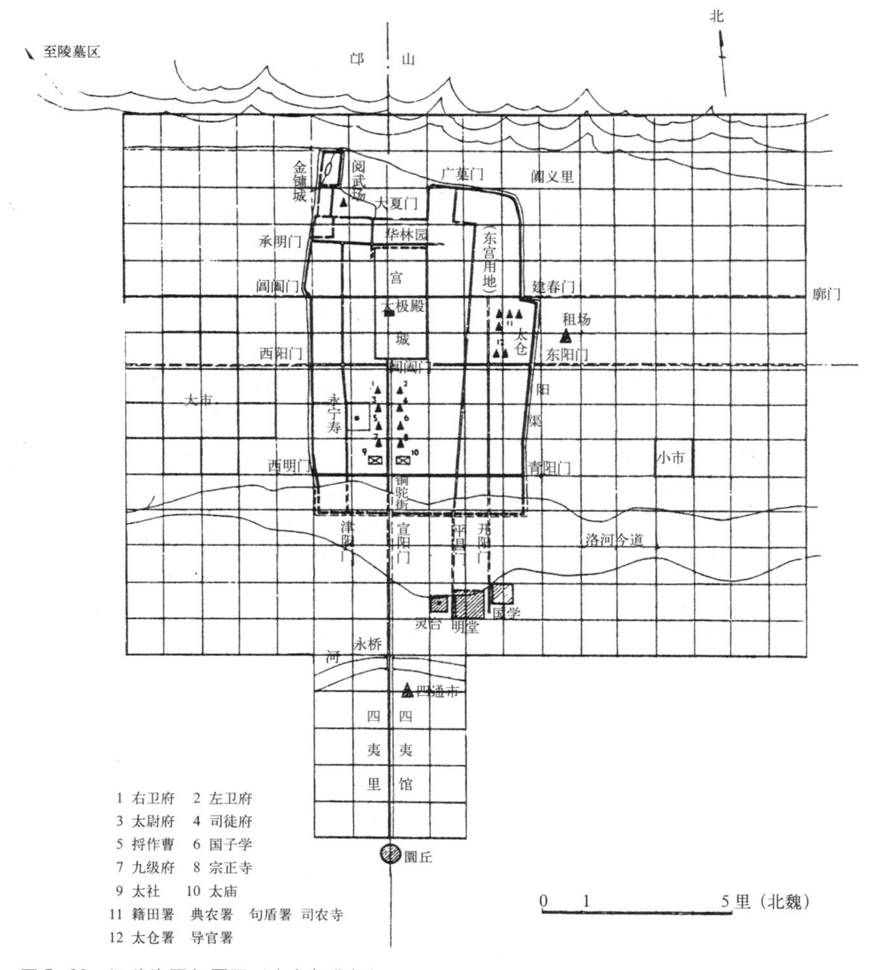

图 5–28 汉魏洛阳复原图（出自贺业钜）

当于“城郭”的外城两部分组成（图5–28）。将内城东西两边门相互连接的直线街道的出现也与前汉长安不同。在内城北面布置宫城，以宫城中央的东西街道为界，分为含有北面的王宫和南面太极殿的礼仪空间两个部分。从太极殿南北直线道路直达外城的南边，进而通达南郊的祭天设施——圆丘。南北轴线道路在内城内称铜驼街，其两侧建有诸官厅。其南端附近依据“左祖右庙”东为太庙，西为太社。在汉魏洛阳，宫城和官厅南北分离，站在北面的天子的南面街景的轴线化和以其为基轴

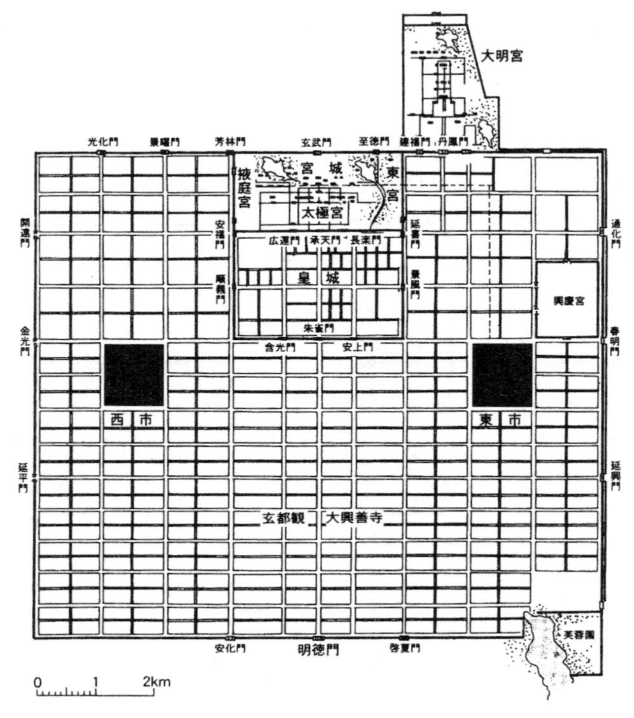

图 5–29　隋唐长安复原图（出自张在元）

的都城构成非常清晰。

3　隋唐长安——巴洛克化的完成

标志着这种都城巴洛克完成的是 6 世纪末隋文帝（在位 581 ~ 604 年）建的起源于大兴城的隋唐长安（图 5–29）。城墙是南北 8651 米，东西达 9721 米，城墙内的面积约 84 平方千米的规模宏大的都城。但是在鼎盛期，京域以南少了 1/3 的人家，京域的中央北部是宫阙所在。其南部为天子亲政的官衙群组成的皇城。皇城独立出现在隋唐长安是首次。这是为应对由于权利向天子集中，导致中央集权体制的确立，而将官厅集中在一处的需要设立的。官厅的集中地区——皇城被现在的北京所继承。另外中央官厅的选址向东京宫城毗连的霞关一带集中，也说明这种思想在现代的日本仍存在。

把宫城建在最北端说明隋唐长安“坐北朝南”和“天子面南”已经发展到极限。在汉魏洛阳南北轴线横穿过宫阙的中央朝西移动，而隋唐长安不仅是宫阙，都城全域的东西中心为其南侧，构成都城左右对称的基轴。从宫城正门的承天门到皇城正门的朱雀门的皇城内承天门街，从承天门到都城正门的明德门的京域内改名为朱雀街向南移，一直延伸至南郊的祭天设施天坛。朱雀街是有着150～155米宽的轴线街道，以此为界东西各54坊左右对称布置。从行政上分东为万年县，西为长安县。

长安的市区特征是：与宫阙南边连接向南伸延的中央区，及位于其左右分得东西两区的3个条纹。前面已指出中国都城与印度都城的差异，中国都城的内部构成概括为“南北条纹”。左右对称布置的“南北条纹”构成在隋唐长安是非常典型的实例。

更重要的是皇城南方的中央条纹由南北9坊构成，其中央朱雀街左右第5坊为宗教设施。左（东）面的靖善坊有占领全域的佛教寺院大兴善寺；右（西）面的崇业坊建有占领相当部分的道教寺院的玄都观。这两大国立寺院占据平民空间的中央位置，同时也是为使天子的眺望——南北轴线上的宫阙显得更加威严的陪衬设施。与前述的大城王宫和寺院的位置关系完全相同。

其意味着都城巴洛克化的完成。在隋唐长安巴洛克化比15世纪的大城还早7个世纪就实现了。其过早的实现是来自中国神圣王的王权观念的必然归宿。而欧洲这样的城市巴洛克的出现远远落后，直至16世纪以后。

4 隋唐长安是异端的中国都城吗？

在脱离《周礼》的“中央宫阙”的理念上，有人认为隋唐长安是“异端或异例的都城”。其“北边宫阙”即“北阙”是王权膨胀的都城，巴洛克的展开具有的必然变化。但是“坐北朝南”和“天子面南”要求的“北边宫阙”姑且不论，隋唐长安是脱离《周礼》理念的“异端的都城“吗？

《周礼》的第一个理念是都城的形态为方形。这在隋唐长安是可行的。第二个理念是“旁三门”，即每边三门。隋唐长安宫阙的北面是宽阔的王室庭院，进入里面通过许多私门。除此之外，剩下的3边是有3个门。值得注意的是城墙的东面和西面几乎都是等距离地布置城门，而南边的3个门集中在前述的宫阙以南的中央条形区域部分。其左右的东西两条形带没有城门。这是因为包括朱雀街在内的所有的南北大道从宫阙南边向南直达城门，即意味着只有能体现宫阙的天子朝南眺望的南北街道才可以通达城门。彻底追求都城巴洛克化，而且连接城门的3条东西大道中两条宫城和皇城的南边大道也向东西延伸了，东西大道也由于与宫阙的关系，其走向位置被规定了。

图 5–30　从大雁塔往北眺望，西安

第三个理念是“左右民廛”。的确平民的住居在中央条形区域的坊（里巷）中也存在，这在隋唐长安中似乎不妥。隋唐长安的坊可以从规模和形态上分为 5 类。多数为东西和南北小巷在中央交叉的十字巷形式。在三个南北条形区域中左右两个区域的坊都带有十字巷。但是宫阙的南面的中央条形区域的坊中没有十字巷，只是东西走向的东西巷。针对南北巷的欠缺，砺波护认为是考虑不背对天子而变形的“左右民廛”理念产生的结果，那么“左右民廛”的理念也被局部地实现了。

第四个理念“前朝后市”。天子前方的所谓朝廷的“前朝”在隋唐长安就实现了。关于天子后方的“市”即所谓“后市”并非如此。隋唐长安有东市和西市两市，都位于宫阙前方的左右条形区域。但是“前朝后市”的理念不仅只意味着朝廷和市的空间布置。就像“午後”可以写为“午后”一样，后和後是相同的。这样“前朝后市”还有另外一层意思，第一可以是“午前朝廷，午后开市”，这在隋唐长安是可行的。第二可以是“天子管理朝廷，后（皇后）管理市场”。关于这一点砺波护提出一个意味深长的事实。隋唐长安的宫城天子以御座的太极宫为中央，其左（东）是皇太子的御宫——东宫，右（西）是皇后御所——掖庭宫。掖庭宫内，称作太仓的王室用的谷仓设置在后面。仓库是物流即市场的基本的功能所必需的设施。它位于皇后御所内。即“前朝后仓”。也可以说是变相贯彻“前朝后市”的原则。

第五个理念是“左祖右社”。隋唐长安正是按照这一理念，左边的皇城东南部为太庙（祖庙），右面的皇城西南部为大社（社稷）。

这样分析的结果，隋唐长安决不是“异端的都城”。可以看出在实现符合天子权利集中的都城巴洛克化中也忠实于《周礼》理念的建设思想。

column 2

中国的王都

顾炎武（1613 ～ 1682 年）在《历代宅京记》中，列举出 20 多个在中国史上有代表性的王都。其中中国人特别重视的有六个王都，称为“六大古都”。即称为十一朝古都的长安（鎬京、咸阳、大兴）、称为九朝都会的洛阳、北宋的首都开封、六朝首都的建康（南京）、临时首都杭州，以及元代以后的北京（大都）等 6 大古都。谭骐骧提议加上殷代的首都中国史上最初的王都邺（安阳）称为七大古都。安阳的西方 20 千米有曾是殷王朝后期的王都殷墟。另外 4 ～ 6 世纪华北东部的诸王朝（后赵、冉魏、前燕、东魏、北齐）的首都设在邺。杭州有五代十国时代的吴越（907 ～ 978 年）和南宋（1127 ～ 1279 年）的首都临安。都不是统一王朝的首都，但作为城市的繁荣，历史的、政治的重要性上被重视。

长安即现在西安的周围有西周、秦、前汉、新、[前赵、前秦、后秦、西魏、北周]，隋，唐的首都（[ ] 内表示只统治中国一部分，以下同）。在洛阳有东周、后汉、[魏]、晋、五胡十六国、[北魏]、隋——东都，唐——东都、[后梁、后唐] 的首都。开封在 [后梁、后晋、后汉、后周] 之后，成为北宋的首都。建康为明初、中华民国（南京国民政府）的首都，也是 [东晋、宋、齐、梁、陈、南唐] 的首都。这样，在地图上将王都的位置按时间顺序追溯，就会对中国史的变迁一目了然。

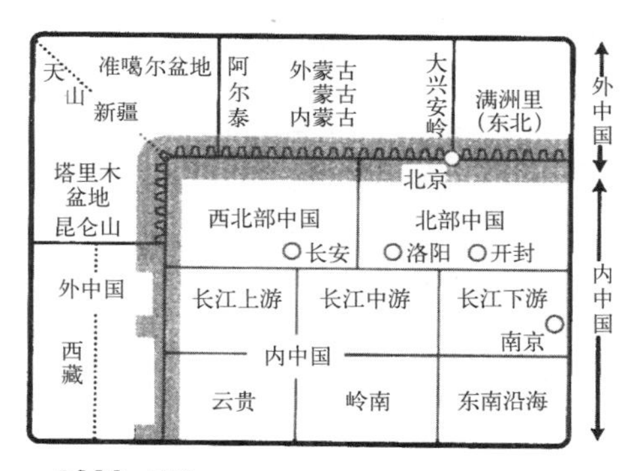

图 5–31　中国的空间构成（出自妹尾）

把各王朝的统治领域记入脑中，妹尾达彦的概念图就很容易理解了。

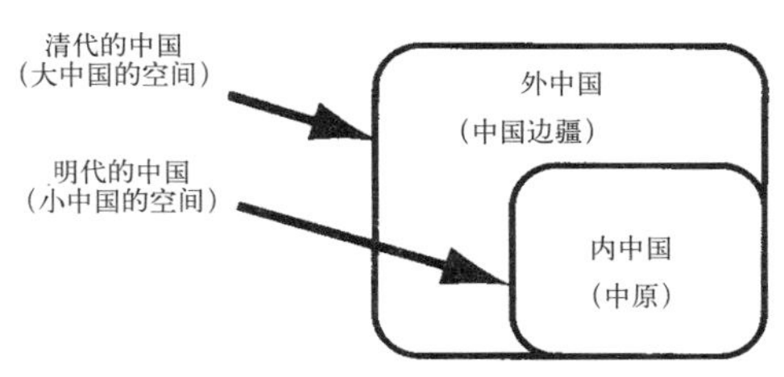

图 5–32　内中国与外中国（出自妹尾）

中国的空间大体分为外中国和内中国。划分内中国和外中国的标准，是行政区划、自然地形、民族、语言等，但这个划分是历史形成的。明朝（1368 ～ 1644 年）统治的领域（版图）几乎为内中国，清朝（1616 ～ 1912 年）统治的领域含两个部分，清朝的统治领域为除蒙古（蒙古人民共和国）外现在的中华人民共和国领土。按照妹尾的观点姑且将只有内中国的空间视为小中国，含内外领域空间视为大中国。

中国的最初的统一王朝是秦，中国这个空间的基本构成完成于7世纪以后。从唐以后的王朝变迁来看，中国的统治空间是大中国——小中国——大中国——小中国——大中国反复地收缩和扩大的过程。即把大中国作为统治领域的是唐（618～907年）、元（1271～1368年）和清朝。小中国是宋（960～1279年）、明朝。这种王朝的变更，与汉族和非汉族的攻防有很大的关系。东洋史从“朴素民族”与“文明社会”相互关系来把握的宫崎市定的“东洋的素朴主义民族和文明主义的社会”已经给与了我们一个很大的鸟瞰图，汉族VS非汉族的构图也很易懂。统治大中国的是汉化了的属于土耳其民族的鲜卑血统的唐，蒙古族的元、满族的清等非汉族出身的王朝。

统治大中国的征服王朝，为强调统治的正统性，需要包含汉族和非汉族的意识形态。汉族的统治者重视儒教、道教，非汉族统治者重视作为世界宗教的佛教（元、清是藏传佛教），以追求更普遍的真理。力图实现《周礼》考工记理念化的城市理念型的，也多是非汉族王朝，显然是为强调其正统性。

王都的选址，当然是为了应对大中国和小中国的伸缩。大中国的王都放在长安或北京。小中国的王都是放在洛阳和南京。北京也好、长安也好，都承担着内中国和外中国的境界军事以及政治首都的功能。对此内中国经济、文化的中心持续发展的是洛阳、南京。宋以前采用的是长安——洛阳东西两都制。元以后采用的是北京——南京的南北两都制。从长安迁都北京，是出于谷仓地带从华北向华中的移动，军事的重要性向东北的转移，来自南方的海上交易的重要性增加的考虑。

08 元大都

1 大元蒙古国的新都

含现在的北京一带称燕京地方。大都建在此地，是现在北京的母胎。先于元（蒙古）作为北方异民族的征服王朝辽（契丹）和金自10世纪初统治华北。两王朝在同一地方设国都，建立国号的元代第一代皇帝忽必烈（在位1260～1294年）从1267年开始用了约20年时间在金的国都——中都的东北郊建了新都（图5–34）。新都是当初的突厥语，意为“国王的城市”，称为“汗八里”，忽必烈1272年定都于此，改称大都。

燕京地方介于长城，位于北蒙族的故地——草原地带和南部的汉族据点、与农耕地带接壤的交接地带，为两地带统治的战略性交通要冲。这是向该地方迁都的理由。但是杉山正明指出，含长安的西方的京兆地方也具有同样的条件，光以此理由解释不够充分，燕京地方在忽必烈政权确立上发挥了中心作用的是诸军团势力的根据地。

忽必烈的目标是建立一个统一蒙古和中国本部（汉地）的统一帝国（大元蒙古国）。采用《易经》中“干元”为出处的“元”的汉族风格的国号，也表明了这一点。新都也要因袭汉族视为规范的都城思想，受命于大任的刘秉忠对元大都的构思的基本灵感取之于《周礼》考工记（图5–33）。

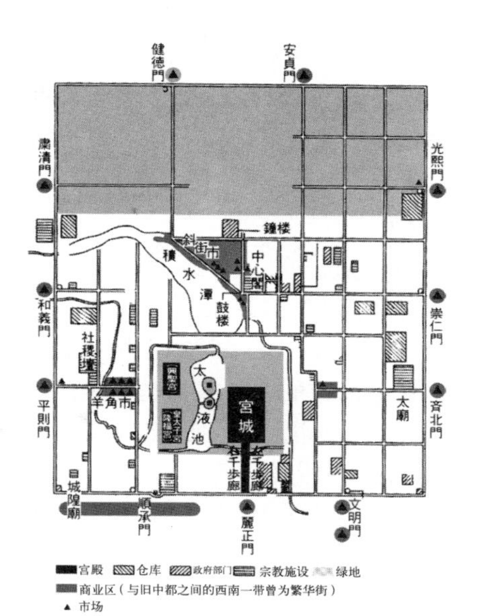

图5–33 元大都复原图（出自杉山）

环绕京城的城墙和城门被称为“周长60里11门”。60里约33千米，据实测城墙约南北7.6千米，东西6.7千米，合计28.6千米。其外围由相当于外护城河的护城河环绕。城门北边2门，其他3边各3门共11门

(图 5–33)，与《周礼》的“旁三门”的理念不同。关于“11 门”的理由，陈高华结合元代的毗沙门天子的哪吒太子的“三头六臂两足”的图像进行解释。城门的数字是模仿它，南边为三头、东西两边共六臂，北方为两足。但北边减少一门恐怕是为了防御都城背面的攻击吧？因为大都的选址曾遭受北方以草地为根据地的贵族的反对。总之是忠实于《周礼》所云的“旁三门”。

京城的中心点有中心阁，紧靠西边有鼓楼。鼓楼的北方有钟楼耸立。鼓楼和钟楼都是报时的设施，把它们建在都市的中心部都是首次。后来被中国城市因袭下来。以午后 8 点的 3 次钟声为限，直至第二天清晨 4 点之前禁止外出。陈高华认为这是给与民众生活以时间秩序和管理为目的的权利统治的表现。

中心阁的街道数，东西和南北共有 9 条，与《周礼》“九经九纬”相对应。道路的宽度为约 36 米和 18 米两种，网状形态划分京域。1274 年走访大都的马可波罗记述道：“从街的一方的门到另一方的门整个街道是笔直的，从这一端可以看到另一端，街的中心有巨大的宫殿，宫殿里有钟楼，到了晚上钟声响起，钟声响过 3 次之后，谁也不可外出（月村、久保田译）”。京城内部被分为 50 坊。坊在蒙语中称胡同，是现在北京称小巷为胡同的语源。

太庙和社稷坛都是依据“左祖右社”的关系布置在京城的东南部和西南部。另外相当于宫城大内的西南有中书省（部）等官衙，皇城背面有各种商品的市场。这也似乎应了“前朝后市”的原则。只是官衙以及太庙和社稷与以往的都城不同设在皇城外。京城内的市有两处。一是前述的皇城北面的市，面对有连接运河的港湾功能的积水潭。那里是兼有为南面的农耕地带和边远地区交易的批发功能以及面向当地居民零售功能的市场，也是繁华的闹市。另一方面西面的社稷坛周围，集结着来自西域草原地带的各种家畜市场。这两个市场的存在以及两者的功能分化，类似长安的东西两市。进一步说，长安的东市似乎是为对应“前朝后市”向北移动，以便把另一个市留给西面而布置的。各城门的外边有农村的草市、菜市，这些多彩的市场的存在传达了这样一个信息：位于农、牧交界地带的交易城市——大都的形象。

2 作为中核的“水边牧地”

综上所述，大都的基本构想是忠实于《周礼》诸理念的。但是最大的差异是占领京域中心部的不是“中央宫阙”而是积水潭，换言之含宫城（大内）的皇城偏于南面。迄今没有指出城门的布置，如果是模仿哪吒太子图像，那么宫阙的偏南布置就可以得到解释。北边为两足、南边为头的话，那么哪吒太子就是足在北面，覆盖京域，守卫着大都。宫阙的确位于头的位置。此外处于肚脐的位置是中心阁。

但是仅以此图像不足以说明脱离“中央宫阙”的一切。积水潭原来是与皇城内的太液池成一体的宽广的湖泊，其周围是无尽的草地。杉山正明认为，湖泊一带在建都前是蒙古军团的冬季宿营地，后把其圈入都城内建大都。丰富的水边空间正是游牧民的交通枢纽，而且是舒适的空间。把它布置在都城的中央对忽必烈来说应是稳妥的基本构思吧。羽田正也认为，土耳其血统游牧民的东方伊斯兰国家的宫殿，例如伊朗萨法维王朝伊斯法罕所见到的那样，在宽广的园地空间中建亭阁式的建筑群是其特色。

园地空间和宫殿的关系，在皇城内部进一步明确了。那里有环抱太液池的大园地空间，宫城以及其他宫殿仿佛只是其附属。大都重视和继承扎根于以水边为中心的草地空间的蒙古式生活方式，这是把实现中国《周礼》的都城理念的两个异质的东西融合在一起的都城。太液池的名字仿佛也是缘于唐代长安宫城的大明宫内的园池而命名的。

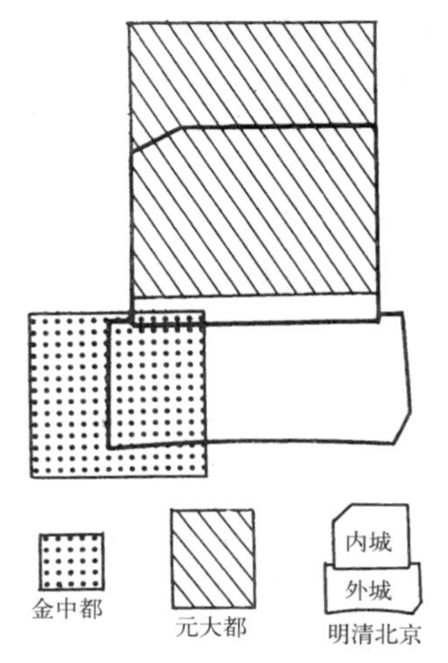

图 5–34　中都 · 大都 · 北京的京域关系（出自朱自煊）

现在的北京紫禁城内的北海和中海是其后身。

作为长安没有的设施是位于京域西南隅的城隍庙。这是祭祀守护城市和居民的城隍神的庙宇，到了宋代成为国家公认的宗教设施，在诸城市广泛建造。在大都，城隍神的称号是“护国保宁王”。

鼎盛期的大都人口估计为 40 ~ 50 万人。但是京域北部有 1/3 左右，几乎都是无人居住的绿地空间。到了明代，放弃了这部分，北边城墙南移了 5 里，南边城墙向南扩张了 2 里作为内城，并在连接新城墙的南边建了新城。结果变成了比宫阙更位于中心部的都城，经过明、清代被现在的北京所继承（图 5–34）。

09 越南的都城

1 升龙－河内

越南是东南亚唯一接受中国都城思想的国家。最初真正的都城是升龙，1009 年创始李朝的太祖李公蕴（在位 1009 ~ 1028 年）建在现在的河内北郊。据《大越史记全书》顺天元年（1010 年）春 2 月条记载，为寻求迁都的地点，唐代 767 年视察了经略史张伯仪建的大罗城，太祖说“（此地）有龙蟠虎踞之势……在水和山前后（布置）为宜，其地宽广平坦，宫城的地高而干燥……实为胜地，为四面八方人物集散之枢纽”。讲述了中国式的选址依据。

关于升龙疑点很多，大体的都城形态描述如下（图 5–35）。宫城和皇城构成的宫阙位于北面，其南面和东面有京域（外城郭城）展开。《大越史记全书》详细地叙述了宫域内诸殿的建设，但对皇城几乎没有提及。在砖城墙围绕的宫城内，其地标是北端人工构筑的浓山。那里建有城隍庙。它是城市守护神的同时，在越南也是防备来自北面的寒气和野蛮人袭击的守护神。

宫城内以浓山为起点，诸殿沿

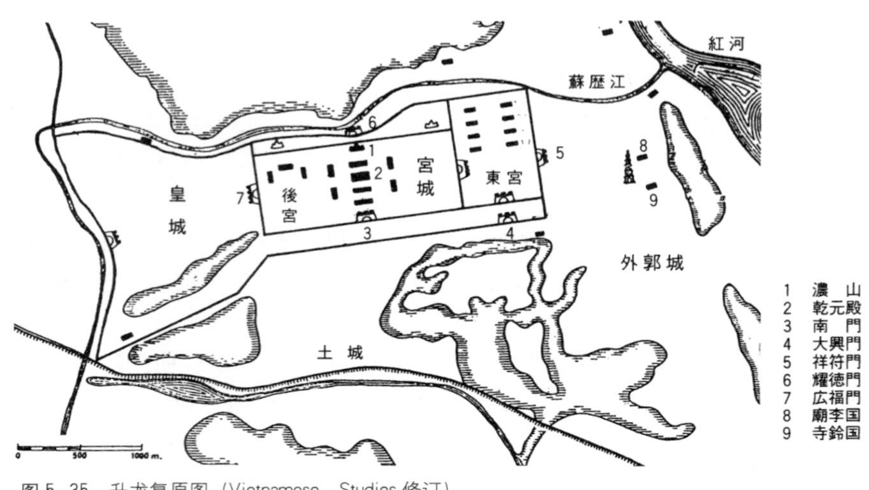

图 5–35 升龙复原图（Vietnamese Studies 修订）

南北中轴线布置，构成皇帝的空间。其中心是乾元殿的“视朝之所”。其西面是皇后御所和后宫，东面是皇太后的御所东宫。宫城的正门是位于该轴线城墙南面中央的南门。但是皇城正门大兴门的位置，则偏离这个南北中轴线向东错移。作为从宫城到京域的门户，重要的是东面的祥符门。在其东方，北为祖庙的庙李国，南为社稷的寺铃国，按照“左祖右社”的理念布置。但其位置不是从宫域过来的南北中轴线，而是偏东的方向。据樱井由躬雄推测，那里经北方流向东西的是苏历江，该河是承担着交通动脉功能的朱雀大道的水渠。京域的交通干线也和长安一样，不是南北中轴线，是向东西延伸的。最繁华的市场，似应在宫域东门外的该江附近的地方。向皇城正门（大兴门）的东方错位也是由于这里市的存在所具有的吸引力造成的。那么即使宫城内遵循中国都城的理念，但以城隍庙的镇座为首的皇城、京域以及交通干线却脱离了中国都城的理念，向着各自的方便途径改良。与日本接受中国都城思想的优等生不同，是越南式的脱胎换骨。在这个意义上可以说升龙已经完成了越南式的巴洛克式的都城。

关于京域，1014 年《大越史记全书》记述："四面围有土城（土的堤坝）"，全长约达 30 千米。土城兼有防御和防洪的功能。京域不是方形，是不规整的。樱井认为苏历江将京域左右分开，再分成 61 坊。其中 1 坊为京域的监督官厅的评泊司，左右各 30 坊。坊的形态不明，但与长安一样周围用土墙或植物墙围绕。城内用巷（小路）划分，从大道进入入口处有坊门。

2　顺化——越南最后的都城

顺化是越南中部安南地方的古都。10 世纪占城王国的中心，1470 年北面大越国被灭，纳入越南人的统治下。现存的都城是 1802 年建立的阮朝初代嘉隆帝（在位 1802 ~ 1820 年）第二年作为首都修建的。图 5−36 的京师图表明，整个京域近于四方形，其内部是棋盘状街道划分。皇城布置在中央上方，表面看上去类似于中国都城。但是该图是以南为上，皇城位于京域的南端附近，与正统的中国都城不同。城墙也是依照三角棱堡相连的法国旺邦（vauban）开发的筑城法建造的，与中国都城直线式的围墙不同。沿城墙挖掘护城河，其外围再由引自香江河的护城河兼运河环绕，在双重护城河之间通有官路以及铁路。

边长为 2.5 千米的京域内分为 95 坊，另外弯弯曲曲自城中而过的东西流入的护城河，将京域分成

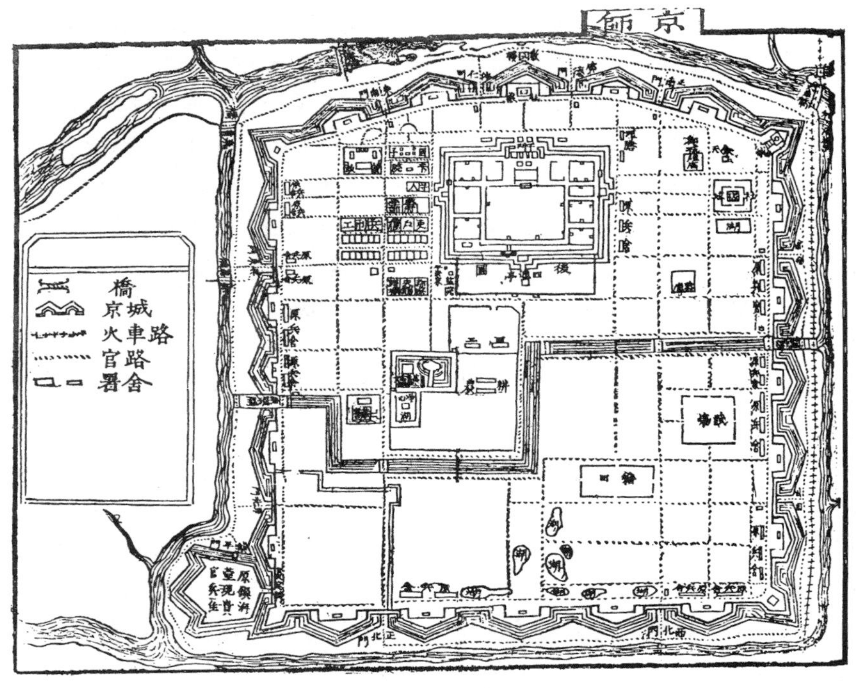

图 5-36　顺化都城图 - 上为南（出自《大越史记全书》）

南北。在越南北是象征敌人和恶魔的方位，也许出于这个原因，京域北部是难以城市化的空间。都城的中心设施都集中在京域的南部（图的上部）。位于中央的是皇城（图 5-37）。皇城整体偏南，只有都城设施集中的南半边，处于中央的位置。皇城是由长方形的城墙和护城河环绕，各边开一城门。南边中央的午门为正门，贯穿它的南北轴线上排列诸宫殿，贯彻天子面南的原则。太和殿是官衙的中心建造物，遵照“前为朝廷”的中国都城理念。其北边的大宫门是宫城正门，从该门向左右伸延的街道在北面曲折环绕近似方形的范围是宫城，称紫禁城。皇城的东南角为太庙，西南角为世庙，左右对称布置。按照“左祖右社”的理念，世庙的位置应布置社稷，在这里脱离了理念换成了世庙。

因此，顺化虽然因袭了中国都城的理念，也有越南式改良的一面。其个性在升龙已看到。但是皇城各边 1 门，称为午门的正门名，其北面配置有左右掖池，太和殿、乾成（清）殿、坤泰（宁）殿等殿堂名与清代北京的皇城是相同的。

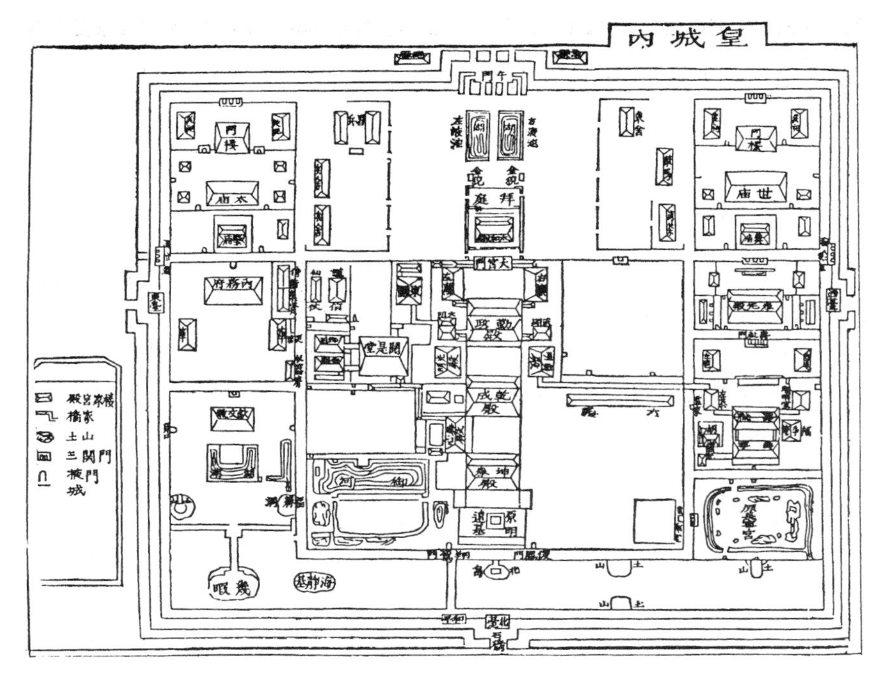

图 5–37　顺化宫域图 – 上为南（出自《大越史记全书》）

图 5–38　都城东南市门（东巴门），顺化

图 5–39　王宫正门（午门），顺化

10 日本的都城

大型村落遗迹出土的同时，绳文城市以及弥生城市的存在论被提出。在此不准备论述这个问题。因为即使证明了其存在也无法获得有关形成日本城市传统的线索，延续至今的日本城市是以积极接受中国文明的要素——都城为基本战略，是在 “从未开化到文明”的发展中成长起来的。

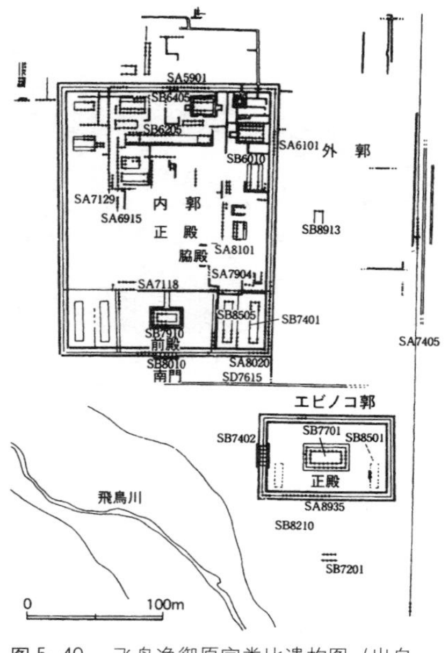

图 5–40　飞鸟净御原宫类比遗构图（出自林部均）

1　作为超城市的飞鸟净御原宫

首先从飞鸟净御原宫考察日本都城的展开。飞鸟净御原宫是奉天武元年（672）壬申之乱获胜的大海人皇子营建之命，以第二年即位的天武天皇（在位 673 ~ 686 年）为年号的宫处。传飞鸟木板屋面的宫处遗迹之Ⅲ－B 期遗迹可以与该宫相类比。林部均将宫域遗迹按照内城郭、外城郭、虾之子（原文 ebinoko）城郭三部分构成进行了复原。

内城为天皇的私密空间即宫殿。虾之子城郭中心建造相当于太极殿的“正殿”。在皇宫营造太极殿式的建筑物这还是首例。外城横跨内城的东方与南方以及南方的虾之子城郭三部分。其中内城郭的东方没有什么特殊意义。内城的南方为礼仪空间的“庭”，相邻的虾之子城郭在西面开有正门与“庭院”的存在有关。据推测虾之子城郭的南方曾有官衙的建筑物（朝堂）。但是在飞鸟净御原宫，不是在朝堂天皇之下集权式执行政事，而是由皇族、豪族贵门分担的。他们的宫殿、居所也是执政的场所。林部均把宫周围的建筑物遗迹进行了分类，指出该宫附近集聚着兼有官衙功能的皇族的宫殿、居所，由小房子组成的民居村落遗址位于其周围。这一观点证明该宫与周围的超城市的状况是成立的。

2 藤原京——作为练习曲的都城

藤原京是日本最初的都城。但是其名称在史料中没有记载，是最初尝试复原的喜田贞吉命名的。据《日本书纪》记载，藤原京的建设是曲折的。继位的持统天皇（在位 690 ~ 697 年）继承其夫天武天皇遗志推进藤原京的建造。在京域的建设上《日本书纪》有该天皇 5 年（691）10 月 27 日条中“派遣使者以振兴益京”，以及转年 6 年（692 年）1 月 12 日条目中“天皇，观看新益京之路”的记述。“新益京”就是指藤原宫，后段的记述是指视察区划京域的条坊大路。最后该天皇 8 年(694) 12 月 6 日条款的“迁移藤原京”记录在《日本书纪》。这种表达意味着不是“向新都迁都”，而是“宫处的迁居”。例如《日本书纪》天武天皇元年（672）是岁条“是岁，冈本宫以南造宫室，即冬，迁居，是称飞鸟净御原宫”。与藤原宫使用完全同样的表达。

如果藤原京在天武天皇 11 年（682）开工的话，至迁宫需要 12 年。其间以律令的实施强化天皇权利，摸索与其适应的新都。藤原京的本质是，一方面继承飞鸟净御原宫和其周围形成的元（Meta）都市和前期难波宫（相当于 652 年完成的难波长柄丰崎宫），另一方面通过积极接受当时有“现代化”战略的中国文明，创出与“从未开化到文明”转换期相适应的王权的新的显示空间，即追求“继承与革新”。

藤原宫城的复原

让我们从藤原宫开始研究（图 5−41）。宫域约 1060 米，即大宝令大尺的 3000 尺（1 大尺 = 约 0.354 米）见方，该大尺 1500 尺 =1 里故为 2 里见方。其内分为 3 个南北条形区域，中央的条形区域以南北中轴线为基轴，北面为宫殿，中央为大极殿，南面布置朝堂院。如果与飞鸟净御原宫相对应的话，宫殿相当于该宫的内廷。大极殿相当于该宫的别宫的虾之子城郭。在藤原宫和宫殿一体化建设。说明大极殿的重要性被提高。朝堂院与该宫虾之子城郭以南的礼仪用殿舍相呼应，藤原宫也保持了与大极殿的位置关系进行建设的。这样将飞鸟净御原宫分离的宫殿、大极殿、朝堂，按照“北为宫城，南为皇城”（朝廷）与中国都城一样的布置进行整合，建设了藤原宫的中央条形区域。

重要的是以下两点：一是朝堂院的出现和其内部的以南北中轴线为基轴的建筑群进行左右对称布

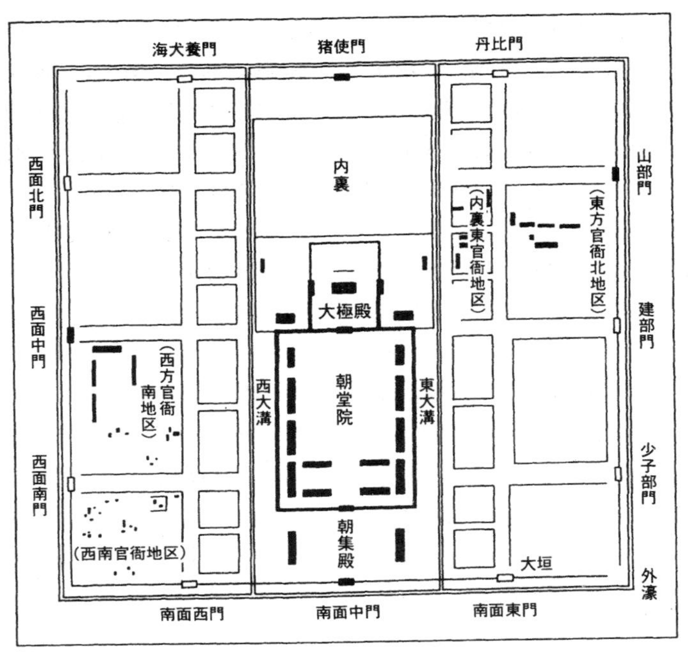

图 5–41　藤原宫复原图（出自寺崎）

置。这是对前期难波宫的继承。此外，是连接宫殿和朝堂院的中央位置的大极殿的建设。这是从飞鸟净御原宫继承下来的。藤原宫大极殿，作为宫处建筑物是最初采用瓦屋面、石基础的建筑。藤原宫继承了先行的诸要素，将它们进行整合成功地实现了统一的皇宫。从这个整合中可以清晰地解读来自飞鸟净御原宫和前期难波宫的“继承和革新”的脉络。

藤原京域的复原——从岸氏理论到大藤原京理论

此外，在有关京域形态复原上，比喜田贞吉提出的观点更有发展的是岸俊男理论，基于近年的发掘成果大藤原京理论有两个代表性的学说。

岸氏的理论在 1969 年发表的见解中，把藤原宫域规模确定为 2 里见方（图 5–42）。岸氏着眼于贯穿于大和盆地的原有的 4 条干线道路来复原京域。如把中之道视为东京极大路，下之道视为西京极大路，这样京域的东西宽即为约 2120 米 = 约 6000 尺 =4 里。而且作为均分线的 2 里线，与藤原宫的南北中轴线一致。另外把横向大路视为北京极大路，“尊照律令的规定” 6 里 = 约 3180 米南北宽的话，南京极大路几乎与山田路一致。岸氏认为藤原京是

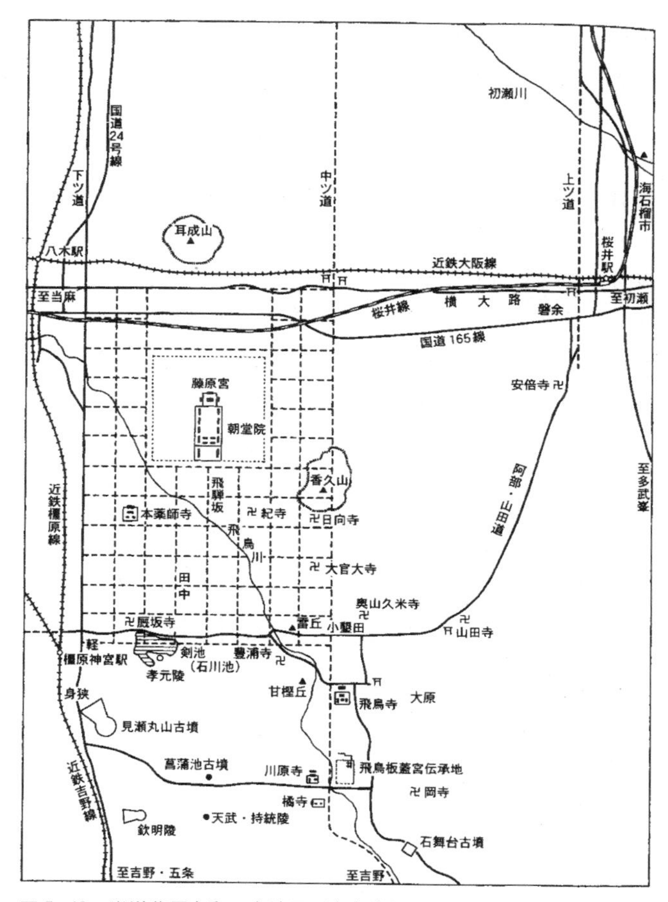

图 5-42　岸说藤原京和飞鸟地区（出自岸）

有着由 4 条干线道路围绕的京域都城。在确定南北宽度上记述"遵照律令的规定"是指"养老令"(775 年施行)，该令规定每 4 坊有坊令 1 人，京职有坊令 12 人。坊是京域的最小单位，指由大路划分的街区。京职是左京与右京各 1 人，坊令的总数为 24 人。因此藤原京的坊数为 4×12×2=96，京域的范围为 4×6 里，坊划分为 0.5 里见方的区域。岸氏复原的藤原京是东西 8 坊 × 南北 12 条。

岸氏理论对藤原京和平城京的布置关系也进行了整合的说明(图 5-43)。指出藤原京的东京极大路——中之路与平城京的东京极大路一致，此外西京极大路的下之路也与平城京的朱雀大路一致。后来的发掘也证实了后者。岸氏还指出在藤原京南北中轴线向南延长上，排列着推进该京建设的天武、持统两天皇的合葬陵，以及他们的继位者文武天皇陵等。岸氏也说明了当时国家中枢地域的综合性空间规划的存在，具有绵密和宏大的展望。

但是随着发掘的进行，岸氏的京域外大路的遗迹不断被证实，可以认为是施行条坊制。由此藤原京提出的拥有比岸氏理论更大京域的大藤原京理论出现了，对此也是众说纷纭，将其整理后如图 5–44 所示。

大藤原京理论存在着京域范围未定的问题。关于这一点在 1996 年图 5–44 中的两个“★”号的位置，可以推定出东西两京极大路存在的遗迹被确定。东西都位于自南北中轴线约 2650 米 = 约 5 里的位置，所以大藤原京的东西宽就不是岸氏理论的 5 里而是 10 里。

另外，岸氏理论的条坊道路宽度是固定的，但发掘的结果表明，

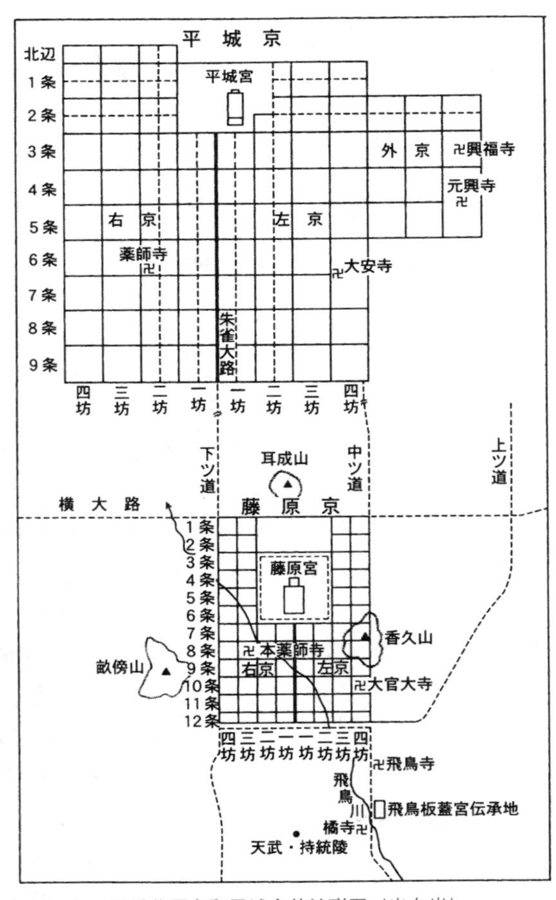

图 5–43　岸说藤原京和平城京的关联图（出自岸）

岸氏理论的奇数号条坊道路比偶数号的要窄。阿部义平认为偶数号是大路，奇数号是介于大路间的条坊小路。基于这些推测大藤原京理论认为，坊的面积，其东西、南北的宽度是岸氏理论的2倍，即1里见方，东西宽10里=10坊。

大藤原京的理论北和南的京极大路还未发现。但小泽毅认为其南北宽度与东西宽度同样为10里，京域是10×10=100坊。藤原宫是2里见方，相当于4坊。坊令所谓最下级职员如与宫处无缘的是100−4=96，在计算上与律令的规定正好一致。这个小泽氏理论现在是最有说服力的藤原京复原说。

关于坊的面积以及京域的规模和形态，岸氏理论和大藤原京理论

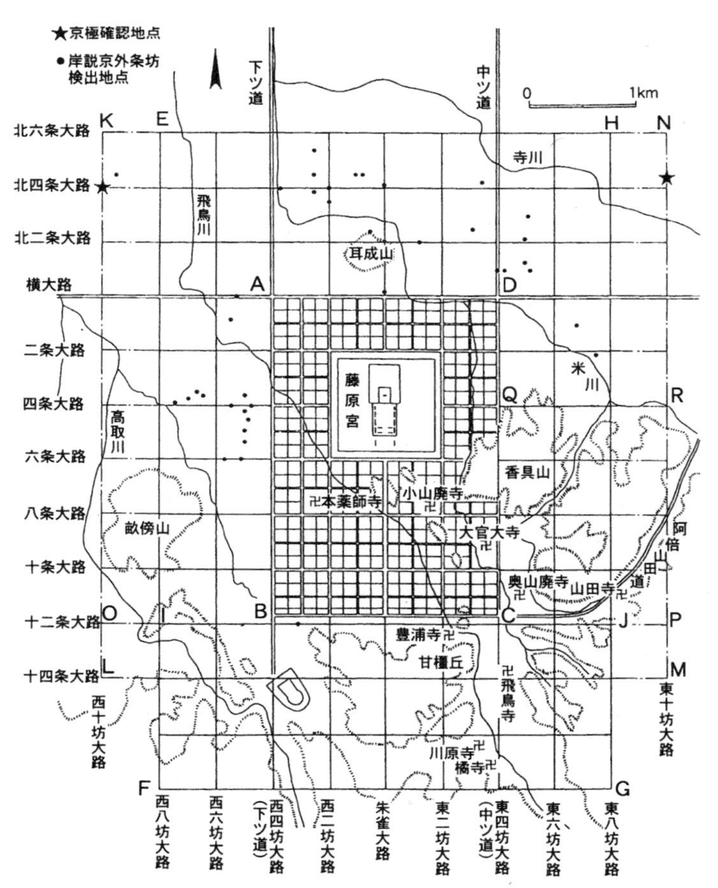

图5−44　藤原京的京域复原诸说－条坊称呼来自岸说及其发展的称呼（出自小泽）
ABCD＝岸俊男说　EFGH＝阿部义平·押部佳周说　EIJH＝秋山日出雄说
KOPN以及KOCQRN＝竹田政敬说　KLMN＝小泽毅·中村太一说

是对立的，但是在藤原宫位于京城的中央作为“中央宫阙”这一点上两者是一致的。另外，在藤原京的构思和建设上，从中国寻求范式这点上两者也是一致的。但是藤原京建设时的隋唐长安不是“中央宫阙”。那么藤原京的祖型是什么成为新的疑点。不仅是宫城的位置，而且与对长安的京域是横长方形的不同，岸氏理论的藤原京是纵长方形的这点也引人注目。作为纵长方形且“中央宫阙”的都城，有南北朝时代属于北朝北魏洛阳的内城和东魏邺城。但是两者都是比藤原京早1世纪以上的都城，从日本来的使节不可能访问过那里，因此也不可能是藤原京的祖型。对此岸氏认为是远道而来的东汉人参与了日本都城的建设，有可能是通过他们带进来了北朝古都城的知识，而且日本的律令制度并不是同时代的唐令，而仿照南北朝的令制的也很多，因此强调当时的日本很可能把南北朝时代的都城作为祖型的。

关于大藤原京理论，小泽毅和中村太一也是从《周礼》考工记中寻找“中央宫阙”的祖型的。藤原京的建设期正是遣唐史派遣的中断期，因此没有同时代有关长安的最新信息，应该是参考《周礼》进行建设的。

为什么《周礼》是祖型

小泽·中村理论不仅在京城的复原上，而且把祖型归于《周礼》这点上得到广泛认同。但是也有人提出疑问，即10×10里的京域规划是规划最初阶段的构思吗？在大藤原京的京域还没有确定的条件下，说是最初的构思似乎缺乏根据。

与上述的内容有关，想提出几个不同解释的可能性。首先是围绕《日本书纪》中的京域的表述问题。以持统天皇5年（691）为界，京域表述为从新京域、京师向新益京变化。这并不是单纯的说法不同，而是有了实体变化。首先京师被认为就是指藤原京，其所谓的藤原京是岸氏理论的京域，新益京即所谓“新增的京域”，也可以理解为在该京域外新增（扩建）的大藤原京。其扩建的理由大概是应对岸氏预测的在藤原京难以确保宅地面积。因此同年作为新益京，进行了大藤原京的镇祭（开工祭神仪式），持统天皇第二年视察了新开工的新益京主路。

如上所述如果京域是分两个阶段建设的话，那么10×10里的京域就不是最初的构思。这个认识与将岸氏理论的藤原京作为“内城”，将其外围部分作为“外京”的秋山日出雄理论相近。虽有评论认为该学说在考古学上缺乏区别两者的依据，但是岸氏理论中藤原京的内和外即使街道的宽度是一样的，但与前述的个人意见并不矛盾。而且在大宝律令的户令中坊令定员的问题上，该律令的施行是在新益京完成以后，与这个说法也不矛盾。

对小泽、中村的《周礼》祖型论也能提出疑问。藤原京还有许多不清晰的地方，因此在此仅就大藤原京理论中已经理清的问题进行阐述。

《周礼》将都城内的道路划分为“九经九纬”。而在将京域为10×10里，坊为1里见方的大藤原京理论中，街道为“十一经十一纬”。如果除去两端的两条京级大道，那么所谓的“九经九纬”就是该理论的立场。但是正如用《周礼》考工记都城思想说明以及在日语中“九重”也意味着皇居那样，吉祥数中奇数的最大数为“九”，这个推论是否妥当还有待于再研究。

此外“前朝后市”的“前朝”，在藤原京也是可行的。但是“前朝”在藤原京不是初例，早在推古天皇的小垦田宫就可以考察到。另外据出土的木简记载，藤原宫的后方即北方可能有市。但是市在北方的选址，从地形和腹地可以说明的空间很大。藤原京在整体上向北倾斜，京域外北面有宽广的盆地空间，即腹地伸延。因此在宫处的北方选址设市，从运输以及与腹地的关系上考虑是合理的。即然“前朝后市”对藤原京来说是合理的，那么无论是前朝还是后市，都没有必要结合《周礼》来理解。

就“中央宫阙”而言，在先行的诸宫中宫处不是宫域的边缘，而大多数是由中心进行布置的。大藤原京理论设想的“中央宫阙”也是出于继承日本宫处建设传统的考虑，不应只是在《周礼》上寻找根据。由于遣唐使中止造成中国信息中断后，通过“继承和革新”摸索建设最初的都城上藤原京具有意义，这一基本构思没有必要从《周礼》那求证。

藤原京的“革新”是什么？

那么藤原京的“革新”表现在哪里呢？主要有以下四点：

第一，在宫城周围布置规划的条坊京域，建设两者一体的都城。但是宫域周边被隔离带所围绕。正像其存在所看到的那样，与其说京域与宫城有机融合，不如说是物理性并存，是以“宫域建设为主，京域建设为辅”的。《日本书纪》不是迁都而是迁宫的表达也缘于此吧。

第二，藤原京作为空间装置以“从宫殿向都城”转变的形式，接收天皇亲政体制“从豪族向律令官僚”的变革。在这点上借鉴了战国城下街做法。在越前一承谷建设城下街的朝仓孝景1470年制定的“朝仓孝景条例”中叙述的（原文略）那样“大身之辈”从籍贯地分离出来集中居住在城下，通过以位阶叙任的官僚化和宅地分配，实现了豪族阶层在京域集住，并作为显现天皇权利的宏大空间装置而建设了藤原京。

第三是朝堂院的确立。朝堂院

只是栋数不同，但在前期的难波宫业已存在，藤原宫继承了它。但是前期难波宫与藤原宫所具有的意义完全不同。在依靠豪族权利的职权分掌，以及在豪族家政机关长期执政的飞鸟地方，在宫域内规划建设了12个朝堂之举是有着划时代意义的。前期的难波宫是摄津国营建的宫处，位于远离豪族们的本籍地的地方。因此他们新设执政场所是理所应当的。但是飞鸟净御原宫也作为豪族的家政机关以及分掌执政的场所发挥功能。可以说受地形的制约，该宫朝堂式的建筑是极少数的。其在飞鸟地方实现的是藤原京，明确表明了建立律令体制的“革新”。

第四，京域与寺院的一体化。这是把当时重要的“近代化”要素——佛教寺院作为都市的设施来解读的。鬼头清明认为天武、持统王朝为保卫国家成立了国家佛教。在京域内修建的代表性寺院是保卫国家即以显示王权为使命的大官大寺，以及具有同样作用的同时，并可祈愿治愈皇后疾病的有现世利益浓厚色彩的药师寺两寺。都采用与条坊吻合的巨大寺域和伽蓝布置，条坊制施行以后与京域一体化建设。本乡真绍认为这些大型寺院起到了让都城作为充满清静性空间的作用。这与中世纪以后日本城市的寺院作用完全不同。藤原京旨在把承担镇护国家、彰显王权、净化空间等有多功能作用的寺院作为城市设施来引进。这也是藤原京所具有的重大“革新”。大官大寺也好，药师寺也好都位于岸氏理论的藤原京的京域内，以当时“近代化”前卫性的景观装饰了“新城”。

3 平城京——作为绘画的都城

范例 · 长安——其类似性

和铜3年（710）3月10日宣告向平城京迁都，历时16载的藤原京落下了帷幕。在这短命的政权中，经探索表明必须建立象征“近代化”都城的“排练性都城”——藤原京的本质。早在《续日本纪》庆云3年（706）3月条例中就有“京城内外散发着阵阵恶臭”的记载，指出公共卫生的恶化，其背后暗含了藤原京的选址问题。藤原京向西北方向偏移，宫城也位于下游方向。这种地形条件就是造成包括粪便在内的生活污水流向北方，并使“恶臭”向京域内外扩散的原因吧。

《续日本纪》和铜元年（708）2月15日条例中载有新京的“平城之地”、“四神相应”、“适宜建都邑”等元明天皇的诏敕。所谓四神相应，是指东青龙、南朱雀、西白虎、北玄武分别对应河流、池畔、大道和山岳。值得关注的是选定了北为山岳，南为池畔的北高南低的地块。这是与藤原京相反的地形。正如岸俊男指出的那样，在下之道决定了都城基本

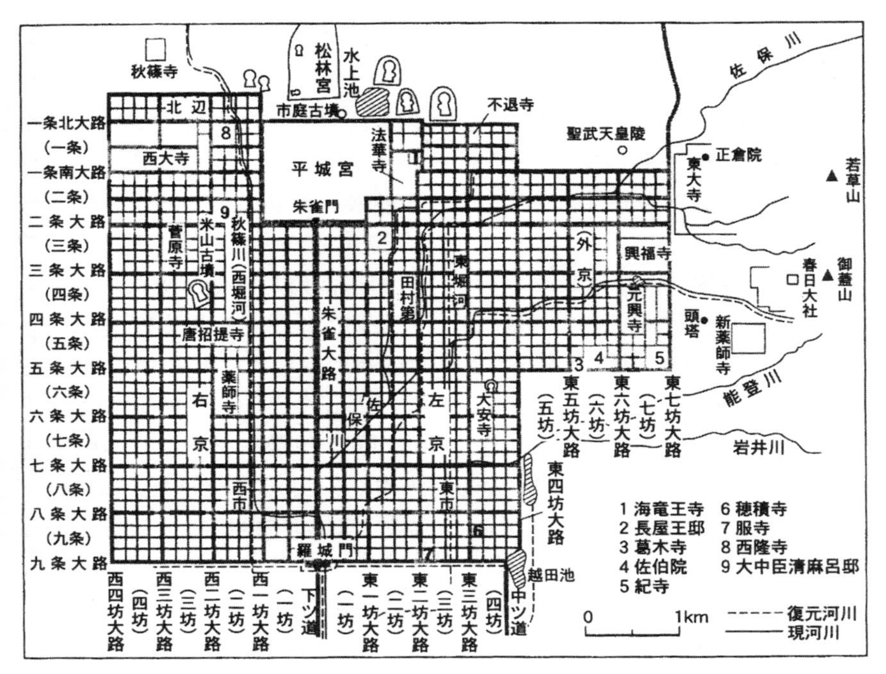

图 5-45　平城京复原图（出自馆野）

轴线的朱雀大道建设了平城京。

平城京继承藤原京的习作经验，以长安为范本进行建设。从都城复原图（图 5-45）来看，给人印象很深的是确实与长安十分相似。首先从这点上进行剖析：

1）都是在中央北侧布置宫域的“北边宫阙”，即“北阙”型的都城，而且宫域内北方布置宫城（宫殿），南方布置皇城（官衙）方面也类似。

2）京域的街道布置、街区构成都是以朱雀大道（在长安称朱雀街）为中心，左右对称分为两路。在行政上该大道为京域的左右区分线，在平城京分为左京和右京，在长安分为万年县和长安县。

3）两个市左右对称地布置在宫域的南面。《周礼》考工记为“前朝后市”，平城京与长安都脱离了这个理念。在“北边宫阙”型的都城，“前朝后市”是理所当然的。在平城京，市建在京域的南面附近，加上那里又是向南偏斜的微妙地形，是便于与向京域以南的大和盆地联系的得天独厚的场所。后面的盆地空间与市的关系与藤原京在功能上是一样的。东西两市都由运河（堀河）连接，水运作为运输手段是十分重要的。

此外在长安，市沿着宫域以南的东西向街道建设。该街道是连接东面春明门和西面金光门的最重要的京域贯通道路，同时春明门是通向中国本土，金光门是通往西域的始发点。这样的交通位置在决定平城、长安两都城的市的选址时就考虑到了。

与长安的差异——京域

以上的类似性被认同，但仔细分析一下不同点也很多。首先从京域的情况来看有以下几点：

1）平城京修建在“北高南低”地段。长安的地形，包括京域内的六坡（6个丘陵）整体上向西北倾斜，类似藤原京。依照易的思想，长安的宫域应建在六坡中第一以及第二高坡上。但是结果天子的宫殿太极宫位于高坡之间的低湿凹地上。这导致第二宫阙即大明宫建在东北方干燥地。在其建成的40年后，在大明宫与则天武后觐见的粟田真人应了解其中的来龙去脉。对藤原京的反省以及他在长安的见解被活用在平城京的选址上了。

2）规模和形态的不同。京域，长安约东西宽9.7千米，南北宽8.2千米，面积79.5平方千米。平城京除去外京，分别为4.3千米，4.8千米，20.6平方千米，面积只有长安的约4分之1而已。正如这些数字表示的那样，长安是横长型的，平城京是纵长型的都城。

3）长安的京域除了后来附加的大明宫外是长方形的。但是平城京有东方突出的外京。根据发掘成果得知，外京也是从营建开始就存在的。包括外京在内的多边形的平城京很难说是以长安为模式建造的。竹田政敬认为是以大藤原京（图5-44的KOCQRN）为模式。是因大藤原京的东南角是山地，所以是没有实行条坊的地带。他的依据是除此之外藤原京的轮廓包含外京与平城京类似，而且突出部分其位置和规模几乎相同。但是在平城京，凸出京域外的外京是由左右各4坊构成的，与藤原京的京域内不实行条坊地带的不同，以及外京北边缺少一条这两点，竹田理论无法解释。

4）京域都被分割成棋盘格状。在平城京根据街道宽度的不同，坊的面积也有变动，但是整个京域几乎划分为同等规模的正方形街区。街区的形态、规模基本上是一种类型。但是在长安，大道的宽度、南北向的道路是一致的，而东西道路也有3种，它们的间隔也各异。结果共有6种类型的街区，规模不同而且形态上有正方形和长方形。长安的街区组成是多彩的。几乎呈正方形的统一街区的构成这一平城京的特点，不是从长安而是从藤原京继承来的。藤原京岸氏理论也好，大藤原京理论也好，在街区为正方形这点上是一致的。另外，大藤原京理论认为街区即坊的一边为1里，这点也和平城京一致。

5）街区组成的不同与坊的命名法有关。在以划一的街区为坊的平城京，坊名以条坊大道为标准的数词称呼。东西条大路从北开始排列，名为1条、2条……南北坊大道以中央的朱雀大道为标准按左右称1坊、2坊……为区别同样的数字的坊大道，西方命名为右京，东方命名为左京。例如，长屋王宅邸位于左京2条2坊。在长安坊以固有名词称呼。在坊的称呼上平城京没有模仿长安。从出土木简的记载来看藤原京与长安同样固有名词的坊名占多数。平城京采用与正方形统一的街区构成相符的数词称呼。

6）坊内部进一步被细分。在平城京坊被东西和南北各3条小路分成4×4=16坪。坪为125米见方的正方形的区块，也是采用数词称呼。这个坪是宅地分配的单位。在长安，除了宫阙南方的中央条形带，坊被贯穿于东西和南北的巷（小路）分为四等分，其交点称十字巷。被4等分的小街区进一步被十字划分为4等分。虽方式不同，在坊的内部16等分这点上与长安、平城京是一样的。在长安，坊内的小区划不是以固有名词，而是以方位称呼。例如东南角的小区域，坊名的底下加上“东南隅”，其北面的小区块，由于有十字巷的东门，称为“东门之南”。

7）比较一下都城正门的名称，则长安的正门称为明德门。所谓明德就是“聪明的德”，适于作为天子聪明的德性向大地的辐射中心——都城正门的名称。平城京的正门名为罗城门。长安被基础版筑厚达9～12米的罗城（城墙）所环绕，而平城京只是在正门的左右建了一些围墙而已。几乎没有罗城的平城京，正门冠以“罗城”是矛盾的，这也许是千田稔所说的作为强调“正面性”的装置，为把围墙视为罗城所需的命名吧。

8）《周礼》的都城理念有“左祖右社”。在长安，按照理念皇城的东南角是祭祀王室祖先的祖庙（太庙），西南角为祭祀土地神（社）和五谷（稷）神的大社，左右对称布置。但是平城京或许藤原京恐怕也都没有采用。岸俊男认为形成这种格局是因为在“模仿都城制”时，对政治和经济的设施很积极，对宗教设施较消极，这个观点是妥当的。但对“左祖右社”的拒绝，也许与日本把天皇家的祖神（天照大神）作为祭神，以及祭拜食物神、农耕神（丰收大神）的伊势神宫有关吧。兼有“左祖”和“右社”的该神宫已经存在于大和的东方，“左祖右社”没有必要设在宫阙里。

9）京城内的宗教设施布置也不同。在长安诸宗教的寺院在京域内存在许多（图5–46），反映了大唐帝国的国际性，丝绸之路的终点西市周围集聚着摩尼教、拜火教、景教等西方起源的宗教寺院。但是在宗教设施中，突出重要性或地标性的

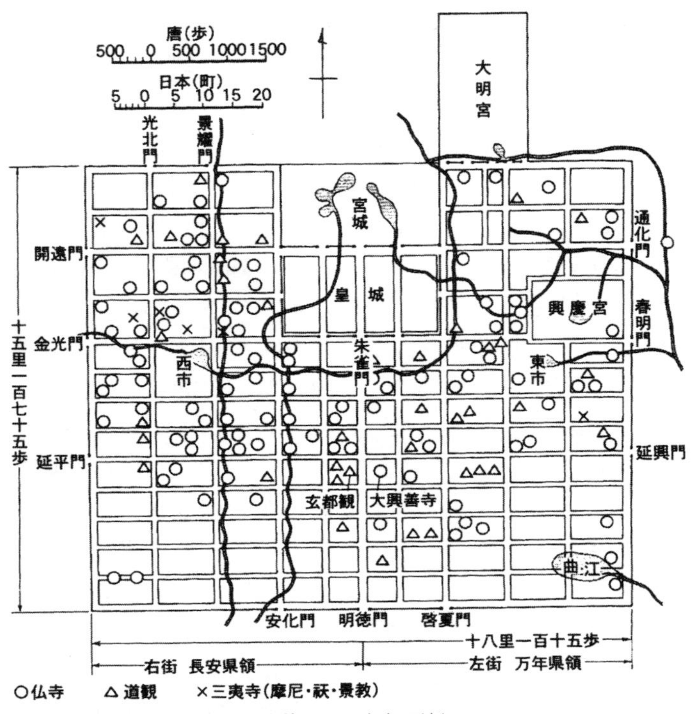

图 5–46　隋唐长安的宗教设施的配置（出自砺波）

是大兴善寺和玄都观，是各自佛教和道教的国立寺院。两者耸立在朱雀门街的两侧，分别占有一坊和半坊的较大面积。那里距明德门和朱雀门都是相当于第 5 坊臣民空间的中央位置，位于贯穿都城内的六坡（丘）的第 5 个高坡与朱雀门街交叉的地方。简言之该高坡相当于九五的至高位。据说建长安的前身大兴城的隋文帝，不喜欢在这个至高地安排臣民的居住，因此建造了巨大的佛寺和道观。

平城京是国家佛教繁荣时代的都城。但是与长安相比有关宗教设施的布置也不同。在除了外京的京域中，其不同更加明显。京域内除了从藤原京移来的大安寺和药师寺外，还有后来建的唐招提寺、法华寺等。但是与长安相比，不仅寺院少，其布置也不同。朱雀大道沿途没有寺院，从宫城南边到该大路西侧，东西一坊大路之间的南极大路没有一座寺院。这与藤原京相同，是从该京继承下来的。

平城京虽把佛寺作为镇护国家的设施，但尽管把其作为重要的城市设施却是消极的。在这点上佛教寺院第一次从欲将城市设施化的藤

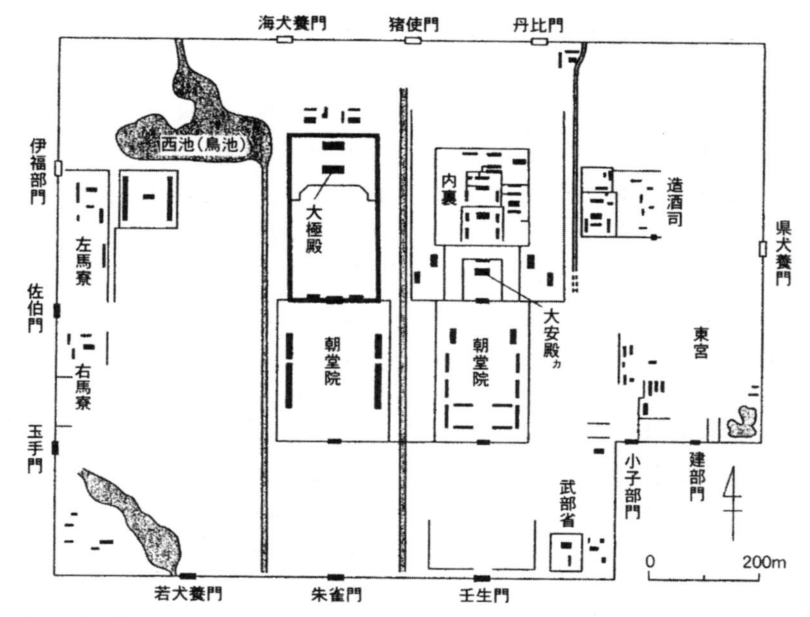

图 5—47　前期平城京的宫域复原图（出自馆野）

原京退出。从都城排除佛教寺院不是始于平安京，在平城京已经可以看到。这个姿态在国分（尼）寺也可以看到。与律令国家的地方派生的国府相同，国分（尼）寺作为镇护国家的象征在诸国建立。应镇护的寺院与应得到镇护的国家机关在空间上并列时，可以最实体地显示国家镇护乃至国家权力。但是国府和国分（尼）寺不是并立，一般的做法是异地而建。也许两者在选址上有不同，从平城京可以解读到佛寺对城市设施化规避的同样姿态。

《万叶集》也可以佐证类似的意识存在。若山滋在《万叶集》中吟咏建筑用语的和歌共有 858 首。其中以大宫等宫域为主题的有 192 首，而歌咏寺院的只有 4 首。铺瓦屋顶的大建筑群构成的寺院是都城内最先进的建筑。但是歌咏寺院的和歌几乎没有。只能理解为不以寺院为诗歌主题的某种规避意识在起作用。

与长安的差异——宫域

关于宫域与长安的差异可列举以下几点。(图 5—47)

a）关于京域，平城京的外京向外凸出是与长安不同的。这个差异在宫域上也是合适的。长安宫域、京域都是长方形的。在平京城，与京域相同宫域也是在东端的南北 4 坊中有 1 坊向东扩出。

b）长安的宫域由皇城和宫城构成。南边的皇城是官衙地区（朝廷），宫城正门（承天门）至南向的承天门街为中轴，左右对称建有官衙群。另外宫城由3个南北条形区域构成，中央为天子的宫殿太极宫，在其左右布置东宫（皇太子御所）和掖庭宫（皇后御所）。太极宫内的殿舍也并列布置在南北中轴线上，以中央南北基轴为轴线的左右对称性贯穿所有的皇城、宫城、京域。使南面的天子视线作为中轴线街道显露出来，并使天子身体的左右对称性彻底贯穿于整个都城。

平城京也是除了外京，京域以朱雀大道为基轴左右对称构成的。但是宫域内却是基于不同的原理。其构成在8世纪的前半和后半发生变化，称为前期平城宫和后期平城宫。就前期平城宫而言，除东面突出的部分外，该宫与长安的宫城一样是由3个南北条形区域构成。中央条形区域自北开始以大极殿、朝庭、朝堂院的顺序排列在中轴线上，与长安不同的是这里没有天皇的私密空间（宫殿）。西条形区域发掘了园池等遗存，不明的地方很多。东条形区域自北开始以宫殿、大极殿的建造物、朝堂院依次排列，是与中央条形区域一样的宫殿空间。平城宫有两个宫处相邻，看不出左右对称性。与长安的宫阙有很大差异。但是长安另外还有大明宫的第二宫阙，政务的场所有两处这点上两者相同。平城宫，中央和东条形区域的双方布置朝堂院。中央条形区域的朝堂院适合于都城的中轴线上建的朝堂院，是显示天皇权威的重要仪式场所。东条形区域的朝堂院用来举行日常的仪式。也有人认为这种功能分工与长安的太极宫和大明宫类似，平城宫的两宫处并存是以长安为典范的。但是如前所述，在长安的宫城中最低最潮湿的是太极宫，大明宫的建设是对它的替代。该宫建成后，太极宫几乎没有再使用，所以这一说法很难令人信服。

综上所述，平城京和长安之间差异性比类似性多。平城京以长安为范例即便是事实，但绝不是模仿。在先行的"作为练习曲的藤原京"和"范本的长安"两者的"继承和革新"中建设的是平城京。在这个意义上平城京是"作为绘画作品的都城"。

4　长冈京——向平安京的助跑

桓武天皇（在位781～806年）向长冈京、进而向平安京迁都与当时的政治局势有关。宝龟元年（770年）在藤原氏的拥立下桓武帝的父亲继承皇位（光仁天皇）。至此天武天皇系的皇家传统断绝，天智天皇制复活。遵照中国的易姓革命思想，桓武帝胸怀代替天武系作为新王朝创始者的抱负。这就是放弃有天武

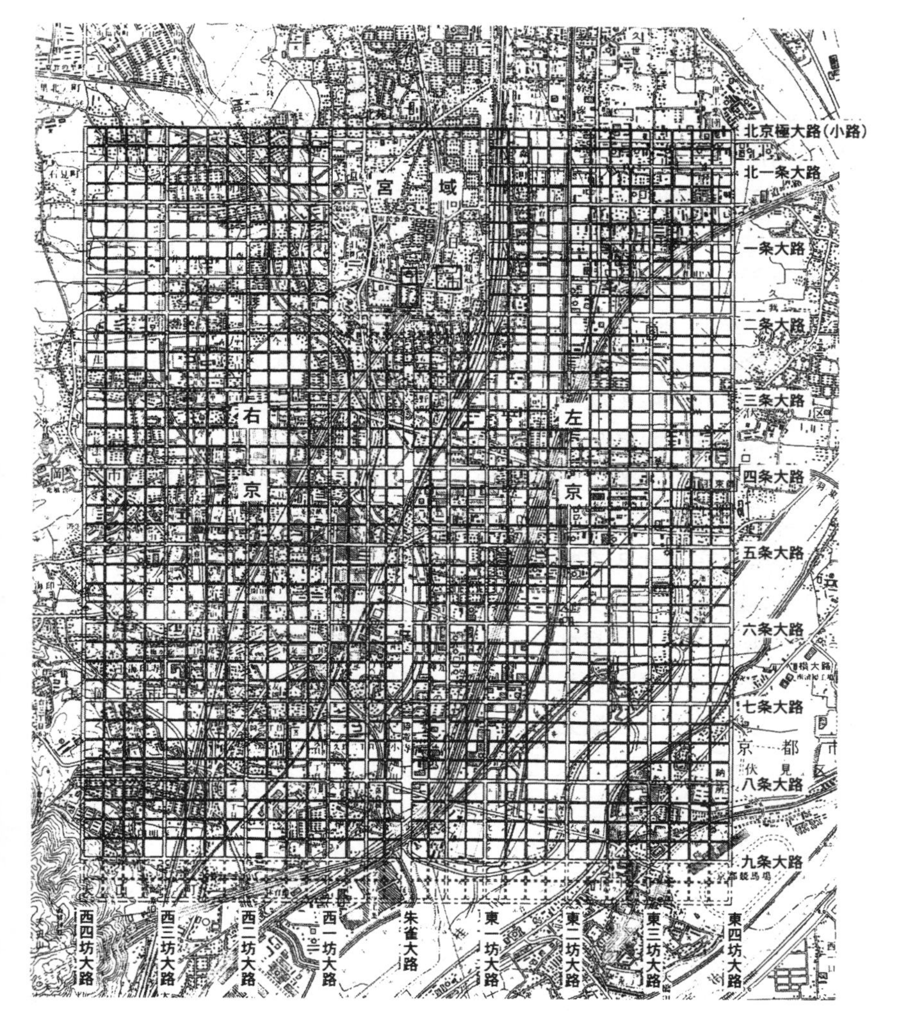

图 5–48　长冈京复原图（出自向日市埋文中心）

系皇族血统的根据地大和国，在山背（城）国选址新都的重要理由。

即位第 3 年的延历 3 年（784）6 月着手营造长冈京，很快在同年 11 月在未完成的情况下便移到该京。反映了桓武帝急于告别平城京的心态。《续日本纪》延历 6 年（787）10月 8 日条中发出"利用水利之便，迁都于此邑"的诏敕，强调淀川水系和山阴道等官道的汇合地等交通位置优势为迁都的理由。虽然这里并没有提到，但向长冈京迁都，与以该京以及周边为根据地的土师氏、秦氏的外来人际网的存在关系很大。据说桓武帝的母亲高野新笠是百济系的土师氏出身，迁都的实务推进者藤原种继的母亲也是秦氏出身。而且在该京的建设上秦足长起了很大的作用。

至延历13年（794）长冈京，作为首都只有短短的10年。因此，有人评价是直至平安迁都为止的临时都城。但是长冈京是完成度高的都城。选择乙训丘陵南端的北高南低的地点，建设了以平城京为模式的都城（图5–48）。但是与平城京不同，京域、宫域的东方没有多出部分，是纵长方形的都城。京域南北5.3千米、东西4.3千米，分为南北9条，东西8坊的条坊。左京的南部一带为湿地，这里经常发生水灾，这也是向平安京迁都的理由之一。北方为界的北京极大道被推测为自北1条大道始的1条北，但是根据最近发掘的报告提出，该大道就是北京极大道之说法很有说服力。该大道的北面建有皇室的私家园林“北苑”。由大道区分的坊与平城京一样分为4×4=16坪。在平城京由街道间按心心制划分为坊和坪，因此随着街道幅宽的不同坊的面积在变化。但是长冈京在坪上也采用与街道幅宽无关的内距尺寸制。京域南方的东西1坊为南北40×东西35丈（1丈=约3米），而其左右的东西2～4坊虽南北有变化，但东西由40丈统一。向平安京的条坊制靠近。

如果把北1条大道作为北京极大道的话，那么宫域即为2坊×2条近乎正方形，这点与平城京近似。宫域内部以都城的中轴线为基轴，从北至南为宫殿、大极殿院、东西各4堂构成的朝堂院，以后宫域正门的朱雀门。在朝堂院的构成上，藤原京、平城京（东区）为12堂，长冈京为8堂，与后期的难波京相同。不仅栋数，建筑规模也与该京类似，砖瓦也多从该京移用。这证明长冈宫是移筑了包括大极殿在内的后期难波京建筑物而被迅速营造。在难波京作为副都的多都制的废弃，以及用其资财建设长冈京，以及从平城京的巡幸等一系列过程的迅速进展中，可以解读桓武帝要在山背国建立新王朝的意志。

5 平安京——巴洛克化的都城

平安京的名字与长冈京的弃都理由有关。营造开始后第2年从营造使藤原种继的暗杀开始到皇太子早良亲王死于狱中，以及皇母高野新笠等桓武帝近亲的去世接踵而至。为摆脱这些凶恶事件和鬼怪作祟，命名“平安京”表达祈愿平安的心情。

桓武帝于延历13年（794）宣告迁都平安京。在《日本纪略》的同年7月1日的条例中记有“东西之市迁往新京”，并先将城市活动所必需的市迁移，随后于同年10月22日的条例中记述了“驾车，迁到新京”的迁都纪实。那以后都城的建设正式开始了。接着同年11月8日条例记载了诏敕“该国以山河为襟带，营建自然和城。据此名胜，应制定新号，改山背国为山城国”。东为鸭川和东山，南为旧巨椋池，西为桂川和西山，北为由北山环绕的盆地，山川如同襟和带般排列的要害之地。在诏敕书中强调“城”的地性的背后，有着由于反对势力而建的长冈京的挫败，为与其对抗的再迁都等强大政治力量的驱使。

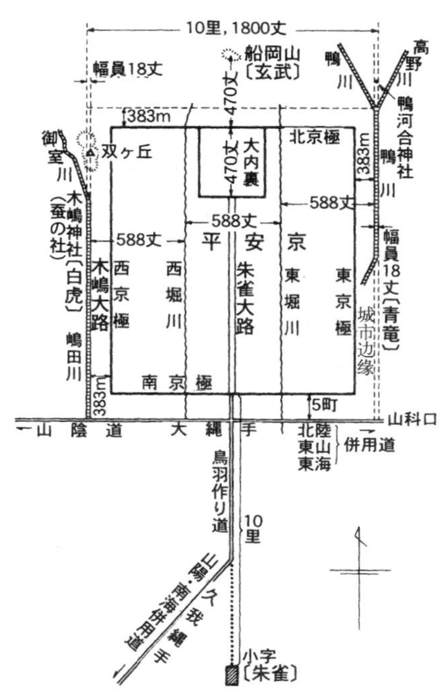

图5—49　平安京的基本构想和四神（出自足利）

平安京——巴洛克的诸相

平安京的京域南北约5.2千米，东西约4.5千米，与长冈京几乎具同一规模。足利健亮认为平安京基本形态的特征是追求左右对称和四神的布置（图5—49）。以北方的船冈山为地标的与朱雀大道是对称的中心线，该中心线左右各294丈的地方贯通南北的东堀川和西堀川，同时作为东市和西市的外缘河流的运河发挥着功能。而且两堀川各向两边延伸294丈（共588丈），东面为鸭川，西面配以御室川的直线河流，自两河的河岸内侧129丈的地方决定东西两京极大道，由此划分京域的界限。

关于四神，足利认为是在平安京建设的同时被人为地设定的。东面的青龙为鸭川，南面的朱雀可通到朱雀大道从罗城门向南延伸至10里的“横大路朱雀”的小字处，西面的白虎是与御室川平行建设的木嶋大道，北面的玄武是船冈山。其中自然地物只有船冈山，其他都是在平安京营造的同时人工建造的。船冈山是平安京建设时的标准地标，其存在是纳入都城规划的。那么包括船冈山所有的四神地物都被个性化，只有在规划上能找到与平安京的关系。这绝不是作为漠然周围远景的四神，不是以点，而是作为线让其与平安京一体化规划设定的都城设施。与平安京的情况不同，前述在诏敕上没有强调“与四神相应的地点”是要表明连四神也要规划地创造这种王权意识。这也是桓武帝以创建新王权形象为目标把平安京创建成“巴洛克化”都城的根据之一。

平安京除了北面南北 9 条，以朱雀大道为界东西 4 坊的条坊制，以及再将条坊制划分的正方形区域细分为 4×4=16 的点等方面与平城京类似(图 5-50)。划分的这 16 个区域在平城京称“坪”，在平安京称“町”，在把它作为京域最小单位这一点上是一致的。

但是京域建设的构思完全不同。在平安京，街道的宽度有大小，但京域最小单位的町都是统一的 40 丈见方(图 5-51)。早在长冈京就有一些彻底推行以 40 丈为 1 单位的内距尺寸制的街区构成，实现了统一格局的街区。平城京是基于前述的街道

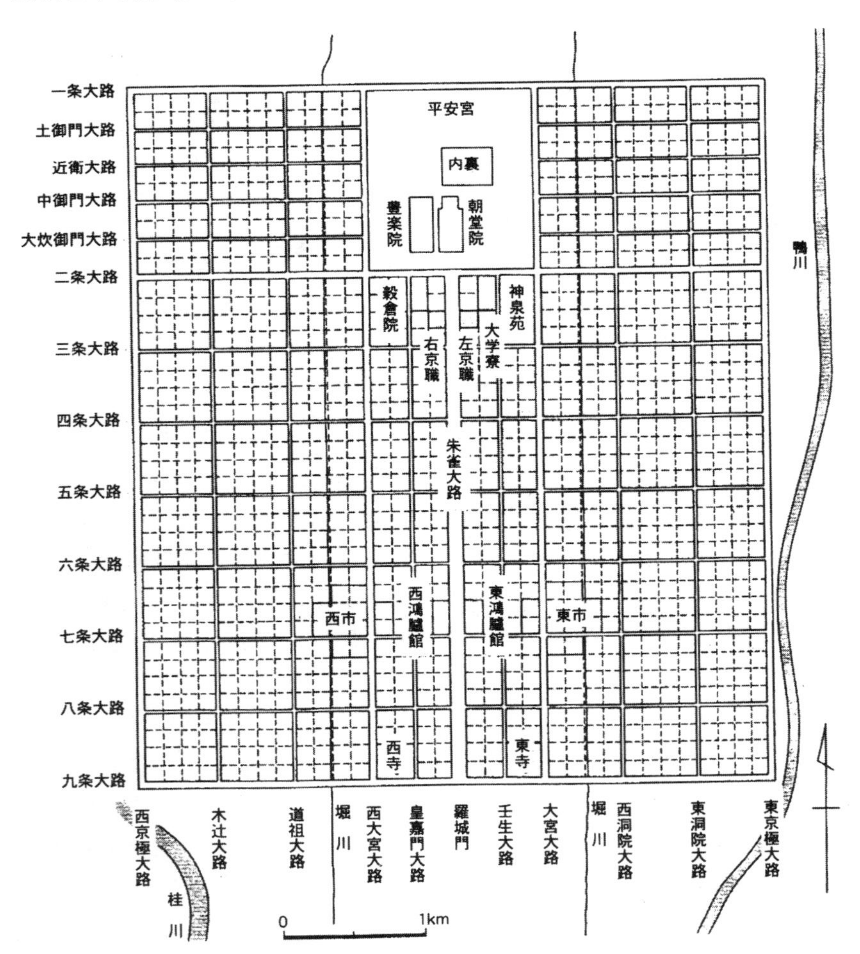

图 5-50　平安京复原图（出自岸）

宽度的心心制，所以划分的街区根据街道宽度坪的规模也在变动。这一点意味着两者在都城规划的基本构思上完全不同。在平城京，首先规定京域和街道，据此决定街区（坊）以及坪的规模。而平安京，相反首先由40丈见方的町作为基本单位，根据它估算出街道的宽度设定京域。村井康彦解释为是用书院式建筑的房屋格局布置对应中世纪和近代的不同。在中世纪首先有柱子的柱心和柱心之间的间距，依照这个间距决定榻榻米的尺寸，而近代先有榻榻米的尺寸，然后根据这个尺寸决定房屋的面积。当然前者类似平城京，后者类似平安京。

宫域占地京域中央北端，是南北1.4千米、东西1.2千米的长方

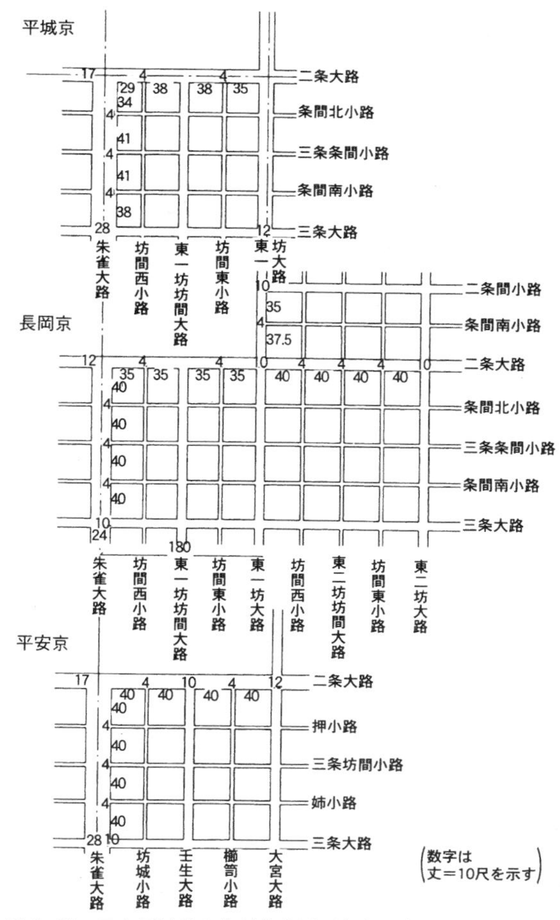

图5-51　日本都城的条坊制的变迁（出自山中）

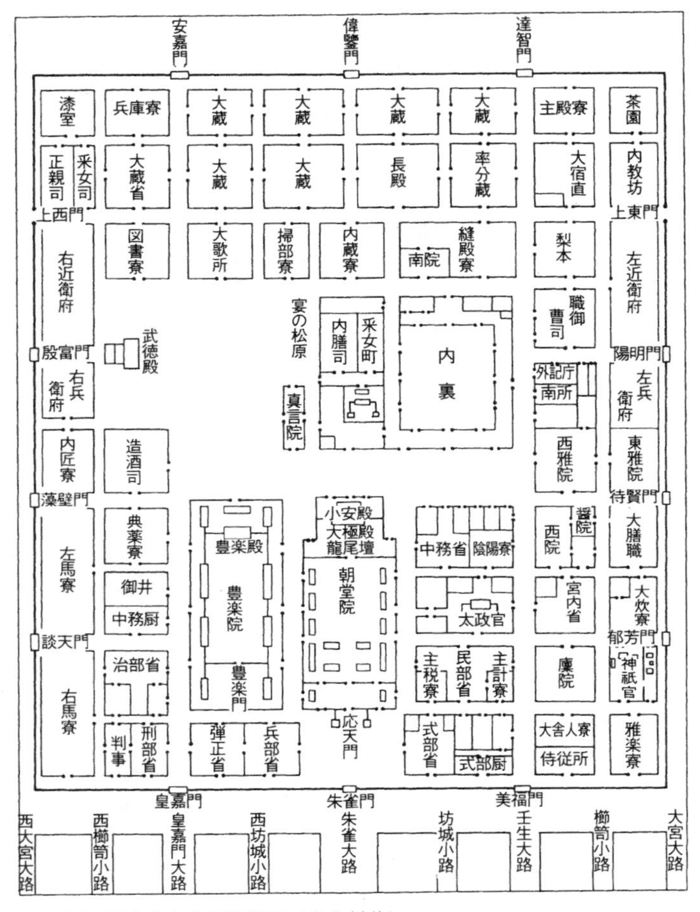

图 5–52　平安京大内里复原图（出自村井）

形。宫殿由中轴线向东偏移这点上与平城京一样，但是其内部的构成不同（图 5–52）。平城宫内部除了向东突出以外，分割成 3 个南北条形区域，分别用筑地围墙隔开。但是平安宫没有这样的隔墙，宫城一体化构成大皇居。可以看出这里也向“由皇居王权统合的大皇居”变化的样态，平安宫与长冈宫一样沿着中轴线自北依次排列着大极殿、朝堂院、朱雀门。朝堂院以西设“丰乐院”，前者作为仪式；后者作为飨宴的场所进行功能区分。皇居位于大极殿的东北方，位于其中轴的是紫宸殿。随着时代的推移，政务的中心由朝堂院，丰乐院转向皇居，紫宸殿为仪式之场，其西面的清凉殿为天皇日常执政场所。大皇居的内部，除了这些宫殿还排列许多官衙建筑。在这里宫城东西两侧的出入口最初是各有3门，后来变成各设4门。结果取代从藤原京到平城京继承的"宫城12门"为"宫城14门"。这都是宫域适应大皇居的天皇亲政的官衙空间的变化而变化的。这些都表明伴随着王权的膨胀向"巴洛克化都城"的转化。

"巴洛克化的都城"的平安京的特色在寺院的布置上非常显著。京域内的寺院只有建在罗城门东方和西方的东寺和西寺。把寺院从京城中排除是针对平城京寺院势力专横跋扈而实施的对策。不仅如此，对南京极之地两寺院限定布置在罗城门的左右，表明了让都城外观庄严化之意图。两寺院不是面对朱雀大道，都城轴线从建在罗城门向南延长上的"鸟羽造道路"的角度是最容易收入视野的。考虑到这个因素，赋予两寺以平安京助演的功能。这是对应王权膨胀的都城巴洛克式的重组，和前面已有的长安、大城的情况一样。在这个意义上可以把平安京定位为"巴洛克化的都城"。

平安京的再都市化——中世京都的胎动

平安京的特征是相当于皇都的生命长度。因此现代之前的日本城市的原型，是在平安京以致京都成形的。在此仅就平安时代就这一点进行叙述。

首先是街道的称呼，迁都时除朱雀大道外，平安京和平城京同样是以数词称呼的。但是到了10世纪，逐渐向固定名词变化。例如贯通大皇居的东边左京一坊大道称大宫大道，而且地名的表示也是使用了"左京三条南，油小路西"和现代相似的称呼。

更大的变化是朝向街道开门，以致建房。可以看出平安京与平城京一样，对应北高南低的地形，按照身份进行居住隔离。大皇居南边东西向的两条道路以北为高级贵族和官衙，该大道至五条大道为一般贵族和官员，五条大道以南为称作"京户"的庶民的居住空间。东西两市位于这个庶民空间的中央。允许面对街道开门的只是三位（品）以上的高级贵族，他们的居住地被限定在二条大道以北。除此之外京域沿着大道只有连续的土围墙，景观单调。到了10世纪，这个规定成了一纸空文，允许朝着街道开门，接着到了平安时代也建造了面向街道的临街建筑。街道名的固有名词化、面向街道的开门和沿街建筑的出现等，说明了显示王权空间的都城平安京向着有居住功能性和方便性的都市京都的变化过程。并可以看到这时期右京衰败中心转向左京，同时院政时期在越过鸭川的白河一带也有城市形成，开始出现朝向中世京都的胎动。

column 3　都城的条坊

城市内行政区划的名称，汉代以前使用“里”。唐代以后开始正式使用“坊”，一直延用到明清。“坊”为“防”的谐音，指由防御的墙围绕的街区，出现在后汉至五胡北朝动乱时期。最初“坊”在外城郭城全域建造的是在北魏（386 ～ 534 年）平城（山西省大同）。华北地区把用“坊”构成的街区称作防御墙制。

关于北魏洛阳《洛阳伽蓝记》卷五末记载如下：“京师，东西 20 里，南北 15 里，户数 10 万 9 千余。庙宇、宫室、府曹以外，方 3 百步为 1 里。里开 4 门，每门设里正 2 人，吏 4 人，门士 8 人。共计 2 百 20 里。寺有 1367 所”。

根据“方 300 步为 1 里”的记载，可以想象在这里说的里是四方形的，东西南北有 4 个门。

关于隋（AD581 ～ 618 年）的大兴城，唐（AD618 ～ 907 年）的长安城，清代的徐松在《唐两京城坊考》（1848 年）对城内每个坊的宅邸、宗教设施等进行了考证。从皇城正南面的朱雀门至向南延伸的南北大街称朱雀大街，其东面的 54 坊和东市由万年县管辖，西面的 54 坊和西市由长安县管辖。城内分 108 坊，据说是表示中国全土的 9 州和 1 年 12 个月的 9×12 得出的数字。另外东西各布置 4 列坊是象征着春夏秋冬四季。坊大体分大小五种。

A　皇城直南内　18 坊　350 步 ×350 步　（一部分为 350 步 ×325 步）
B　皇城直南外　18 坊　450 步 ×350 步　（一部分为 450 步 ×325 步）
C　皇城南左右　50 坊　650 步 ×350 步　（一部分为 650 步 ×325 步）
D　皇城直左右　6 坊　650 步 ×650 步
E　宫城直左右　6 坊　650 步 ×400 步

除了只对东西巷进行南北划分的 A、B 外，坊由各边中央分开的东西巷和南北巷分为 4 块，在其入口开门。这个 4 分之 1 坊，进一步由内部十字交叉道路再分成 4 个区块。朱雀大街宽 100 步，围绕着市四面的街道的宽度也是 100 步，皇城以南的东西街道为 47 步，发掘实例中也有 20 步的例子，尺寸体系并不是很清楚。

关于唐代的洛阳城的坊数，徐松列举出 113 坊，有 109 坊是复原的。各坊的规模比长安小，接近于四方形（各边 300 步）。连接西城郭南墙的定鼎门和宫城应天门的定鼎门大街，在中轴线宽度有 100 步。其他南北大街的宽度分 75 步、62 步、31 步不同等级（《两京新记》）。

在平城京，坊的规模为中心至中心 180 丈（1800 尺 =1500 大尺）见方，将其东西、南北一分为四形成“坪”。四大道和小道的宽度不同，所以因场地的不同，坪的规模也有微小的差异。道路的宽度由两侧侧沟间中心至中心的距离决定，朱雀大道为 252 尺（210 大尺），二条大道 126 尺（105 大尺），一般大道 48 尺（40 大尺）～ 84

尺（70 大尺），坊间道、条间道 30 尺（25 大尺），小道 24 尺（20 大尺）。当时的 1 尺是 29.5 ~ 29.6 公分，以“坪”分割的宅基地，通过发掘得知有二分之一的、四分之一的、八分之一的、十六分之一的、三十二分之一的各种例子。在藤原京，1 坊为 90 丈见方，近年的大藤原京理论与平城京同样的说法愈加有力。

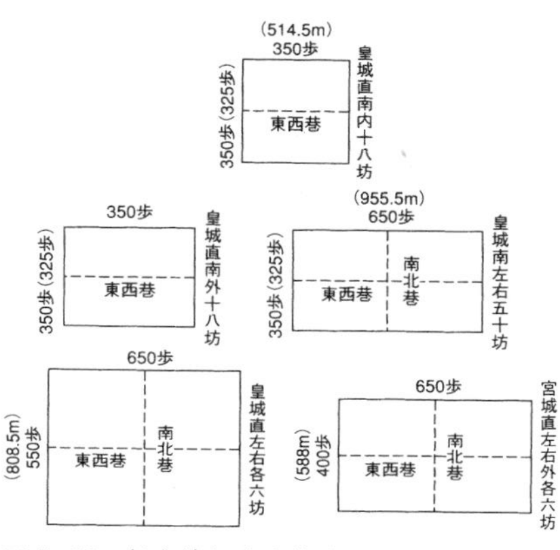

图 5–53　长安外郭城内的坊图（出自徐松撰）

长冈京道路体系与平安京一样。同样采用内距尺寸制。即与平城京不同，道路的宽度不能左右町的规模。只是不像平城京那样固定，面对宫条的坊与一般的坊不同。关于“町”的规模，宫城的东西条坊是东西 400 尺，南北 350 尺（375 尺），宫城以南的条坊，东西 350 尺，南北 400 尺，其他的左京、右京 400 尺见方。

平安京的条坊概要记载在古代法典之一的《延喜式》京程中。道路有大道和小道，由路面、侧沟、护坡道、筑地所构成。其宽度由筑地间中心至心的距离表示。南北中轴线、朱雀大道宽 28 丈，与平安宫南面相连的东西道路、二条道路宽 17 丈，将宫由东西区分为南北，东西大宫大道和 9 条大道宽 12 丈。在面对宫的两条大道北侧区域，大道和大道之间也为大道，宽 10 丈，其他大道宽 8 丈，小道都是宽 4 丈。在这里 1 丈 =10 尺，当时 1 尺比现在（30.303 公分）要小，据说是 29.8445 公分。由以上大道、小道区分的街区“町”的规模为 40 丈（400 尺）见方，是固定的。“町”被分为东西 4 块、南北 8 块，共 32 块。这个最小的宅基地称“户主”。

VI

伊斯兰世界的城市和建筑

所谓伊斯兰建筑，一般是指与伊斯兰（宗教、信仰为核心的生活方式）有关的建筑。伊斯兰的礼拜场所清真寺是其代表形象。清真寺的英语是mosque，法语是mosquee，德语是moschee，其语源是从阿拉伯语的masjid传到意大利语的moschea。西班牙语为mezquita。说到mezquita会想到科尔多瓦清真寺，其借鉴原本的罗马、西哥特Visigoth建筑而建的，通过反复增建不断扩张，在再征服时期（失地收复）曾成为基督教堂，是命运多舛的杰作。

但是清真寺最初并不意味着建筑。西班牙的mezquita也是来自阿拉伯语的masjid，masjid意思是跪拜之所。在古兰经中masjid一词出现了28次，在麦加的克尔白神殿出现了15次，在耶路撒冷的阿克萨圣域出现了1次，其他并不一定意味着特定的建筑。Masjid理解为可以跪拜的场所就行。

因此，清真寺并不是事先规定的建筑样式。一般是以洋葱头状的圆顶建筑为典型，但是由于时代和地域不同样式也不同。伊斯坦布尔的圣索菲亚原来是基督教的教堂；德里库特卜清真寺原本是印度教寺院；伊斯兰经常借用异教徒的设施。在印度尼西亚伊斯兰教进入时期也借用像爪哇的尖塔那样的印度教昌迪建筑或土著民居的形式。以偶像禁止作为严格教义的伊斯兰，虽然对麦加的方向有强烈意识，但对建筑样式的关心淡薄。伊斯兰教育设施的马德萨以及圣者庙等也无一定格式，在最初期形式的形成上受土著的建筑传统很大的影响。

伊斯兰建筑一般是为穆斯林而建的建筑设施，更意味着伊斯兰圈的建筑。伊斯兰圈是指今日的核心区域中东，阿拉伯到马格里布等非洲各地，东面是巴基斯坦、经印度至印尼。在中国清真教、回回教、回教中很早就扩大了其影响。

在此，对有关伊斯兰基本的事项进行认知的同时来看伊斯兰建筑的扩展。首先概观一下今日伊斯兰核心——伊斯兰以前的历史。说到伊斯兰城市就会浮现出中庭住宅在迷宫般街区中密集排布的景象。但是对于其城市的传统，追溯到伊斯兰以前就会明白，伊斯兰建筑也是继承拜占庭帝国与萨珊王朝的波斯建筑传统而发展形成的。

01 城市国家的诞生
——伊斯兰以前的西亚

1 美索不达米亚——东部的统一

在伊斯兰之前的东部有着远远超过伊斯兰的悠久历史。特别是埃及和美索不达米亚作为古代城市文明的发祥地而著名。

在埃及公元前4000年时，作为行政统治单位的美茂斯（nomos）制度建立。进而公元前3000年出现了统一王朝，以孟菲斯、底比斯为首都建立了古王国（BC2850～BC2250年），中王国（BC2133～BC1786年）、新王国（BC1567～BC1085年）。胡佛王在吉萨建大金字塔是公元前2650年。直至被阿契美尼德帝国波斯（BC550～BC330年）灭亡之前（BC525年）尼罗河流域的埃及王国一直繁荣昌盛。

另一方面，美索不达米亚也在公元前3500年达到城市文明的巅峰。乌鲁克城、乌尔城、布尔萨、拉格什、温马、伊辛、尼普尔等城市遗迹都著称于世。公元前9000年至公元前7000年，所谓“肥沃的三角地带”，莱藩托、北美索不达米亚和托格罗斯山脉各地谷物的栽培及畜牧业开始，欧贝德（Ubaid）时期（BC5000～BC3500年）在底格里斯河幼发拉底两河下流开始了灌溉农耕。到了乌鲁克期（BC3500～BC3100年）以后，苏美尔人的城市国家群雄而立，为谋求一统征战不已。

建立统一国家的是乌尔第三代王朝（BC2100～BC2004年）。接着是伊辛．拉尔萨（Isin–Larsa）时代、古巴比伦时代，在阿玛纳（Amarna）时代（BC14世纪）的东部，新王国时代的埃及、希泰特、米坦尼、亚述、巴比伦五大强国并立。以后经过动乱、激荡期最后统一了整个东部国家的是阿契美尼德波斯帝国。

2 苏美尔城市

苏美尔的城市是以祭祀城市神的神殿为核心形成的。作为金星的女神伊南那（Inanna）和苍天神安努（Anu）为城市神的乌鲁克，在中心的山丘上耸立着神殿和圣塔，被近圆形的城墙所环绕。乌尔呈卵形，偏北有月神南纳（Nanna）的神殿和圣塔。像尼普尔那样也拥有两个矩形的市域，但是圆形城市是美索不达米亚的一个传统。居住区被迷宫式布置的中庭型住宅所覆盖为世人所知。

图 6–1　乌尔（都市部分图）

图 6–2　圣索非亚教堂，伊斯坦布尔

象征美索不达米亚城市的是圣塔。巴比伦的尼布甲尼撒Ⅱ世建造了举世闻名的巴别塔以及空中花园。圣塔与各边都具有东西南北轴线的金字塔不同，底边的正方形的对角线朝着东西南北而建。而巴比伦，位于中心的是宫殿。另外与圆形城市一样，圆形建筑的传统在美索不达米亚也有，其拱形和穹隆的传统成为伊斯兰建筑依附的基石。

从爱琴海北岸到印度河，形成大帝国阿契美尼德王朝的波斯被亚历山大大帝的东方远征（BC334～324年）所征服，其首都波斯波利斯沦为废墟。后来经过300年的希腊文化时代，罗马帝国制权地中海。伊朗从塞琉古（Seleucus）王朝的叙利亚中独立出来作为帕提亚（parthia，BC247～AD226）王朝兴盛。

3　拜占庭帝国和萨珊王朝波斯

伊斯兰开始圣战时，在各地传播了各自的建筑传统。大的有继承罗马帝国、拜占庭帝国（396～1453年）和萨珊王朝波斯的传统。

毫无疑问罗马的建筑遗产规模宏大，拱形穹隆（拱卷），半圆屋顶的技术，在君士坦丁大帝正式承认基督教后，在各地兴建教堂、殉教纪念堂、洗礼堂时得到传播。希腊、罗马的城市规划技术在各地作为殖民地城市的具体事例遗留下来。那时已经有了君士坦丁堡的圣索非亚教堂。

此外，波斯的建筑遗产也呈现出较高的水平，与圣索非亚教堂同期建造的凯特斯芬宫殿的大穹隆已经为伊斯兰建筑的伊旺奠定了基础。不仅是结构技术，伊斯兰建筑的装饰细部也继承和吸收了拜占庭的美学以及萨珊王朝美学的传统。

02 最初的清真寺

1 伊斯兰

伊斯兰语 al–Islam 一词在阿拉伯语意为“顺从史上唯一的真主安拉”。阿拉伯语的 ilah(神)附加定冠词 al 是安拉。安拉被麦加周围的人们看作至高无上的神所敬仰，被预言家穆罕默德(570 年左右～ 632 年)奉为伊斯兰最高神，绝对服从安拉的信者为穆斯林。

穆罕默德生于麦加古来什族的哈希姆家庭，出生前丧父，幼年时丧母，成为孤儿，由祖父、伯父收养，25 岁与富孀赫底结婚。有一个时期他在郊外的希拉山洞(Ghar Hira')里潜思冥想。41 岁(611 年)受到最初的神启，直至去世 21 年间持续地受到神启。穆罕默德去世后 3 代的哈里发乌斯曼时期将这个神启整理成册，成为伊斯兰的圣典古兰经(al–quran)。

所谓古兰经就是“诵读的读物”，将神以第一人称说的话原封不动地用语言记录下来朗读。皈依神就是具体地按照古兰经的话去做，古兰经篇幅的长度有各种版本，共由 114 章构成，作为有关正邪、善恶的标准来规范穆斯林的思维和行动。即古兰经是包含礼拜、禁食、巡礼、禁忌、礼仪规矩、婚姻、扶养、财产继承、买卖、刑罚、圣战等相关的礼仪、规范。古兰经经过穆罕默德的传承详细解说成立的是沙里阿(伊斯兰法)。

据乌莱玛(伊斯兰学者，宗教导师)所说，古兰经所记述的伊斯兰教义是由伊玛尼(Iman)、伊巴达(Ibada ibn Al–Samat)、穆阿麦拉特(Muamalat)构成的。伊玛尼是指所谓定式化为六信的信仰内容，所谓六信就是信仰神(安拉)、天使、经典、使者、来世、前定。伊巴达就是为神服务，五柱(五行)，即证信、礼拜、天课、斋戒、朝谨。所谓穆阿麦拉特是行为规范，规定不奸淫、守契约、不欺诈、禁止利息、禁吃猪肉。

2 穆罕默德

认识到是接受安拉的旨意，自悟成为预言家的穆罕默德开始说教。进而在他的周围结成了信徒集团。当时这种传教活动被视为危害麦加传统社会，因此对信徒的迫害逐渐加剧了。最后穆罕默德被迫离开了麦加(622 年)，移居到后来被称为先知之城的麦地那的亚斯里部（Yathrib），与信徒们一起创立了伊斯兰共同体，这一移居成为伊斯兰成立的重要契机，基于这个认识，把 622 年作为伊斯兰教的教历元年。

穆罕默德在麦地那 11 年间在与犹太教徒反复进行抗争的同时确立了教义，与麦加的古来什族进行了 3 次交锋，终于征服了麦加（631 年），把那里变成了伊斯兰圣地。麦加有被视为阿拉伯和犹太人共同祖先的伊布拉希姆（Ibrahim）和儿子伊司马义鲁（Ismāīl）创建的克尔白神庙。穆罕默德一进入麦加城就拆除了神殿的偶像，但保留了对克尔白神殿黑色圣石的崇拜。当时的礼拜是朝着耶路撒冷进行的，后来改为朝向克尔白神殿，这是缘于齐伯拉（gqibla，伊斯兰教徒礼拜的方向）的问世。此外一生有一次对克尔白神殿的巡礼成为每个穆斯林教徒的义务。632 年穆罕默德对麦加进行了最初也是最后一次的巡礼，回到麦地那不久就去世了。与穆罕默德同行去希吉拉（Hegira）的有 71 名信徒之多，当时其影响遍及阿拉伯半岛。

3 预言家的家

在伊斯兰成立的过程中伊斯兰的建筑也定型了。最初所谓的伊斯兰建筑是预言家穆罕默德移居麦地那居住的住居。预言家的家才是最初的清真寺，是清真寺的原型。关于其原初的形态是根据阿拉伯著述家的论述复原的。是由 3.6 米高的土坯砖围合成 51 米见方的中庭的中庭式住居，东侧有妻子们的住房 9 间。穆罕默德与最初的妻子生有 3 男 4 女，除此之外在麦地那时期还有 11 个妻子。9 个住居内 4 个是套间，其他 5 间是 1 居室，穆罕默德没有自己的房间。面向着麦加方向（南），和面向耶路撒冷方向（北），礼拜的场所是由椰枣树柱子和覆盖树叶的简单屋顶构成的。

4 清真寺的构成要素

如上所述最初的清真寺的构成简单，或者就像清真寺语源所示意的那样，构成清真寺的要素极少。清真寺首先是礼拜的场所。每天清晨、中午、下午、傍晚、夜里 5 次，还有周五的中午集体礼拜为义务，礼拜要朝向表示齐伯拉的麦加方向。

最初预言家的家里还没有，不久开始在墙上出现了表示齐伯拉方向的壁龛，称为米海拉卜（mihrab）。关于米海拉卜的起源有许多争论，但

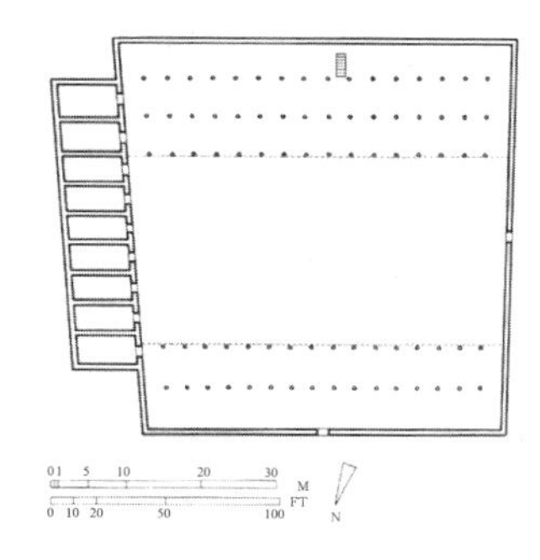

图 6–3　预言者之家，麦地那

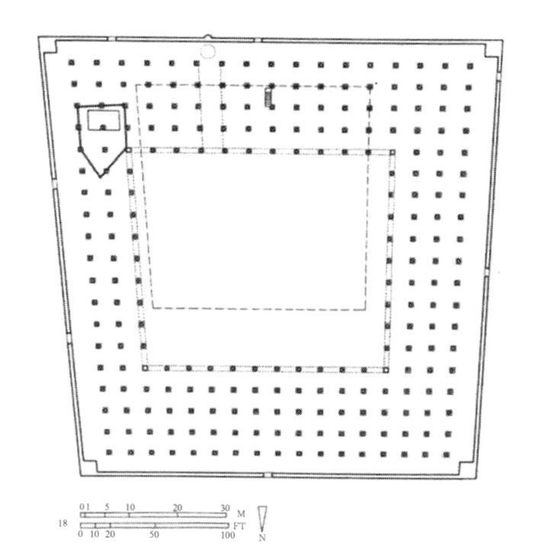

图 6–4　伍麦叶王朝的清真寺，麦地那

不像安置雕像的犹太教会、长方形教堂（半圆环形后堂）的壁龛那样，麦加的方向是来世、神的世界的方向、是通向那里的象征性的门。米海拉卜所在的位置是麦加的方位，各地不同。在摩洛哥是东，印度是西。至于在整个地球上是否处于相反的方向不太在意。即便在同一个城市齐伯拉的方向也会有着微小的不同，并不那么严格。

此外作为清真寺的构成要素的共同点还有说教台（minbar），尖塔（minaret）、水场。导师伊玛姆（imam）进行说教时使用说教台，是相应规模的阶梯状讲坛。预言家的家在齐伯拉墙前设一木制的阶梯状高座，穆罕默德在这里向信徒传教。据说讲坛有 3 个台阶，他坐在最高 1 阶，脚放在第 2 阶上。

图 6–5　克尔白神庙，麦加

最初的清真寺设有光塔。关于光塔的语源有两种解释即火的场所和光的场所。据伊斯兰建筑史家克雷斯韦尔（Cresswell）考证，是在 7 世纪后半的埃及出现的。伍麦叶王朝瓦利德 I 世时开始建造。可以说是继承了古代军事设施、拜占庭钟楼的传统。可以说是陆地的灯台，是表示清真寺位置的象征之塔。此外是进行号召礼拜的场所。水场是礼拜之前净身的场所。

5　清真寺的种类

因此清真寺的构成是极简单的，大致可以分为星期五集体礼拜和依照导师进行说教的星期五清真寺(masjidal–jumia)或集会清真寺与一般的清真寺两种。一般称为加米(Jami)的集会清真寺，原则上是一个城市一个，在这点上与天主教世界的大圣堂很相似。

今天的清真寺也有同样的基本功能。首先是礼拜的场所，集会的场所。也是教育的场所,休息的场所,还是政治的场所。最初的清真寺的中庭正是这样的空间。在这个意义上预言家的家是清真寺的原型。

图 6–6　耶路撒冷，1912 年

03 岩石圆顶
——麦加，马迪尔，耶路撒冷

1 正统哈里发时代

穆罕默德去世后，阿布·贝克尔（Abū Bakr）作为哈里发的代理，在其领导下穆斯林开始大规模的征战。连续4任的哈里发时代称为正统哈里发时代（632～661年）。

离开阿拉伯半岛的穆斯林在7世纪中叶吞并了波斯萨珊王朝的整个国土，从拜占庭帝国手里夺走了埃及和叙利亚。哈里发们除了阿里外都住在马迪尔，但并没有把自己的住居作为清真寺，而是继续在穆罕默德的家中进行集体礼拜。

随着势力的扩大，阿拉伯人开始移居到各地。这时有在大马士革、阿勒颇等已建城市居住的，也有像巴斯拉、库法那样建设全新的军事营地的。由于移居各地都需建清真寺。在巴斯拉和库发无一例外都新建了清真寺。在已建的城市中，利用基督教堂的很多。在大马士革基督教徒和穆斯林教徒共用神殿圣域。

这个时期的著名清真寺有641年建在福斯塔特的阿穆尔清真寺，但接近现状的形式是阿拔斯王朝9世纪前半叶的建筑，当时也像最初的清真寺那样，只是用椰枣树叶和泥覆盖的简单结构。

2 麦加，麦地那，耶路撒冷

清真寺具有统一建筑样式是在伍麦叶王朝后期，进入8世纪以后。首推耶路撒冷的岩石圆顶（欧美尔清真寺 Qubbat al-shakhra，691～692年）。伍麦叶王朝五代哈里发、阿卜杜勒·马利克（Abut al Malik，在位685～715年）建的这个覆盖有神圣岩石圆顶的建筑，是现存最古的伊斯兰建筑。

麦加和马迪尔是伊斯兰的两大圣都。但是随着伊斯兰世界的壮大，伊斯兰世界的政治中心几经移动，661年大马士革总督姆阿维阿夺取政权建立了伍麦叶王朝，以后约1世纪，成为伊斯兰共同体中心的是大马士革。

麦加、马迪尔与新的中心大马士革之间持续着政治的紧张和抗争。被视为杀害阿里的儿子侯赛因的耶齐德（Yazid）I世继位执政，穆罕默德的叔伯兄弟伊本阿拔斯（Ibn Abbas）也在麦加称哈里发。这两位哈里发统治两大圣都以及阿拉伯半岛10年以

图 6–7　岩石圆顶，耶路撒冷

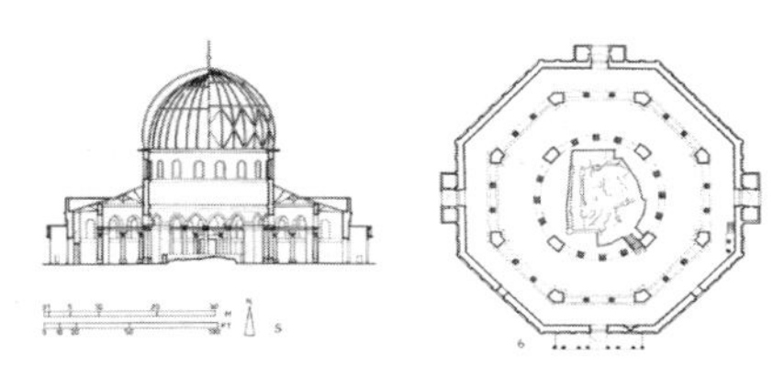

图 6–8　岩石圆顶（立面图和平面图）

上直至去世。

因此为与阿拉伯世界两大圣都抗争设定了第三圣地耶路撒冷。在这期间的抗争中烧毁了克尔白神庙，因此，伍麦叶王朝在后来一直受到谴责，为减弱两圣都的磁力，需要第三磁极。为此建造了有强烈纪念性的建筑，这就是岩石圆顶。

选择耶路撒冷是必然的。原本穆罕默德在马迪尔，一边接收犹太教的传统，一边把圣地耶路撒冷作为礼拜的方向。古兰经写着大天使加百列（Gabriel）把预言家从麦加的圣清真寺引到耶路撒冷的"远程清真寺"。其所在的岩石位伊斯兰教和犹太教奉为神圣。相传是穆罕默德与人面天马德布拉卡（Burak）一起登霄拜见真主的"夜行之处"。是太祖易卜拉哈姆（Ibraham）供奉"拱牺"的纪念场所，是曾经建有所罗门神殿的场所。

3　现存最古老的伊斯兰建筑

中央由神圣的岩石穹顶覆盖，两列抄手回廊环绕。有两重铺有金色铜板的若干攒尖球形的穹顶，原本是木造构架。承载穹顶的躯体部分的中央圆环，有 4 根墙柱和 12 根圆柱构成 16 个连拱支撑。其外围 8 根墙柱和 16 根圆柱排列成正八角形状，由 2 个回廊间隔。外墙也是正八角形，东西南北都设有入口。整体设计极富几何形态。

以刻有天马布拉卡足跡的岩石为中心构成极明快的向心形平面的岩石穹顶，无疑是属于"宇宙建筑"的系谱。构成岩石穹顶的几何学秩序象征性地表达出大宇宙的法则或天体的构造。从正方形到八角形再到圆形的变换的2重回廊象征着从地上（人间）向天国的变换过程，巡礼者一边巡礼，一边体验与天合一，灵魂与肉体一体化的过程。

阿卜杜勒 · 马利克是出身拜占庭门第的建筑师，据说建造委托给叙利亚工匠。其华丽的马赛克装饰是鲜明的拜占庭风格。在基督教的殉教纪念堂可以看到的圆堂形式，具体的是把君士坦丁大帝建的圣坟墓教堂视为范例。

04 瓦利德I世和三个清真寺
——大马士革

1　瓦利德I世

大马士革骨架是在罗马时代建造的。基于罗马城市规划理念，即以南北道路和东西道路十字交叉的干线道路为中心的棋盘状道路网构成，称为方形城市，是东西1.5千米、南北0.75千米的城墙围合的矩形城市。现在残留的城墙和城寨是十字军时代12～13世纪建造的。

在伍麦叶王朝的首都大马士革建造的州立清真寺是伍麦叶清真寺。建设者是继阿卜杜勒·马利克之后的第六代哈利发的儿子瓦利德I世（在位705～715年）。他对清真寺的历史有很大的贡献。

即位的同时，瓦利德I世命令改建马迪尔最初的清真寺——预言家的清真寺。由于伊本阿拔斯的死，已经夺回了两大圣都麦加、马迪尔，可以自由地往来了。此外，耶路撒冷“岩石圆顶”以南的阿库萨清真寺也在同时进行建设（715～719年）。是为实现古兰经所说的“远程清真寺”。进而没收和拆毁了大马士革圣约翰教堂，取而代之以新的伍麦叶清真寺

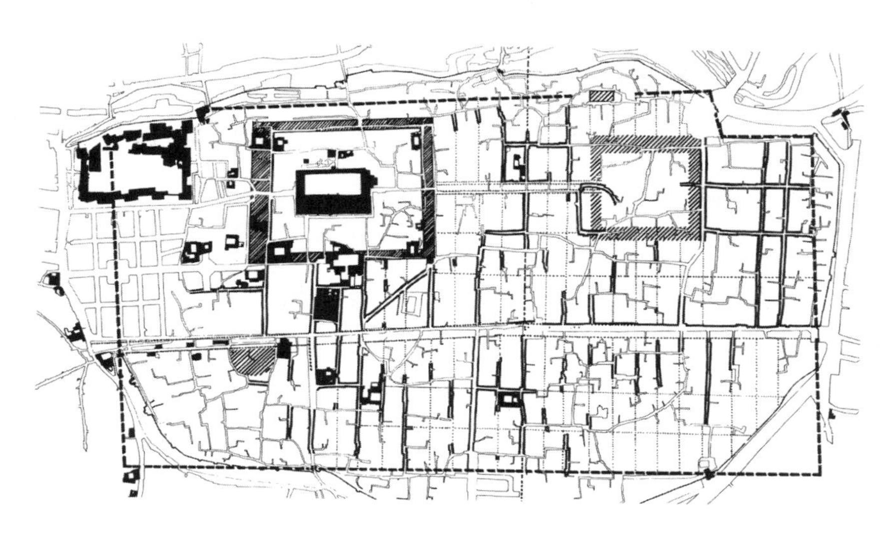

图6–9　大马士革

(706～715年)。特别是也称为哈里发阿尔瓦利德的清真寺的伍麦叶清真寺是初期清真寺的代表，是十分壮观的大清真寺。

2 预言家的清真寺

颇为有趣的是瓦利德I世经手的3个清真寺是基于完全不同的原理。

预言家的清真寺后来又经历了改建，完全没有保留原型，据法国的阿拉伯学者索巴杰复原的平面来看，最初的清真寺被扩大了约2倍。是111米见方的，有似台型的四边形中庭回廊式的建筑，中庭由列柱环绕。柱子是大理石的，屋顶是用柚木架构的，铅铺的平屋顶的高度达13米。四边形的四角有4个高25米的光塔，并建造了后来清真寺必须具备的米海拉卜。即经过伍麦叶王朝的改建完备了清真寺的基本要素。但是平面是左右非对称的，米海拉卜没有位于中轴线上。放在中轴线上的是"敏巴"(minbar，供默罕默德获哈里发率众做礼拜、执行审判伙颁布法令的高起的讲台)。另外预言家墓地的存在也有别于后世的清真寺。

图6-10 伍麦叶清真寺，大马士革

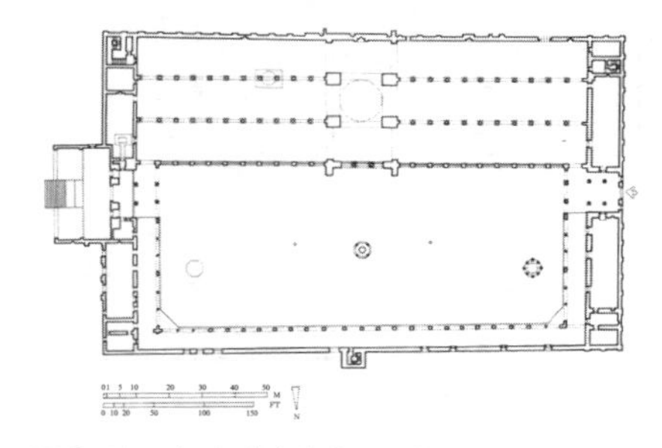

图6-11 伍麦叶清真寺（平面图）

3 阿克萨清真寺

对此，阿克萨清真寺明显不同。阿克萨清真寺也几经修复，很难正确知晓最初的平面，是典型的拜占庭样式的长方形教堂风格。以与圣岩穹顶相对的形式，在北侧设入口，南北有一条细长轴线。即穿越南墙的米海拉卜，面对前面的说教台其构成是为强调进深方向。

4 伍麦叶清真寺

伍麦叶清真寺与阿克萨清真寺非常类似，同样采用长方形教堂的形式。原本是拜占庭教堂的说法根深蒂固。但是这两个空间质量完全是不同的。首先东西157米，南北111米，纵横的比例不同，即南北轴的长度比东西轴短。长方形教堂的形式是其90度旋转的形式。也许这不是大的差异，但在伊斯兰建筑中方位是相当重要的。而阿克萨清真寺与长方形教堂一样，从入口进入沿着垂直的轴线前进，面向南面进行礼拜。而伍麦叶清真寺从西进入朝着与前进方向垂直的南面进行礼拜。空间体验是异质的。有学者认为这种幅员宽广的中庭空间构成源于以横向列阵移动的游牧为传统的阿拉伯人的空间意识。总之，已经表明其成立是与横向排列进行礼拜的伊斯兰教形式有着密切关系的。

具有中庭的形式与预言家的清真寺是一样，与南中央有穹顶的主礼拜堂的明快设计是不同的。山墙立面面向中庭而屹立，与穹顶一起强调其中心。就是说形式更明确，更为壮丽的是下层的大拱上有一对小拱双重构成的列柱。还有三个光塔表现了雄壮的外观。其中两个原来是

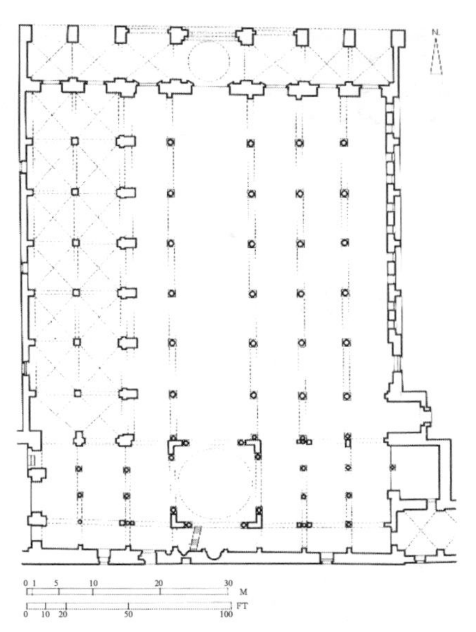

图 6–12　阿克萨清真寺，耶路撒冷

建在神域的四角的，另一个是为号召人们作礼拜在北侧回廊上添建的。

该伍麦叶清真寺东西有宽大的中庭的形式，给以后的清真寺以很大的影响。伍麦叶清真寺在这个意义上被视为清真寺的古典。

05 圆形城市和方形城市
——巴格达和萨马拉

1 平安之都

伍麦叶王朝灭亡，阿拔斯（751～1258年）王朝兴起后，伊斯兰世界的中心从叙利亚转向伊拉克。在库法宣告继哈里发初代的阿卜杜勒·阿拔斯（Abd al Abbas）的第二代的哈里发曼苏尔（在位754～775年），762年命令在底格里斯河畔建新都巴格达。这是伊斯兰诞生以来首次真正意义上的首都建设。巴格达称为平安之都，最鼎盛期发展到100多万人的大都市。

2 圆形城市

一般伊斯兰没有固有的城市形状。说到伊斯兰建筑给人们的印象是迷宫般的尽端小路夹杂着密集的中庭式住居形态，这种街区形态可以上溯到伊斯兰以前。在伍麦叶时代，第6代的哈里发瓦利德I世建造的（714～715年）黎巴嫩安加尔街区，是基于罗马的方形城市的原理。正像继承拜占庭建筑的传统那样，伊斯兰在各地接受了城市规划的传统。颇为有趣的是伊斯兰没有像印度、中国那样把宇宙论与都市形态直接联系起来的特有的都城思想。

从这点来看巴格达是特异的。以哈里发宫殿和清真寺为中心完全的圆形，由极井然有序的放射状道路区划。也可以说是继承了古代伊朗以来的圆形城市的传统，其向心形的构成使人联想起“岩顶圆顶寺”的向心构成。从复原图上得知，直径2.35千米，三重城墙构成，与斜堤相连的环状布置居住区。门设在东北、西北、东南、西南4个地方，从门到中心布置商业街。城内除王宫、清真寺外布置诸行政机关，哈里发家族的住居等。然而，这种依照明确的规划原理的城市营造，那以后看不到了。由于巴格达本身所有的建筑都是土坯砖建造的，今天没有留下任何痕迹。

3 方形城市

与巴格达形成鲜明对照的是萨马拉。进入9世纪，由于厌倦了因具有高强战斗力而纳入哈里发家臣的土耳其血统的卫戍部队的专横，哈里发穆塔希姆（Al–Mu’tasim，在位

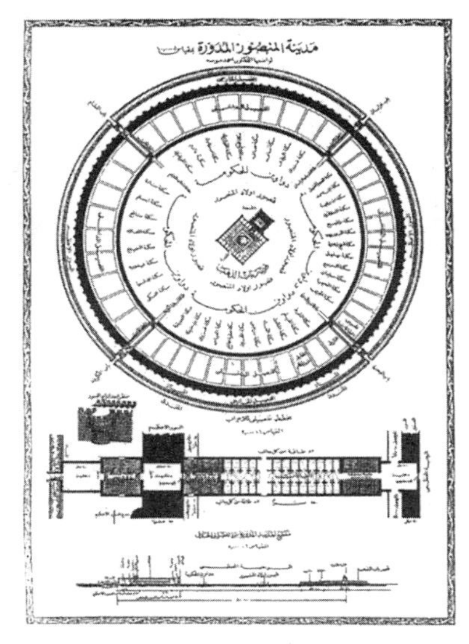

图 6–13　巴格达平安之都，766 年

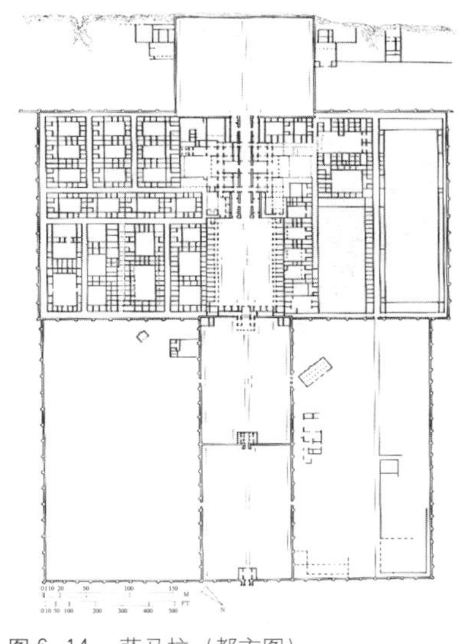

图 6–14　萨马拉（都市图）

833 ~ 842 年）决定迁都到西北距巴格达 151 千米的萨马拉。与完成度高的巴格达发展极不协调的萨马拉进行着完全不同的城市规划。即用土垒围合进行区划的分阶段连续展开的手法，即采用所谓网格状平面。阿拔斯国王同时拥有两个不同的城市规划原理。

继穆塔希姆建造帕鲁克瓦拉 (Balkuwr) 宫殿 (851 ~ 861 年)、萨马拉的大清真寺和阿不都拉夫 (Abu Dulaf) 清真寺等辉煌的建筑的是穆达万其尔(在位 847 ~ 861 年)。据发掘报告得知，帕鲁克瓦拉宫殿具有明确的中轴线，是左右对称极规整的构成。引人注目的是中轴线上的 2 个庭院，在后来的波斯（伊朗）宫廷建筑上可以看到由十字交叉的道路分割成 4 个四分庭院。在伊斯兰建筑上庭院是绿洲，是乐园的象征，是非常重要的要素。在井然有序的构成中，只有清真寺朝向麦加方向，大约偏离正南北轴线 45 度左右。

4　穆塔万其尔大清真寺

所谓萨马拉意为大清真寺。也称作穆达万其尔 (Mutawakkil) 清真寺的这个大清真寺是 848 年至 852 年建成的，由 2.65 米厚的墙围合，建筑规模有 241 米 ×161 米。围绕着清真寺周围是外庭，然后还设有 441 米 ×376 米的圣域。现存的世界最大的清真寺就是萨马拉清真寺。

图 6–15　穆达万其尔清真寺的光塔，萨马拉

四角有塔，东西各 8 个，南北各 12 个；共 44 个城楼围绕的内部有东西各 4 个，南北各 3 个共 14 个入口；内部有东西 4 列、南面 3 列，以及有齐伯拉墙的北面 9 列柱廊排列，围合着 161 米 ×111 米的中庭。中庭与伍麦叶王朝的清真寺不同是纵长（南北）的。最大的特点是放在北面，让人想起巴比伦的宝塔（Ziggurat），以及巴别塔（Babel，又称通天塔）是螺旋形光塔。是与伍麦叶王朝的清真寺完全不同的类型。

这种螺旋的尖塔放在清真寺外面的形式，在世界排行第二大规模的该市的阿卜杜勒夫清真寺（859 ~ 861 年）也是同样的。还有开罗有伊本多伦清真寺，其特点是有着螺旋光塔的同时还有双重外墙。伊本多伦率领着土耳其的佣兵进入埃及，在建立新的街区卡塔伊的同时建了清真寺（876 ~ 879 年）。只是伊本

图 6–16　伊本多伦清真寺，开罗

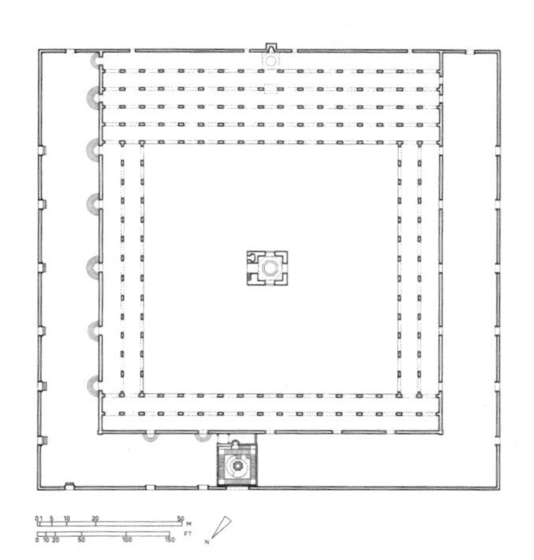

图 6–17　伊本多伦（平面图）

多伦清真寺的中庭是正方形的，中心设有泉亭是不同的手法。

萨马拉在最鼎盛期市域宽 5 千米，沿着底格里斯河达 25 千米，但是遗憾的是萨马拉几乎没有留下任何痕迹。哈里发穆尔泰米德（在位 871 ~ 892 年）892 年放弃了萨马拉，再次以巴格达为首都后，迅速衰落，逐渐被人们所遗忘。

06 光复运动和征服者
——马格里布、伊比利亚半岛

1 后伍麦叶王朝

穆罕默德的亲族阿拔斯获得政权后，将伍麦叶王朝的家族全部杀害，唯一例外的是在西班牙逃亡、在科尔多瓦建立政权的阿卜杜勒·拉赫曼（在位756～788年），这个政权称为后伍麦叶王朝（756～1031年）。

阿卜杜勒·拉赫曼Ⅰ世购买了维森特（Sao Vicente）教堂，开始在科尔多瓦建清真寺（785年）。这个清真寺后来经过各种的扩建、改建，成为西方伊斯兰文化圈代表性纪念物。而后13世纪改造成大圣堂。经历了教堂、清真寺、司教座圣堂等坎坷命运的就是这个科尔多瓦清真寺。

从7世纪到8世纪初的“大征服时代”，伊斯兰向西方（马格里布）扩充其势力，641年初埃及被征服并作为军事城市（米斯尔）建设了福斯塔特，之后663～664年统治延伸至突尼斯，并建造了开罗安的军事城市。进而伊比利亚半岛711年纳入穆斯林的统治之下。其势力一直扩张到伊比利亚半岛的北部，但很快光复（失地收复）开始了。一面将据点转移到科尔多瓦、塞维利亚、格拉纳达等地，随着伊斯兰势力的逐渐衰弱，1492年以格拉纳达失陷宣告光复结束。正巧1492年是哥伦布“发现新大陆”之年，也是征服的开始之年。

2 科尔多瓦的清真寺

科尔多瓦的清真寺最初（785～787年）是由宽阔的中庭和列柱环绕的（东西11列×南北12列）的礼拜堂构成的单纯的建筑。借鉴罗马和西哥特的建筑资料，到了阿布杜勒·拉赫曼Ⅱ世（在位822～852年）时代扩建了南侧的礼拜室（832～848年），列柱增加了8列，圆柱达211根。到了阿布杜勒·拉赫曼Ⅲ世（在位912～961年）进一步扩建了南侧的礼拜室，中庭增设回廊，并建造了高34米的光塔。进而哈甘Ⅱ世（al-Hakam II，在位961～976年）追加了列柱，在南侧修建了二重墙。然而决定其形式的是希沙姆（Hisham）Ⅱ世（在位976～1113年）的宰相曼苏尔。他在东侧增扩了列柱的跨度，而且扩大了中庭（最大时987年），结果科尔多瓦的清真寺继萨马拉的两个清真寺之后成为世界规模第三

图 6–18　清真寺，科尔多瓦

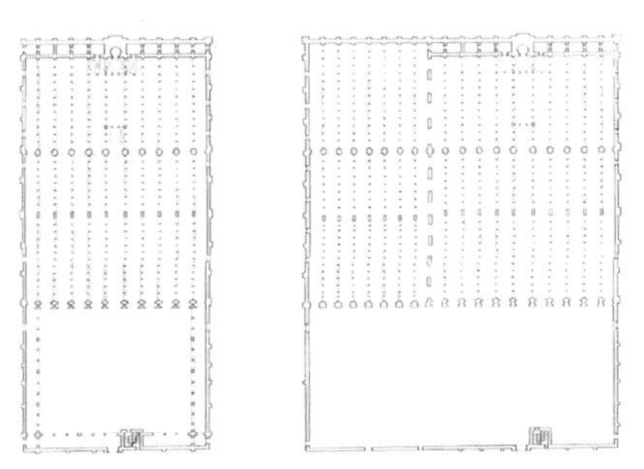

图 6–19　科尔多瓦清真寺的变迁

的大清真寺。

这样建成的清真寺超过 600 根的圆柱像森林般林立。马蹄形拱的上面是半圆形拱组成的双重拱是独一无二的空间创作。

3　阿穆尔清真寺

有学者认为该清真寺的起源有受叙利亚的影响，与齐伯拉墙壁垂直的形式在耶路撒冷的阿克萨清真寺也可以看到。创建者阿卜杜勒·拉赫曼 I 世是出自叙利亚伍麦叶家族，身边叙利亚人很多，双坡屋顶、马蹄形拱，中庭周围的连拱廊等细部都可以看出叙利亚的痕迹。

图 6–20　阿穆尔清真寺，开罗

但是，这个科尔多瓦清真寺的形式与西方伊斯兰世界是共通的，在这个意义上值得关注的是福斯塔特的阿穆尔清真寺。642 年由征服者阿姆鲁·伊本·阿斯（Amr ibn al-As）建造，那以后经历了反复破坏再建，698 年达到现在的规模。最后完成了与齐伯拉垂直的列柱。其特色是拱的下部，柱头与木梁相连。

4　开罗安的清真寺

此外，836 年建设的开罗安大清真寺也具有同样的形式。平面虽不规则，但有与齐伯拉垂直的列柱林立的中廊空间，柱头与木梁连接也和阿穆尔清真寺一样。开罗安的大清真寺，在中廊的中央面向米海拉卜方向设有宽敞的主中殿，米海拉卜的前面十分宽敞。一般称作 T 字型平面。这个 T 字型的平面在几乎处于同时代的阿卜杜勒夫清真寺也可以看到，在马格里布成为一种型制。此外光塔也很独特。不是螺旋形的而是由3层矩形构成。不是放在与齐伯拉墙相反方向的回廊外侧，而是放在回廊中央。这种形式在马格里布也成为一般做法。在马格里布的风土下的最初尝试的是阿穆尔清真寺，把它与开罗安清真寺和科尔多瓦清真寺联系起来来看也是自然的。

那以后作为西方伊斯兰世界的清真寺有穆拉比德（Almoravids）王朝（11～12世纪）的阿尔及尔（Algiers）大清真寺，非兹的卡拉维因（Qarawiyyn）清真寺，穆瓦希敦（al-Muwahhidūn）王朝（12～13世纪）马拉喀什（Marrakech），拉巴特（Rabat）清真寺是众所周知的。然后到了12世纪后半叶的塞维利亚大清真寺以及西拉尔达塔（Giralda，1184～1196年，1560～1568年增建）演绎了最后的辉煌。

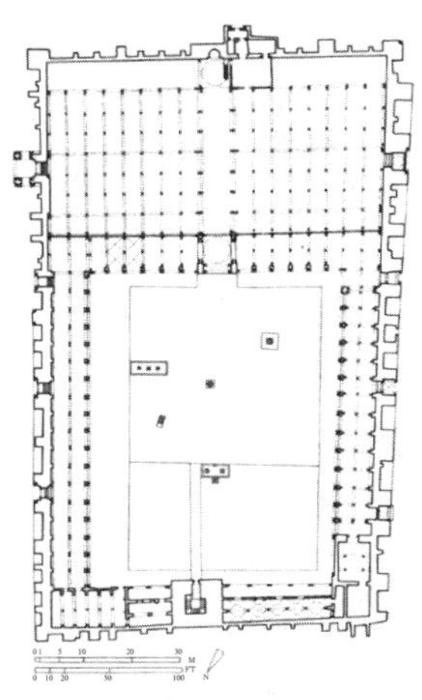

图 6-21　开罗安的清真寺

图 6-22　色布里亚 · 阿尔卡萨城堡

5　穆德哈尔样式

科尔多瓦的清真寺如前所述改建成大圣堂（Catedral）。传说当时的西班牙国王卡洛斯Ⅴ世不满意地说"到哪都看不见的东西被破坏，到处都看得见的东西在建造"。光复完成后，在基督教的体制下继续居住的穆斯林称作穆德哈尔（Mudejar，西班牙的一种建筑风格，带有伊斯兰的中世纪建筑样式）。穆德哈尔工匠们建造的建筑样式称为穆德哈尔样式。塞维利亚的阿尔卡萨城堡（Alcazar，1364年）就是其中杰作。

6　格拉纳达

继科尔多瓦的色布里亚之后，伊比利亚半岛的伊斯兰最后的据点是格拉纳达（Granada，纳斯尔王朝1238～1492年）。阿尔汗布拉宫作为其建筑文化的精髓流传至今。格拉纳达的阿尔汗布拉宫（赤城）的起源可以上溯到11世纪，赫内拉里菲的离宫和城寨部分，以及L型“天人花的中庭”，或者“泉中庭”与“狮子中庭”两个中庭的宫殿组成。彩色的陶板的马塞克、苏坦克雕刻的浮雕，细腻的钟乳石纹饰等，展示了绚烂无比的空间。

图 6–24　阿尔汉布拉宫殿 阿拉亚内斯中庭

图 6–23　阿尔汉布拉宫殿狮子中庭，格拉纳达

图 6–25　阿尔汉布拉宫殿 狮子中庭的细部

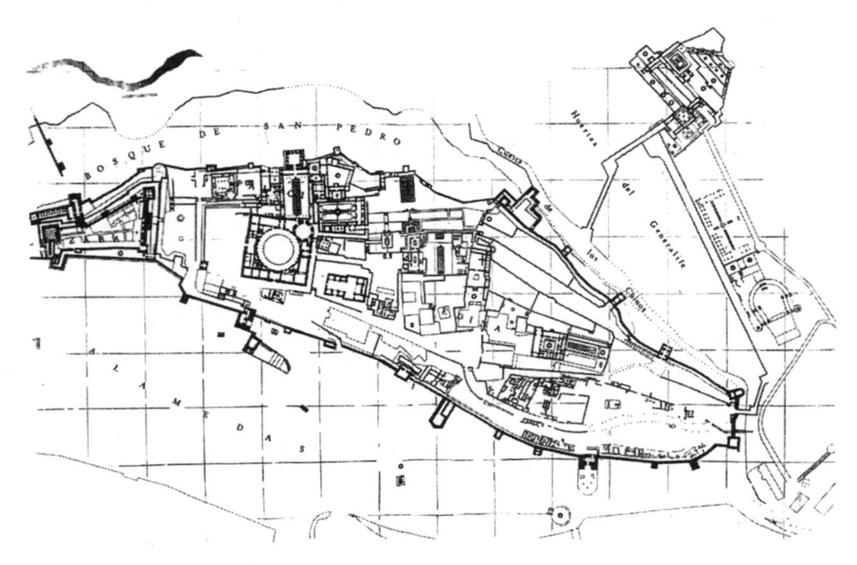

图 6–26　阿尔汉布拉宫殿的平面

07 阿拉伯/伊斯兰城市的原型
——突尼斯

1　突尼斯

突尼斯是自古繁荣的马格里布的主要城市。伽太基、腓尼基、罗马、拜占庭统治者频繁更替，7 世纪阿拉伯人穆斯林入侵以后，先后经历了阿格拉布王朝（800 ~ 909 年），法蒂玛王朝（909 ~ 1171 年），齐利王朝（972 ~ 1148 年），哈夫斯王朝（1228 ~ 1574 年）。到 14 世纪成为现在的麦地那（旧城区，medina，都市的意思）和郊外（拉巴特 rabad）的状态。以下以突尼斯为例看伊斯兰城市构成的基本要素，以及基本结构。

图 6–27　突尼斯的街区

2　伊斯兰城市的构成要素

伊斯兰城市一般由城寨、城墙环绕的市区、郊外三部分构成。突尼斯有两个郊外，都有防卫墙围绕。

城寨是苏丹（伊斯兰教国王）和总督的居城，军队的驻地，由城寨环绕，独立于麦地那自立性很高。在突尼斯也是位于最高的位置。城内除宫殿、各种行政设施外，还有监狱、兵营、浴场、市场、商店等。

麦地那由城墙（sur）围绕，城

图 6–28　突尼斯（航空照片）

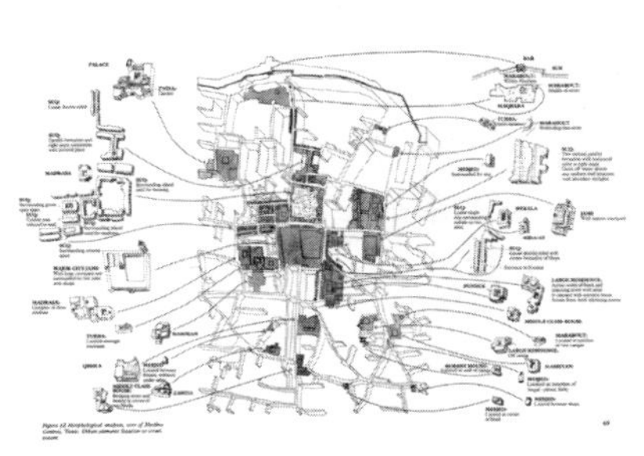

图 6–29　伊斯兰城市的构成要素

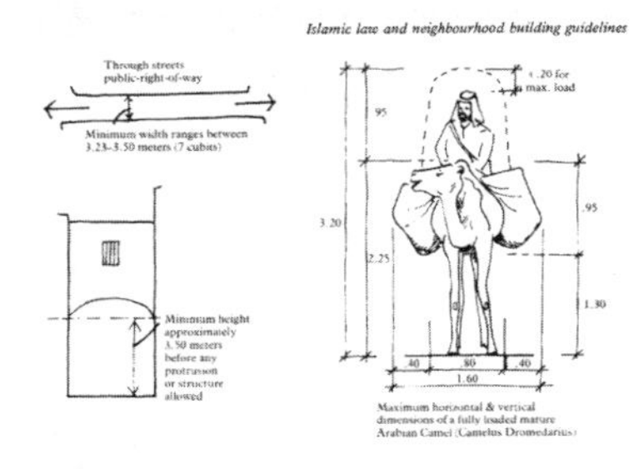

图 6–30　沙里阿规程的一例

墙有城门(bab)、瞭望塔(burj)。在突尼斯共设有 7 个瞭望塔。麦地那有周五清真寺，礼拜的场所穆萨拉(musalla)以街区为单位配置。突尼斯的麦地那中央是创建者哈姆达巴沙(Hammuda Pasha)的清真寺。还设有市场(“苏克” suq 市场，波斯语为“巴扎” bazaar)、公共广场“巴托哈”(batha)，蓄水道设施“哈赞”(khazzan)，下水道设施汗达克(khandaq)。墓地“马库巴拉”(maqbara)建在拉巴特或城墙外。在伊斯兰城市建设的设施除清真寺外还有经学院“马德萨”(madrasa,)公众浴场，商队旅馆等。

3　沙里阿和捐赠财产制度

街道蜿蜒曲折，到处都是尽端路，看上去杂乱无章的伊斯兰城市，在空间构成上却有着一定的原理。按照伊斯兰法或规范，公路的幅宽要求两头载有行李和人的骆驼可以交错通过。不许在公路上放置障碍物，不能独占多余的水面，不得进入私人领域，在清真寺的周围不允许有恶臭、噪音的发生源，有使用宅基地相邻土地的权利，对相邻地有优先购买权，对即成事实有一定的权利(先行权)等详细的规则制约。

此外，在伊斯兰城市的建设上十分有趣的是捐赠财产制度。是一种捐献制度，巴扎、公共浴场等由建设者作为捐赠财产进行捐献，其收益用于清真寺和经学院等主要的公共设施的维持和慈善事业的制度。

4　玛哈拉(莫哈拉、街区组织单位)

阿拉伯城市是由称作玛哈拉或哈拉的街区组织为单位构成的，“玛哈拉”来自意为“场所”的“玛哈尔”一词，比如在印度等伊斯兰所普及的地域也使用“莫哈拉”的称呼。街区是主路——支路——尽端路的道路体系构成，临街住居的集合体就是“玛哈拉”。也有自成一体的清真寺、市场、公共浴场。

08 阿兹哈尔清真寺
——伊斯兰的大学，开罗

1 法蒂玛王朝

在突尼斯建立的法蒂玛王朝于969年征服了埃及，开始建设新都开罗（胜利之城）。其前身为福斯塔特，建设了阿穆尔清真寺，伊本·土伦清真寺，那以后在尼罗河右岸的土地上建造了艾斯卡尔（751年）、卡塔伊（870年）等新的都市。

图6-31 阿兹哈尔清真寺，开罗

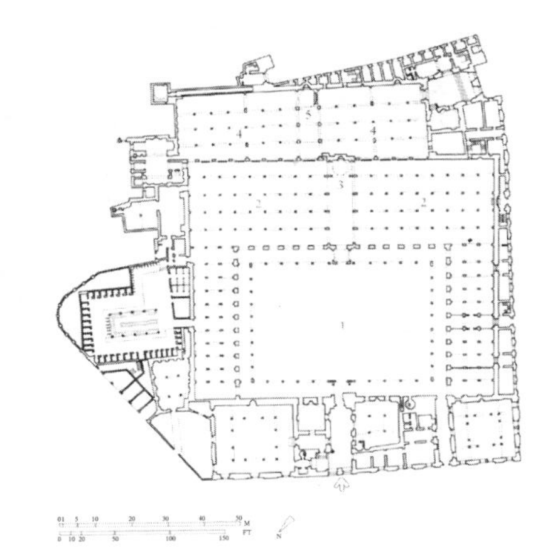

图6-32 阿兹哈尔清真寺（平面图）

开罗是1.1千米见方的近四方形的城堡。是只有君主、家臣、卫戍部队才能居住的禁城。与城墙、东西两个宫殿、宝库、造币所、图书馆等一起在中心建设的是阿兹哈尔清真寺（azhar，970～972年）。附属的大学可以说是世界上最古老的大学，现在在伊斯兰世界也是最具权威的。接着在富图赫门北门（Bab al-Futuh gate）附近建造的是代表法蒂玛王朝的第二个清真寺哈基木清真寺（alhakim，990～1013年）。

2 阿兹哈尔清真寺和哈基木清真寺

法蒂玛王朝不承认阿拔斯王朝（首都巴格达，750～1258年）的哈里发，形成尖锐的对立。初期的什叶（shia）派是真正的王朝。但是，什叶派并没有开创出独自的清真寺形式，两个清真寺都是反复改建、增建，按照最初的复原图可以看出用柱廊围合宽广的矩形中庭是沿袭古典的做法。还有拱的上部装饰等是以伊本·土伦清真寺为原型的。当然主礼拜室的对面没有回廊，米海拉卜的前面建有柱廊，米海拉卜上面有小的穹隆等也与古典清真寺不同的。

但是与法德马王朝瓦解后从属于逊奈派中心大学，仍继续发挥巨大作用的阿兹哈尔清真寺不同，哈基木清真寺不久就失去了清真寺的功能并荒废了，近年又重建了。光塔很独特，但是平面几乎都是古典式的。值得注目的是石材的使用，虽然埃及自古以来是石材建筑，但是在此之前清真寺只使用砖瓦建造。

图 6–33　苏丹哈桑学院（内部），开罗

3　萨利夫达赖的清真寺

法蒂玛王朝特有的清真寺的样式在后世逐渐清晰起来，修建在开罗南门兹维拉（Bab Zuweela）的沙利赫·塔莱（Al–Salih Talai，1160 年）清真寺作为其典型保留下来。石造的、整体呈单纯的直方体。正面设 5 连拱入口的凹部，与笔直的纵长的中庭连接，以强调齐伯拉的轴线。左右为出入口，与宽广的矩形的古典型有明显的不同。

图 6–34　苏丹哈桑学院（外观）

4　马德萨

萨拉丁 1171 年打败了法蒂玛王朝兴建了阿尤布王朝（1169 ~ 1250 年）。在开罗以南筑城堡。以后开罗和萨拉丁的城堡之间发展了城区。与十字军作战的萨拉丁是 12 世纪伊斯兰最著名的人物。但是不可思议的是他不建大清真寺，而盛行建造

称作“马德萨”的伊斯兰教育设施。接着马穆鲁克王朝(1250～1517年)也是先于清真寺建造，据说13世纪后半叶在开罗就有73所马德萨。

伊斯兰教的传教原来是清真寺。但是逐渐需要为从远道而来的学生提供住宿、教材的特别设施。为了学问的振兴、教育、培养官员、知识分子而应运而生的是马德萨。据说马德萨是10世纪在伊朗诞生的。马德萨一方面对为政者来说也是显示权利的场所。清真寺通常没有墓地。预言家的言行中禁止在墓地中作礼拜。但是在马德萨是可以设墓地的。因此权利者竞相建造带有墓地的马德萨之说是有说服力的。

图6–35　穆罕默德阿里清真寺，开罗

图6–36　穆罕默德安娜西尔清真寺，开罗

在开罗建设的马德萨或带有学校的寺庙有卡拉温寺(129年)、巴伊巴鲁斯Ⅱ世寺(1306年)、苏丹·哈桑经学院(1356～1363年)、巴尔库库(Barkook)医院和寺(1384年)等。这些建筑采用的都是马穆鲁克王朝建立以后的传统，其特征为以中庭为中心的十字平面。其中苏丹·哈桑经学院是希腊起源的四伊旺式和叙利亚的石造技术融合的马穆鲁克王朝的杰作。

作为开罗的清真寺值得夸耀的是建在穆盖塔姆(Muqattam)山上的穆罕默德·阿里的清真寺(1848年)。奥斯曼土耳其帝国的阿尔巴尼亚人佣兵队长的穆罕默德阿里开创的近代埃及王朝的中心清真寺。一目了然是伊斯坦布尔的样式，实际上是建筑师尤兹夫波斯纳(Yuzuf Bosnak)以锡南的作品为蓝本设计的。建在阿尤布王朝的城寨中，与旁边的穆罕默德·安娜西尔(Muhammad al–Nāsir)的清真寺样式截然不同，形成有趣的对比。

09 伊旺
——伊斯法罕

对伊斯兰建筑的发展贡献最大的是波斯。特别是伊旺和穹隆的建筑技术形成了伊斯兰建筑的骨骼，喀什面砖的装饰技术使伊斯兰建筑大放异彩。

1 穹隆、拱，穹隅

所谓伊旺是在建筑立面凿穿的拱状凹口。拱形分半圆形、马蹄形、尖塔形、四心形各种形状，外框为四方形。凹口上部是拱（圆筒、船底、椭圆）或半球形穹隆。纪念性建筑作为引人注目的开口部在伊斯兰建筑上较多采用。围绕中庭的四个方向有伊旺的就是四伊旺形式。

伊旺这个独特的伊斯兰建筑语言并不是特殊的东西，把拱和穹隆切开向外打开就是伊旺。

伊斯兰建筑的原型可以上溯到穹隆、拱的产生。在阿拉伯世界屋顶是木构架，是叙利亚、拜占庭的传统。石造的穹隆是由于木材不足而出现的。早在先史时代的美索不达米亚、伊朗高原，穹隆就已经为人熟知了。如何在围合空间的方形墙壁上架设球形的屋顶，突角拱也好、穹隅也好，土耳其式的三角形都是为此设计的。

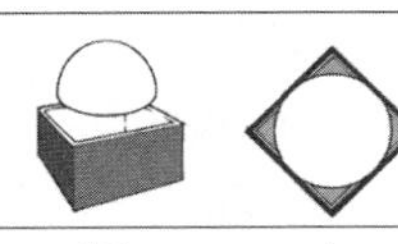

① 在正方形平面的大厅上架构半球形屋顶时，四个角部的处理成为问题

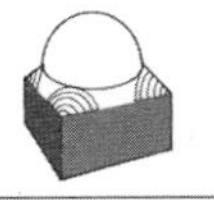

② 在正方形的四个角部架设拱，成为八角形的平面，这个拱称为"突角拱"

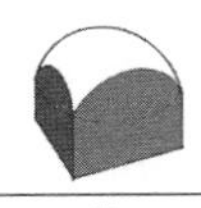
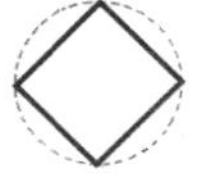

③ 在正方形上架设外接大半圆形，正方形的四边垂直地提升，切割为半圆形屋顶

④ ③容易损坏，将半圆形屋顶进行水平方向切割的基础上放上半球半圆形，四个角部的球面三角形称为"穹隅"

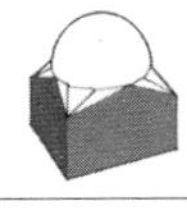
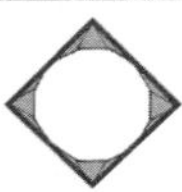

⑤ 将正方形的四个角部的三角形连接起来称为土耳其式三角形

图 6–37 半圆形和穹隅

2 伊斯法罕的星期五清真寺

看一下伊斯法罕的周五清真寺的小圆顶。是尝试了各种穹隆的架设方式的。伊斯兰建筑上绚丽的钟乳石纹样以及壁龛都是追求结构形式的结果。

伊斯法罕自古作为绿洲城市而繁荣。其起源据说是始于巴比伦被捕的囚犯（BC597～BC538年）在伊拉克居住的一部分犹太人移居到这里，形成的侨居地。进入伊斯兰时代，星期五清真寺的建设是711年的事情，但真正进行城市规划的是阿拔斯王朝767年为阿拉伯战士建设军事城市以后的事。

星期五清真寺经过各种改建、扩建走到今天。阿拔斯王朝时代，中庭由列柱廊围绕的古典清真寺通过复原得以清晰。最初的大规模修复、扩建是在布瓦福王朝（932～1062年）时代。增添了教室、图书馆、宿舍，建了2个光塔。在布瓦福王朝时期还建造了城墙。进而在塞尔柱（seljuqs王朝，1037～1157年），伊斯法罕成为临时的首都，星期五清真寺进一步被扩大，完成了今日状态的基本形状。

首先在南和北建设大穹隆（1086～1087年），高20米，直径超过10m，当时堪称世界之最。而且在列柱厅的各托架上采用了所有的穹隆类型。还面向中庭建了4个伊旺，据说这四个伊旺用了100年（1121～1220年）时间才建成。

3 四伊旺形式

四伊旺形式早在萨珊王朝的首都凯特斯芬宫殿等伊斯兰教以前就有。此外在阿富汗11世纪初的伽色尼王朝（962～1186年）的王宫都市也可见到，12世纪初中部伊朗的几

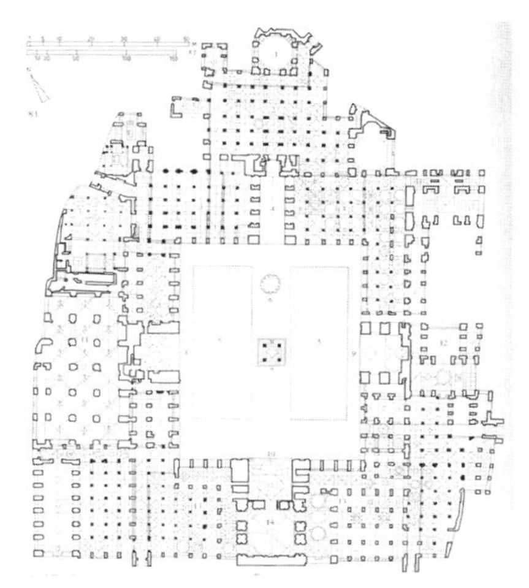

图6—38　星期五清真寺，伊斯法罕

个城市开始在清真寺上采用。周五清真寺的结晶为四伊旺形式，至18世纪之前一直成为波斯清真寺的固定样式达500年以上。而后在叙利亚、埃及以至印度进而在马德萨的形式上也被采用并得以普及。

4 伊斯法罕

12世纪伊斯法罕是大都会。但是高卢王朝和霍拉姆兹·夏（Khwārazm Shāh）一朝（1077～1220年）一起灭了塞尔柱王朝，那以后伊斯法罕1244年进攻蒙古，1387年、1414年屡遭帖木儿（在位1370～1405年）的袭击多次化为灰烬。

旭烈兀（在位1258～1265年）没有返回蒙古高原，在大不里士（tabriz）建都伊儿汗国Ⅱ世（Khan国，1258～1393年）。处于蒙古统

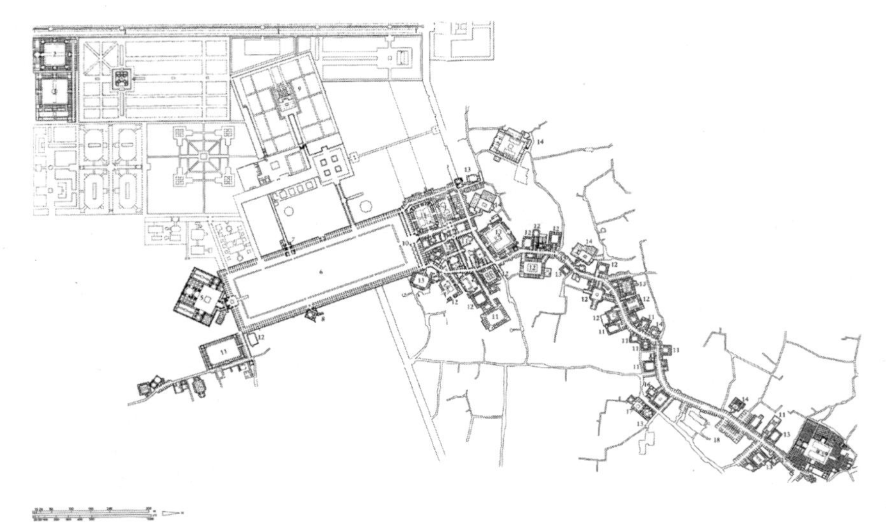

图 6–39　伊斯法罕（都市图）　右下角为星期五清真寺

治下的建筑遗产很少。称作伊玛姆萨德（Imamzade）的圣者庙的建造是 7 代的合赞汗（Ghāzān，在位 1295 ～ 1304 年）该信伊斯兰以后的事情。

土耳其血统的蒙古人帖木儿在撒马尔罕立都，建立帖木儿帝国（1370 ～ 1507 年），留下了许多优秀的建筑遗产。出于帖木儿政权下的建筑有带四伊旺形式中庭的大清真寺（1399 年）和由伊斯法罕出生并已安息的建筑师穆罕默德·本·马夫穆德（Muhannmad Bin Mahmud）设计的太守墓（1404 年）。方形平面的高大主体的上部架设球根形双重壳穹隆的形态是帖木儿王朝的样式。继帖木儿的沙哈鲁（Shahruh Bahadur ，1405 ～ 1447 年），在撒马尔罕建造的天文台的兀鲁伯（Ulugh Beg，1447 ～ 1449 年）也在赫拉特（Heart）、布哈拉（Buxoro）使帖木儿的建筑文化开花。在撒马尔罕的雷吉斯坦（Registan）地区大胆地将兀鲁伯学院（madrasa）、希尔多尔学院、提雅卡力学院清真寺设置在广场的中心，进行城市设计。在布拉哈有卡尔扬（Kalyan）清真寺的中心街形成一综合体建筑群。

此外 16 世纪初，伊斯梅尔 I 世（Isma'il I，1487 ～ 1524 年）以大布里士为首都，建立什叶派民族的王朝。萨法维一朝（1501 ～ 1524 年）成立。11 世纪的赛尔柱王朝以来，没有统治伊朗全域的王朝，但是在西面的奥斯曼土耳其，与东面的莫卧尔帝国之间维持了 200 年以上的领域统治。1597 年，阿拔斯沙 I 世

图 6–40　阿里卡普宫殿，伊斯法罕

(Shah　Abbas Ⅰ，1587 ~ 1629 年）把首都从马穆鲁克王朝移到伊斯法罕（1598 年），开始了新的城市建设。

为大规模改造星期五清真寺和周围形成的旧城区，建设了新的城市中心“国王广场”（现在的伊玛姆广场）。此外还配以“国王清真寺”（1612 ~ 1638 年）和罗德菲拉清真寺（1602 年），以及布置了阿里卡普宫殿。西侧后来增加了四十柱宫(Chehel Sotun　Palace)、贝黑希特（Hasht Behesht）王宫，北侧面向星期五清真寺建造市场、商队旅店，筑起了围合 4 倍于布瓦福王朝市域的城墙，宰因达河（Zayandeh）上架设了三十三孔桥和哈鸠(Khaju）桥，在乔尔法（Jolfa）地区安置了被俘的阿尔梅尼亚人。

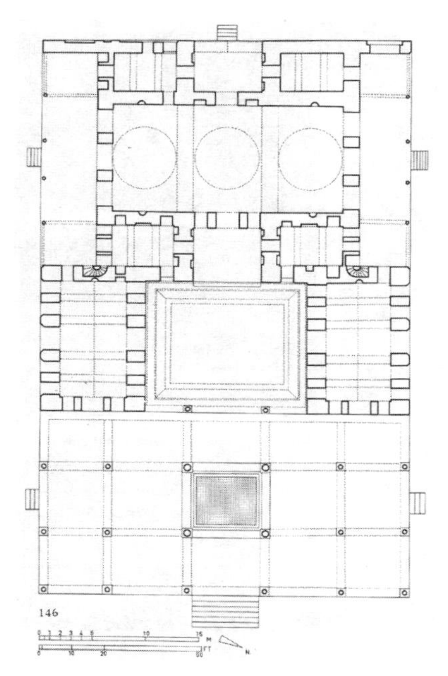

图 6–41　四十柱宫，伊斯法罕

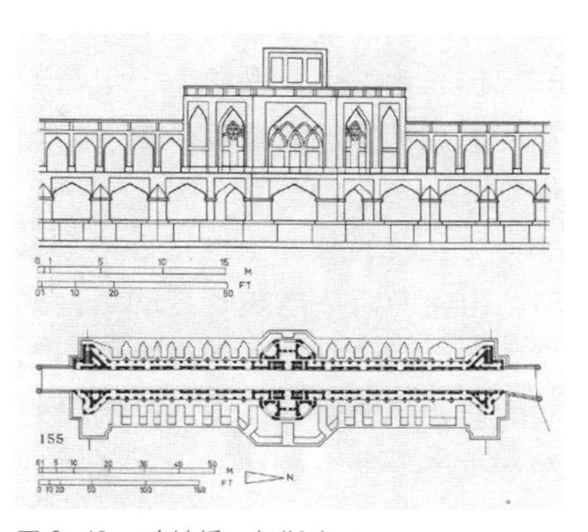

图 6–42　哈鸠桥，伊斯法罕

5　国王（伊玛姆）的清真寺

伊斯法罕的“国王清真寺”被视为伊朗型清真寺的巅峰。整体是巧妙地依照几何形原理设计的。为了让齐伯拉墙对着麦加方向垂直布置，面对“国王的广场”偏转了 45 度。也许开始就是这样设计的。位于广场长边中央的杰作罗德菲拉小清真寺也是偏转轴线 45 度。国王清真寺

图 6—43　贝黑希特宫殿，伊斯法罕

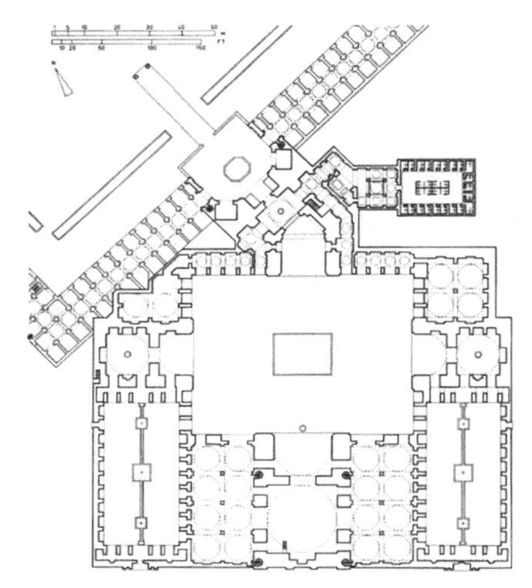

图 6—44　伊玛姆清真寺，伊斯法罕

是完美的四伊旺形式。据考证中庭的规模泉水的大小和位置、伊旺的宽度和高度等，完全基于数学的比例关系。

在瓷砖的装饰上也进行一个革新。构成伊斯兰建筑特色的是马塞克瓷砖。在此之前是用各种大小不同的烧砖组合进行装饰的，12 世纪初产生了深绿色的烧砖，由于产地为伊朗的卡香地方，所以称作“卡西瓷砖”，最初是使用表面彩色的烧砖，不久彩釉瓷砖发展为陶片马塞克。全部用瓷砖装饰的清真寺出现是始于 14 世纪初。这种彩陶马塞克的手法迎来了帖木尔王朝的鼎盛期，并传入各地。与四伊旺形式一起，从突厥斯坦阿富汗到伊拉克安那托利亚伊朗型清真寺普及开来。只是彩釉瓷砖在叙利亚、埃及、以及印度没有成为主流。

在“国王清真寺“的建设上，采用了瓷砖装饰的两个技法，单色瓷砖的组合即所谓马塞克和画有底绘烧成的七彩组合。即白色的瓷砖几块组合在一起画上底画，同时烧成的量产的手法。据说 23 公分 ×23 公分的瓷砖需要 150 万块。

伊斯法罕最盛期的人口超过 60 万。建立了卡扎尔 (Qājār) 王朝，向德黑兰迁都，伊斯法罕在 19 世纪前半叶是可以与大不里士比肩的大城市。但是受到大饥荒和英、德棉纺织品进口增加的打击，19 世纪后半叶人口跌至 5 万人。

column 1

陵墓

清真寺原则上没有墓地。因为预言家的言行中规定禁止在墓地做礼拜。此外按照伊斯兰的教义死者原本没有必要设专门的墓地。墓地只不过是最后审判之前的临时宿场。伊斯兰兴盛后，长达 200 年间都没有建造专门的墓地。然而逐渐权力者开始营建作为单体建筑的陵墓，以及开始流行带有墓地的马德萨。

最初的伊斯兰的圣庙是萨马拉的苏拉比亚庙，是 862 年去世的哈里发蒙塔西尔（Muntasir）的墓。两重八角形中央架有穹隆的集中形式，完全是以岩石圆顶为模式的。

接着有布哈拉的萨曼王朝的伊斯迈尔寺庙（892 ~ 907 年），直方体的上方置有半球形穹隆的形式。

伊朗北部的阿里（Ali）王朝勃兴后什叶派的圣者崇拜得势，开始以塔状的大陵墓来表现国王的权势。其代表作有位于里海东南部高甘（Gorgan）的卡布斯寺庙（1006 年）。十角的星形平面，覆以圆锥形屋顶。此外还有位于达姆甘（Damghan）的阿拉木达尔（Aramdar）寺庙（1026 年）和马斯穆扎德（Masm Zade）寺庙。

另一种陵墓的形状是有着内部由钟乳石纹样构成的圆椎形屋顶的建筑。萨马拉的伊玛目迪尔庙（1086 年），巴格达的祖拜达（Zubayda）庙等是其代表。

还有双重壳的卵形穹隆的苏丹尼叶古城（Soltaniyeh）的乌鲁佳依托寺（Urjaitu）庙在结构上是属于先驱的，另外有出于建筑师莫哈默德本马福穆德（Muhannmad Bin Mahmud）之手的萨马尔罕的戈勒阿米尔（Gur Amir）庙也是双重壳穹隆的杰作。方形大厅的上面是第一层穹隆，再在其上面是圆筒形的主干部，然后覆以球根形的第二层穹隆。后来内壳的穹隆逐渐低下来，外层的穹隆开始膨胀，到了泰姬玛哈陵时，两个穹隆之间的屋架比大厅还大。

图 6-45　泰姬陵，阿格拉

10 锡南
——伊斯坦布尔

1 赛尔柱王朝

土耳其血统的游牧民最初是居住在中亚一带。出生在咸海一带的赛尔柱家在10世纪末进入外乌浒水地区（Transoxania，咸海的河间地带），直到布哈拉，改信为伊斯兰。然后开始进攻波斯、美索不达米亚，以及阿那托利亚。1040年打败伽色尼王朝，1062年摧毁艾哈迈德·伊本·布韦希（Buwayh）王朝，赛尔柱土耳其将波斯整个领土收复在手中，把伊斯法罕作为首都。

这期间尽管有无数伊斯兰势力的进攻，坚守拜占庭帝国的东端领域小亚细亚阿那托利亚高原终于落在伊斯兰势力的手中。赛尔柱家族以科尼亚（Konya）为据点建立独立政权，即罗姆塞尔柱王朝（1075～1308年）。这以后阿那托利亚的诸城市相继建了商队客店、公共浴场、经学院等建筑。

赛尔柱王朝对大马士革及耶路撒冷的占领招致十字军的袭击，使土耳其小亚细亚的统治一时停滞，而12世纪至13世纪建筑活动兴旺，阿那托利亚自古以来就有优秀的石造建筑的传统，在拜占庭帝国的统治下用石材建造了许多基督教建筑。伊斯兰建筑也在阿那托利亚娴熟的石造技术下产生出来。

早期的例子有迪亚巴尔（Diyarbakur）大清真寺（1091年）。这是以大马士革的伍麦叶清真寺为模式的。还有锡瓦斯（Sivas）大清真寺（11世纪），宽大的矩形中庭和列柱室，古典型简洁的构成。采用了各种样式，有特征的是不带中庭的清真寺。具体例子有迪夫里伊（Divrigi）的大清真寺（1228～1229年）。没有中庭一是由于对应气候（寒冷）的原因，另外是为了复活亚美尼亚的石造建筑的传统。

在赛尔柱王朝的建筑中引人注目的是保留有100多商队的客店（骆驼队住宿）。为了诸国的通商再建古代的大通商路，每隔30～40千米就建造一个要塞形式的独特的商队客店，阿卜杜勒汗城堡（Abdul Khan，1210年），阿克萨赖（Aksaray）附近的苏丹·汗（sultan,1232年），在凯瑟利附近的苏丹·汗（1232年）等例为人所知。主要由围绕着以小清真寺为中心的中庭的楼栋和列柱大厅两部分组成，据考证这种形式也是以亚美尼亚教堂为基础，由亚美尼亚工匠建造的。

2　奥斯曼土耳其

蒙古虽然侵略了阿那托利亚，但是赋予各地方一定程度的自治权。不久小亚细亚西部出现了称作奥斯曼的族长，建立了奥斯曼土耳其国（1299 年），占领了布尔萨（1326 年），夺取了阿德里安堡（1362 年），进而 1453 年穆罕默德Ⅱ世（Mehmed，在位 1451 ~ 1481 年）灭了拜占庭帝国，占领了君士坦丁堡，改称伊斯坦布尔，设为都城（1453 ~ 1922 年）。16 世纪征服了马穆鲁克王朝（1571 年），占有了埃及、叙利亚，进而又征服了除了摩洛哥的北非。苏莱曼Ⅰ世（Suleyman，在位 1520 ~ 1566 年）包围了维也纳（1529 年），在普利维扎（Preveza）海战中打败了威尼斯（1538 年），获得了地中海的制海权，由此迎来了全盛期。

3　伊斯坦布尔

伊斯坦布尔的历史始于古代希腊人建造的殖民城市拜占庭。330 年罗马皇帝君士坦丁大帝将首都移居此地，作为君士坦丁堡。被比作 7 个丘的罗马为人所知。很快首都建设

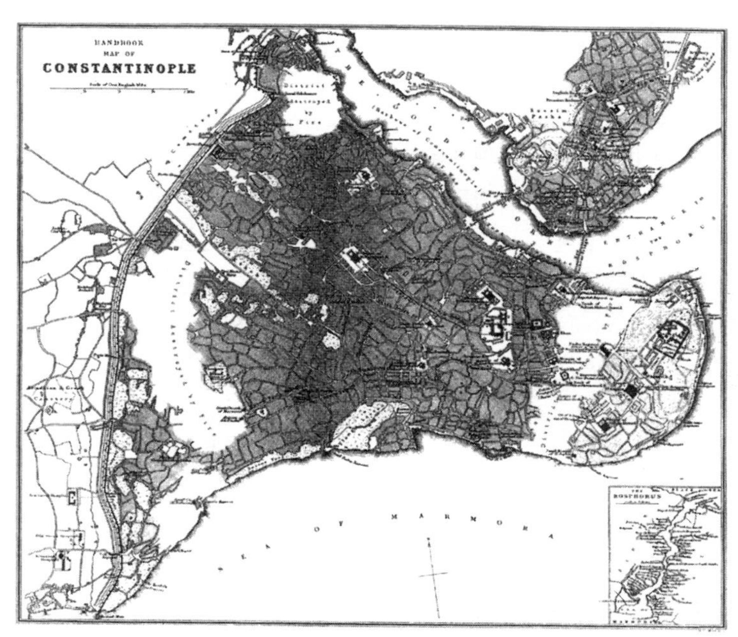

图 6—46　伊斯坦布尔，1875 年

图 6–47　苏莱曼清真寺，伊斯坦布尔

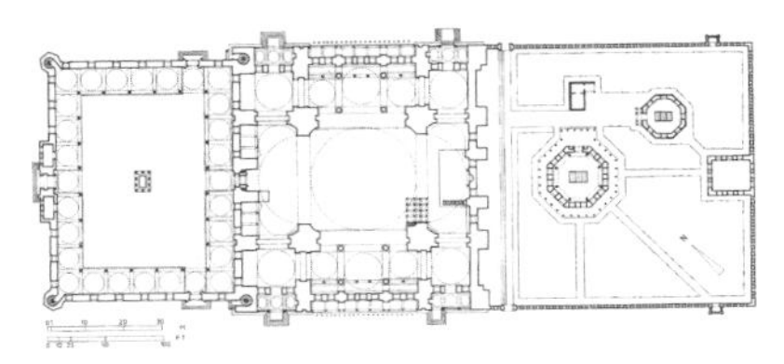

图 6–48　苏莱曼清真寺（平面图）

开始了，360 年奉献了圣索菲亚。两度被焚烧，现在留下的是优士丁尼(Justinianus) I 世第 3 次重建的(537 年) 建筑。拜占庭时代的遗迹有瓦伦斯 (Valens) 水道桥、地下蓄水池、科拉修道院等。

穆罕默德 II 世一进城就把圣索菲亚改造为清真寺。并拆毁圣使徒教堂，建造费斯 (Fatih) 清真寺。在第 1 丘、马尔马拉海，博斯普鲁斯海峡，以至可以眺望金角湾的高台上营造了新宫殿托普卡普宫殿 (1478 年)。

4　锡南

在苏莱曼 (Suleyman) I 世统治下伊斯兰建筑达到了高潮，成为顶峰的是斯勒曼清真寺 (1550 ~ 1557 年)。建筑师是天才的锡南 (1489/90? ~ 1588 年)。关于他的身世有各种说法，生于中部阿纳托利亚的凯瑟利基督教徒的家庭，作为亲卫队的士兵来到伊斯坦布尔，在塞利姆 I 世 (Selim，1512 ~ 1520 年) 的宫廷中奉职。作为工兵队展露头角，将近 50 岁时成为苏丹的宫廷建筑师 (1538 年)。1530 年开始参与清真寺的设计，直到去世 477 年 (466 ?) 从事建筑设计。其作品以伊斯坦布尔为中心 (319 件) 遍布大马士革、阿勒颇、耶路撒冷、巴格达、麦加、麦地那、匈牙利的不丹等奥斯曼帝国的各地。

最初的力作是伊斯坦布尔的塞赫扎德清真寺 (王子清真寺，1543 年)，锡南在设计上作为模式并赋予新诠释的是圣索菲亚。由特拉列斯 (Tralles) 的安提缪斯 (Anthemius) 和米利都 (Miletus) 的伊西陀尔 (Isidore) 为查士丁尼 (Justinianus) 大帝建造的圣索菲亚，采用把中央的穹隆分为一对半圆的穹隆支撑的形式，塞赫扎德清真寺由四个方向的半圆穹隆支撑中央的穹隆。

在锡南以前由两个穹隆前后并列，左右的中殿放 2、4、6 个小穹隆的形式较发达。例如布尔萨的奥尔汗 · 加齐 (Orhan · gazi) 清真寺 (1339 年)，耶西稀尔 (yeall) 清真寺 (绿色清真寺，1413 年) 等。进而产生了连接中庭和主穹隆大厅的形式。

埃迪尔内的乌斯 · 塞勒菲里清真寺 (Uc　selefeli,1444 年) 视为先

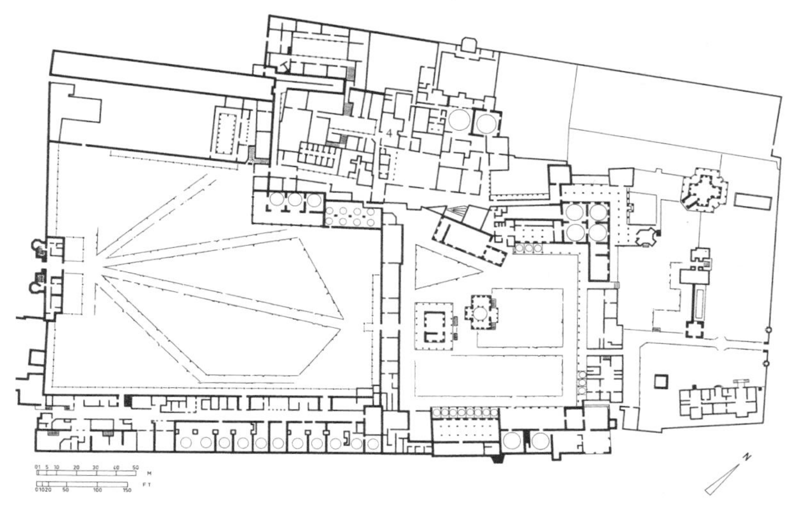

图 6–49　托普卡帕宫殿（配置图），伊斯坦布尔

驱。使用 4 个小穹隆加固主穹隆，这样锡南的革新到来了。

5　苏莱曼清真寺

苏莱曼清真寺的规模仅比圣索菲亚小一些，但是由于建在高坡地上，又是苏莱曼的一大建筑复合体，其伟岸值得夸耀。大穹隆由前后两个半球形穹隆支撑的结构是同样的，但苏莱曼清真寺用了 10 个小穹隆和 4 座光塔作为外观是一大特色。内部空间也一反连续用马赛克装饰球面的圣索菲亚的做法，苏莱曼清真寺用红白相间的（拱）楔石垒砌的尖拱进行界限分明的分节处理。除了主穹隆以外，苏莱曼清真寺设有许多开口部，把拜占庭样式和奥斯曼样式的对比发挥到极致。

锡南一边探索新的结构形式，继而留下了米福利马夫(Mihrimah)清真寺（1555 年），埃迪尔内的塞利米叶（Selimiye,1570 ~ 1574 年）、苏克鲁鲁(Sokullu) 清真寺(1571 年）等杰作。

6　慈悲经 (kyrie)

在奥斯曼土耳其的城市规划中引人注目的是称作慈悲经的建筑复合设施。其代表作是托普卡普宫殿，在金角湾和马尔马拉海之间的名胜地可以看到各种轻快的建筑配以庭院的巧妙构成，此外还有埃迪尔内的巴耶济德二世的慈悲经（1484 ~ 1488 年）。

11 阿克巴鲁——德里、阿格拉、拉霍尔

1 德里诸王朝——库特布 米纳尔

土耳其血统穆斯林开始侵入印度是 11 世纪以后。继伽色尼王朝（977 ~ 1186 年）的麦哈茂德，高卢王朝（1148 ~ 1215 年）的穆罕默德将手伸向了北印度的大半。奴隶出身的将军库特布丁 · 艾伯克（Qutub al Din Aybak）被任命为德里的总督，1206 年穆罕默德死后以德里的苏丹（sultan）为名建立了奴隶王朝（1206 ~ 1290 年）。直至莫卧尔帝国的成立为止王朝称为苏丹政权或德里诸王朝。

库特布 · 亚丁（Qutub al-Din）在德里建的最初的清真寺是库瓦特乌尔伊斯拉姆清真寺。高 68 米的巨大光塔称作库特布石造的光塔。由印度教徒的工匠承担施工，使用拆毁的印度寺院的材料。拱和穹隆的技术在这个阶段还没有传入。最初的清真寺后来被伊杜米斯（1211 ~ 1236 年）扩建，又被安拉 · 亚丁（Allah al-Din, 1295 ~ 1315 年）再次扩建。据说直至苏丹 · 哈尔邦（Balban）的墓地才首次使用拱顶石。

奴隶王朝后期在德里的东南部建

图 6–50 库特布 · 米纳尔，德里

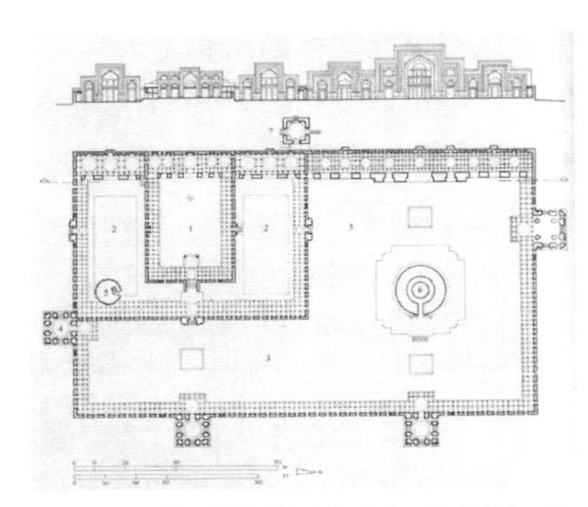

图 6–51 库瓦特伊斯兰清真寺（立面图、平面图），德里

了小城市吉楼库里(Kīrōkri)，此外在卡尔吉王朝(Khalji，1290～1320年）建设了西里城，吉亚斯乌德丁·图格鲁克(Ghiyas-ud-din Tughluq，1320～1325年）建立了图格鲁克王朝(1320～1414年)。阿拉伯人旅行家伊本·白图泰(Ibn Battuta）在图格鲁克宫廷(Tughluq)奉职为人所知。继而穆罕默德·本·图格鲁克(Muhammad ibn Tughluq，1325～1351年）将德干高原西部的印度王国德奥吉里(Deogiri)的旧都命名为富饶的街，企图建立第二个首都，最终放弃了。

图格鲁克王朝的第三代菲鲁兹沙(Firuz Shah,1351～1388年)时代，德里发生很大的变化。菲鲁兹沙特别喜欢建筑，建设了新宫廷和新都菲扎巴德。

1398年末帖木儿军侵入，南印度的维查耶那加尔(Vijayanagar)王国为巩固独立体制荒废了德里，经过赛义德王朝(1414～1451年)、罗第王朝(1451～1526年)，苏丹体制被喀布尔穆罕默德·巴布尔率领下的称为蒙古的新势力攻破(1526年)，留下了330多年建的清真寺、称作达尔格(Dargah）的圣者庙、水利设施、墓庙等许多建筑。

2　莫卧尔帝国

莫卧尔帝国(1526～1858年)继初代巴布尔(1526～1530年）之后，

图6-52　胡马雍寺庙，德里

第二代胡马雍(1530～1556年)，第三代阿克巴鲁(1556～1605年)，第四代贾汗吉尔(1605～627年)，第五代沙贾汗(1628～1658年)，第六代奥伦泽布(1658～1707年）等代代相传之间与奥斯曼土耳其萨法维王朝并肩，成为一大伊斯兰帝国。二代皇帝胡马雍首先在德里尝试了城寨的建设，因此舍尔沙(Sher Shah 印度北部伊斯兰苏尔王朝的创建者）不得不一时中断(苏尔Suri王朝，1538～1555年)。舍尔沙建的是普拉纳奎拉(Purāna Qila)。胡马雍在夺回德里后不久就去世了，其胡马雍庙成为后世陵墓效仿的模式。一分为四的庭院中心有90米见方的基座，其中央配置左右完全对称的穹隆建筑，是波斯建筑师米拉库茶斯(Mirak Mirza Ghiyas）的设计，没有使用彩釉砖，而是采用红沙石与白大理石座组合的手法，屋顶上称作茶托里的小亭是点睛之笔。

图 6–53　乔多巴衣宫殿、法塔赫布尔·西格里古城

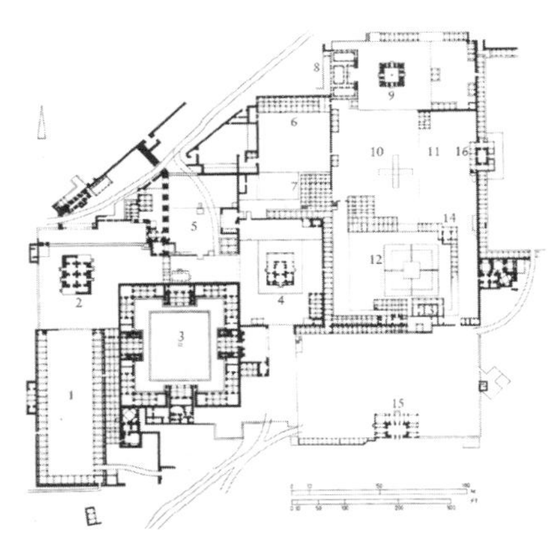

图 6–54　法塔赫布尔·西格里古城(配置图)

图 6–55　伊蒂迈德·阿尔·道拉，阿格拉

3　阿克巴鲁——法塔赫布尔西格里古城

第三代的皇帝阿克巴鲁是奠定了帝国基础的大帝，是把伊斯兰和印度融合的有个性的天才。是一大建筑师也是规划师。他留下了诸多的杰作。首推法塔赫布尔西格里古城的营造(1569～1585年)，留下了内谒殿、五重阁等许多力作的建筑，在安哥拉城有贾汗杰宫，生前将阿克巴鲁庙建在安哥拉近郊的锡根德拉(Sikandra，又叫阿克巴帝陵，1613年)。

第四代贾汗吉尔是放荡公子，也是艺术的庇护者，在安哥拉留下了伊蒂迈德·阿尔·道拉陵(Itimad al-Dawla陵，1628年)，贾汗杰自己的庙建在拉霍尔。取宰相伊蒂迈德·阿尔·道拉的孙女慕塔孜玛哈为妻的是沙贾汗。

4　沙贾汗——泰姬玛哈

第五代皇帝沙贾汗，由于建造伊斯兰建筑的杰作泰姬玛哈而著称于世。还有沙贾汗纳巴特(老德里)的营造也很有名。德里的州立回教堂阿格拉的“珍珠清真寺”也出自他手。

作为爱妻慕塔孜玛哈的庙，花了20年的岁月建造的白大理石的泰姬玛哈陵，在阿格拉城很近的距离就可以看到。从红沙岩建的城的正门进入，穿过伊旺就是宽阔的四分庭院，南北中轴线上有一条笔直细长的水道为导向。在轴线的焦点上耸立着4座尖塔，这就是泰姬玛哈。基座高7米，边长100米，直径28米的穹隆高达65米。

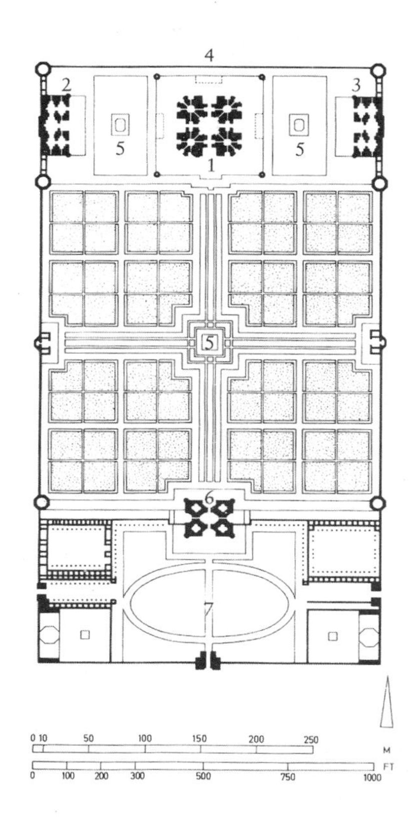

图 6–56 泰姬陵（配置图），阿格拉

图 6–57 贾玛清真寺，德里

图 6–58 红堡 内谒殿，德里

在内谒殿的墙壁上刻着“如果说地上有乐园那就是这里，就是这里，就是这里！”字样。红堡和沙贾汗纳巴德的营造（1638 ~ 1648 年）是莫卧尔帝国的城市、建筑文化的终点。红堡作为含有市场、庭院、清真寺、楼阁、浴场的大宫殿的综合体是精彩的构成。

否认具有王位继承权的所有王子，将父亲沙贾汗幽禁，而登基的第六代皇帝奥伦泽布以严格回归伊斯兰（锡南派）而著称。除了把珍珠清真寺的小品留在红堡内，没有留下什么建筑。

就这样莫卧尔帝国结束了全盛期，以后就连皇帝的寺庙也消失得无影无踪。

12 清真寺

1 伊斯兰教

图 6–59　怀圣寺 光塔，广州

从《旧唐书》的“永徽 2 年(651 年)大食始遣使朝贡”或《册府元龟》的“大食与中国正式通使，确自唐永徽 2 年始”的记述得知，伊斯兰教是从唐代的 651 年传入中国的。所谓“大食法”就是伊斯兰教。但是从 1980 年扬州城郊外的唐代墓(武德,618 ～ 626 年)出土的、写着“真主至大”的陶器来看，传入的时期应该更早。伊斯兰教也称作“真教”，“清真教”的名称自北京的东四清真寺（明，正统 12/13 年 [1447/1448 年]）以后成为一般的叫法。此外还有称“天方(圣) 教”“西域教”“回教”“净教”的，今天正式使用“伊斯兰教”(1956 年)。

2 怀圣寺光塔

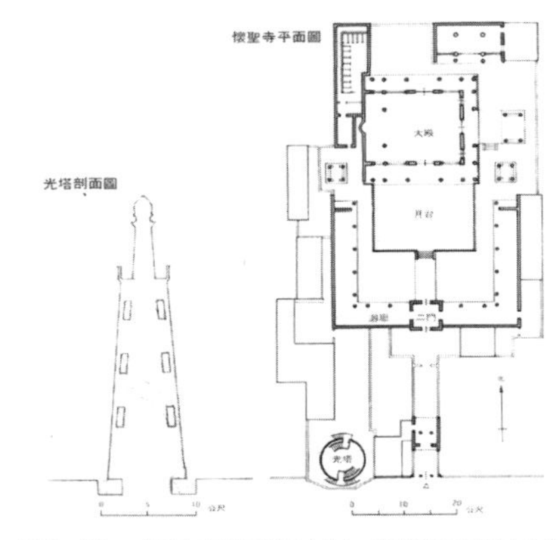

图 6–60　怀圣寺平面图(右)，光塔断面图(左)

向中国传播的途径大体有两个。一是通过海上，从耶路撒冷、阿拉伯半岛经过的达卡、马来半岛到达泉州，另一个是从巴格达和阿拉尔海经过陆地上的丝绸之路，经由撒马尔康德、乌鲁木齐到达长安的路径。

经过海上路径传入的穆斯林在广州、泉州、杭州的“番坊”落户，建了清真寺。清真寺在中国称“礼堂”、“祀堂”、“礼拜堂”、“教堂”、“礼拜寺”、“清净寺（泉州）”、“真教寺（杭州）”等。

广州的怀圣寺光塔是唐代创建的，现存的塔被认为是宋、元时代重建的。此外泉州的清净寺也是伊斯兰古建筑的重要实例。清净寺据《泉州府志》的记载是南宋绍兴元年（1131年）穆斯林教徒慈溪尔伍德（Tusir Uddin）从萨纳维（Sanaway）到泉州时建造的。那以后元代至正年间（1341～1367年）由伊斯兰教徒金阿里重建，明清时期再次修复。现存的实物应为元代的建筑，该寺的平面形式与采用四合院形式的中国国内许多清真寺不同，几乎没有受汉族建筑的影响，即在布置上没有重视左右对称。

3　清净寺

清净寺的寺门是长方形平面，开间4.5米，高20米，深蓝色石材垒砌的。门扉有三重尖头拱，第三重尖头拱的两肋有2个拱门，大门的屋顶为露台，四周是砖围墙环绕。门的上面原有塔，现已遗失。门内部的顶棚是葱头形的，这些都是石造的。礼拜堂在寺的西侧，正面朝正东，平面是开间5间，四周是花岗石的石墙环绕。堂内的西侧石墙上有米海拉卜，其中中央的最大，都是向外凸出，和一般礼拜寺院一样，是设置神龛的地方。南侧的右墙开有6个方形窗。礼拜殿的屋顶已经遗失，无法确认最初的形态。

4　清真寺（西安）

忽必烈重用阿拉伯人建筑师亦黑迭尔丁，让他与汉人刘秉忠一起建设元大都的故事世人皆知。伊斯兰圈和中国的交流在宋元以后极为活跃。

明、清代以后伊斯兰建筑分成新疆乌鲁木齐地方和其他地方两大系统。

内地的回族的清真寺采用当地汉族的建筑形式，是木结构的。其代表例之一有西安的清真寺。华觉巷的清真寺，创建于明代初期（14世纪末），以后几经改建，但主要的建筑是明代初期建设的。

该寺的整体平面是细长形的，前后成四进院布局。第一进和第二进是封闭的庭院，有大门、牌坊以及其他附属建筑。第三进是中心建筑，八角形平面，重檐（内部重层）的“省心楼”（也叫邦克楼、光塔），阿訇（主持清真寺教务和讲授经典的人）在这个楼上招呼信徒们进寺礼拜。西北地区的礼拜寺院的“省心楼”大体都是一样的，其前方凸起的形式构成礼拜寺庙

图 6–61　清真寺，西安

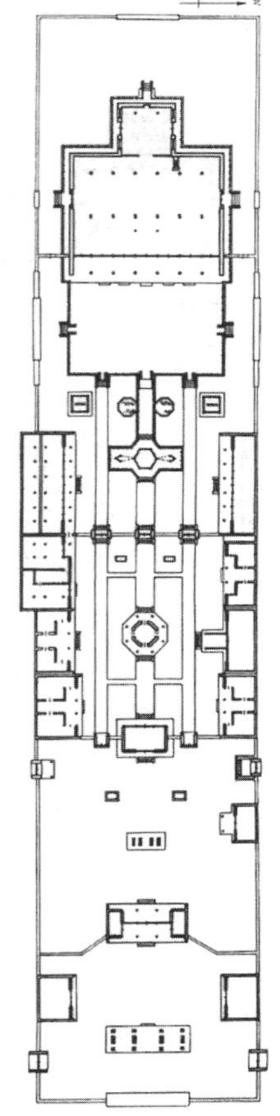

图 6–62　清真寺（平面图）

的主要轮廓线。“省心楼”的西侧有厢房，用于信徒们礼拜前的淋浴的水房、接待室、信徒们的教室，导师的居室等，最后一进中庭的中心建筑是礼拜殿，其前面有石牌坊门和大的月台。

伊斯兰的礼拜殿都是由前廊、礼拜殿堂、后窑殿三部分组成。平面一般是纵长形的，也有T字形的，因此屋顶一般由三部分组成，互相重叠地覆盖。其中央的礼拜殿堂的屋顶最大，也有重檐屋顶形式。

后窑殿设有礼拜窑龛和讲坛。礼拜殿堂是众多信徒进行礼拜的场所。为了让信徒们可以朝着“圣地”麦加方向遥拜，礼拜窑龛在中国必须是朝西的。因此建筑物整体必须是东西向的。

根据伊斯兰的教义，在建筑装饰上不能使用动物的纹样，所以是文字图案，其雕刻、工艺极为精致。后窑殿的四壁和柱子的一面施以浮雕，在微弱的光线照射下，充满了森严肃穆的宗教气氛。

5　艾迪而（艾提卡）礼拜寺

另一方面，新疆地方的伊斯兰建筑，主要是维吾尔族礼拜寺和陵墓。这些平面和外观比较自由和灵活，结构一般采用穹隆屋顶和密排小梁的平屋顶两种形式。

艾迪尔礼拜寺是新疆南部有代

图 6–63　清真寺，牛街，北京

图 6–65　艾迪尔礼拜寺，喀什，新疆

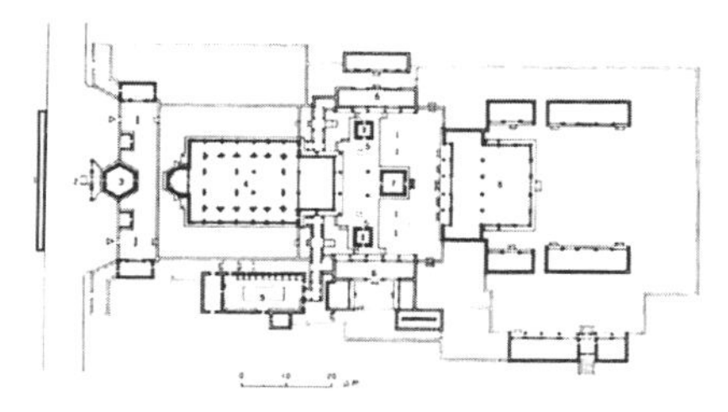

图 6–64　礼拜寺（平面图），牛街，北京

表性的寺院，建在巴基斯坦国境附近的喀什的中心广场。传说是 14 世纪的建筑，但当时只是城外的小寺而已。现存的是清代嘉庆 3 年（1798 年）建设的。平面呈不对称的中庭形式，东面配以门楼、圣礼塔，西面是礼拜殿，南北两侧是排列着阿訇的房间。礼拜殿是开间 38 间，共立有 160 根八角柱，分开敞的外殿和用墙间隔的开间 10 间的内殿。正像艾迪尔寺庙显著的特点那样新疆的伊斯兰建筑是砖和石混合结构以及采用穹隆、拱、平屋顶的独特的建筑风格，基本上没有汉族建筑的影响痕迹。

在中国，有 10 多个民族信仰伊斯兰教。信徒是回族 721 万，维吾尔族 595 万，哈萨克族 90.7 万，东乡族 27.9 万，柯尔克孜族 11.3 万，撒拉族 6.9 万，塔吉克族 2.6 万，乌兹别克族 1.2 万，保安族 0.9 万，塔塔尔族 0.4 万，共计 1457.9 万（中国少数民族情况简表，人民日报 1982 年 10 月 23 日登载）。1997 年估计世界穆斯林人口约 11 亿人。中国 1990 年估计为 1760 万以上。其中除回族以外，大部分居住在中国西北部的新疆、青海、甘肃等地。

column 2　库特斯（爪哇）的光塔

世界上拥有伊斯兰人口最多的国家实际上是印度尼西亚。如果把阿拉伯圈比作伊斯兰的核心，那么东南亚伊斯兰就是外围，其方式也不同。有软穆斯林的说法，从对酒、烟的态度可以看出其戒律是很松的。当然中东的干燥气候和湿润热带的生活方式是不同的。

据说把伊斯兰带入东南亚的是阿拉伯商人、印度商人（印侨）。控制沿海一带港口城市的首领首先改变信仰，其影响力逐渐遍及内陆。内陆的诸国王基本上以印度教的理念为统治原理，为与其对抗，认为引用具有平等理念的伊斯兰很合适。

在爪哇岛，中部的德马（Demak）王国的北海岸的巴西西尔（Pasisir）地域首先伊斯兰化。致力于伊斯兰化的被称为 Wali Songo 的 9 名导师的故事广为人知，J. 哈托曼最初访问顺达哥拉巴（Sunda Kelapa，现在的雅加达）时，伊斯兰教还没有传到这里，等下一班船到达时已经伊斯兰化了，由此推定现在的雅加达附近伊斯兰化是与欧洲人到来几乎是同一时间，即 1600 年左右。

伊斯兰教的传入自然也带来了伊斯兰建筑，阿拉伯、波斯、印度的建筑式样并没有原封不动地照搬。当然也是因为气候、建筑技术的水平不同。饶有趣味的是爪哇的光塔，采用印度教的祠堂样式。还有德马的清真寺采用了把 4 根柱子作为结构核心的爪哇传统的住居形式。印度教影响很强的龙目东北部的萨萨克族的清真寺也是印度尼西亚土生土长的清真寺形式的典型。

建造洋葱头型的穹隆的清真寺显然是近年的事了。作为现代建筑的清真寺有各种各样。东南亚的伊斯兰建筑朝着基本样式的确立仿佛还在继续摸索中。

图 6–66　库特斯的光塔，爪哇

VII

殖民地城市与殖民地建筑

所谓殖民城市，原指古希腊罗马中因殖民活动（移居）而建设的城市。殖民地建设的原因是人口过剩、内乱、确保开辟新世界的市民权以及军事据点的营建等。希腊语称 apokia，拉丁语称 colonia。古希腊城邦 polis，古罗马城邦 civitas 在黑海沿岸、特拉克亚（trakya）南岸、利比亚北岸、意大利南部、叙利亚东岸和南岸、法国南岸等地建设了许多殖民城市。也有殖民城市再创建殖民城市的例子。

以拉丁语科隆尼亚为词源，衍生出了colony（英语），colonie（法语）、kolonie（德语）等广泛运用的"殖民地"概念，在近代以前，意味着某集团离开其居住地移住到另一地域，从而形成的社会。在中世纪的德国也有向东方移居的例子。

然而，科隆尼亚不单指移住地，还意味着受某集团政治和经济统治的地域。受西欧列强帝国式入侵的地区，把保护国、保护地、租借地、特殊公司领地、委任统治领地等称作殖民地。本章要论述的对象，就是所谓西欧列强统治的近代殖民地。即 15 世纪末以后形成的，从属于"世界资本主义系统"并被括入其"周边区域"的地区。欧洲在产业革命过程中，孕育了萌芽的资本制生产方式的同时，也不断地朝着"周边部"，进行商业资本财富积累。这些财富的积累成为西欧世界向产业资本主义转移的原动力。因此，以这些地方为据点建设的就是殖民城市。

西班牙、葡萄牙拔得头筹，荷兰、法国、英国相继对亚洲侵略，最开始时采取向商业性领域扩张的形式。这未必带来当地社会的巨大变革，作为交易据点而设置的基地（商馆 factory，要塞 fort）不久就成为了殖民城市的核心。另一方面，在美国大陆是直接采取殖民地统治的形态。当地社会遭到了彻底的破坏和掠夺。在此基础上，建起了作为殖民地统治据点的殖民城市。

殖民城市形成过程中的统治←→被统治的关系，是由欧洲文明←→土著文化的对抗、冲突、融合、折中而引起的。殖民地建筑是这种文化变化的象征。因此，可以在殖民城市看到欧洲建筑与土著传统建筑结合而产生的新的建筑形式。

01 西欧列强的海外进出与殖民城市

近代欧洲诸国中，在印度洋及东南亚两海域世界最早登场的是到达好望角周边的葡萄牙和到达墨西哥附近的西班牙。入侵西班牙两海域世界的主要是菲律宾，与此相比，16世纪初以来，葡萄牙在两海域世界的各地都建起了殖民城市。16世纪以后，荷兰紧随其后，接着英国也相继跟进。

1 葡萄牙

开启欧洲向海外扩张先河的是葡萄牙。自1488年迪亚士到达好望角，1498年达·伽马(1469～1524)抵达印度、古里。以后，葡萄牙占领了果阿(1510年)、马六甲(1511年)、锡兰(1518年)，并获得澳门居住权(1557年)，在亚洲相继建立了很多殖民地据点。1517年到达广州，在种子岛漂流是1543年，最先造访中国和日本的也是葡萄牙。

14世纪末，在伊比利亚半岛葡萄牙、阿拉冈(Aragon)国、卡斯蒂利亚Castilla等诸王国分立。在安达卢西亚(Andalucia)地区，格拉纳达王国(Granada)还在维持着伊斯兰统治圈。在不断的抗争中，1385年成功地抵抗了卡斯蒂利亚军入侵的约翰I世（在位1357～1433年），建立起了阿维斯王朝(1385～1580年)。于是葡萄牙成为了欧洲最早的国民国家。

由于和大国卡斯蒂利亚接壤并经常受其压迫，促使葡萄牙不得不从海上寻求活路。约翰I世援助在马德拉群岛、亚述尔群岛、加纳利群岛的殖民尝试。他还企图进入非洲，1415年送杜瓦尔特(Duarte)、亨利两王子指挥的大军占领了摩洛哥的休达(Ceuta)港。

亨利(1394～1460年)是很有名的航海王子。其兄杜瓦尔特即位后(在位1433～1438年)，对在非洲大陆沿岸进行交易，以及殖民活动给予了免税(五分之一税)的特权。王子越过了作为航海界限的博哈多尔(Cabo Bojador)海峡积极进行海上扩张活动。1449年在阿尔金岛(Arguin，毛里塔尼亚)建商馆作为据点。此外还在葡萄牙南端拉格斯(lagos)设置了几内亚馆(1450年)以管辖贸易活动。亨利王子去世后阿方索V世(Afonso，在位1438～1481年)在阿尔金岛建设要塞(1461年)委任其子约翰王子约翰II世(在

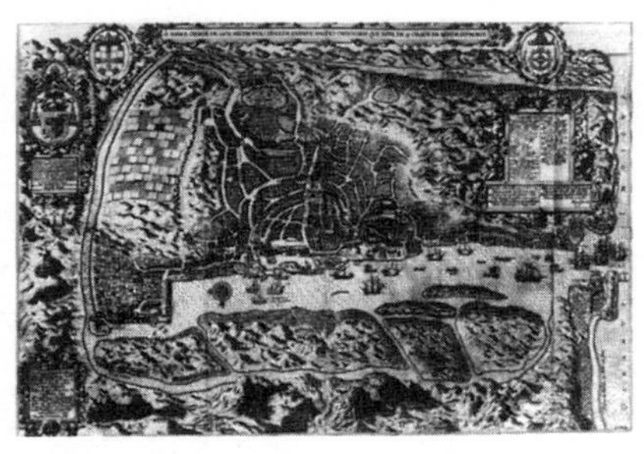

图 7–1 果阿，印度，1595 年

位 1481 ～ 1495 年）管辖。继承了亨利事业的约翰王子为了进行金钱和奴隶交易，在几内亚海岸建起了大使城（加纳共和国大使馆，1480 年）。几内亚大使馆也移到了里斯本，改称几内亚米纳 Casa da Guinea）馆。在为进入非洲倾注生命的约翰Ⅱ世的带领下，1488 年巴尔托洛梅乌·迪亚士终于到达好望角，印度洋展现在他的面前。

2 托尔德西拉斯条约

卡斯蒂利亚比葡萄牙晚一步进入加纳利群岛，同时也正处于对抗格拉纳达的战争中。1469 年卡斯蒂利亚的公主伊莎内拉与阿拉贡国的王子费迪南德结婚。1474 年国王亨利Ⅳ世去世后伊莎贝拉成为了女王（在位 1474 ～ 1504 年），与费迪南德一起吞并了卡斯蒂利亚。接着在 1479 年费迪南德继承了阿拉贡国的王位（1479 ～ 1516 年）。由伊莎贝拉和费迪南德两王统治的西班牙王国开始了。阿方索Ⅴ世介入了卡斯蒂利亚的王位继承，1479 年《托尔德西拉斯条约》成立，葡萄牙放弃了王位继承权，而获得了马德拉岛、阿索岛、佛得角诸岛的统治权以及非洲大陆沿岸的航海和贸易垄断权。西班牙只有加纳利群岛的统治权被承认。

接着哥伦布（克里斯托佛·哥伦布 Christoporo Colombo1451 ～ 1501 年）的时代到来了。提议环西路航行前往日本和契丹（Khatai 中国）航海方案的哥伦布与约翰Ⅱ世意见不和，迂回曲折的结果两国王最终接受。根据《圣菲协议》，哥伦布享有其所发现土地全域的垄断权。1492 年哥伦布到达圣萨尔瓦多岛。不可思议的是那一年也正是格拉纳达王国陷落，再征服时期结束的一年。

其结果，葡萄牙和西班牙于 1494 年缔结托尔德西拉斯条约。划定佛得角以西 370 里格（Legua，1 里格≈ 5.5 千米）西经 46° 37′ 的子午线以东属葡萄牙、以西为西班牙统治圈。当时通过了东经 133° 23′ 的子午线的日本，被分割为东属西班牙，西属葡萄牙的状态。1500 年被发现的巴西根据条约属于葡萄牙的领土。

葡萄牙的曼努埃尔Ⅰ世（在位 1495 ～ 1521 年）即位后，1497 年送达伽马（Vasco da Gama）到印度。1499 年伽马从古里回国后，1500 年第二次派遣船队由佩罗·阿尔瓦维·卡伯拉尔（Pedro Alvares Cabra）担任指挥官。卡伯拉在科钦建立商站。几内亚米纳馆改称印度 India 馆，从此每年要往印度派遣船队。

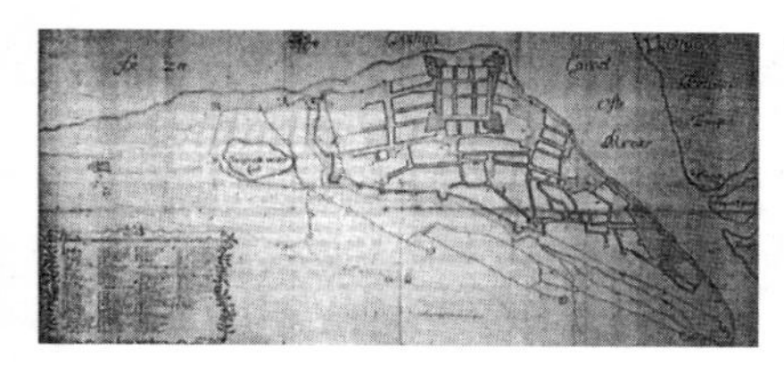

图 7–2　葡萄牙时期的科钦，印度，1663 年

曼努埃尔Ⅰ世 1500 年派遣加斯帕尔·德·科特里亚尔往西北方，1501 年派遣贡萨尔·科埃尔奥和阿美利哥维斯普西往西南方向，冲出西班牙势力范围到达印度的宣告失败后，环西路航线被彻底放弃。1502 年再次派伽马为司令官出海，自那时起印度洋开始有常驻的葡萄牙舰队，开始用武力统治海上交通。1505 年非洲东海岸以及在印度设立的商站和要塞作为印度领土被整合。弗兰希斯科·德·阿勒美达（Francisco de Alemeida，1450 ~ 1510 年）被派作舰队总司令兼首任印度总督，开始了对印度领土的统治。当时的活动据点是科钦（Cochin），1530 年果阿（Goa）成为印度领地的首都。

曼努埃尔Ⅰ世命阿勒美达发现并占领了马六甲，但是由于马穆鲁克（Mamalik）王朝和古吉拉特邦（Gujarat）王国的联合舰队等伊斯兰势力的阻止未能实现。该任务委任给了狄奥戈·洛佩斯·德·塞格依拉（Diogo Lopes de Sequeira），于 1509 年登陆受到玛末沙（Mahmud Shah）苏丹的攻击而挫败。众所周知当时塞格依拉的船队中有弗兰希斯科·塞隆（Francisco Serrao）和麦哲伦（Magallanes）。

最后成功占领马六甲（1511 年）的是第二代总督亚丰素雅布基（Afonso de Albuquerque，1456 ~ 1515，在位 1509 ~ 1515 年）。亚丰素雅布基在去印度的途中，成功占领了红海入口的索科特拉（Socotra）岛以及波斯湾入口的荷莫兹岛（Hormuz）。他还在荷莫兹岛建起了要塞（1515 年）。亚丰素雅布基在攻击阿拉伯半岛的亚丁（Aden）、古里时失败，但成功占领了果阿（1510 年）、马六甲（1511 年）。当时塞隆和麦哲伦也加入了进来。紧接着石造的正式要塞开始建设，还着手建造圣母受胎告知教堂。从那以后葡萄牙要塞的酋长（captain）担任了东南亚葡萄牙人的活动的指挥。

3　西班牙

在西班牙，费尔南多（Fernando）国王去世后（1516 年），卡洛斯（Carlo）Ⅰ世继承了王位（1516 ~ 1556 年），在这个时期荷南·科尔蒂斯（Hernn Corts）征服了墨西哥（1521），皮扎诺（Pizarro）征服了印加（1532 年）等，来自西班牙的新大陆殖民地化活动正式开始了。

1499 年以后，国王抛开了“圣菲协议”，无视哥伦布的独占权，给与其他航海者出海许可。1503 年以后，塞维利亚（Sevilla）的通商院承担了此项职能。为了取得登陆土

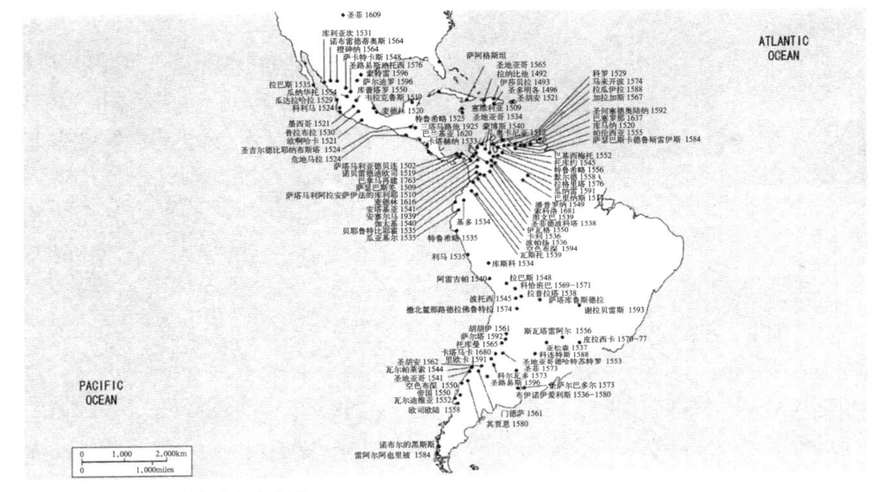

图 7–3　西班牙殖民城市分布图

地的西班牙统治权在法律上的认可，计划向新世界出航的远征队的队长获得许可，要求自筹一切费用，携带王室官吏同行，取得财宝的五分之一归国王所有。

“征服 (conquistador)” 带有某种强烈的个人因素，远征队长有各种背景。渡航者中含有很多没有获得正式许可证的。“征服” 大致可以分成 3 个时期。

① 1492 ~ 1519 年　从安地列斯群岛 (Antilles) 的发现到征服墨西哥

1494 年哥伦布回到了海地 (Haiti)。1495 年发现了茨堡 (Cibao) 的金山，建设了圣多明戈 (Santo Domingo) 港。接着征服了波多黎各 (1508 年)、牙买加 (1512 年)、古巴 (1514 年)，建立了哈瓦那。1499 年以亚美利哥 · 维斯普齐 (Amerigo Vespucci) 为向导的船队到达委内瑞拉海岸，在库马纳岛建了驻地。1513 年瓦斯科 · 努涅斯 · 德 · 巴尔波亚 (Vasco Nuñez de Balboa) 横穿巴拿马海峡 “发现” 了太平洋。1517 年在何南德斯 · 德 · 科多巴(Hernández de Córdoba) 的指挥下，前往尤卡坦 (Yucatán) 半岛，开始了最初的远征。

② 1519 ~ 1532 年　征服阿兹台克 (AZTECA) 帝国

1519 年，荷南 · 科尔蒂斯一行在尤卡坦半岛登陆，抵达墨西哥盆地。他被任命为新西班牙 (Nueva España) 的总督 (1521 年)。1524 年以后，又开始了洪都拉斯 (Honduras) 方面的探险。1530 年，太平洋岸和菲律宾诸岛被连接起来。

③ 1532 ~ 1556 年　占领安地斯 (Andes) 高地 (秘鲁、玻利维亚、厄

瓜多尔、哥伦比亚）

以巴拿马海峡为基地，由弗朗西斯科·皮扎诺（Francisco Pizarro）担任指挥官，开始对安地斯高地进行征服。

“征服”是在卡洛斯Ⅴ世统治末年1556年完成的，之后“发现”一词开始启用。1572年菲利浦Ⅱ世的敕令中，“征服”一词被禁止，殖民城市的建设开始了，包含这一方针的印度法的公布是在1573年。

1513年和马来奴隶恩里克一起回国的麦哲伦，将环西路航线登陆马鲁古（Maluku）群岛的设想禀报了曼努埃尔Ⅰ世没有被接受，他便到西班牙拜见卡洛斯Ⅰ世并获得了许可。1519年以麦哲伦为司令官的5支船队从巴拉梅达（Sanlucar de Barrameda）港出发，发现了麦哲伦海峡，横渡了未知的大洋，完成了众所周知的环绕世界一周的航行。麦哲伦到达菲律宾群岛后被土著居民杀害。最早完成世界一周航行的人便成了马来人恩里克。

葡萄牙在1511年以后定期访问马鲁古，收购香料等物资，1522年后通过环太平洋航路到达了菲律宾的西班牙也立即挤入了马鲁古群岛，与特尔纳特（Ternate）附近的蒂多雷（Tidore）岛国王携手对抗葡萄牙。

4 荷兰

到了重商主义时代的17世纪后，其他的欧洲列强也沿着葡萄牙开拓的东印度，即通向东亚之道进入了两海域世界。其手法与有浓厚反宗教改革色彩的伊比利亚等国不同，而采取了与重商主义相匹配的特许公司的方式进入的。东印度公司的设立就是这一手法。最初继英国东印度公司（1600年）之后，接着设立的是荷兰东印度公司（1602年）。这两个公司的活动，在日本也很为人所知，但设立东印度公司的不仅是这两国，法国、丹麦、苏格兰、澳大利亚、瑞典等诸国也设立了东印度公司，参与对东亚的贸易。

1543年以后获得整个尼德兰统治权的卡洛斯Ⅴ世，于1555年将王权委任给儿子菲利浦Ⅱ世（Philippe II）。菲利浦Ⅱ世时期，出现了反对菲利浦Ⅱ世时期绝对中央集权统治的尼德兰动乱，1567年菲利浦Ⅱ世派阿尔发公爵进行镇压，奥伦治（Orange）亲王威廉（William）奋起反抗（1568～1572年），之后转入了为独立而战的80年战争（1568～1648年）。

1576年尼德兰全国议会确立了指导权，1579年北部7州结成了乌德勒支同盟，以致1581年菲利浦Ⅱ世被宣布废黜。接着阿尔发公爵被暗杀（1584年），1588年尼德兰联邦共和国在实质上已经成立，正式获得公认是在1648年签订《威斯特伐利亚和约》之后。

从此获得独立的荷兰取代葡萄牙成了亚洲交易的主角崭露头角。17世纪是荷兰的时代。16世纪后

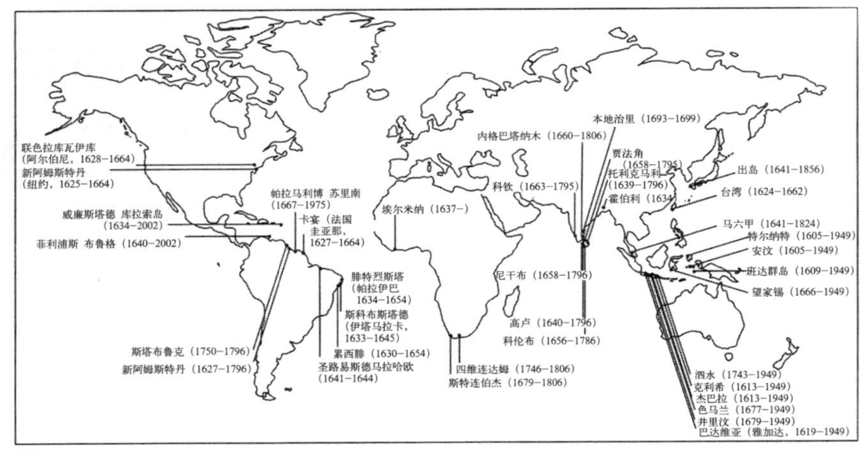

图 7–4　荷兰殖民城市分布图

半叶，尼德兰已经让葡萄牙在亚洲购入的商品在欧洲流通上，发挥了很大的作用。曾经在葡萄牙、西班牙的船上工作，靠航海为生的荷兰人乘船的越来越少。位于北海、大西洋和欧洲大陆连接点的安特卫普（Antwerpen）成为交易的中心。葡萄牙的亚洲香料以及南德国产的铜、银的交易占有很大份额。此外还集中了英国的毛织品，与伦敦也有联系。其不仅连接了地中海和北海，还成为了欧洲内陆路线的一大道路交点。只是安特卫普将其位置让给了阿姆斯特丹。1585 年被西班牙包围了约 1 年的安特卫普终因承受不住而沦陷。由于西班牙统治的牵制，北尼德兰取得了独立，而南尼德兰被切断。

1580 年菲利浦Ⅱ世合并了葡萄牙，禁止荷兰船只停靠里斯本港。荷兰独自交易途径的开辟备受关注。推荐自北部向欧洲亚洲行进的北方航线的是阿姆斯特丹的地理学者普朗西斯（Plamcius）。赫姆斯凯尔克（Heemskerk）和巴连茨（Barentszeiland）于 1594 年、1595 年、1596 ~ 1597 年进行了三次探险。他们在勒斯瓦巴尔群岛沿岸结束探险后，在诺维亚则亚（Novaya Zemlya）越冬。

另一方面，与此同时葡萄牙正开展着对东印度航路的信息收集工作。荷兰人林斯柯顿（Linschoten, Jan Huyghen van）1583 年作为果阿大司教的秘书渡航印度，1592 年回国，出版了其旅行记。最初开辟东印度航路的豪特曼（Colnelius de Hautman）也收集了到里斯本的航海图等（1592 年）。

在南尼德兰富商的支援下，豪特曼于 1595 年出航，在马达加斯加海峡过冬后到达了万隆（爪哇），1597 年归国。为与阿姆斯特丹的商人们展开竞争开设了航海公司。最早的公司是“远国公司”(1594 年)。

接着到了 1598 年，由“旧公司”派出的以雅各布 · 范 · 尼克(Jacob Van Neck)为总指挥官的 8 支舰队出航，1600 年全部归国。当时在特尔纳特建起了商站。至 1600 年之前“旧公司”一共尝试了 4 次航海。建立了许多公司，从 1595 年到 1602 年共有 14 个公司向东印度派送了 60 余只船。

由于航海公司的无序开设造成的激烈竞争，导致来自东印度的产品价格下跌。因此又萌生了合并诸公司的想法。于是设立了垄断东印度贸易的公司“联合东印度公司 VOC (Vereenigde Oost-Indische Compagnie)”(1602 年)。这个荷兰东印度公司也可以说是世界最早的股份(有限) 公司。虽然比英国的东印度公司的成立(1600 年) 晚了两年，但其资本金额却是英国的 10 倍以上，组织形态也相对稳定，是相当先进的。

西班牙和葡萄牙进行的海上贸易是王室垄断的事业，而荷兰的东印度公司由董事长、股东很有组织地进行运营。值得关注的是在东印度的条约缔结、自卫战争的进行、要塞的建设、货币铸造等权限被垄断了。

荷兰东印度公司当时除万隆以外，还在巽达加拉巴(现在的雅加达)、杰柏拉(Jepara)(爪哇中部)、革儿昔(Gresik，爪哇东部)、望加锡(Makassar，苏拉威西) 以及柔佛(Johor)、北大年 (Patani，马来半岛)、

图 7-5　莫卡，也门，1762 年

图 7-6　巴特维亚，印尼，1627 年

默吉利伯德讷姆(Machilipatnam，印度东岸) 等设立商馆，寻找根据地。1605 年葡萄牙袭击并占领安汶(Ambon)，但还缺乏将马鲁克群岛作为最大根据地这一条件。

在将巴达维亚(Batavia) 作为根据地的同时，奠定了荷兰东印度公司经营基础的是第四代总督占 · 彼得逊 · 昆(Jan Pieterszoon Coen，在位 1619 ~ 1623 年，1627 ~ 1629 年)。昆在 1619 年就任的同时烧毁了英国商馆，着手新街区的建设。于是，巴达维亚在 17 世纪末成长为被誉为

图 7–7　热兰遮城，中国台湾，1644 年

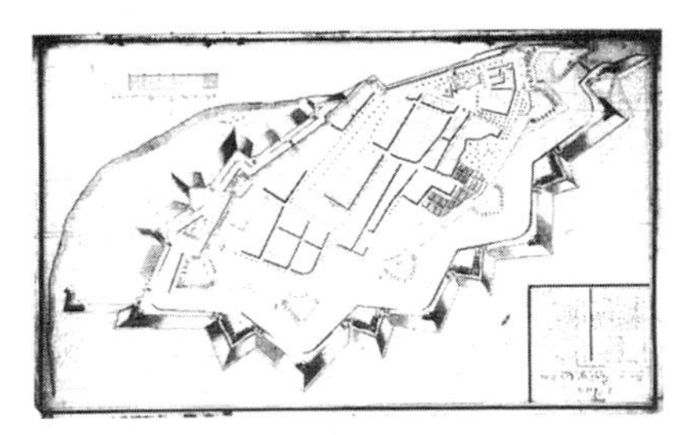
图 7–8　荷兰时期的科钦要塞，印度，1782 年

“东洋女王”的美丽城市。

巴达维亚建设之后，荷兰在各地进行了城市建设。1641 年占领马六甲。江户幕府在那一年将平户的荷兰商馆移到了长崎，完善了只承认与荷兰通商的锁国体制。1624 年在台湾开始了热兰遮城（Zeelandia）的建设。1640 年完成要塞建设，1662 年被郑成功攻破而撤退。

与马六甲一样，袭击葡萄牙要塞进行城市建设的有锡兰的高卢、可伦坡，以及印度的科钦。作为新城市建设的代表性例子是作为通往东印度航路的中转基地开普敦。其建设者里贝克（Jan Van Riebeeck，1652 ~ 1795 年）有过去在巴达维亚工作的经历，也造访过出岛。其后担任马六甲的总督。荷兰东印度公司统

图 7–9　累西腓，巴西，1637 ~ 1644 年

辖的是开普敦以东的地区。

另一方面，负责非洲以西、巴西、加勒比海的荷兰根据地经营的是 1621 年设立的荷兰西印度公司（WIC）。西印度公司承担着欧洲和非洲以及中南美之间的三角贸易。由该公司建设的有代表性的荷兰殖民城市有非洲、几内亚海岸的埃尔米纳（Elmina），巴西的累西腓（Recife）、帕拉马里博（Paramaribo，苏里南）、乔治市（Georgetown，圭亚那）、安地列斯群岛的威廉斯塔德（Willemsta，荷属科腊索岛）等。

5　英国

在资本主义世界经济体系的成立过程中最早掌握了主导权的荷兰，到了 18 世纪其势头逐渐减弱，18 世纪末该主导权让给了英国。荷兰的鼎盛时期被认为是 1625 ~ 1675 年。在 1799 年的 12 月 31 日东印度公司宣布解散。

英国东印度公司的首次航海是 1601 年姆斯 · 朗卡斯特船长（James Lancaster）率领的 Dragon 号及其

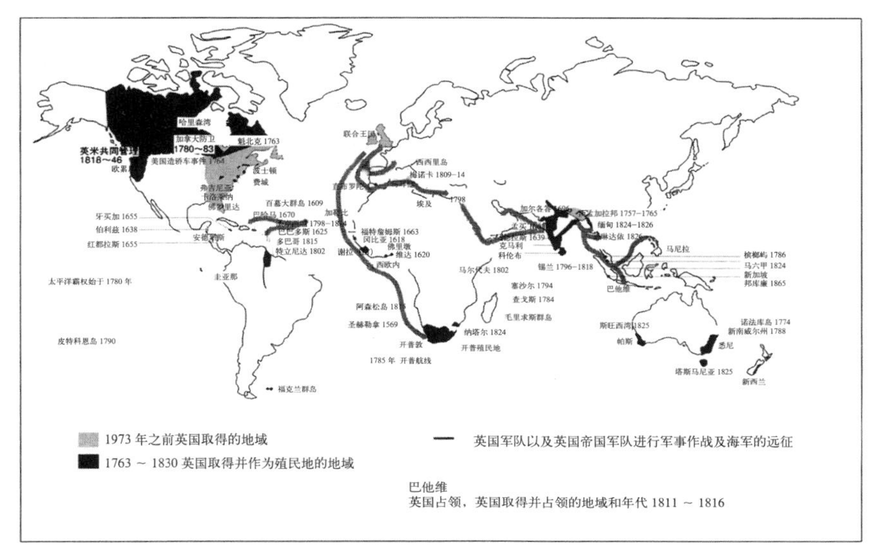

图 7-10　英国殖民城市分布图，1763 ～ 1830 年

下的四支船队。他们经桌湾（Table bay，开普敦），第二年到达亚齐（Aceh，北苏门答腊）。虽然因荷兰的抢先一步导致了在亚齐贸易的失败，但成功地在万丹设立了商馆。之后在明古鲁（Bengkulu）（苏门答腊、1603 年）、锡江（Makassar，苏拉威西，1610 年）、普劳兰（Pulo Run，班达群岛，1616 年）、大城（Ayutthaya）、北大年（泰，1612 年）、安玻（Amboina）、特尔纳特（香料群岛，1620 年）等也设立了商馆，但由于荷兰居于优势，这些商馆都没有维持很长时间。

英国的非西欧世界的殖民化无疑使北美大陆捷足先登。其范本是从 1610 年起历时 40 年时间建起的阿尔斯特（Ulster，北爱尔兰）大农园。尔后在王政复古时期，夏夫兹伯里 Shaftesbury 侯爵对称为“Grand Model”的殖民地规划进行定格化。具体的是指从 1660 年到 1685 年的查尔斯顿 Charleston 和费拉德尔菲亚 Philadelphia 规划。还有 1730 年的树草原（Savanna）建设，以及 1830 年由威廉姆赖特（William Light）的阿德雷得 Adelaide 规划为代表的澳大利亚和新西兰的系统化殖民城市规划体系的谱系。

相比以棋盘状街区类型为基调的新大陆和澳大利亚的殖民城市，亚洲的英国殖民地城市样式不同。因为与新大陆和澳大利亚那些基本由白人构成的社会不同，这里更严格强调在土著社会中的统治与被统治的关系。

英国关注着当初难以打通的航路，即存在于印度西海岸的苏拉特（Surat，古加拉特邦）和阿拉伯海、红海间的航道。1606年，东印度公司派使者威廉霍金斯(WilliamHawkins)到莫卧尔帝国王宫。当时的皇帝是第四代贾罕杰(Jahangir)。虽然以果阿为据点的葡萄牙也拥有既得权，但通商交涉未必有进展。1615年詹姆斯I世派托马斯·罗伊(Thomas Roe)到阿格拉(Agra)城的王宫。然而，英国要抓住统治印度的机会必须等到17世纪末。

英国的东印度公司选择孟买、千奈、加尔各答作为营业据点建起了要塞化的商馆。这三处商馆的统治地域称为管辖(presidency)，并任命知事。最初被任命为知事的有孟买1682年、千奈1684年、孟加拉1699年。三位知事是对等的并拥有同样的权限，1773年获得征税权在经济上极为重要的孟加拉，被赋予了高于其他地区的地位和监督外交的权利。被任命为首届总督的是沃伦·哈司丁斯(Warren Hastings，1772～1785年)。

东印度公司在印度确立霸权的历程十分曲折，最有决定性契机的是1757年对法兰西的普拉西(Plassey)之战的胜利。对这次胜利做出贡献的是罗伯特·克莱武(Robert Clive)，他被视为英属印度帝国的缔造者。虽然他没有就任过知事和总督，但实质上却被看成是首届总督。从克莱武到关注印度独立的蒙巴顿(Mountbatten)，一共有33位总督统治过印度。

大英帝国在18世纪末以后，先后夺取了荷兰的殖民城市开普顿、可伦坡、高卢、马六甲。此外还建设了槟岛(Penang，1786年)、新加坡(1819年)等新型海峡殖民地。到19世纪后半叶印度被分割为英国东印度公司属地和公司保护国的藩王国。印度次大陆内部在扩大殖民地统治的过程中在各地建设的是军营地(Cantonment)。此外将称为Civil Lines的英国人居住区作为行政据点进行设置，还建造了高原避暑地(hill station)。

1858年的印度大暴动使英国的殖民地政策发生了重大转折。在以非干涉主义为统治根本进行军制改革的同时，还对原来的东印度公司领地转为本国的直辖殖民地的行政进行了改革。此外19世纪后半叶以后，随着产业化的发展印度公司有了很大的变动。在这种背景下展开了独立运动。

1911年26任总督哈丁(Harding)男爵宣布德里迁都。针对气势昂扬的反英运动的对策也是大的转机。新德里的建设是事关大英帝国威信的事业，也可以说显示了英殖民城市的完成形态。新德里的建设完成于1931年，当时的大英帝国位于顶峰，统治了地球上陆地四分之一的土地。然而，之后不到20年印度独立了。新德里成为送给新生印度的最高馈赠。英殖民城市的完成也是其结束的开始。

column 1

拉丁十字的印度寺院
— 果阿 Goa —

面向曼多菲（Mandovi）河口的果阿港是联系亚洲各国和贸易的中转地，同时也有望成为印度内陆的市场。对葡萄牙来说，与同样面向宽大的河口的里斯本相似，但要大得多。1510 年阿尔布克尔克（Albuquerque）占领果阿后，破坏了穆斯林的城市、仿造里斯本建起了新城市。街路沿地形呈曲线布置，形成了不规则形状的街区。河港前设副王门和副王官邸，其背后的丘陵上建有广场、大圣堂（1619 年）和修道院（1517 年）等。17 世纪中期南印度的印度帝国崩溃后，果阿失去了重要的贸易对象。之后围绕东南亚贸易的权利竞争愈演愈烈，"黄金的果阿" 几度遭受荷兰海军的攻击。此外因霍乱和疟疾的流行人口减少。1759 年葡萄牙政厅从"果阿旧城（Old Goa）"迁到了河口附近的"新果阿（Nova-Goa）"（帕那吉 Panaji）。

现在果阿旧城还保留有联合国指定世界文化遗产，方济各沙维尔（Francisco de Xavier）长眠的仁慈耶稣大教堂（Basilica of Bon Jesus），以及阿西斯的弗朗西斯教堂（Church St.Fransis of Assisi），司教座圣堂（叶卡捷琳娜 Ekaterina 圣堂）Se' Cathedral，圣加耶当教会（St.Cajetan's Church）等。

饶有趣味的是位于内陆庞达市（Ponda）名为 Shanti Durga，Nagesh、Mongesh 的印度教寺庙，都拥有拉丁十字形平面。印度教寺庙中有不少借用清真寺的例子，使用了与拉丁十字的天主教十分相似的印度寺庙，正是东西方文化古来不断冲突、融合发展起来的地域象征。

图 7-11 Mongesh 寺院，果阿，印度

图 7-12 Shanti Durga 寺院，果阿，印度

02 殖民城市的各种类型

1 殖民城市的选址与功能

殖民城市根据功能与位置可以分成几类。比如拉丁美洲的殖民城市单从功能来看，可划分为行政城市（墨西哥城、库斯科、利马、康塞普西翁 Concepción、布宜诺斯艾利），矿山城市（圣路易斯、波士顿、拉普拉塔），贸易城市（瓦尔帕莱索 Valparaíso、维拉克斯 Veracruz），军事城市（洛杉矶、亚松森 Asuncin）。按照地理位置来分，首先可分为内陆和沿岸。拉丁美洲在内陆直接建设城市的例子很多，但要建交易据点还是先在沿岸地区设商站或要塞，之后一般会形成欧洲人街区（White Town），以及与其相对的土著人街区（Black Town）的形式。亚洲和非洲的很多殖民城市较多见的类型是先设“要塞一商馆”，然后形成农产品、矿产集散地。

以沿岸的港湾为据点，逐渐开始了对内陆的统治。在印度很多军营地就建在土著城市的近郊。接着还建了很多供白人长久使用的带状民用居住区（Civil Lines），甚至还建起了高原避暑地。荷兰的原则是间接统治，1830 年引入强制栽培制度后，加强了对内陆的控制。于是形成了与雅加达、三宝垄（Semarang）、泗水（Surabaya）等港口城市不同的二级、三级城市。

成为内陆统治据点的城市建设，19 世纪末以后与铁道建设联系了起来。形成了不少以火车站作为城市核心的类型。从位置上看它也成为了与土著社会之间关系的分类轴。即有完全作为处女地建设的，以及靠近土著村落和城市建设的情况。在北美、澳大利亚、新西兰，几乎全都是在处女地进行城市建设的例子。荷兰的殖民城市中处女地建设的例子有开普敦、巴达维亚、威廉斯塔德（荷属科腊索岛）、帕拉马里博（苏里南）等。中南美地区则因内陆原有城市被破坏而建设了殖民城市。此外还有西欧列强以夺取建设好的据点的形式而建设的例子。在亚洲，几乎都是最先由葡萄牙建设的据点（商站一要塞）先后被荷兰、英国夺取的例子。东南亚则可分为在土著城市基础上融入了西欧城市形态的城市（城市仰光 Rangoon，顺化 Hue）、西欧人规划的城市（巴特维亚、新加坡)，以及受西欧城市影响的土著城市（曼谷）三种类型。

2 殖民地化的阶段

殖民城市也可以按殖民地化阶段来区分。首先是20世纪初叶以后人口爆炸带来的大城市primate city(中心城市、单一统治型城市)的出现。中心城市指的是某地区拥有突出规模的大城市，具体地说有孟买、加尔各答、千奈、雅加达等。它们都是由殖民城市发展起来的港口城市。苏伊士运河开通以及蒸汽船的发明，为中心城市奠定了基础。首先可分为各殖民地通过巨大网络进行联系的阶段，以及因铁路等的修建开始由港湾向内陆入侵的阶段。这是殖民地产业化阶段。

按西欧人流入程度进行阶段的划分方式也容易理解。最开始抱着一掷千金梦想的探险家、船员、贸易商、军人或传教士往返殖民地的阶段开始，逐渐走向土著化的阶段。随着当地城市功能的扩大，增加了许多官吏和技术者等殖民地社会成员，他们与当地人的混血儿增多，出现了国籍不明的混血儿阶层的阶段。

与此同时成为梳理线索的是城市规划的各个阶段。殖民城市的建设过程对应着上述各阶段，同时也是本国的城市理念和建筑技术的输出过程。大致分为政治、军事统治阶段和意识形态、法制等的转移阶段。

3 殖民城市的地域类型

殖民地权利的特质、移住集团的构成及其统治的意识形态是与殖民城市的特性密切相关的。此外，殖民地化的社会特质，民族的、社会的构成也左右了殖民城市的特性。我们也可以按照宗主国与土著社会的相互关系来考虑殖民城市的类型。

拉丁美洲的脱殖民化是很早的。而且其城市化的进展也比其他大陆要早。这与从非洲大陆来的黑人大量移居的历史事实有很大关系。民族的、社会的阶层化，复合社会的形成是殖民城市的共同特性，作为被征服者的印第安人和黑人的存在是拉丁美洲殖民城市的一大特征。西班牙的殖民城市建设的意识形态起了决定性作用。极富象征意义的是1573年菲利浦Ⅱ世的西印度法，基本上引入了统一的棋盘格状形式。西班牙从9世纪到14世纪一直是欧洲城市化最先进的国家。哥伦布发现新大陆的1492年完成再征服。新大陆的城市建设是欧洲城市文明的移植，采用“监护征赋制(Encomienda)”等，也是政治的、文化的、领域的垄断技术。

亚洲的殖民城市是殖民地社会本身或者说是缩影。有小行政城市和高原避暑地，也有铁道街区等小城市，也有“纯殖民城市”（T、G McGee）的中心城市的典型。复合社会的概念是以亚洲殖民城市为模式的，与拉丁美洲的白人、黑人，或者土著印第安人的阶层化不同，亚洲的特征是由多民族的世界主义者构成。此外在加尔各答的古杰拉特族（Gujarat）、在可伦坡的塔米尔（Tamil）族 、在东南亚的中国人等边远地而来的移居、殖民也是特征。

除了保持伊斯兰城市传统的马格里布地区外，在非洲城市的传统十分稀薄。在南非和中非，所谓的都市生活几乎是意味着白人的生活。也就是说几乎所有的城市最初都是由欧洲人建的。和葡萄牙在西非和中非破坏了土著城市一样，东非的阿拉伯起源的城市大多被欧洲人所忽视。

4 殖民城市的空间构成

关于殖民城市的形态，根据要塞形态、街路体系是否采用棋盘格状成为大的分类轴。如菲利浦Ⅱ世的西印度法和西蒙·斯蒂文（Simon Stevin）的理想港湾城市等，西欧列强都是按照一定的模式建设殖民城市。这些模式的比较也可以作为分类的视点。

但是，首先作为共同特征可以指出的是异质要素的混合。印度教寺庙、清真寺、基督教堂、土著民居与殖民式住宅，集市与商店等紧邻建设的并不罕见。也构成复合社会特性的城市景观。各民族的空间分离也是殖民城市的共同特征。在殖民地化的过程中有各式各样的分流。殖民城市一般是具体地展现多样性、复合性的多层复合空间。

但是重要的是殖民城市基本上包涵了多重的对偶。构成殖民城市的决定性特征是统治——被统治、西欧社会——土著社会的空间分离（隔离）。印度的白色小镇与黑色小镇，土著城市与军营地、Civil Lines这种二重、三重的分离事先就已经形成。这种空间分离的影响是巨大的。花园别墅排布的高级住宅区与称作巴士底的贫民窟形式，这种殖民城市的二重构造一直延续到了现代。

column 2

波斯湾的梦——霍尔木兹
— Hormuz（伊朗）—

波斯湾的霍尔木兹海峡北岸的河口附近从公元前就有港口，阿拉伯统治时期成为了东方诸国航海和贸易的据点。1300 年为躲避蒙古的入侵，港口移到了现在的霍尔木兹岛。该岛虽是由面积达 12 平方千米的岩石覆盖的不毛之地，但由于汇集了周围诸国的物资，物质交易十分繁荣。

1515 年此处被进出印度的葡萄牙舰队占领，成为了阿拉伯诸国和印度洋的交易据点。岛的北边有半岛，就像包围了港口和搬运货物用的广场那样，建造了用贝壳制造的石灰、岩石与珊瑚加固的要塞。

南面和东面设有防御墙和防御设施（炮台）。要塞西侧面向海，以南边城墙为背景配置有教堂、保管库房和长官的房间。由于岛内不能解决饮用水，要塞内设有储存雨水用的地下水库。要塞的周围据说曾是葡萄牙人的居住区。自从 1622 年沙法维（Safavi）王朝的阿伯斯沙国王（Shah Abbas）将此地再度与波斯合并，并在对岸建了港口后，其港口的功能也就荒废了。现在的霍尔木兹岛进行着岩盐和氧化铁的采掘。

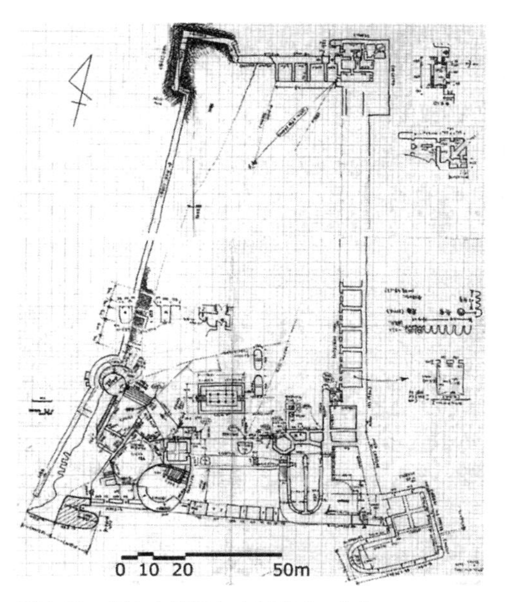

图 7–13　霍尔木兹要塞（实测图），伊朗

图 7–14　霍尔木兹要塞 东南正门

图 7–15　霍尔木兹，1573 年

03 菲利浦Ⅱ世的殖民城市
——马尼拉、不丹、宿务（Cebu）

1 西班牙和亚洲的邂逅

受西班牙殖民地化的影响的在亚洲只有菲律宾。西班牙以发现香料和传播基督教为目的横渡了大西洋。以墨西哥为据点经太平洋到达菲律宾，将阿卡普尔科和马尼拉相结合开始了帆船（Galleon）贸易，这反映出了其对中南美的殖民地的规划，而且也开始了对菲律宾的殖民城市建设。

在印尼和泰国、越南等东南亚的其他地区，满者伯夷（Majapahit）王国等在被殖民地统治之前就有城市规划的传统。在没有形成统一国家的菲律宾却只有木造的民宅村落和木城堡（守卫用的栅栏、营垒），菲律宾城市马尼拉、宿务、维干（Vigan）等构架中，保留有16世纪后半叶到19世纪末进行殖民地统治的西班牙影响的浓厚色彩。

西班牙于1521年发现了菲律宾，

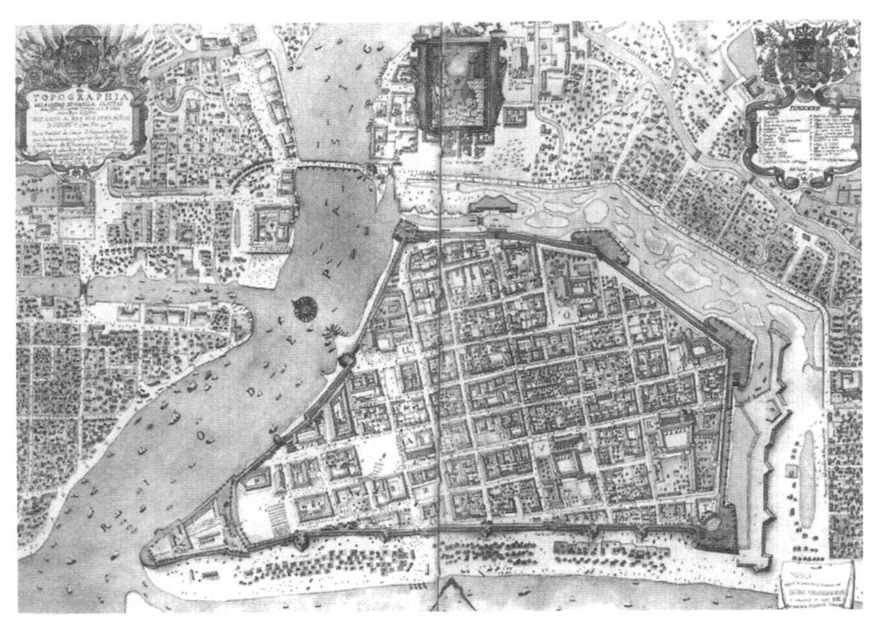

图7–16　马尼拉王城，马尼拉，1713年

图 7–17　圣奥古斯丁教堂，马尼拉

图 7–18　圣托马斯维拉纽瓦（Santo Tomas de Villanueva）教堂，米阿哥

发现人是前往马鲁古诸岛航路探险的麦哲伦。1565 年，从宿务岛登陆的莱加斯皮 (Legaspi) 在菲律宾建设了第一个西班牙人居住地。接着班乃 (Panay) 岛成为了据点 (1569 年)。

作为西班牙的殖民城市的马尼拉始建于 1571 年。因食品运输方便，且有港口的马尼拉做首都是适宜的。不久穆斯林建造了城寨，在现在马尼拉王城 (intramuros) 城寨的位置上，为保卫村庄不受海盗的频繁袭击，采用沿土墙并排竖立竹栅栏简素的形式。

2　马尼拉王城

为西班牙人而建的城寨城市马尼拉王城的现在形态，是在达斯马里 (Dasmarinas) 总督（1590 ~ 1593 年）的时代形成的。棋盘格状的道路伸展开来，在街的中心是大广场，广场的南边是大圣堂、东侧为市政厅，西侧为总督官邸、总督府，南侧为司教座圣堂、修道院、医院、学校等公共设施。还建有防御设施圣地亚哥要塞以及有多个棱堡（译者注：以大炮为防御武器的城堡）的城墙，成为了殖民地行政的中枢。

西班牙国王菲利浦Ⅱ世 1573 年制定作为西班牙殖民城市规划规范的《西印度法》。《西印度法》也是西班牙为美洲殖民地而颁布的法律总称，是由卡斯蒂利亚法和统治殖民地的各项立法构成的。内有关于广场规模、形态、配置，街道位置和方向，教堂、修道院、市政厅、医院等设施配置的记述。在建设菲律宾的殖民城市时，并非要忠实遵守“法”，而是起到一个规范的作用。马尼拉王城的城市构成，和西印度法的记述有很多相重合的地方。

马尼拉王城拥有16世纪以来菲律宾最古老的建筑物——圣奥古斯丁教堂（San Agustin Church）和修道院。最初是1572年，由木材、竹子、尼巴（Nipa）棕榈叶子所建成的建筑物，两年后遭中国海盗的袭击被烧毁。现存建筑物为石造，由建筑师发迪马茨尔斯设计，1587年开始建造，1607年完成。最初建有两座塔，由于1863年和1880年的地震其中一个被毁坏。教堂中沿长轴方向的侧廊排列着五座巴洛克样式组合的礼拜堂，总督雷迦斯毕（Legazpi）的遗体安放在主祭坛左侧的其中一个私人礼拜堂中。

3 菲律宾的巴洛克式教堂群

16世纪到17世纪巴洛克式的建筑对建在菲律宾低地的教堂有强烈的影响。菲律宾的巴洛克样式教堂群1993年登录了世界文化遗产。马尼拉王城的圣奥古斯丁教堂也是世界遗产之一。其中最有特色的是“地震巴洛克”样式。与本土华丽的巴洛克样式不同，它拥有能抵抗地震和台风的坚实厚重的结构。教堂的墙由骨架粗壮朴素的扶壁支撑，为避免震灾，钟楼大多远离教堂建造。这些特征在圣玛利亚的努埃斯拉塞尼约拉·德·拉·阿森西翁教堂（Nuestra Señora de la Asuncion，1765年建造）和抱威（Paoay）的圣奥古斯丁教堂（San Agustin Church，1704年）都可以看到。

另一个特征从教堂墙面可看到，即热带植物的浮雕，这是西欧所没有的亚洲独特的装饰。是传教士们认同的精灵信仰等土著信仰，与天主教相融合施教渗透的结果。

米阿哥（Miagao）的圣托马斯维拉纽瓦（Santo Tomas de Villanueva，1797年）教堂在构造和装饰上都将本土的要素融入了西欧的巴洛克样式中，进行了新设计的再诠释。教堂的立面上能看到椰子、香蕉等在菲律宾随处可见的植物装饰。

4 “石头房子”Bahay na bato

菲律宾的殖民地建筑以西班牙本土的建筑样式为根基，并受到了墨西哥建筑的影响。实际参与建设的工匠有中国人和本土的菲律宾人、有中国血统的混血儿，住宅建筑中也能看到西班牙、墨西哥、中国、菲律宾各文化的交融。

西班牙统治时期的城市住宅中有一种Bahay na bato的住宅，塔加拉（Tagalog）语中是“石头房子”的

图 7–19　用云母蛤做成的格子窗，维干

图 7–20　Bahay na bato，维干

意思，是能适应火灾、地震、高温多湿气候、激烈台风这类菲律宾特有的自然条件的，扎根于生活的住宅。

一层为砖或石墙体中夹有木柱的结构，地板材料多采用中国产花岗石。正面玄关的里面是通往二层居住部分的室内大楼梯，还有马厩和储藏室。二层为全木造结构，嵌有云母蛤（Capiz Shell）工艺品的格子窗使其外观独具特征。这种推拉窗可以认为是从中国或日本传过来的。为了让高温多湿的空气循环，窗和屋檐都经过深思熟虑。二层有客厅、餐厅、音乐室、祈祷室、卧室、佣人室、厨房等。厨房的旁边设有被称为 Azotea 的砌筑户外阳台。作为家务空间的户外阳台（Azotea）也可用于火灾时的安全出口，还放有作为自家用水的水桶。户外阳台的布置是建筑条例要求的，是住宅中使用频率高的场所。

5　世界遗产 – 维干历史地区

现在 Bahay na bato 遗留有石头房子街景的城市，只有吕宋岛北部的维干。

维干在西班牙殖民期殖民城市中到现在还保留了原初形貌也属特例，17 世纪初期的城市规划至今还保留了原状。180 栋建筑是 18、19 世纪建的，作为“菲律宾式的建筑群”1999 年被认定为世界文化遗产。

城市沿河而建，两个广场形成了城市的核心。广场的周围配置有教堂、司教宅邸、神学院、市政厅、大学这类公共建筑，街区基本上由棋盘格状道路所决定。拥有与马尼拉王城相似的形态，传达着西班牙统治时期殖民城市的样态。

column 3

西印度法 Leyes de Indias

— 西班牙殖民城市规划的原理 —

《西印度法》是指西班牙属美洲殖民地律法的统称，法源是由《卡斯蒂利亚法》和本国为殖民地颁发的各项立法构成的。殖民地的经营只有原有的制度和法律来管理是很不够的，必须引入新的制度和机制，很多法令都是由本国颁发的。1573 年菲利浦 II 世的《西印度法》就是其中一部。17 世纪中期已超过 40 万件，1680 年由卡洛斯 V 世编撰公布了《西印度法集成》。集约了新大陆的财富开发和天主教施教两大方针，但存在很多缺陷，缺乏理论体系。

然而，关于城市规划的方针是强有力的，对中南美的西班牙殖民城市进行划一的规划也是源于此法。其代表是菲利浦 II 世的西印度法。其中关于城市规划的条项如下:

统治西班牙殖民地文件和法律（Bulas Cedulas para el Gobierno de las Indias）

菲利浦 II 世，西班牙，圣罗伦佐教堂，1573 年 7 月

(110) 在建设新村落的选址，要用绳和尺进行广场、道路、建设用地土地规划的测量。测量基点定在广场，由其广场延伸出主要道路。广场布置要考虑将来街区能左右对称地扩展。

(111) 考虑到防御和健康，基地设在高台上为宜。为进行农耕、畜牧，肥沃且面积足够的土地为宜。考虑燃料、木材、新鲜水源、充足的居住人口、便利性、资源性和其他地域的通达性好等。

以能接受北风的位置为宜，没有南、西海岸线的位置为宜。

(112) 如果选择靠近海岸线的基地，作为街区建设起点的广场要靠近港口布置。内陆地区则要把广场放在中央，呈长方形。此长方形开间长度至少是进深的 1.5 倍。尤其是在使用马进行各种节日活动时，此比例最为合适。

(113) 预计将来人口的增长，广场的大小要与街区的人口成比例。广场不能小于 200pie × 300pie，也不能大于 800pie × 300pie。理想的面积为 600pie × 400pie (1pie=1ft)。

(114) 自广场共延伸出 4 条道路。

(115) 考虑到前来进行交易的商人们的需要，在广场和 4 条主要道路中设拱廊为宜。

(116) 街区道路的宽度，一般寒冷地区较宽，炎热地区较窄。但若考虑到防御性和马的使用，也可适当加宽道路。

(117) 主要道路以外的道路，要预测街区未来的发展，在不妨碍已有建筑物和街区便利性的条件下进行规划。

(118) 在离街区中央广场一定距离的大圣堂、小教区教堂与修道院等的周围设小广场。目的是让教育和宗教方针能均等地普及到整个街区。

(119) 当街区位于海岸线时，教堂要设置在登陆船只可见的地方，且教堂自身的结构要能承担港口防御设施的功能。

(120) 广场和道路建设后规划建筑物建设用地。首先大圣堂、小教区教堂以及修道院在每个区域都有布置。为避免影响便利性和视觉美观，在有宗教设施的同一区域内不得设置其他建筑。

(121) 在规划了教堂建设用地之后，将皇家市政厅、海关、兵器库等用地规划在教堂和海港附近。将供非传染性疾病贫困者的医院规划在教堂旁边。

(122) 要为屠宰、渔业、制皮等行业规划附属的垃圾场。

(123) 内陆的街区，要在港口到河口的中间地带规划上述几种行业的用地。

(124) 位于内陆的街区、教堂不要紧靠广场，而要与中心地区保持一定距离。教堂周围不要设置其他建筑物，以确保四周的眺望性。为此要修建台阶把教堂设置在高台上。

(125) 内陆地区不靠河流的街区也要遵循以上规定。

(126) 广场的周围只能建设公共建筑或商业建筑，不能布置个人所有的土地。广场周围的建设需要居民的奉献与纳税。

(127) 广场附近土地的所有权，应由拥有居住附近居住权的人，通过抽签的方式决定。其他人的安置由殖民地政府决定。住宅用地的分配经常是事先进行。

(128) 街区规划和土地分配完成后。各居民可在自己的基地内搭建自备的帐篷。没有帐篷的利用当地可以采集的材料搭建小屋。针对当地住民的防御设施，依靠所有住民提供劳动，在广场周围设围墙或沟渠。

(129) 应设有考虑街区发展规模的游乐和放牧用公共用地。

(130) 与上述公共用地相连设置水牛、马、牛用牧草地。剩下的土地划为农耕地。

(131) 一切就绪后，即可在耕地上播种，在牧地放牛。

(132) 随着农作物和牛的存栏数的增加，开始着手进行住宅建设。为又快又省地建造出基础和墙壁都很牢固的房屋，要保证土坯砖用的铸型和厚板材的供应。

(133) 居室保证南北通风的舒适度是理想的。街区中所有的住宅，都应起到防御外敌的作用。住宅内应能保证马和家庭财产的安全，从健康方面考虑家里应有尽可能宽敞的中庭和仓库。

(134) 从街区的美观出发，住民尽可能建造统一协调的建筑物。

(135) 规划的执行者或建筑师要遵循上述规定，尽可能在短期内进行街区建设。

(136) 原住民若反对我们的城市建设的话，尽可能采取和平的方法解决。不要掠夺他们的财产，必须说明我们的目的是按照神的旨意传授文明生活的。

(137) 街区建设完成后，西班牙住民不能进入原住民的村落。不能恐吓他们，让他们在国内扩散。此外让原住民感受到“西班牙人不是暂时的而是以定居为目的建设街区”，在建成之前，不准原住民进入街区。

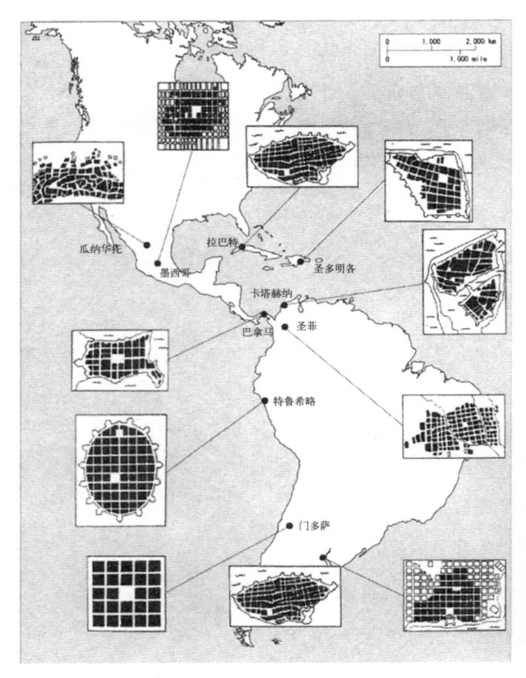

图 7–21　拉丁美洲的西班牙殖民城市

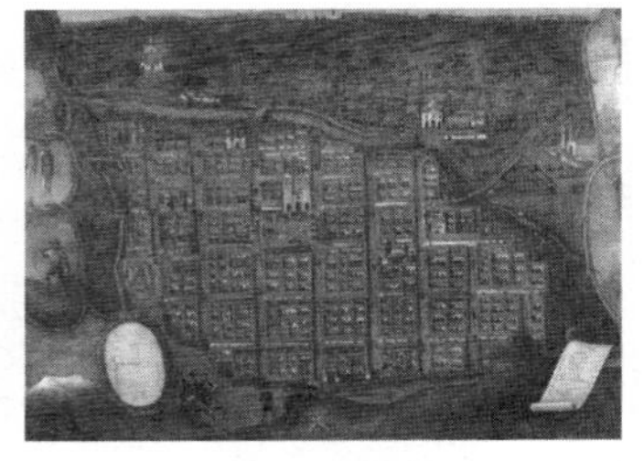
图 7–22　拉巴斯，玻利维亚，1781 年

04 海峡殖民地

——马六甲、新加坡、乔治敦

1 葡萄牙对马六甲的建设

马来半岛原来是被浓密的丛林覆盖的。只有通过蜿蜒的河流才能进入内陆。河流的分岔口和河口是统治上游的土著首领居住的村落选址。这种马来系的村落有其固有的住宅形式。

另一方面，马六甲海峡自古以来就是重要的贸易途径。14 世纪末马来王国成立，在马六甲南岸的山丘上建起了苏丹宫殿。

西欧列强对马来半岛的统治是从 1511 年葡萄牙舰队占领马六甲海峡开始的。葡萄牙军向马六甲海峡进军，从苏丹手中夺取了马六甲。之后在苏丹宫殿所在的山坡上建造了要塞。城塞内部居住着供职人员和司祭，有政厅、教堂和医院。城塞外围的市区居住着很多商人，按照民族进行居住地划分。市区的北侧由野战工事环绕。

2 荷兰对马六甲殖民地的统治

马六甲河的河口部有爪哇人的市场。有很多中国和印度移民往来于市区，他们保持独特的建筑式样和生活文化。移民在严酷的生活中，按每个民族部落组织起相互扶持的团体。建造了各自的庙宇或寺院。比如中国移民就建设了青云亭寺庙等。马六甲野战工事的外围居住着经营农业和渔业的马来人和爪哇人。

葡萄牙由于未能充分利用腹地资源而衰落。1641 年，荷兰东印度公司战胜了葡萄牙对手马六甲。以荷兰和葡萄牙时代建的城塞为中心进行城市建设。市区的外缘主要环以沟渠和防波堤。此外，旨在防止市区的店铺（铺面房，shop house）

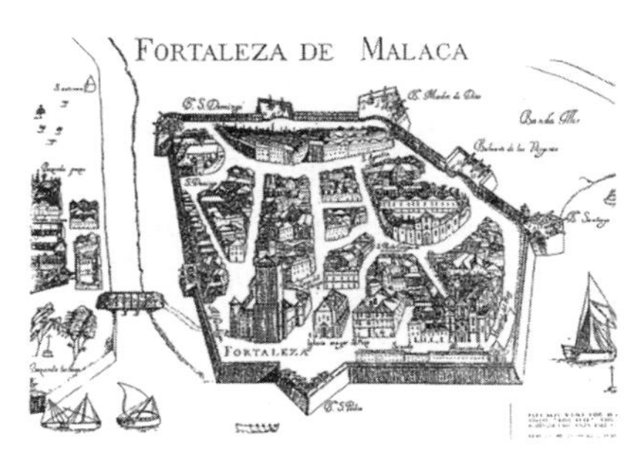

图 7–23 马六甲，公元 1400 年

建筑的火势蔓延，采用了现代城市营造的方法。

3 英国对乔治敦的建设（槟岛）

英国对马六甲海峡制海权的确保起步较晚，为获得殖民地化把取得据点作为当时一大目标。

东印度公司为了确保据点，首先给苦于与周围诸国纷争的苏丹以保障安全为条件取得了槟岛。1786 年登陆槟岛的弗朗西斯莱特在岛的尖端设要塞，利用吃水线为 15 米的地形建设港湾。然后整治了称为“原型棋盘”的拥有较宽道路的街区。后来随着移民的激增市域的范围逐步扩大。建设依靠华人和印度系移民来推进。

随着殖民城市重要度的增加，在市区相继建了学校和教堂。英国继续整备据点城市以及与其连接的道路和铁路，在腹地开拓了大片的橡胶园和锡矿山。

4 新加坡的建设和海峡殖民地的建成

继槟岛后，莱佛士（Thomas Stamford Raffles）开拓的新加坡，是以贸易和流通为目的而建的城市，并不重视城郭等防御功能。

以能停泊大型船舶的码头为中心，功能性地设置驳船停泊处、码头、卸货场、仓库、海关、检疫所、邮电局等设施。另外进行居住划分，即新加坡河东岸为华人和马来人等的居住区，西岸为白人居住区。此外填埋了很多浅滩使市区用地得以向海的一侧扩展。

1824 年的英兰条约，把马六甲、槟岛、新加坡称作海峡殖民地，最开始由东印度公司，之后由英国印度省统治。1867 年起成为直辖殖民地，这些都成为自由港。其中新加坡发展成了重要的贸易港。

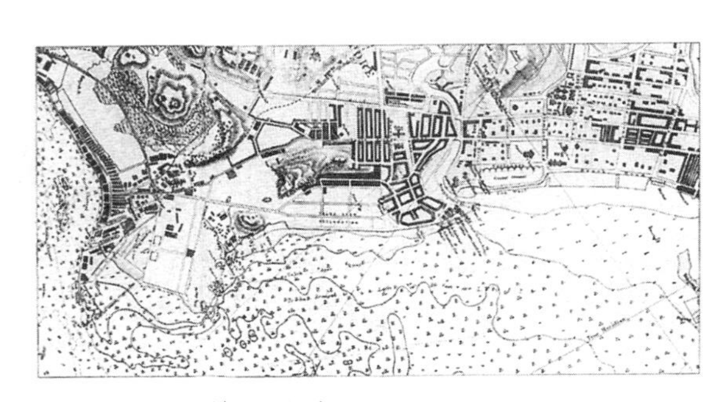

图 7–24　新加坡，1906 年

图 7-25　店铺房，槟岛

5　海峡殖民地眼中的“店铺（shop house）”

海峡殖民地的市区可以看到很多住宅与商店并设的“店铺”。市区形成了由华裔和印度裔等商人为中心的市中心商业地。店屋为瓦葺、山墙相连的连栋式住宅。在英国统治下的建筑规范规定了进行店铺建设的义务。呈现出约 5 英尺宽的步廊（虽是私有地但使用权归公共）连续的独特的城市景观。这里多种民族集团构成的居住者群高密度地居住支撑着城市的经济。店铺不仅在海峡殖民地在东南亚也广范围分布。

随着殖民地开发的深入，城市建设由防卫、经济等转向加强维护教育、文化的城市设施。富裕的华人和英国官僚居住地，从城市中心向寒冷的郊外山地和丘陵地带转移。槟岛在槟岛山（标高 761m）开始正式进行高原避暑胜地的开发。1922 年铺设了第一条电缆，迎来了建设的高潮。沿着平缓的等高线规划的散步路上，建有模仿英国郊外住宅区的别墅。

6　独立后的新加坡和马来西亚的城市

1963 年马来西亚实现了独立。当时现代主义作为近代国家建设的开端席卷了整个马来西亚。然而以 1969 年的大规模民族纷争为契机，掌握政权的马来系人实施了以伊斯兰和马来系文化为内核的国民文化政策。从这以后近代建筑上强调了引入伊斯兰和马来民族文化的建筑设计。一方面 1965 年在脱离了马来联邦独立的新加坡，虽华人占优势，仍一如既往地追求现代主义。两个国家的城市景观，也反映出了民族和国家间的关系，形成鲜明的对照。

05 东洋的巴黎
——西贡、朋迪榭里 (Pondi cherry)

1 殖民地帝国法国

法国曾经连续 4 个世纪拥有相当于前苏联领土面积的殖民地帝国。与美洲和非洲相比，亚洲的殖民规模较小，是与其他的欧洲诸国尤其是与英国霸权竞争激烈的地区，城市的建造也和英国形成了鲜明的对照。殖民地化的历史多为断续实行重商主义政策的头 3 个世纪（1533 ~ 1830 年），和之后断续实行帝国主义政策的 1 个世纪（1830 ~ 1930 年）。本国和殖民地的关系也因时代有很大变化。在这里作为每个时期的代表，列举印度朋迪榭里和越南的西贡。

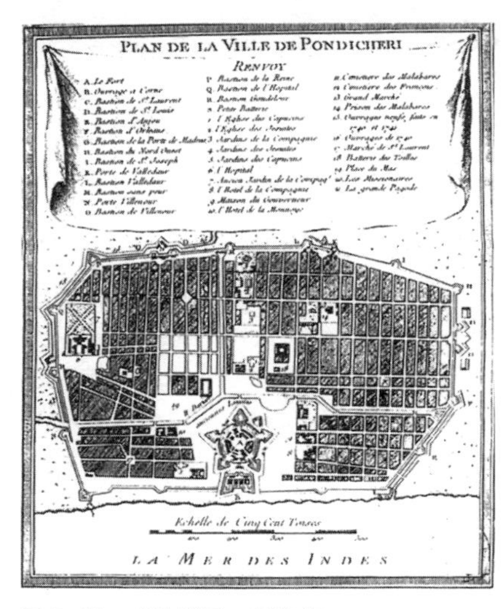

图 7—26　朋迪榭里，1741 年

图 7—27　1750 年左右的朋迪榭里港

2 朋迪榭里

位于印度东南部的朋迪榭里的历史始于由 1664 年再度成立的皇家东印度公司，是 1673 年作为交易据点开发的。正如明确美洲和非洲的探险对确保通向印度的航路有重大意义一样，印度贸易也是法国殖民地政策主要关注的问题，朋迪榭里是其构想中殖民地领土的中心地。

在面对印度洋的沙丘上，与内陆进行交易的朋迪榭里河的河口以北，1683 年正式开始了城市建设。这以后城市的范围多少被扩大，在与英国对抗加剧的 18 世纪加筑了城墙，除此以外的主要特征都还是建

图 7—28　西贡，1942 年

设当初的形态。

其最大的一个特征，是市区常见到的用垂直道路划分出的长方形棋盘格状形态。法国在其殖民城市，不光是亚洲诸城市还包括非洲城市，采用棋盘格状规划的很多。而英国在亚洲建设的殖民城市，除被称作卡托门托（cantonment）的兵营等地以外，采用棋盘格状规划的很少，形成对照。可以说朋迪榭里是法国殖民城市中最早定位为棋盘格状传统城市的。

市区内部夹有排水兼防御双重作用的南北流向的水渠。东侧的砂丘部分称“白色小镇（white town）”，西侧背后的低地称“黑色小镇（black town）”，居住根据人种划分得极为清晰。白色小镇以城寨和教堂为中心，主要由法国人居住区构成；“黑色小镇”的中心则聚集了市场、广场、小公园、收税署等与交易相关的设施。这与城市整体以教堂为中心的葡萄牙和西班牙殖民城市最大的不同点，由此得知法国殖民地政策对商业行为的重视。

1744 年以后，随着与英国霸权斗争的加剧，朋迪榭里几度被占领，尤其是城中心遭受了多次破坏和复兴。到 1816 年被确定为法国领地时，英国对印度的统治已十分牢固，其意义也大打折扣。

图 7–29　总督厅舍，西贡，1873 年

3　西贡（胡志明市）

对印度统治失败的法国又把目光投向了印度支那，其中也包括越南。从 18 世纪末开始，以镇压越南农民的反乱为名，经常出兵的法国，1859 年从进攻西贡开始，逐渐推进对越南的殖民地化，1887 年还让越南成立了法属印度支那联邦。占领期的西贡只不过是一个人口 13000 人的小城市，法国在此进行了印度支那最早的城市规划。不是以殖民而是以商业和军事目的为主，重视与西贡河的关系，采用了棋盘格状，这一点是沿袭了西贡从朋迪榭里继承下来的殖民城市规划的传统。另一方面对城市规划有重大影响的是 1853 年由奥斯曼开始的巴黎大改造。

1863 年规划的城市中心地区的道路网有交叉的两条中心轴，南北方向延伸的诺鲁当大道（Boulevard Norodom）将官邸和城塞相连，与此垂直的坎迪纳路（Rue Catinat）将市中心和港湾连接起来。与连接政治上重要设施的诺鲁当大道对应，坎迪纳大道与诺鲁当大道的交叉处建设的大圣堂，以及后来靠港而建的剧场之间并列着各官厅、图书馆、饭店等，发展为西贡的中心地区。这样在主要道路的起点和终点设置城市的重要设施，在实用上在视觉上让建筑物浮现出来的手法，是将小尺度街区的中世纪巴黎与现代化设施协调的产物。这是西贡与朋迪榭里最大的不同点。

宽 20 ~ 80 米的棋盘格状街路上设有人行道和行道树，地下埋设上下水道和电线，将巴黎大改造时城市规划的新理念全盘移植了过来。进行城市建设的法国人工学工程师们从本国的商品目录中选择街灯装饰了西贡。负责西贡主要建筑物设计的建筑师也将巴黎的样式原封不动地移植到了热带地区。1873 年竣工的西贡最早的行政建筑总督厅舍，有韵律地排列的列柱以新古典主义为基调的立面，加盖卢浮宫的屋顶，俨然为拿破仑Ⅲ世时代折衷主义的巴黎样式。19 世纪后半叶，培养法国建筑师的布杂学校（The Ecole des Beaux-Arts）是当时建筑的麦加，学校云集了各国的学生，在巴黎大改造的建筑现场不断积累实地经验，将布杂的古典样式融入了壮丽的城市行政建筑中，并加以推广。除去屋顶使用了瓦，以及为避强烈日晒在建筑的外周设半户外廊或阳台这两点外，当时西贡的公共建筑几乎没有反映出亚洲的要素。

4 20 世纪的再开发规划

1919 年，为防止城市无序开发，法国制定了要求城市向地方自治体扩张、再开发规划对策的科尔努的法律，也适用于殖民城市。其结果在 19 世纪 20 年代到 30 年代，就连人口流入剧烈的越南城市也编制了再开发规划。然而在西贡周围,越南人、中国人活动中心的邻近村落据点之间的无序开发仍在继续。于是法国城市规划师协会的建筑师们，放弃了迄今城市单调的棋盘格状形态，以放射状街道为框架，在各处配置宽广公园形成的绿化带，大胆地描绘出理想城市的蓝图。

19 世纪 20 年代开始，装饰艺术 (Art Deco) 和现代主义样式逐渐被引入西贡，电影院、商店、住宅建筑经常使用迄今的殖民城市样式和折衷的形式。此外，从这时开始不仅是法国建筑师，也培养出了在布杂学校留学，并在卡尼尔 (Garnier) 和贝瑞 (Auguste Perret) 的事务所积累了工作经验的第一代越南建筑师。1925 年，自印度支那布杂学校在河内开办以来，法国教师把学生送到法国，回国后的越南建筑师们承担了后来建筑界的重任。这种关系一直维持到 1944 年学校转移到西贡，形成南北越南后，仍留下了巨大的影响。

图 7—30 "未来的西贡"，昂立 · 色卢丁的规划方案，西贡，1943 年

图 7—31 布兰查德布罗斯 (Blanchard de la Brosse) 美术馆（译者注：现在的胡志明越南历史博物馆），西贡，1929 年

图 7—32 个人住宅，西贡，1934 年

06 斯蒂文的理想城市规划和荷属东印度殖民城市
——巴达维亚、苏腊巴亚、三宝垄

旧荷属东印度（现在的印度尼西亚）的代表城市巴达维亚、苏腊巴亚、三宝垄过去曾是东印度公司的贸易据点，都位于爪哇岛北岸的河口附近。一般在初期建设阶段，苏腊巴亚等地方的居住地因需要进行了阶段性的扩张，而只有作为挤入亚洲的据点而定位的巴达维亚有着明确的规划理念，17世纪初期只用了十多年的时间就建设起来了。

1 西蒙·斯蒂文与巴达维亚城的建设

作为巴达维亚城的模式而著名的是在荷兰本国培养城寨建筑技术和城市规划技术人员方面发挥了先驱性作用、并参与荷兰莱顿（Leiden）大学的技术者学校Duytsche Mathematique创建的西蒙·斯蒂文（Simon Stevin）的理想城市规划。对17世纪初期到18世纪末东西印度公司在世界各地建设的荷兰殖民城市进行了考察的凡·沃尔斯（van Oers,R.）认为斯蒂文的规划关键是赋予了形成棋盘格状的垂直轴以对比性。与3条运河平行的长轴方向，是物资运输和居住地扩展的方向具有弹性的性格。与此相对的短轴方向，由于配备有宫廷、大市场、大教会、物物交换场、政府办公楼、高等学校等功能，形成明确的空间秩序，其两端带棱堡的城墙是完全封闭的，便于防御。巴达维亚城采取了与斯蒂文的构想非常接近的形式，是以芝里翁河为长轴，在其河口的右岸

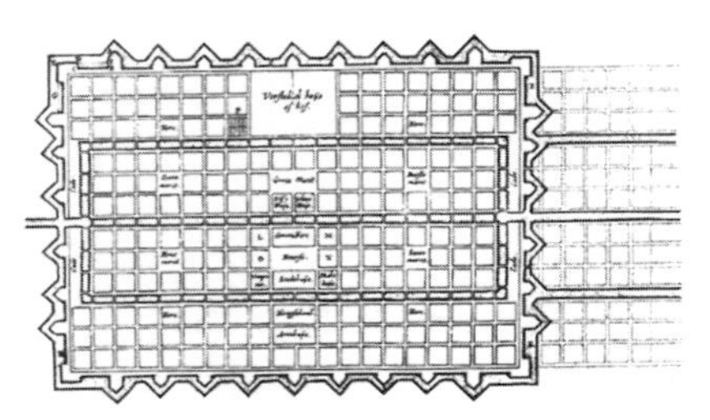

图7—33 斯蒂文的理想城市规划，1590年

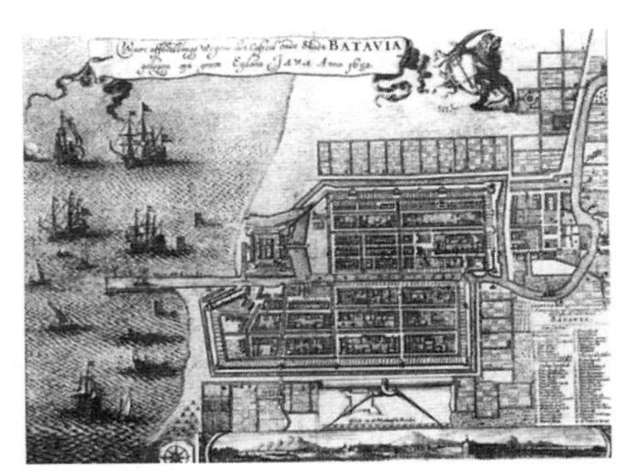

图7—34 巴特维亚，1655年

一侧建设的。不久左岸一侧也开始建设，当时左岸的街区与右岸相比有一部分稍向大海一侧偏移，是为了缩短与星形城寨的距离以便于防御。

2　东印度公司的初期居住地

上溯17世纪荷属东印度公司建造的早期欧洲人居住地是作为商馆中心的居住区开始的。在那里，与原有的本地居民村落相邻的河岸处，首先建设了储藏米和盐等的石造仓库，其次是砦（versterking），有的地方还建设有完整的城寨（fort）。然后是建围墙（ommuring）将居住区围合在里面，居住区完成。紧邻居住区设有提供生鲜食品的公司菜园（compagniestuin）和观赏用庭园。中爪哇北岸的直葛（Tegal）和扎巴拉（Jepara）等就是例子。

在早期居住地中的东爪哇和中爪哇，不断受到重视的苏腊巴亚和三宝垄，于18世纪以商馆为中心使街区建设进一步发展。与早期的居住地不同，居住区部分与城寨完全分离独立出来，产生了所谓轴线、街区等城市规划性要素。此外，早期的居住地主要以华人为主的外来东洋人居住区建于围墙内，对此这些居住区被赶到围墙外。欧洲人居住区逐渐得以确立。

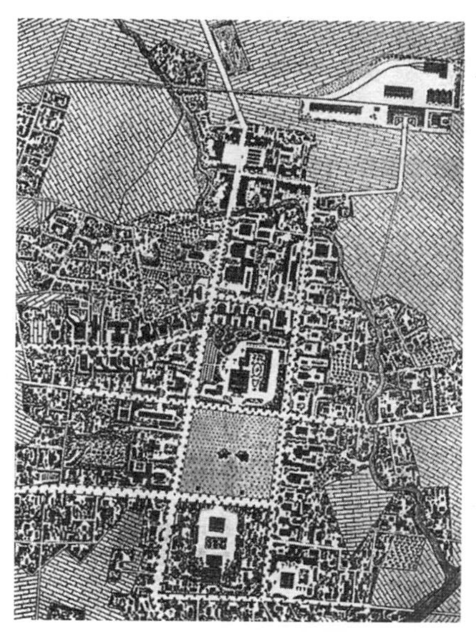

图7—35　维特卡普的爪哇地方城市概念图，1917年

3　地方城市的兴起

1799年东印度公司解散后，本国政府接替对东印度进行直接统治，由于强制栽培制度等一系列政策的实施，爪哇成为了一大国营农园地带。在这些政厅进行殖民地开发的背景下，对以西爪哇的兰加士勿洞（Rangkasbitung）和中爪哇万由马士（Banyumas）为首的内陆部沿河城市进行了开发。需要为直接统治农园开发的地方城市。地方行政为利用土著的统治体制，启用当地居民官员，在行政机构各级与荷兰官吏共同配置。这种利用现有秩序的“间接统治”在城市的构成上也物理地

图 7–36　18 世纪的巴特维亚邸宅的代表例(现国立文书馆)

反映出来，荷兰人官员的政府办公楼与以城市广场 (alun–alun) 为中心的本地居民官员办公楼隔河相对而设。

1870 年由于《农地法》的实施，私人企业进行土地租赁成为可能。荷属东印度进入了自由主义政策时代。参与农园经营的私人企业同时还积极进行铁道、道路网、灌溉设施、港湾的开发。在国营农园时代，由殖民地政府规划的以统治功能为中心整备的地方城市随着私人企业的开发，强调了生产、流通功能的据点性格。位于地方的港湾城市和铁道、道路网的主要节点的城市开发在重新进行。正如韦特堪普 (Witkamp) 的绘图所示，这个时代荷兰官吏的办公楼，面向土著城市要素之一的城市广场来选址。城市在强势的殖民地统治的背景下，统治与被统治的势力尽量采用更融合的形式。

4　巴达维亚城的逃离和新市区的建设

荷兰本国的湿地城市开发中，在排水上发挥效用的纵横交错的运河系统，也与热带的风土气候情况不同。在巴达维亚城，运河成了风土病的温床。进入 18 世纪 30 年代后，巴达维亚城内的疟疾传染严重，欧洲人开始撤离城内。现在作为国立文书馆保存下来的当时总督德·克勒克(De Klerk) 宅邸(1777 年建设)，是当时建在城外宅邸的代表。当时荷兰本国住宅的主流为文艺复兴式的山墙封檐板屋檐不出挑，山墙侧面设有入口，而在热带由于出挑屋檐,所以其特点是入口设在正面(与脊成垂直方向设入口)。此外 1740 年发生华人大虐杀事件以后，华人的居住地也被强制迁到了城外。欧洲人和华人离开以后，城内的卫生得不到适当的保障，1791 年运河的填埋开始了。到了 19 世纪，总督丹德尔斯 (Daendels,1808 ~ 1811 年在位) 决定将政教中心向距巴达维亚城 3km 的内陆方向转移。使用拆毁巴达维亚城取得的石材，以 1 千米见方的广场(现在的独立广场 Merdeka Squnre) 为中心兴建了维尔特雷登 (Weltevreden) 地区。

1835 年受爪哇战争的影响，总

督 Van den Bosch(1830 ~ 1834 年在任)开始实施称为“防卫线(Defensielijn)”的城市防御政策。围绕维尔特雷登规划了防御线。然而在目前建有伊斯提克拉勒(Istiklal)清真寺的地方进行城寨建设，结果未能建成围墙，市区反而在慢慢扩大。到了 1910 年代，维尔特维瑞登的南侧开发了荷兰官吏的住宅街门腾(Menteng)区。战后市街区仍继续向南部延伸，在荷属东印度，第一个印尼城市规划家索依塞罗(Soesilo)从师于城市规划的多产作家 Karsten.T 手下，积累了丰富的实践经验，于 1949 年规划设计了作为雅加达卫星城的巴油兰巴鲁(Kebayoran Baru)。

5 从 Van den Bosch 防线到真正的“殖民城市”

在巴达维亚，Van den Bosch 的防线并没有完全实施，因此苏腊巴亚、三宝垄在 19 世纪 30 年后，市区被围墙围绕，极大地阻碍了城市的发展。到了 19 世纪末，终于挣脱了高密度不卫生的城墙，市区得以向内陆方向扩展。与率先建设了维尔特维瑞登和门腾的巴达维亚一样，通过新的政治、商业中心的开发和内陆住宅区开发的两阶段开发

图 7–37 万隆工科大学，H·M·Pont

完成了中心市区的转移。在苏腊巴亚，进入了 20 世纪后迅速开发的新邦(Simpang)地区，以及以设计万隆工科大学而闻名的 M.Pont，从贝尔拉赫(H·P·Berlage)的阿姆斯特丹的南部扩展规划得到灵感，在 20 世纪 20 年代规划的 Darmo 地区都是这个时期的代表性实例。在三宝垄，由 Karsten.T 负责的干地亚(Candi)地区也是同时期的开发项目。都是以欧洲人急增为背景，形成了浓厚西洋色彩的城市。在这个意义上，直到 20 世纪前半叶，荷属东印度的主要大城市都变为真正的“殖民城市”。

随着对殖民地统治的推进，所谓爪哇北岸的殖民城市的开发，从居住地和政教中心的视点来看，是为了回避港湾部附近卫生条件的恶化；从工商业基地的角度来看，是为了取得和利用向内陆农园延伸的铁道附近的用地之便，也就是意味着不断向内陆方向延长。

column 4

扬 · 范里贝克 Jan van —Riebeeck——开普敦的建设者—

开普敦的建设者是扬 · 范里贝克。众所周知被称为该城市的鼻祖。这位扬 · 范里贝克其实也访问过日本。这段历史的缘分十分有趣。

扬 · 范里贝克 1618 年 4 月生于荷兰共和国的屈伦博赫（Culemborg）。父亲安东尼是海员，拥有自己的船，从事北海交易获得成功。后来其事业扩展到了格陵兰岛和南美洲，1639 年死于巴西。被埋葬在伯南布哥（Pernambuco，奥林达 Olinda、雷西非 Recife）。

范里贝克 20 岁取得外科医生资格，作为助手乘坐东印度公司的船。这是 1638 年的事。到达巴达维亚后，他转业为公司职员，似乎很有商才。1642 年与公司的干部一起被派往长崎的出岛。正值锁国政策，平户的荷兰商馆刚转移到出岛，他们是以调查德川幕府动向为目的的。之后，他从出岛到了北部湾（越南），从事丝绸贸易。他学习了当地的语言，不断晋升，但后来因假公济私和不正当蓄财之嫌被解雇，被迫归国。1648 年归国，途中在开普敦度过了数周。这段经验成为以后的财富。1651 年，他被委派做开普敦补充基地建设方案，被任命为总指挥。1652 年 4 月 7 日他登陆开普敦，1662 年被任命为马六甲总督，直到 44 岁离开开普敦，10 年间一直负责开普敦的建设。他为这座城市的发展打下了基础，被称为该市的开祖。这样阿姆斯特丹、开普敦、巴达维亚、东京湾、马六甲与出岛被一个名叫扬 · 范里贝克的男人连接了起来。他在台湾热兰遮城停靠过的可能性很高。

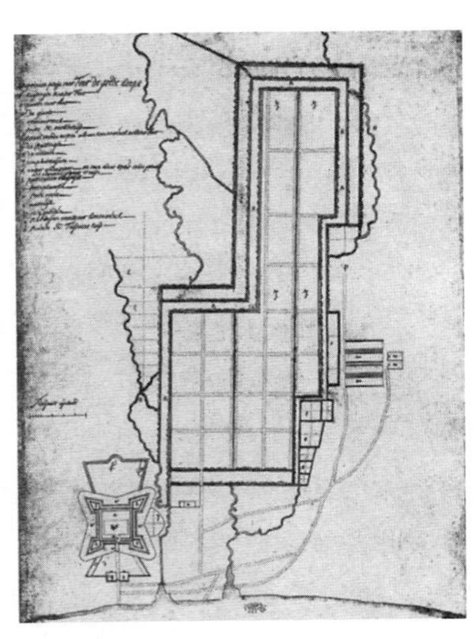

图 7–38　开普敦，1656 年

1664 年其妻玛丽亚在马六甲去世，她的坟墓还保留在市政厅舍附近的墓地里。扬 · 范里贝克落叶归根的愿望没有实现，1677 年 1 月 18 号在巴达维亚去世，享年 58 岁。19 世纪末教堂被破坏时墓石一度丢失，现在，保存在南非博物馆里。

07 印度萨拉丁样式的展开
——孟买(Bombay，Mumbai)、马得拉斯(金奈)，加尔各答(Calcutta)

在亚洲的大英帝国殖民城市建设的历史上发挥重要作用的是孟买、马得拉斯、加尔各答3个管区首都(Presidency city)。这3个城市都是从小商馆城市起步的。不久就发展成为能凌驾本国港湾城市以上的，支撑大英帝国的港湾城市。被称为“宫殿城市”的加尔各答是可以和伦敦相提并论的帝都，今天留下大量的建筑遗产。孟买、马得拉斯也是如此，其城市核心继承了殖民地建筑的街景。英国建筑师的一大课题是如何将印度本土的建筑样式和欧洲的建筑样式相融合。印度所孕育的样式被称为印度萨拉丁(印度伊斯兰)样式。19世纪后半叶经印度访问日本的康达(Conder.Jde)的作品像鹿鸣馆所表现的那样留下了印度萨拉丁样式的痕迹。

1 马得拉斯(金奈)

3个管区首都中最早设置商馆的是马得拉斯(1639年)。也是英国东印度公司最悠久的商馆。这里南边的圣多美有葡萄牙的商馆，北边的普里卡特(Pulicat)有荷兰的商馆，是分别带有商馆的要冲地带。马得拉斯的名字来源于马得拉斯帕塔姆(Madraspatnam)的渔村，同样还有另一个金奈帕塔姆(Chennapatnam)的村子，在民族主义的潮流中，马得拉斯由于厌恶英殖民地时代的名称改称为金奈。

在商馆建设的同时，形成了英国人居住区“白色小镇”和印度人居住区“黑色小镇”。商馆及其周围的设施被要塞化，1658年圣乔治堡(Saint George)要塞完成。

1648年马得拉斯管区任命了区长，1686年设立了市政府。马得拉斯的行政组织以及有关方面也率先进行了整备建设。1740开始连续3次与法国卡纳蒂克(Carnatic)的战争席卷了马得拉斯，大大改变了其城市的构造。18世纪中叶，要塞被扩大加固，由于设置广场“黑色小镇”被破坏，转移到了周边地区。现在圣乔治堡的基本构造就是这个时段开始形成的。

普拉西之战(Battle of Plassey)的胜利让英国的殖民统治名正言顺，但是马得拉斯强化了作为领土统治据点的特点。与此同时城市结构也发生了变化。其主要变化是白色小镇的官厅街化，“黑色小镇”的CBD（商务中心地区）化，英国人居住地的郊外化和花园别墅的建设。

印度大叛乱后，马得拉斯也苦于急速城市化的进展。由于铁道的铺设、港湾的改造等产业化进程带来的城市改造也是共通的课题。虽然与孟买、加尔各答相比，流入人口的男女比例没有失调，流入速度也较和缓，但因人口增加集中在“黑色小镇”，居住问题十分严峻。设立改善局和港湾信托等，应对卫生问题成为燃眉之急。

另一方面，这个时期还建立了显示大英帝国气魄的壮观的建筑群。代表性建筑有马得拉斯中央邮电局、马达拉斯高等法院、马得拉斯大学、马得拉斯中央站、维多利亚纪念堂、南印度铁道总部大楼等。

以西洋建筑传统为基调的结构形式，加入了圆顶和拱等伊斯兰建筑语言和装饰为印度萨拉丁样式。马得拉斯高等法院（1892年，设计者J.W.Prasington和H.Awing）就是一个典型，让人想到墓园和光塔林立。同样是Awing设计的维多利亚纪念堂（1909年），其设计让人联想起法塔赫布尔西格里古城（Fatehpur sikri）建筑。马得拉斯大学评议员会馆（1873年，设计者R.F.Chishorm）有着莫卧尔和拜占庭折衷的趣味，侧面使用了类似有游廊的消夏别墅建筑的阳台。

2 孟买（Bombay，Mumbai）

孟买的城市形成，是从1534年葡萄牙从古加拉特苏丹的手中获得土地时开始的。其作为果阿的供给地，首先建设要塞和教堂。英国获得孟买是在查尔斯Ⅱ世于1661年和葡萄牙国王的妹妹卡塔琳娜结婚的时候。是葡萄牙作为嫁妆转让给英国的。Bombay是源于葡萄牙语Bomb·ahia（良湾）。孟买是源于孟巴女神的古老地名。1668年英国东印度公司获得国王的贷款，1687年从苏拉特进行据点转移。孟买的发展开始于17世纪末以后。

孟买原来由7座岛屿组成，市中心地区布置在旧孟买岛的南部。查尔斯·本区长进行要塞建设是在1715年。留下了1756年的地图，四角设有棱堡的城墙周围随意布置了广场、水槽、教堂等设施。因是交易的据点人口持续增加，到18世纪中叶，城墙周围开始形成了居住区。从1827年的地图得知，城墙内建筑几乎饱和，在西、北已经设置了宽广的广场。

现在的城墙地区曾是乔治堡的遗迹地，留有环绕圆形广场的礼堂、银行等很多历史建筑物。城墙的西边是广场，连接其北边的为“黑色小镇”。城墙与市区之间有宽广的空间

图 7–39 维多利亚车站，孟买

图 7–40 孟买市厅舍，孟买

存在是 3 个管区首都的共同特点。

19 世纪中叶以后，孟买以棉业为中心有了飞速的发展。以美国的南北战争为契机，兰开夏棉业出现了由美国棉到印度棉的大转变。一手承包了全部德干高原的棉花出口业务。由于铁道的铺设，蒸汽船的实用化扩大了港湾，城市结构发生了巨大的改变，这一点与其他的管区首都是一样的。只是在苏伊士运河开通以后，由于位于印度西海岸，孟买作为通向西方的门户的定位可以说成为不可动摇的了。

纺织业的发展更加速了人口的集中。孟买开始尝试港湾托拉斯等的改善事业。此外，民间的开发商也大量提供被称作乔卢的设备共用型租赁集合住宅。其乔卢的形态至今还在继承，成为孟买旧市区街景的一大特色。

另一方面，由于从 19 世纪末到 20 世纪初集中了大量的财富，出现了很多纪念性建筑。弗雷德里克·威廉·史蒂文斯设计的维多利亚车站（1887 年）与孟买市政厅（1893 年）

图 7–41 孟买大学图书馆，孟买

图 7–42　高等法院，孟买

图 7–43　泰姬马哈饭店，孟买

图 7–44　印度门，孟买

隔街相望。前者是正统的维多利亚哥特式，后者则为印度萨拉丁风格。G·G·Scott 设计的孟买大学图书馆（1878 年）和 J·A·Fuller 设计的高等法院（1879 年）面向艾斯普奈德并排而建。Fuller 20 岁时到达印度，设计了不少建筑，而 Scott 没有到过印度。能象征英国殖民城市孟买建筑的是泰姬马哈尔饭店（1903 年，W·钱伯斯）和印度门（1927 年设计者 G·怀特）。前者是英属印度帝国最高级的饭店，后者是 1911 年为纪念英国王乔治V世的访问而建的。两者都表现了英国和印度文化融合的多样性。

3　加尔各答（Kolkata）

1530 年以后，欧洲列强进出孟加拉目标是孟加拉的物产。葡萄牙首先在胡格里建商馆，荷兰、法国、英国、丹麦相继跟进。英国 1651 年从孟加拉总督苏丹 . 休佳（Sultan Shuja）处获得建商馆的特许证，而后孟加拉各地纷纷建起了商馆。当时，胡格里河东岸的现在的加尔各答地区，从北开始沿小高地排列有斯塔纽特（Stanuti）、卡里卡特、革宾大伯尔（Govindapur）3 个小村落。加尔各答的名字来源于 culcuta。按照孟加拉的口语，谐音成为现在的名字 Kolkata。

1690 年 8 月 24 日查诺克（Job Charnock）负责的商馆建设开始了，加尔各答的历史也开始了。查诺克死于 1693 年，完成的只有仓库、食堂、厨房、事务所、公寓、查诺克住宅等共 10 座土墙稻草葺屋顶的建筑物。

1696 年，加尔各答地区开始建设威廉要塞。要塞被北边约 100 米、南边约 150 米、东西两边约 210 米的台形城墙所围合，中央的东西并列有东印度公司的职员住宅，其北边为兵器库、弹药库、药品库，南边为商馆（1699 年）和石造仓库。在要塞和商馆之后，又建设了医院（1707 年）、亚美尼亚人教会（1707 年）、圣公教会(Anglican,1709 年)、公园、水池等。1712 年威廉要塞才全部完成。

威廉要塞建设的同时欧洲人移住到了加尔各答，周边形成了欧洲人居住区。和欧洲人一起印度人也移居过来。

由于 1742 年马拉塔入侵孟加拉等事件，加尔各答的发展也波澜起伏。1756 年还发生了希拉吉·马达乌拉被占领的事件。意识到商馆要塞化的必要性，因普拉西之战的胜利，决定建立新威廉要塞。

以此为契机加尔各答的城市形成有了大的飞跃。新威廉要塞在夺回加尔各答后马上开始设计，1758 年动工、经过 15 年于 1773 年完成。第二年加尔各答成为了英属印度的首都。新要塞的周围，从军事的观点出发设有很大的开放空间，起名为广场（现在的操场）。其规模东西长 1.2 ~ 2 千米，南北为 3 ~ 3.5 千米十分宽广。加尔各答开始从东印度的商馆城市向英属印度的政治军事首都转型。

随着新威廉要塞的建设，从 18 世纪 60 年代开始实施郊外住宅区的开发，建设了大量的花园别墅。Chowringee 地区（面向广场，

图 7-45　作家大厦，加尔各答

Chowringee 道路的东面，现在公园街的南边）就是其象征。此外，沿广场的北边欧洲人地区向东扩大。与英国人地区扩大的同时，监狱、医院、英国人墓地等政厅以外的各项设施也向郊外转移。英国人墓地于 1767 年向公园街转移。

新威廉要塞的完成，让旧要塞的“白色小镇”也面貌一新。旧要塞转用为海关，在包括旧英国国教会在内的建筑用地，建有供东印度公司下级官员使用的研修住宿设施（作家大厦 Writers Building，1776 年、设计者托马斯·林恩）。沿胡格里河边新建了造币厂（1791 年），“白色小镇”的南边建设了高等法院、参事会厅舍、政厅等。Chowringee 地区的孟加拉总督官邸的建设始于 1779 年，于 1803 年完成。

被称作“黑色小镇”的印度人地区的中心是巴扎尔。从这个商业中心的周围扩大的印度人地区狭窄道路错综复杂，环境极为恶劣。由此产生了大量被称为巴斯底的不良住宅区。

进入 19 世纪后城市整备正式开始了。首先在艾斯普奈德周边陆续建

图 7–46　印度博物馆，加尔各答

设了很多公共建筑。市厅舍（1804 年竣工）、印度博物馆（1817 年开工），圣保罗教堂（1847 年竣工），高等法院（1872 年改建），接着是维克多利亚女王纪念馆（1905 年开工，设计者 W · 爱默生）等。就这样，加尔各答的中心地区的城市景观与英领印度的首都称号十分相称了。

在建设公共建筑的同时，城市基础的整备也在进行。作为财源是彩票收益（1793 ~ 1836），1799 年填埋马拉塔（Maratha）护城河建成了环路。1803 年设置城市改善委员会（~ 1836 年），建了排水渠兼运河。此外，还建设了南北贯通“黑色小镇”的道路。

19 世纪的城市整备，还没有涉及到改善“黑色小镇”的卫生状态。英国人地区的供水是 1820 年开始的，而印度人地区的供水到 1870 年初才开始。下水道建设在 1859 年开始着手，对象仅限于英国人地区。

在镇压印度大叛乱后，开始了铁道建设(1854 年)，在 1870 年完工。1880 年市内铁道开始运行。此外港湾建设于 1780 年开工，1826 年蒸汽船入港。以苏伊士运河的开通为契机，广场南部作为港湾一部分被整治，其周边形成了工业地区。

就这样，在 20 世纪初，与独立后相应的城市结构完成。地域划分大致为威廉要塞和周边的广场、官公厅地区、英国人高级住宅区、“黑色小镇”、郊外住宅区和港湾地区。

08 大英帝国的首都——新德里

1 大英帝国的首都

自19世纪到20世纪初大英帝国达到鼎盛时期，统治了世界陆地的四分之一。20世纪初在大英帝国的殖民地同时建设了3个首都。澳大利亚的堪培拉（1901年），南非的斐京（1910年），以及印度的新德里（1911年）。这3个城市的历史背景大相径庭。在堪培拉、悉尼和墨尔本中间规划了宽广的牧草地，是在国际竞标中采用了美国建筑师W·B·Griffin的方案。斐京是以逃离了英国统治的布尔人（荷兰殖民入侵者的子孙）1857年所建的棋盘格状城市为蓝本的。对应大英帝国内的自治领联邦政府的首都，作为大英帝国的直辖殖民地印度帝国的首都而建的是新德里。

2 向新帝都新德里迁都

1911年，宣布了从帝都加尔各答向德里迁都。以加尔各答在位置的偏僻性和气候严酷等为由，迁都论在很早就开始了。选择曾是莫卧尔王朝的帝都的沙哈加哈纳巴德（Shah Jahanabad）南部作为规划用地。相对于英领时代建设的部分为新德里，沙哈加哈纳巴德被称作旧德里。英国人在体验了加尔各答不卫生的低湿地环境之后，十分注意建设选址，尤其重视卫生问题。特别是防止感染疟疾，适度干燥让树木充分得以生长等条件。目标是建设绿树成荫的田园城市。在选址上，考虑自然环境的同时也考虑了政治性问题。

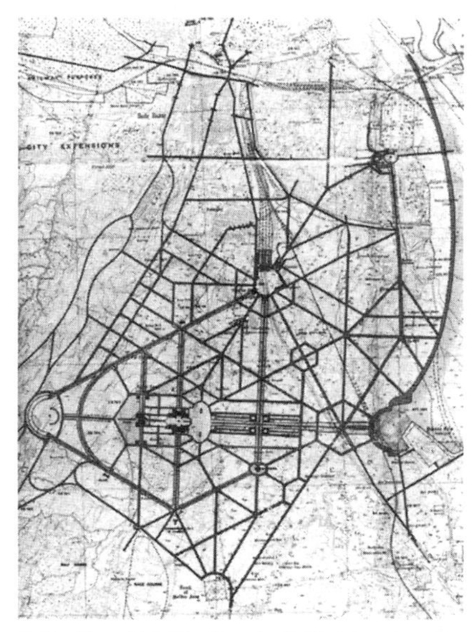

图7—47 新德里，新帝都规划（德里都市规划委员会最终报告方案），1913年

图 7-48　亲王宫殿，新德里，1929 年，E·鲁琴斯

图 7-49　政厅舍，新德里，1931 年，H·贝克

图 7-50　印度门，新德里，1931 年，E·鲁琴斯

亚姆那河和丘陵所包围的三角洲地区，是印度历代王朝都城所在地，是能显示拥有印度次大陆正统权力继承者的场所。向德里的迁都，也有对蓬勃发展的印度民族主义实施怀柔政策的意图。另一方面，也有的舆论认为德里一带，散在有历代王朝遗迹的王权墓场，应规避向那里迁都。实际上英国对印度的统治，从 1947 年印度、巴基斯坦分离独立开始到新德里完成只有 16 年就终结了。

3　显示威严的首都规划

印度是不断衰亡的帝国主义统治的最后堡垒，其新都的建设也显示了大英帝国的威严。当时倾注了英国的全部城市规划技术。以城市规划师 G·S·C·winton 为委员长，由建筑师 E·Lutyens，土木技师 J·A·Brodie 组成的德里城市规划委员会于 1912 年在伦敦成立。城市规划家 H·V·Lanchester 作为顾问参加，在其带动下当时在南非活动的建筑师 H·Baker 也被作称为设计协力者。旧德里和新德里之间设卫生隔离绿化带，居住划分一开始就意识到按照人种进行。新德里的住宅区规划，明确隔离了印度人和英国人，此外还按照社会和经济阶层详细地规定了居住区的人口密度。英国高级官僚住宅的模式是带有阳台，围合庭院的邦克楼 Bungalow

式的消夏别墅。这样的人种的隔离不仅限于印度，在殖民城市规划中基本上被采用。街道规划强调轴线，由放射状道路几何形构成。是以莱西那丘陵往东缓缓倾斜的“王之道”（Kingsway，现在的拉加帕特 Rajapath）为主轴形成了宏大视角的巴洛克式城市规划。王之道是从副王宫殿（现在的大统领官邸，1929 年）起延伸到左右两栋的政厅舍（1931 年），至印度门（战死者慰灵碑，1931 年），继而到王朝遗迹 Purana Qila（“古城”，16 世纪）的西北角的轴线。副王宫殿和政厅舍建的丘陵的景观，是有意识模仿雅典卫城（Acropolis），将大英帝国的威严具象化。与商业中心地 Connought 广场作为北边的顶点与王之道垂直的是“民之道”（green way，现在的詹帕特 Janpath）。议会街（Parliament Street）与王之道成 60 度角相交，从政厅舍到旧德里的贾玛清真寺（1658 年），与莫卧尔帝国的王城“红堡”（Lal Qila，1648 年）相连。在新德里的规划中巧妙地融入了王朝遗迹，显示了大英帝国是正统的印度次大陆的统治者。

4 殖民地的建设者

设计与新德里政府相关的主要建筑的是 E·鲁琴斯（Lutyens）和 H·贝克（Baker）。E·鲁琴斯设计了副王宫殿和印度门，H·贝克设计了政厅舍和议事堂。比勒陀利亚（Pretoria）总统府（1910 年）的设计也是 H·贝克，将带有翼栋的对称式古典主义建筑，引入了新德里的政厅舍设计中。此外在堪培拉的设计竞赛中获胜的沃尔特贝理格里芬（Walter Burley Griffin）后来也在印度活动，说明以大英帝国为中心的殖民地间存在着城市规划和建筑专家的竞争。他们与殖民地规划密切相关，承担着创造城市景观，将大英帝国的威严具象化的任务。通过这些传道者们，将宗主国所拥有的城市规划技术、制度、理念输出给殖民地，同时殖民地的经验也被输入到了宗主国。副王官邸和政厅舍中使用了印度产的红、黄砂岩，还配有红砂石。在欧洲国际主义的近代建筑运动百花齐放展开时，E·鲁琴斯和 H·贝克在殖民地将印度的萨拉丁样式用到细部，并专注于古典主义。英国建筑师已充分意识到人种问题。尽管对印度文化倾向于理解和尊重，然而在他们规划思想深处，则是将印度式要素作为不相容的东西加以排斥。新德里城市建设始终贯穿了英国人的理想。

09 俄国的殖民城市

——布拉戈维申斯克、哈巴罗夫斯克、符拉迪沃斯托克

相对于从南面开始进入亚洲地域的葡萄牙、荷兰、英国、法国等，1605 年的西伯利亚殖民令以后从北面开始正式进入亚洲东北地域的是俄国。斯蒂芬在对“亚洲极东(Dalni Vostok Rossii)”这一概念进行历史性思考时，不得不以从一个地方到近半个世界这样广阔范围的实态为参照，并指出了其概念上的伸缩性。也提出有必要讨论从西伯利亚到东伯利亚，跨越堪察加半岛和西伯利亚海峡直到阿拉斯加，以及现在的极东地区，以至 19 世纪末中国东北（旧满洲）的地区，和俄国扩张的整个历史过程。

思考位于亚洲的俄国殖民城市时，有必要考虑这种帝政俄国固有的地域概念的内涵和外延。当然对俄国的“亚洲”概念作为专题研究也是很重要的课题，但在此基于地缘政治学的背景仅就东北亚洲地区包括的俄国极东的三城市的成立为中心进行讨论。

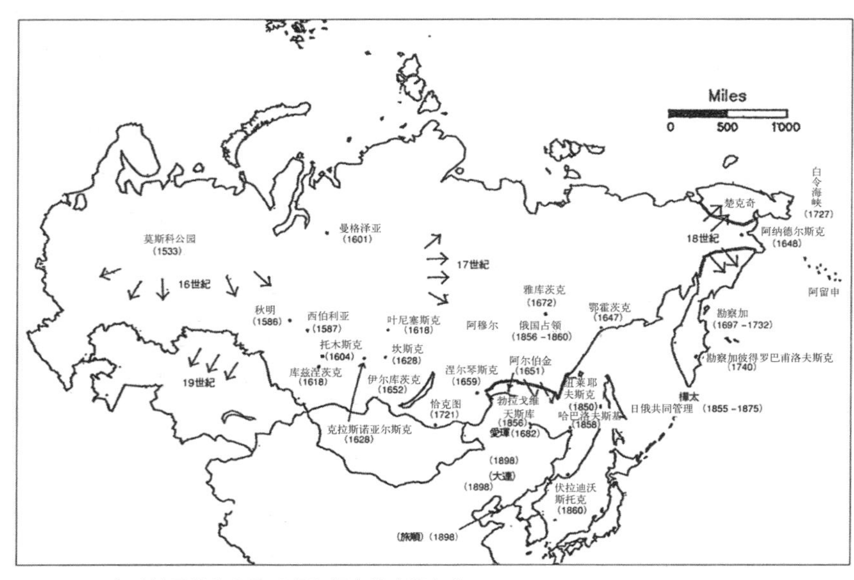

图 7—51　帝政俄罗斯的东进过程和据点的建设年代

1 俄国

俄国从 16 世纪开始，主要紧随着哥萨克部队开辟的前沿水路进行连水移动，对土著民的生活空间陆陆相连的西伯利亚以猛烈的攻势展开东进。其据点主要建在水陆的结合点上。

17 世纪 40 年代后开始，向阿穆尔河（中文名：黑龙江）流域南下，形成了面对阿穆尔河上游的石勒喀湖（Shilka）涅尔琴斯克（尼布楚，Nerchinsk，1659 年）的据点，以及面对阿穆尔河的雅克萨（Albazin，1651 年）据点，但受到了蒙古人以及他们从属的清朝中国的猛烈抵抗。1682 年中国军在阿穆尔河右岸的爱珲建立了根据地后，军事活动活跃了起来。最后根据 1689 年签订的尼布楚条约，俄国撤出阿穆尔河流域，流域北侧的斯塔诺夫（Stanovoy）山脉的分水岭被定为中俄的国境线。

之后约 150 年，阿穆尔河流域的中俄关系一直处于平稳期，到 1847 年穆拉维约夫就任东西伯利亚总督后，由于鸦片战争中国抵制英国进入，以致引发再度进入阿穆尔河流域。1849 年穆拉维约夫的部下涅维尔斯科依在堪察加半岛的彼得罗巴甫洛夫斯克（Petropavlovsk，1740 年）建立根据地，开始调查阿穆尔河河口。第二年在河口附近设置庙街 Nikolaevsk（现在的 Nikolaevsk-na-Amure）等，之后此流域不断累积造成俄国人占领的既成事实，受俄国沙皇委托获得与清政府交涉权的穆拉维约夫，终于在 1858 年与清政府签订了爱珲条约，将阿穆尔河以北的领土割让给俄国。现在阿穆尔州中心城市的海兰泡（Blagoveshchensk，1856 年）和哈巴罗夫斯克（Khabarovsk）地区的中心城市哈巴罗夫斯克市（1858 年）就是以此条约为根据建设的。接着还有 1860 年的北京条约，承认乌苏里江和日本海之间所夹的区域（之后的沿海州 Primorskii oblasti，现在被称为沿海地区 Primorskii krai）与俄国合并。现在沿海地区的中心城市 Vladivostok（1860 年）也是在那个时候开始创建的。

之后俄国入侵中国东北（旧满洲）地区，进行铁道及其附属地区的城市及设施的建设。以此为起源的代表城市有哈尔滨、大连、旅顺（Port Arthur）。这种对东北亚地区的帝政俄国的东进和南下，一直持续到日俄战争（1905 年）俄国战败为止。

2 远东三城市

布拉戈维申斯克、哈巴罗夫斯克和符拉迪沃斯托克是 19 世纪后半叶开始建设的城市。这三个城市是现在俄国远东的主要城市，正好位于自欧洲起东方尽端，也处于根据中俄间的国际条约接受的清政府割让的领域内，与西伯利亚地区的各城市(伊尔库斯克、托木斯克等)起源、经历不同。在西伯利亚·远东的俄国城市的系谱中，可以作为处于末期的城市来看待，这些城市建设有什么样的特质呢?

原来这三个城市的周边是中国人（汉人）为捕鱼和狩猎而形成的村落，都有原来的中国地名。也就是说俄罗斯进行的城市建设，是以侵入包含少数民族在内的原住民的生活空间的形式展开的。在各个城市中，先于初期规划的是海军部队设定的据点，主要建设了与军队相关的建筑物是共同的特点。此外人口多是与军队有关的，也混入了民间人也是共同的特点。

从老城区地图和城市规划图中得知，这些城市的初期市区规划并没有描绘出城市的建成的蓝图。具体地说是着眼于①市区的范围设定，②出售土地的形态、尺寸，③墓地、教堂的配置，④码头、市场、开放空间等贸易交易用基本设施的配置等四方面。假如像上述那样以地域的地缘政治学内容为重点考虑的话，这些城市规划是为了在国境地域形成短期的军事据点以及确保定居地的对策，以此观点来把握很容易理解。

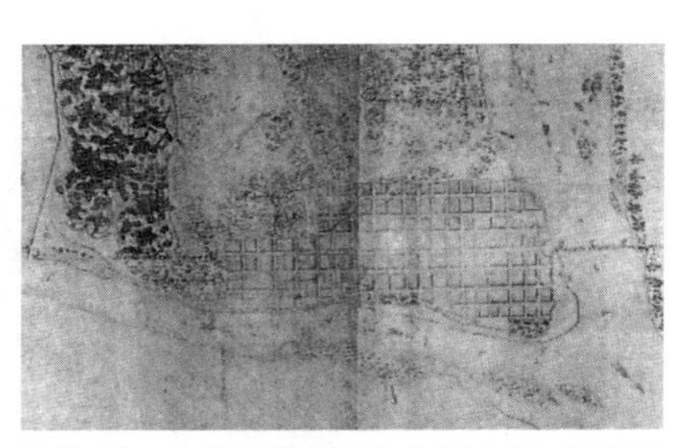
图 7–52　布拉戈维申斯克 初期方案，1869 年

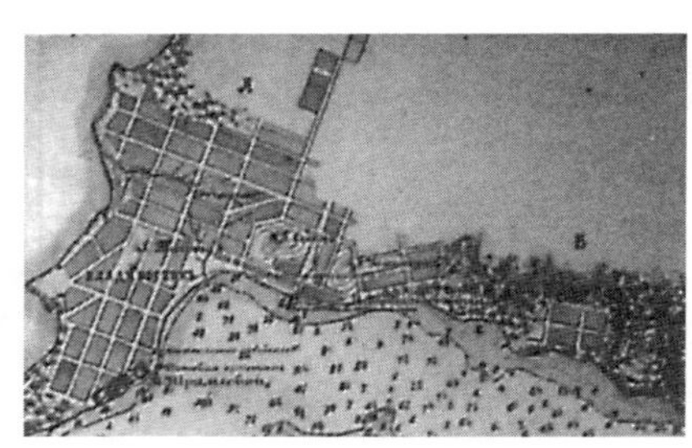
图 7–53　哈巴罗夫斯克 初期方案，1865 年

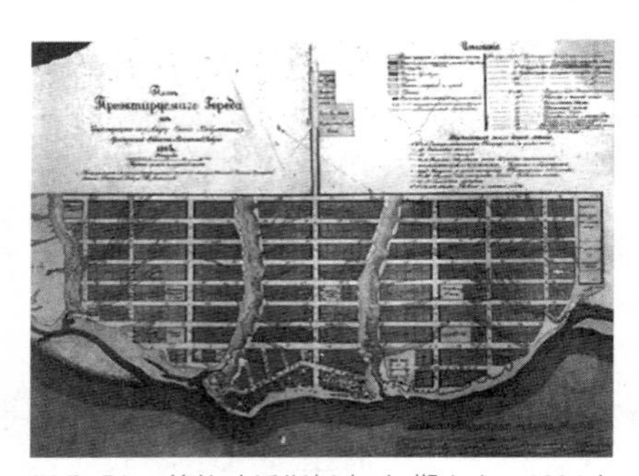
图 7–54　符拉迪沃斯托克 初期方案，1864 年

图 7–55　符拉迪沃斯托克中心市区，1870 年

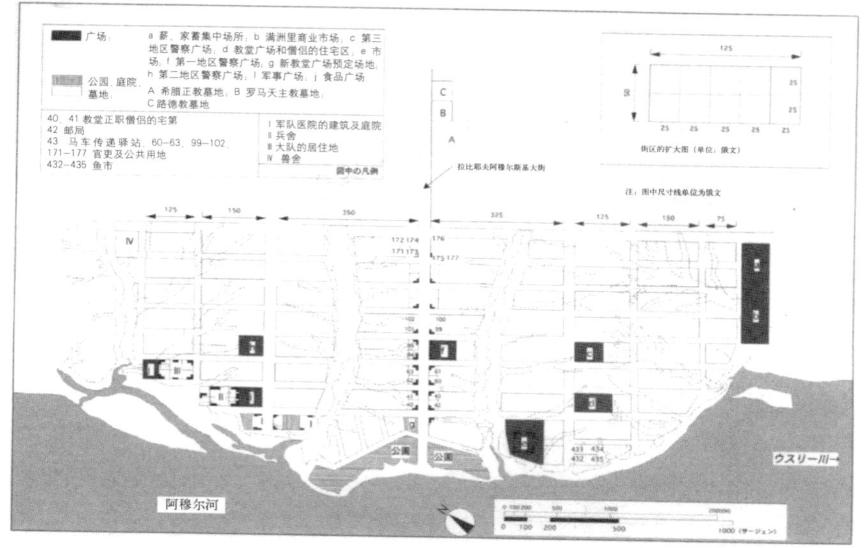

图 7–56　哈巴罗夫斯克 初期规划推定图

三座城市原则上采用的棋盘格状城市骨架，是进行土地调查、土地分配最便利的体系，也是很多殖民城市都采用的形式。在 18 世纪以后的俄国西伯利亚殖民城市中也能看到。

布拉戈维申斯克的市区骨架，与远东的俄国入侵中作为最初的开端在 1850 年开始建设的尼古拉耶夫斯克的类型相似。虽有 1910 年末的 9000 分之一的地图，但从地形条件来看河流和市区的关系与接近正方形的棋盘格状构成酷似。这两座城市分别在建设的前后穆拉维约夫曾到过那里，很可能在市区规划中也有直接反映他的构思的地方。布拉戈维申斯克、尼古拉耶夫斯克的规划，特别有接近正方形的棋盘格状，从图象上看，让人联想起与西班牙中南美殖民城市类型的血缘性（亲族性）。

另一方面，哈巴罗夫斯克和符拉迪沃斯托克的市区规划，是柯萨科夫（Korsakov）进行的市区规划方针出台后的规划，同样是测量工程师的卢比盎斯基（Rubiansky）也作了方案。可以考虑给骨架类型带来差异的原因是有参与规划人力资源条件，以及当事者所具有的职能与知识。

当时军队的测量有“地形测量（topography）”和“评估”两个不同职能的职位。地形测量以测量自然地形，绘制地形图为主要职责，而评估的职责是以测量成果为基础，

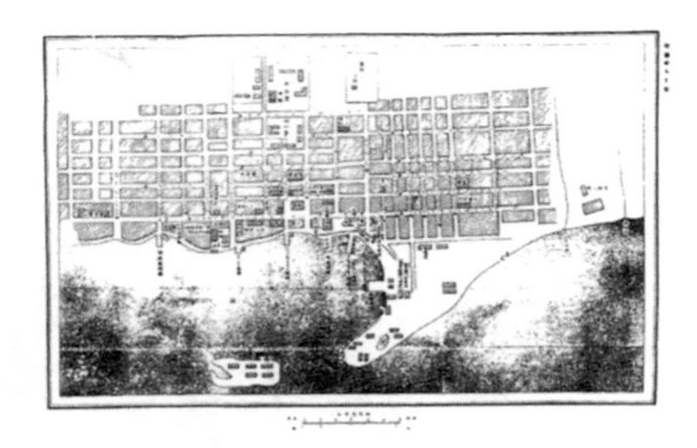

图 7—57　尼古拉耶夫斯克

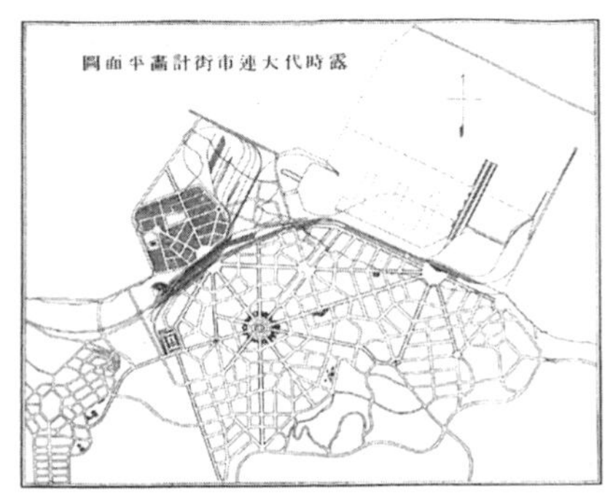

图 7—59　大连俄罗斯时代的街道规划图。拥有以圆形广场为中心的多中心放射状道路网

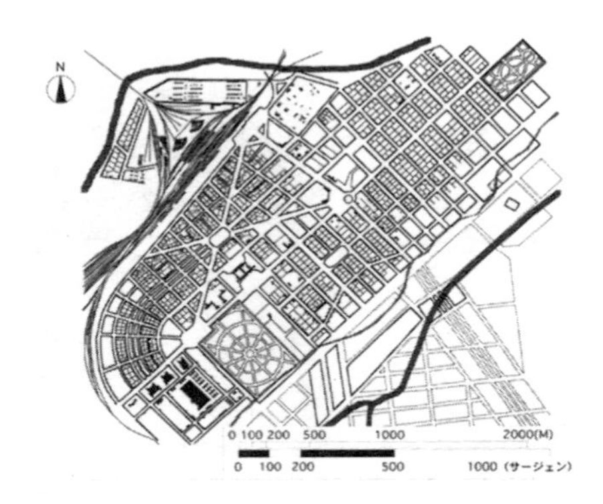

图 7—58　哈尔滨新市区，1900 年代。其构成是以两条干线道路为骨架，在其交点配置寺院，并设有斜线交叉道路。

鉴定土地的出售及价格，并证明价值为不动产鉴定的主要职责。市区规划的立案，具体是两者，即地形测量和评估职能相结合的结果。上述的卢比盎斯基是后者，当然规划立案的前提是应该有地形测量的成果。此外也有通过对土地出售前的街区规划拉线进行测量的，后者则结合事后土地地段的分割线来划分的。通过这样两种职能的具体组合，可以充分考虑市区规划采用不同形态的可能性。

虽然在同样的南下政策中俄国在哈尔滨和大连留下了优秀的城市设计，而在俄国远东的三城市，至少在初期阶段未能看到这种手法的运用。哈尔滨、大连是以亚洲的国际商业城市为目标，或者说是以第二个莫斯科为目标进行城市建设的。其建设中城市美的形成是一个重大目标。若考虑到这点，那么在远东三城市初期的城市设计中就要考虑城市成立所需的基本条件，即军事功能的充实、殖民的稳定，但没有将街道和建筑等进行一体化考虑这种城市设计的眼光。最明显表示其差异的是在哈尔滨和大连的规划中，从市街区的规划阶段起就有建筑师的参与。从这种规划所伴随的具体职能组合的不同中，可以看出与远东三城市间的初期市区规划上出现的根本差异。

10 中国和西洋列强
——香港、上海、广州

1 十三夷馆和鸦片战争

所谓十三夷馆是指在1720年开始的公行制度（官商的十三个行业组织了行业协会，协商价格，制定连带责任等，垄断外国贸易）下包揽了一切对外贸易，被称为官商（也称“牙行”、“官行”等）的商人聚集在广州府城的西南、面向珠江的河岸，按照数字排列，号称十三行的一角处设置的外国人居住地。十三夷馆在其地段的沿河处设有装卸码头，并排建起有飘扬着各国国旗的阳台和拱窗的乔治亚风格的西洋建筑。建筑多为两层，一层为事务所和仓库以及使用者的住居，二层用作商人的居住。

这样以广东为唯一窗口的中国贸易使英国产生了赤字，英国商人想靠印度产鸦片形成的三角贸易打破此局面。1838年，由于钦差大臣林则徐强化了对鸦片的管制，没收外商手中的鸦片而爆发了鸦片战争。1842年，根据南京条约决定开放以广州、上海为首的厦门、福州、宁波等五个港口，割让香港岛，废除了由一部分中国商人垄断的公行制度。这样先在广州实行的对外贸易，其重心转到了上海、香港。而且外国人居住地的租界，也以十三夷馆为雏形扩展开来。

十三夷馆因1856年阿罗号事件（第二次鸦片战争）而化为灰烬，其后没有在该场所进行再建。1860年，英国人和法国人一同租借了十三行西面的沼泽地、沙地，通过填埋建成居留地。在细长椭圆形的土地上形成了有一条大道贯通，周围环以壕沟，只有一座桥与市区连接的封闭型租界。

2 城市的形成—港和租界

在上海，先设立有英国租界，而后有法国租界、美国租界（英国和美国的租界在1863年作为共同租界而合并），并排修建与十三夷馆同样的商馆。沿着黄浦江的狭长土地，被改造为卸货场。这里被称

图7-60 1750年左右的十三夷馆，广州

图 7–61　1865 年左右建有连续的游廊式建筑的海滨，香港

为外滩（Bund 指的是在印次大陆，德干高原和西北部梯田中储存雨水用的大型堤坝。其语源来自梵语的 bandh），承担着上海海湾功能的同时也成为地标。租界最初只允许外国人居住，面对大量流入的中国人形成了上海独特的集合住宅里弄住宅。里弄住宅是英国人改良了中国传统住居的结果，也是租界的产物。

香港不仅有鸦片贸易，也靠苦力贸易急速地发展成为英国殖民地。维多利亚湾沿岸的香港岛北岸甚至上海也依靠有实力的商人（Dent、Jardin & Matheson）得到了整治，该港口从上环到铜锣湾的海岸线被称为“帕拉雅”（葡语 praia，海滨）。

在上海和香港最初建的西洋人的建筑被称为游廊（Veranda）样式，香港最古老的建筑是现为茶具博物馆的旧三军司令官的官邸。它确立于东南亚的气候风土中，阳台、列柱间的遮阳、白色涂装是其特征。香港由于 1888 年开通了山顶缆车，外国人开始在凉爽的高地上建造住宅，由此确定了在城市中心工作，在山峰居住的生活方式。而中国人的住居为广东和福建的传统街屋（铺面房、shop house），即一层为店铺，二层为住居，面对道路的一层部分为连拱廊。

进入 20 世纪后，上海以南京路为轴向西发展。香港以缓和高密度化的香港岛开始，1860 年以割让的九龙半岛以及腹地新界的租借（1898 年）为契机，以大陆一侧的弥敦道为轴线进行开发。可以说两者都形成了以中国人为对象的街区。

3　城市景观和历史性建筑

上海和香港的建筑沿海岸线或河岸林立，呈现出同样的景观，表现出租界和英国殖民地的差异。按照藤森照信的说法，香港既是上海那样的商业城市，一方面也位于大英帝国版图中，具有总督驻扎的政治城市的色彩。商业城市的十三夷馆也是同样情况，不需要开敞空间，为能最大限度地利用道路和下水道等基础设施，而走上密集化高层化的道路，其结果以水边为前景建筑林立。香港的维多利亚广场及其广场前最高法院（1903年）是纪念性很高的空间，这是在上海所看不到的。

对于外滩景观的形成有很大贡献的是当时上海乃至亚洲最大的设计事务所巴马丹拿（Palmer & Tuner）。至今也还是香港的大型组织设计事务所的巴马丹拿，20世纪30年代设计了成为外滩地标的主要建筑物。如象征大英帝国在中国实力的香港上海银行上海分行（现为上海市人民政府，1924年），上海海关大楼（1925年）带有纽约摩天楼的浓厚色彩，作为上海高层建筑的代表性建筑Sassoon House（现和平饭店北楼，1929年）等。这些建筑多数为开港后的第三代，至今仍是城市景观的重要要素。顺便提一下第一代是环绕游廊的殖民地样式，第二代是19世纪末英国流行的安妮女王复兴（Queen Anne Revival）样式。

图7-62　里弄住宅，上海

图7-63　外滩的夜景，上海

图7-64　外滩的景观，上海

然而，香港随着城市的发展不断填海造地，建筑也持续更新。1888年开始了新海滨的建设，旧海滨中的建筑群丧失了意义，成为再开发的对象。二战后，由于中华人民共和国的成立，独自承担了直至二战前由上海发挥的自由贸易港的角色，得到迅速发展。香港历史性建筑留存的很少，这与19世纪到20世纪，对西洋贸易的窗口从广州向上海、进而向香港转移的情况是表里一致的。

11 日本殖民地的城市与建筑

1 建在日本的居留地 日本建造的居留地

19 世纪中叶，迫于西欧列强的压力，江户幕府不得不开始与外国交往。在长崎、神户、横滨、函馆等开港城市设定的居留地，道路和公园等社会资本得到整合，建起了殖民地样式的建筑。曾去过印度和东南亚、中国的广州（十三夷馆）和上海以及美国等地，从测量到土木建筑工程，经常活跃于建筑材料的生产和机械设计的阅历广泛的欧美技术人员，将这些经验带到了日本。沿海的办公楼街和山手线（东京市内的轻轨）的住宅区建起带游廊的殖民地建筑，两者之间夹有中国人和日本人的街区。另一方面，由于出现的殖民地建筑的影响，产生了跳出居留地，以日本人优秀工匠的技术积累和进取精神为基础的所谓拟洋风建筑。明治前期的日本城市景观，被这些拟洋风建筑装饰一新。

这些居留地，在以改正不平等条约为目标的明治政府的外交努力下，1899 年被废弃了。一方面日本已进入帝国主义，最初是日本强制朝鲜签订不平等条约（《1876 年日朝修好条约》）。以此为据在釜山开放港口，第二年在朝鲜设立了日本专管居留地、清政府专管居留地，以及各国共同租界。随着西欧列强获得居留地，加上日本和清政府的压力，朝鲜各地的港口和城市纷纷开放。朝鲜也出现了西洋式建筑，在各居留地的港湾和道路下水道等的建设由李朝政府负责得以推进。

在与日本的关系上釜山备受关注。具有作为从日本到朝鲜半岛的门户之重要作用的釜山，事实上日本确立了垄断地位。釜山居留地是因袭李朝对马藩交往窗口的“倭馆”的所在地，有约 38 平方千米的面积，后来也得到了最惠国待遇，并通过海岸的填埋获得土地，不断扩大，在 1910 年“韩国合并”以前已经形成了主要市区。现在继汉城之后韩国的重要城市釜山，其原型也是这样形成的。

2 北海道开发和札幌

帝国主义国家日本向海外扩张的动向，不久在中国台湾（1895 年~），库页岛（1905 年~），朝鲜（1910 年~）

展开了殖民地经营。此外日本在关东州（军政——租借地，1905 年～）、南洋群岛（委任统治领，1922 年～）、满洲国（1932 年～）等，逐渐以多种形式不断取得了海外统治地。到第二次世界大战结束为止，在这些广义的殖民地上，日本进行了许多的城市建设。

被视为近代日本殖民地经营出发点的是北海道的开发。明治维新不久的 1869 年，明治政府在札幌设置了开拓使厅，在政策上推进北海道的开发，通过在此雇佣外国人，引入了美利坚合众国的开拓殖民地经营的政策和技术。建设了旭川，带广等棋盘格状城市。在建筑上也从美国引入了被称为“气球结构”（balloon frame）的木造墙体结构和外挂板的技术，尤其是土木技术者惠勒（W·Wheeler）的活跃为人熟知。

被视为近代日本最初的殖民城市的札幌的规划，在对近世的继承和延续的视点上也是必要的。因为在 1871 年着手建设时并没有受佣外国人的参与。实际上，札幌的街区尺度因袭了平安京和近代的“町人街（商人街）”的规划，开拓使厅、官厅街、一般市街地的分区，也表明了与近代“城邑”的相同性。

3　台北和汉城

海外正式的日本殖民地城市建

图 7–65　由市区改造而建的本町街道（现在的重庆路）和建筑群，台北

设，始于日清战争（1894 ～ 1895 年）清政府割让了台湾。在城市建设上使用了以道路和下水道整备为重心推进城市改造的“市区改造”手法。初期发挥重大作用的是内务官出身、1898 年任台湾总督府民政局长的后藤新平（1857 ～ 1927 年）。被称为“近代日本城市规划之父”的后藤，从此往来于殖民地经营和日本国内的城市政策，是很有象征性的人物。他在台湾确立了以长久定居为前提的城市经营方向，给台北规划了拥有车道和人行道相组合的林荫大道，和带有亭仔脚（面向道路的连拱廊，骑楼）的城市建筑的类型。之后，在日本除东京以外没有留下业绩的“市区改造”，在殖民地对已有的市区改造和扩张倾注了巨大的力量。这在朝鲜也是一样的。

李朝的王都汉城具有根据风水思想进行选址，按照中国都城制的标准配置宫城和祭祀设施，以及不规则的街道网等特征。已经有约 400 年的历史。然而在朝鲜建国后，1882

图 7–66　旧朝鲜总督府厅舍（1926 年竣工，1995 年拆毁）和太平街道（现在的世宗路），汉城

年开放，不久以日本人和中国人为主流的外国人的城内居留开始了。日本人居留地设定于市街南面建起的南山北麓一带（被称为“倭城台”）。以致产生的汉城市区民族性分居（北部 = 朝鲜人居住地，南部 = 日本人居住地），在整个殖民地时期没有消解。

到了 1925 年左右，合并后总督府所推进的城市重组的结果清晰地呈现出来。迷宫状的街道网形成了城市的巨大骨格。其中最早建设的是从景福宫（李朝正宫）正面南北贯通整个都城的道路。这条太平道——南大门道路给汉城赋予了明确的城市轴线，沿街新建了总督府诸官厅、京城府厅舍、警察署、主要银行等。在作为视线轴线的景福宫正面，建设了有威慑力的巴洛克样式的总督府新政厅（德 · 拉 · 郎德 De La Lande 基本设计，野村一郎实施设计，1926 年）。城市轴的南端为南大门，从这里登上南山的西坡地，为守卫殖民地全朝鲜的国家级创建神社 · 朝鲜神宫（伊东忠太，朝鲜总督府建筑科设计，1926 年）的宽广境内。连接这样的官厅地区和神社空间的城市轴线的设定，是在日本殖民城市中广泛存在的特征。

日本在后藤新平和佐野利器的主导下，1919 年制定了城市规划法和市区建筑物法。在这些法律制定下，朝鲜于 1934 年实施了朝鲜市街地规划令，台湾于 1936 年实施《台湾城市规划令》，引入了用途地域和土地区划整理这类现代城市规划技术和制度。战后中国台湾和韩国的城市规划直接继承了这些（台湾的亭仔脚，也被编入了台湾的《城市规划令》中，现在还作为现行制度存在）法律。

4　长春（新京）

满洲地方（中国东北部）的城市建设作为“殖民特许公司”由 1907 年开始营业的南满洲铁道公司(满铁)来进行。满铁为俄国未能推进的“铁路附属地”，持续投入资本，展开了精力充沛的社会资本整合。在此发挥了领导作用的是后藤新平。

长春附属地，与被称为长春厅的中国人旧市区相邻，以长春停车场（火车站）为中心进行建设。面对铁路的外侧为官公厅、商业、住宅用地，内侧为工厂、仓库用地。平坦的地形上以整齐的棋盘格状为基本，在通往站前和市区要地上集中设置通向广场的斜街，是巴洛克式的城市规划。这些也是满铁城市建设的共同特征。 1931 年经历了满洲事变后成立了“满洲国”（1932 年），长春被选为国都，命名为“新京”。新京成为拥有皇帝宫殿和政府诸官厅，计划人口 150 万人的政治城市，由国都建设局对满铁时代已有的市区的南侧进行规划。宫殿朝南，宫城的正面从中央往南延伸出了城市轴线，在此设官厅街。这是以北京那样的中国都城制为标准而建的。在新京站（旧长春站）的基础上增加了南新京站，以连接这两个火车站的放射状干线道路为骨架，以下的支线为棋盘格状。在要所处节点上设立了超过直径 200 米的广场，其中心为公园。下水道采取了污水和雨水分开的分流式，另一方面在新市区截住几条河流建设人工湖。让雨水流入，并兼作调整池和亲水公园。小河流和湿地都作为公园，与干线道路的公园线路

图 7–67　旧满洲国国务院厅舍（1936 年竣工，现白求恩医科大学基础医学部），长春

相接实现公园绿地系统。

这样的新京城市规划，在当时日本国内自不必说，在欧洲诸国也属于先进的规划，至今评价很高。在规划的制定上，佐野利器、武居高四郎、山田博爱、笠原敏郎、折下吉延，以及后藤新平这些与内务府关系密切的城市规划主要专家和技术人员是作为顾问和职员参加的，他们多年积累的知识和技术得到了发挥。殖民地满洲也因此而被称为现代城市规划的实验场。

在建筑方面，宫殿建筑未完而告终，在此特别提及的是由宫城开始的顺化街中有一定样式的官厅建筑的排布。被简洁化的古典主义风格的墙壁上有瓦葺的大坡度屋顶的形式，是摸索了作为满洲国的国家样式的结晶，与当时日本国内被称为“帝冠样式（瓦屋顶的混凝土建筑式样）”，以及中华民国与政府有关的建筑所喜好的折衷样式是一脉相通的。

终章

现代亚洲的城市与建筑

现代建筑的课题

环视现代亚洲的城市和建筑，首先浮现在眼前的是人口规模多达1000万的大城市。孟买、新德里、金奈、曼谷、雅加达、马尼拉、北京、上海、汉城、东京……都是市中心摩天大楼林立。周围形成住宅区，连绵地向郊外扩展。俯瞰一下亚洲的大城市极其相似。

另一方面，也浮现出远离大城市的田园风光，有着自远古开始如出一辙的房屋连续不断的乡土建筑世界。但是那个世界也在渗透着镀锌钢板那样的近代材料，房屋的形态在发生着变化。各地域的中心城市，商业中心等现代新建筑与日俱增。

在亚洲各地旅行，就会留下各地域越发互相类似的印象。以建筑生产的工业化为基础的近代建筑的理念处于强势。经过工厂加工的统一的建筑材料在世界中流通，所以住宅区的景观雷同是自然而然的。

现代亚洲的城市和建筑，存在以下几个共同的问题。

第一，应提出的问题是住宅问题。今日仍然有大多数的人生活在乡土建筑世界，即“没有建筑师的建筑”的世界。如上所述，随着工业化的进展，其秩序不断被打乱是大问题，但是在这之前的危机是住宅本身的数量短缺，甚至处于勉强生存的恶劣条件中。面对这样的大城市住宅问题给予怎样的建筑解答，对建筑师来说是亚洲共同的课题，各地进行了独特的尝试。

第二，是如何继承和发展建筑遗产的问题。在开发或再开发的压力中，把历史的建筑遗产进行活用是无论发展中国家，还是先进国家的共同课题。特别是在亚洲诸城市，对西欧诸国留下的殖民建筑如何评价是大的主题。

第三，在意识到“地球环境问题”的大框架中，什么样的建筑样式是合适的问题。以生态城市、生态建筑，或“环境共生”作为口号，是否会产生“基于地域生态系统的建筑体系”是今后的课题。

01 Kampung 的世界

首先，大的问题是大城市的居住环境。亚洲的大城市中有着占世界人口一半以上的人居住，而其环境多数是相对较恶劣的，还有仅够勉强生存条件的地区。人口问题、城市问题对 21 世纪的亚洲大城市来说是深刻的。

但是，亚洲大城市的居住地并非是“贫民窟”，菲律宾的 Barrio：意为街区），印尼、马来西亚的 Kampung（乡村木屋），印度的 Bustee（贫民窟），土耳其的 eju condu（贫民窟）等各自名称所象征的那样，在物理上是贫困的，在社会组织上是牢固的。Kampung 在马来语是乡村木屋的意思，在印度行政村 desa。称 Kampung 是更普遍的，用片假名书写的话与村庄的语感相近，Kampungan 就像说“乡下人”那样的语感。

在印尼，雅加达、苏腊巴亚等大城市的居住地称作 Kampung 是因为其保留了村庄的要素，这一特性在发展中地域的大城市居住地是共同的，在英语中称城市／村落。

首先，在 Kampung、邻组（保甲 PT：RulungTetanga）、街委会

图 8–1　Kampung，密集的小住宅群

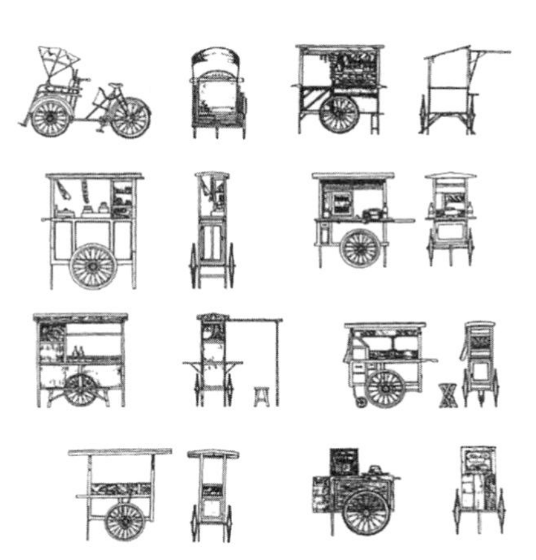

图 8–2　Kampung 各种流动售货车

图 8–3　贫民住宅，苏腊巴亚

图 8–4　贫民窟，加尔各答

(RW：RukungWarga) 之类的组织是极体系化的，即各种互助组织都很扎实，称作 Arisan（一种经济性标会与社会性聚会混为一体的制度，类似我国的合会的金融组织），以及称作 gotong　royong 的共同活动支持居住区的活动。

第二，Kampung 居住者的构成是极多样的，Kampung 有多民族居住。殖民城市的历史很长，但是印尼本来也是由多民族组成。多民族共同居住的是印尼的大城市。此外 Kampung 由各种收入阶层构成。哪个坎堡都有低收入者和高收入者混合居住的，与按照土地、住宅的价格分阶层居住的先进国家的住宅不同。

第三，Kampung 不单是住宅地，还具有依据家庭作坊可以制作各种物品的功能。此外各种商业活动支持着 Kampung 的生活。住商混合是坎堡的特征。

第四，Kampung 的生活是极自律的。是经济上寄生于城市中心的形式，生活本身在一定范围内是完结的。

第五，Kampung 根据地理位置具有地域性。依据地区不同，构成各自的特性。Kampung 可以说是具有独立性的居住地。

英语的 Compound 的语源，实际是来自 Kampung。牛津英语字典（OED）这样解释的，所谓 Compound　就是在印度等的欧美人的宅第、商馆、公馆等，用围墙围合的建筑用地内、庭院内，在南非收容当地工人的围合地，矿山工人等居住区域。指收容猎物、家畜等的围合地。原来在巴达维亚、马六甲的居住地，英国人在印度、非洲开始启用这样的称呼。Kampung=Compound 普及使用是 19 世纪初，Kampung 是在西欧世界和土著社会接触下形成的，这一事实意味非常深远。整体上看亚洲城市集住的传统是稀薄的。

对 Kampung 那样的城市居住地，最近各国进行的是从清理贫民窟角度出发的西欧模式的集合住宅的供给。但是，住宅提供因数量上不足，价格昂贵不能成为面向低收入人群的模式。各种生活方式与住宅形式不匹配是肯定的。对此取得较大成果的是对上下水道，人行道等最低限度的基础设施的居住环境进行整治。获得表现伊斯兰圈优秀建筑活动的阿卡汗奖的印尼坎堡的KIP是其代表。此外，也尝试了只提供核心住宅项目等的毛坯房，让居住者完成自己的住宅的有趣手法。

但是，亚洲大城市仍在苦于人口的激增。因此成为各城市共同的课题是新的城市型住宅模式。各自追求与Kampung那样的城市村落的形态不同的高密度居住形态。针对Kampung有提出称作Kampung Susun (Susun =中層住宅) 的有共用走廊(起居室)、厨房、厕所等共同住宅型的集合住宅。

伊斯兰圈有着培育各城市组织的传统。有印度的Haveli(宅邸)、中国的四合院等城市型住宅的传统。此外，商住的传统遍及东南亚。如何创新地继承这些传统是课题。

图 8–5 Kampung Susun Sombo，苏腊巴亚

图 8–6 菲律宾的核心住宅（此处的核心住宅指只有框架的住宅，译者注），达斯马里纳斯

图 8–7 泰国的核心住宅，兰实

02 城市遗产的继承和活用

有着殖民城市起源的亚洲诸国面临的另一个共同的课题是殖民时期形成的城市核保存和开发的问题。原本承担城市中心功能的地区，由于远远超过其功能的城市膨胀，不得不再开发。一般的目标是向新城市的转型。

因此如何评价遗留在城市核中的殖民地建筑，相继被提出。对于第2次世界大战后不断独立、新建国家来说，殖民地时代应是否定的。庞培、马德拉斯、加尔各答等在世界史上留名的大城市相继易名，在各城市英属时代街名为避免混乱而改名的做法是民族主义的举动。而且实际上变化也很大。比如，原来联排别墅密集的加尔各答的中心地区，乔林基街正在变成布满超高层公寓的中心商务区。英国建造的新加坡、香港尽管考虑了对历史街区的关怀，也变成了摩天楼林立的亚洲代表性的现代城市。以荷兰为宗主国的印尼也存在同样的状况。雅加达的科塔（Kota）地区是记忆着历史巴达维亚辉煌业绩的场所，荷兰提出了保护复原规划。1619年至1949年的330年中，多数的荷兰人曾居住在这里。但是对雅加达来说科塔地区并不一定是重要的地区。在韩国也有日本殖民地期间建造的原朝鲜总督府的国立博物馆在光复（独立）50周年时被拆毁的例子。

另一方面也有主张城市遗产的保存、活用的动态。提出了相互遗

图8-8　加尔各答遗留的花园别墅

图8-9　Toko Merah（红屋），雅加达的科塔地区

图 8-10　旧朝鲜总督府（拆毁前），汉城

图 8-12　高卢堡垒，高卢，斯里兰卡

图 8-11　大总统府（旧台湾总督府），台北

图 8-13　圣地雅哥城堡，马六甲

产（Mutual heritage），或双亲（两个血统）的概念。在 300 年的殖民地统治的过程中，给各国的建筑文化、城市的传统以很深的影响，被视为具有不可替代的价值。在马尼拉，对马尼拉王城进行了成功的复原。在印度在孟买的 Fort 地区等指定了被保护的建筑。并不一定是大的潮流，各城市组织了保盟联合公司（INTACH），在千奈，对历史的遗产正在进行注册登记。斯里兰卡的高卢、北吕宋的维干等，也有登录世界文化遗产的城市。此外马来西亚的马六甲、槟岛也准备登录世界文化遗产。殖民地遗产的评价，正如旧朝鲜总督府的例子所示，与政治紧密相关。但是，过去日本殖民地向台湾那样也有把总督府作为总统府使用的例子。在新德里的建设是对印度独立的最大的馈赠。如何有效利用应是一案一议。总之围绕着城市核是保存继承还是再开发，是每个城市今后的大方向。

03 基于地域生态系的建筑体系
——生态建筑

不仅亚洲，世界的课题也是地球环境问题。能源问题、资源问题、环境问题会强烈影响着今后城市和建筑的方向。

过去，亚洲的城市和建筑依照各自地域的生态系统有着固有的方式。美索不达米亚文明、印度文明、中国文明的巨大影响给予地域以冲击，佛教建筑、伊斯兰建筑、印度建筑等跨越地域的建筑文化的谱系将地域相互联系在一起，维持了地域的生态结构。据说印度的古代诸城市的消亡源于森林砍伐带来的生态系统的改变。

考虑到地球环境的整体时，不可能回到过去的城市、建筑的形态，但是可以学习和借鉴。世界不是被同一种建筑覆盖的，要考虑一定地域的整合。不拘于国民国家的国境，基于地域文化、生态、环境进行整合时，世界单位论的展开是一个线索。就建筑、城市的物理形态的问题，在多大范围内思考能源、资源的循环系统是一个课题。

一个是地域规划的水平问题。各国都在建新城，在可能的情况下，追求自立的循环体系。20 世纪最有影响力的城市规划理念是田园城市。

图 8–14　泗水生态屋

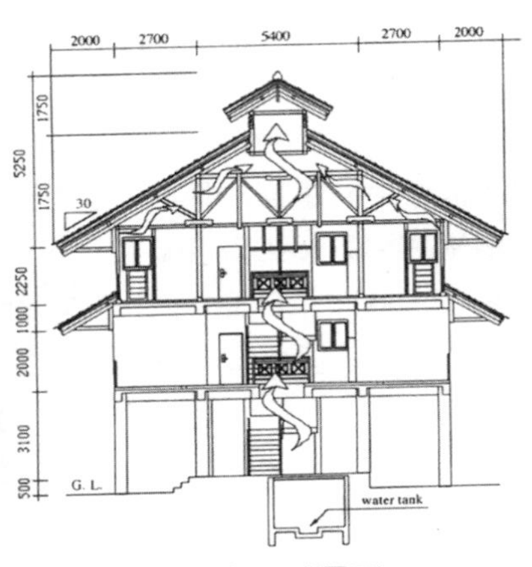

图 8–15　泗水生态屋（断面图）

在亚洲，尝试了田园城市规划。但是田园城市也和西欧诸国一样，停留在田园郊外的层面。更确切地说是吞没田园郊外式的城市爆炸性的膨胀。大城市如何重组同样是大问题。在什么程度的规模上有可能实现自立循环的体系是今后的问题，但是一个指针是就每个建筑而言循环体系也是必要的。

图 8–16　泗水生态屋双重屋顶的模型

在亚洲大的聚焦点是中国、印度这种人口大国。还有热带地区的城市人口的爆炸性增长。非常容易理解的例子，热带地域一般都需要供冷设施，那么地球环境整体会怎样。基本上不需要供冷设施的欧洲国家只考虑供暖设施的能效就可以了，而热带就是大问题。并不是说美国、日本那样的先进国家就可以自由地使用空调，热带地区和过去一样就行。事实上有滑冰场的商业中心等就是在东南亚大城市建造的。

图 8–17　Mesiaga 大厦，不使用空调的办公楼，吉隆坡，杨经文

但是从地球环境问题的重要性出发，热带地区也提出各种建筑体系的方案。即所谓生态建筑。泗水生态房屋就是其尝试之一。除了自然光的运用、通风的设计、绿化等基本手法外，双重屋顶的采用，把椰子的纤维作为隔热材料使用等地域材料的运用，太阳电池，风力发电，使用水井水的辐射降温，雨水回收利用等也在积极考虑。马来西亚的 Kenneth Yeang（杨经文）等设计了不使用降温系统的超高层楼盘。现代技术如何与自然协调，这不仅是亚洲的课题，也是全世界共同的课题。

后 记

京都大学新开设了“世界建筑史Ⅱ”课程，我开始担任此讲座是1995年后期。“Ⅰ”是讲西欧的内容，“Ⅱ”是讲非西欧。由于长期在亚洲周游，因此被委任该课程，非常困惑。说到亚洲，其范围很广，单指东南亚还有些自信，但仅此不能算作世界史。唯一的线索就是日本“东洋建筑史”的研究积累，以及为配合“世界建筑史Ⅱ”的开讲而出版的《东洋建筑史图集》（日本建筑学会编，彰国社）。

首先是从介绍伊藤忠太、关野贞、村田治郎等东洋建筑史先驱研究的成果开始，非常有趣味，当时是现买现卖一边恶补一边讲课，所以含糊其辞的话语很多（现在仍处于摸索阶段）。

于是我做了一个决定，虽也是迫不得已的想法，就是尽可能地看一些实物，然后加以介绍。有活生生的见闻再辅之以幻灯基本上就可以成为讲义了。旅行出发时《东洋建筑史图集》是必携的。实地看一下书中的所有的作品是我的目标，几年来走访了许多地方，终于逐渐接近了目标。

开始讲课马上意识到的是，非西欧（亚洲、非洲、拉丁美洲）的建筑和城市的信息极少。此外，在西欧撰写的《世界建筑史》的著作中，特别是亚洲占的分量很小。而且日本的《东洋建筑史》的积累只是战前，后来中断了，即便是概说的形式，也并没有涵盖“整体”。

经过数次的讲演，在一定程度上形成了讲义的框架。当然是一已之见，明白了一些读《东洋建筑史图集》的条理（程序）。说是教科书有些不知天高地厚，但作为入门那样的内容还是可以写的吧，于是开始有了写书的想法，正值昭和堂的松井久见子邀我写《亚洲建筑史》作为《日本建筑史》、《欧洲建筑史》、《近代建筑史》的系列丛书中的之一，还有出版《亚洲美术史》、《亚洲造园史》的构想。真可谓要渡河时乘上了一只看不到对岸的船。

首先向“亚洲城市建筑研究会”（1995年设立，至2002年底召开了57

次研究会）成员发出号召。因为考虑“亚洲城市建筑研究会”的积累是很大的支撑。感到需要合适教材的必要性的是，近畿大学同样教“世界建筑史”课程的人间环境大学的青井哲人。他的硕士论文是写“伊东忠太研究”，并以关于朝鲜半岛、台湾的神社建筑的论文取得学位。此外，走访过印度的各地滋贺县立大学的山根周也是骨干。很想让“亚洲城市建筑研究会”的顾问，也可以说是理论支柱的应地利明先生（京都大学名誉教授）介绍一下关于“亚洲的都城”的辩论。执笔分工正如本书另页介绍的那样执笔者文责自负，但是应地先生最后整体过目，投入了相当多的精力，其渊博的知识令人惊叹。如果说本书有其应有水平的话，那归功于应地先生的领域所支撑的智慧。

以上是核心成员的介绍，基本方针有以下几点：

1）多层次地展现亚洲城市、建筑的多样性。不一定（也不可能）按照时代的顺序记述。想以更广的地域划分和世界单位为底图，即进行某种程度的整合。此外，在章节构成上重视地域、城市、建筑的相互关联的话题。

2）想网罗亚洲城市、建筑的基础特征。此外，加进主要城市、主要建筑的信息。重要的城市、建筑在各章合理安排。

3）避免始终简单地罗列建筑，做到有声有色。每一章节重点记述一个建筑（城市），从各种切入点选定记述可能的城市、建筑。

4）不是光记述纪念性建筑。记述城市与建筑的密切关系。讲到建筑时常意识到城市，或者以城市为焦点时记述主要建筑。

5）关于建筑除了基础的数据外，重点放在其空间构成、设计手法的记述上。

6）关于城市，以主要建筑的布置，城市构成原理为中心记述。

7）章节构成中不能涵盖的部分以短评的形式补充。

标注基本以平凡社《大百科事典》为准。此外，外来语以接近当地语的发音的标注为原则。这些说到底是基本方针，尚需等待读者的评价。进行了鲁莽的尝试，能得到评价十分荣幸。迄今日本近代建筑的历史是向西欧一边倒的，对亚洲的城市和建筑试图在更全球化的视角下提出一些视点，这仅仅是迈出的第一步。

本书的错误和不足也在所难免，希望得到更多的读者给我们进一步充实的机会。

在本书的出版上，自始至终得到了松井久见子的指导，没有其正确的决断就不可能有此书的付梓。最后再次表示衷心的谢意！

布野修司

图版出处一览

序章　亚洲的城市与建筑

布野修司撮影　0-7～9，0-13
伊東，伊東忠太建築文献編纂委員会編 1936a　0-18
伊東，伊東忠太建築文献編纂委員会編 1937a　0-10
伊東，伊東忠太建築文献編纂委員会編 1937b　0-14，0-16，0-17
伊東，伊東忠太建築文献編纂委員会編 1937c　0-15
伊東 1940　0-11
川畑良彦作成　0-4，0-6
京都大学附属図書館編 2001　0-1～3，0-5
村田 1931a　0-19，0-20
村田 1931b　0-21
関野，関野博士記念事業会編 1938　0-12

Ⅰ　乡土建筑的世界

千々岩 1960　1-27
Corner 1969　1-53
Domenig 1980　1-21，1-22，1-28，1-35，1-45，1-71，1-73，1-74
Duly 1979　1-7，1-8，1-40，1-41
布野修司撮影　1-10，1-13～17，1-19，1-20，1-23，1-25，1-26，1-36，1-47，1-49，1-51，1-52，1-55，1-56，1-58，1-59，1-61，1-63，1-65，1-69，1-70，1-72，1-75
布野他 1981　1-66，1-76，1-77，1-78，1-79，1-80，1-81，1-84，1-85
布野 1987　1-68
蓮見他 1993　1-38，1-39
池 1983　1-29～34
金谷俊秀撮影　1-5
光復書局編纂 1992　1-50
Marechaux 1993　1-9
Ministry of Housing & Urban Development Cultural Heritage Organization 1-6，1-62
村田 1930　1-42
大辻絢子作成　1-64
Oliver 1997　1-3，1-4，1-11，1-12，1-43，1-44
Randhawa 1999　1-60
Scott 1996　1-18
高山 1982　1-67
高谷 1996　1-1，1-2
UN Regional Housing Center 1973a　1-37
UN Regional Housing Center 1973b　1-48
Yuswadi et al. 1979　1-82，1-83
脇田祥尚撮影　1-57
van Huyen 1934　1-54
Waterson 1990　1-24，1-46

Ⅱ　佛教建筑的世界史 ——佛塔传来之径

Fisher 1993　2-4，2-7，2-11，2-18，2-20
布野修司撮影　2-12，2-14，2-15，2-28～35，2-38，2-39，2-42，2-44～49，2-53，2-58，2-59，2-63
布野修司（現地にて入手）　2-1
Hutt 1994　2-54，2-55
金谷俊秀作成　2-10，2-65
金谷俊秀撮影　2-50
松長 1991　2-51，2-52，2-66，2-67
Moore and Stotto 1996　2-56，2-57
森田一弥撮影　2-8，2-9
中村・久野監修 2002　2-13
日本建築学会編 1995　2-36，2-64
西川 1985　2-3
Ringis 1990　2-40，2-41
梁 1984　2-60，2-61
Strachan 1989　2-37
Tadgell 1990　2-5，2-6，2-16，2-17，2-23，2-27
高井雅木撮影　2-62
魚谷繁礼撮影　2-2，2-19，2-21，2-22，2-24～26，2-43

Ⅲ　中华的建筑世界

『文物』1976a　3-15
『文物』1976b　3-21
『文物』1979および1981　3-12
『文物』1981　3-14
陳 1981　3-29～31，3-41
趙 2000　3-28
中国科学院自然科学史研究所編 1985　3-32，3-33
中国建築科学研究院編 1982　3-1，3-4，3-5，3-16，3-22，3-27，3-35，3-44，3-48
布野修司撮影　3-3，3-20，3-50
伊東，伊東忠太建築文献編纂委員会編 1937　3-11
陣内他編 1998　3-10
故宮博物館　3-8
光復書局編纂 1992a　3-2
光復書局編纂 1992b　3-18，3-19
光復書局編纂 1992d　3-51
光復書局編纂 1992f　3-25，3-26，3-47
光復書局編纂 1992g　3-45，3-46

『考古』1963　3-13
『考古』1976　3-17
茂木他編 1991　3-9
日本建築学会編 1989　3-38，3-39
日本建築学会編 1995　3-23，3-36，3-37，3-42，3-43
『山西古建築通覧』2001　3-34
関口 1984　3-40
田中 1989　3-24
寺田 1999　3-7
ツルテム 1990　3-49
楊 1997　3-6

Ⅳ　印度的建筑世界——诸神的宇庙

千原 1982　4-100
布野修司撮影　4-1～9，4-23～32，4-51，4-72，4-80～90，4-92～94，4-96～99，4-101～108
Hatje 1991　4-19～21，4-54，4-74
Kuibhushan and Minakshi 2000　4-76～78
Mitra 1976　4-12
Moore 1999　4-10
Siribhadra and Moore 1992　4-91
Strachan 1989　4-109
Tadgell 1990　4-11，4-16～17，4-22，4-33～47，4-50，4-52，4-53，4-55～70，4-73，4-75，4-79
魚谷繁礼撮影　4-18，4-48，4-49，4-71，4-95
柳沢究撮影　4-13～15

Ⅴ　亚洲的都城和宇宙观

足利 1985　5-49
Chakrabarti 1995　5-13
張 1994　5-29
深井晋司　5-3
布野修司撮影　5-30
賀 1985　5-28
林部 2001　5-40
徐・張校補 1985　5-53
徐 1994　5-54
『欽定礼記義疏』　5-10
Kirk 1978　5-6
岸 1987　5-50
岸 1988　5-42，5-43
向日市埋蔵文化財センター編 2001　5-48
村井 1970　5-52
日本建築学会編 1995　5-17
『大越史記全書』　5-36，5-37
応地利明作成　5-1，5-11，5-12，5-18～20
応地利明撮影　5-23～26，5-38，5-39
Ohji 1990　5-5，5-7，5-22
応地 1997　5-16，5-21
小沢 1997　5-44
定方 1985　5-4
セデス（原著1947）をもとに応地利明作成　5-15
妹尾 2001　5-8，5-31，5-32
朱 1994　5-34
杉山 1984　5-33
戴震　5-9
舘野 2001　5-45，5-47
寺崎 2002　5-41
礪波 1987　5-46
Vietnamese Studies 48, 1977　5-35
王 1984　5-27
山中 1994　5-2
山中 1997　5-51
楊 1987　5-14

Ⅵ　伊斯兰世界的城市和建筑

アルハンブラ宮殿　6-26
ベネーヴォロ 1983　6-9，6-13
布野修司撮影　6-2，6-10，6-16，6-18，6-20，6-22～25，6-31，6-33～36，6-40，6-43，6-47，6-50，6-58，6-66
Hakim 1986　6-1，6-27～30
光復書局編纂 1992　6-59～65
中川編 1996　6-6，6-46
大辻絢子作成　6-37
Robinson 1996　6-7，6-46
Stierlin 1979　6-3～5，6-8，6-11，6-12，6-14，6-15，6-17，6-19，6-21，6-32，6-38，6-39，6-41，6-42，6-44，6-48，6-49，6-51，6-54～56
魚谷繁礼撮影　6-45，6-52，6-53，6-57

Ⅶ　殖民地城市与殖民地建筑

Ad Orientem and Auftrum 1573　7-15
Algemeen Rijlsarchief, Den Haag 所蔵　7-2，7-8，7-9
Bibliotheque Nationale de France 7-26～28
ブラゴベシチェンスク市役所所蔵　7-52
張編 1994　7-62
藤森・汪編 1996　7-60
布野修司撮影　7-17，7-19，7-20，7-36，7-37，7-39～46
"Hydrographer of the Navy, Taunton, England" 7-24
今川朱美作成　7-13
今川朱美撮影　7-14
"Indonesian Heritage vol.6. Architecture" 1998 7-34

，终章　现代亚洲的城市与建筑

参考文献

序章　亚洲的城市与建筑

Bussagli, M., "Oriental Architecture 1/India, Indonesia, Indochina 2/China, Korea, Japan", Electa/Rizzoli, 1981.

Fergusson, J., "History of India and Eastern Architecture", London: John Murray, 1876, revised 1876.

伊東忠太，伊東忠太建築文献編纂委員会編『日本建築の研究：上（伊東忠太建築文献：1)』龍吟社，1937年a。

伊東忠太，伊東忠太建築文献編纂委員会編『日本建築の研究：下（伊東忠太建築文献：2)』龍吟社，1936年a。

伊東忠太，伊東忠太建築文献編纂委員会編『日本建築の研究（伊東忠太建築文献：3)』龍吟社，1936年b。

伊東忠太，伊東忠太建築文献編纂委員会編『東洋建築の研究（伊東忠太建築文献：4)』龍吟社，1937年b。

伊東忠太，伊東忠太建築文献編纂委員会編『論業・随想・漫筆（伊東忠太建築文献：6)』龍吟社，1937年c。

伊東忠太『法隆寺（創元選書：65)』創元社, 1940年。

京都大学附属図書館編『近世の京都図と世界図 — 大塚京都図コレクションと宮崎市定氏旧蔵地図』応地利明解説，京都大学附属図書館，2001年。

村田次郎『東洋建築系統史論：1』(建築雑誌，昭和6年4月号)，日本建築学会，1931年a。

村田次郎『東洋建築系統史論：2』(建築雑誌，昭和6年5月号)，日本建築学会，1931年b。

村田治郎『東洋建築史（建築学大系：4)』彰国社，1972年。

日本建築学会編『東洋建築史図集』彰国社，1995年。

関野貞，関野博士記念事業会編（編纂代表：伊東忠太)『支那の建築と芸術』岩波書店，1938年。

都市史図集編集委員会編『都市史図集』彰国社，1999年。

Ⅰ　乡土建筑的世界

浅川滋男『住まいの民族学的考察 — 華南とその周辺』京都大学学位請求論文, 1992年（『住まいの民族建築学 — 江南漢族と華南少数民族の住居論』建築資料研究社，1994年)。

浅川滋男編『先史日本の住居とその周辺』同成社 1998年。

Bagneid, A., 'Indigeneous Residential Courtyards: Typology, Morphology and Bioclimates', "The Courtyards as Dwelling", Iaste vol.6, 1989.

Benedict, P., "Austro-Thai Language and Culture: With a Glossary of Roots", New Haven: Human Relations Area Files Press, 1975.

Benedict, P., "Japanese / Austro-Thai", Michigan: Karoma, 1986.

Bourdieu, P., 'The Berber House', In M. Douglas, "Rules and Meanings", Penguin: Harmondsworth, 1973.

張保雄『韓国の民家研究』宝晋斎出版社，1981年（『韓国の民家』佐々木史郎訳，古今書院，1989年)。

千々岩助太郎『台湾高砂族の住家』丸善，1960年。

カマー，E. J. H.『図説　熱帯植物集成』渡辺清彦訳，廣川書店，1969年。

Covarrubias, M., "Island of Bali", 1987.

Cunningham, C., "Order in the Atoni House", Bijdragen tot de Taal-, Land-en Volkenkunde, 120, 1964.

Dawson, B. and J. Gillow, "The Traditional Architecture of Indonesia", Thames and Hudson, 1994.

Denyer, S., "African Traditional Architecture", Heineman, London Ibadan Nairobi, 1978.

Domenig, G., "Tectonics in Primitive Roof Construction", 1980.

ドメニク，G.「構造発達論よりみた転び破風屋根 — 入母屋造の伏屋と高倉を中心に」杉本尚次編『日本の住まいの源流』文化出版局，1984年。

Duly, C., "The Houses of Mankind", Thames and Hudson, 1979.

Dumarcay, J., "The House in South-east Asia", 1985.

Freeman, D., "Report on the Iban", London: Athlone, 1970.

布野修司他『地域の生態系に基づく住居システムに関する研究：Ⅰ』新住宅普及会，1981年。

布野修司『インドネシアにおける居住環境の変容とその整備手法に関する研究』東京大学学位請求論文，1987年。

布野修司他『地域の生態系に基づく住居システム

に関する研究：II』住宅総合研究財団，1991年。
布野修司『住まいの夢と夢の住まい — アジア住居論』朝日新聞社，1997年。
Gibbs, P., "Building a Malay House", 1987.
Guidoni, E., "Primitive Architecture", New York: Harry n. Abrams, Inc., Publishers, 1978.
蓮見治雄他『遊牧民の建築術 — ゲルのコスモロジー』INAX出版，1993年。
池浩三『祭儀の空間』相模書房，1979年。
池浩三『家屋紋鏡の世界』相模書房，1983年。
Izikowitz, K. and P. Sorensen, "The House in East and Southeast Asia", Anthropological and Architectural Aspects, 1982.
Jones, D. and G. Mitchell, "Vernacular Architecture of the Islamic World and Indian Asia", 1977.
木村徳国『古代建築のイメージ』NHK出版，1979年。
木村徳国『上代語にもとづく日本建築史の研究』中央公論美術出版，1988年。
Levi-Strauss, C., 'The Family', in H. L. Shapiro (ed.), "Man, Culture, and Society", New York: Oxford University Press.（レヴィ＝ストロース，C.「家族」祖父江孝男訳編『文化人類学リーディングス — 文化・社会・行動』誠心書房，1968年）
Lim Jee Yuan, "The Malay House", Rediscovering Malaysia's Indigenous Shelter system, 1987.
馬炳堅『北京四合院』天津大学出版社，1999年。
Marechaux, P. and M., "Yemen", Paris: Editions Phebus, 1993.
Ministry of Housing and Urban Development Cultural Heritage Organization, "New Life - Old Structure", Iran, 1999.
宮本長二郎『日本原始古代の住居建築』中央公論美術出版，1996年。
茂木計一郎・稲次敏郎・片山和俊，木寺安彦写真『中国民居の空間を探る 群居類住 — "光・水・土"中国東南部の住空間』建築資料研究社，1991年。
村田治郎『東洋建築史系統史論』1930年。
村田治郎『北方民族の古俗』自家版，1975年。
村山智順『朝鮮の風水』朝鮮総督府，1930年。
西沢文隆『コートハウス論』相模書房，1974年。
野村孝文『朝鮮の民家』学芸出版社，1981年。
太田邦夫『東ヨーロッパの木造建築 — 架構形式の比較研究』相模書房，1988年。
Oliver, P., "Shelter and Society", London: Barrie and Rockliff, 1969.
Oliver, P., "Shelter in Africa", London: Barrie and Jenkins, 1971.
Oliver, P., "Shelter Sign and Symbol", London: Phaidon, 1975.
Oliver, P., "Dwellings: The House Across the World", London: Phaidon, 1987.
Oliver, P. (ed.), "Encyclopedia of Vernacular Architecture of the World", Cambridge University Press, 1997.
Randhawa, T. S., "The Indian Courtyard House", New Delhi: Prakash Books, 1999.
Rapoport, A., "House Form and Culture", Engelwood Cliffs: Prentice-Hall, 1969.
Rapoport, A., "The Meaning of the Built Environment", Beverley Hills: Sage, 1982.
Rudofsky, B., "The Prodigious Builders", London: Secker and Warburg, 1977.（『驚異の工匠たち』渡辺武信訳，鹿島出版会，1981年）
Rudofsky, B., "Architecture without Architects", London: Academy Editions, 1964.（『建築家なしの建築』渡辺武信訳，鹿島出版会，1984年）
劉敦禎『中国の住宅』田中淡・沢谷昭次訳，鹿島出版会，1976年。
Sargeant, P. M., "Traditional Sundanese Badui-Area", Banten, West Java, Masalah Bangunan, 1973.
佐藤浩司編『シリーズ建築人類学　住まいを読む：1～5』学芸出版社，1999年。
Scott, W. H., "On The Cordillera", Manila: MCS Enterprises Inc., 1996.
朱南哲『韓国住宅建築』一志社，1980年（『韓国の伝統的住宅』野村孝文訳，九州大学出版会，1981年）。
杉本尚次編『日本の住まいの源流』文化出版局，1984年。
杉本尚次『住まいのエスノロジー』住まいの図書館出版局，1987年。
Sumintardja, D., "Central Java: Traditional Housing in Indonesia", Masalah Bangunan, 1974.
高谷好一『「世界単位」から世界を見る — 地域研究の視座』京都大学学術出版会，1996年。
高山龍三「ボルネオの密林に建つロングハウス」梅棹忠夫編『住む憩う』学芸出版社，1982年。
Tailor, P. M. and L. Aragon, "Beyond the Java Sea: Art of Indonesia's Outer Islands", 1991.
Talib, K., "Shelter in Saudi Arabia", London: Academy Editions, 1984.
東京芸術大学・中国民居研究グループ『中国民居の空間を探る』建築資料研究社，1991年。
東京工業大学窰洞調査団『生きている地下住居』彰国社，1988年。
坪内良博・前田成文『核家族再考 — マレー人の家

族圈』弘文堂，1977年。
UN Regional Housing Center, "Batak Karo: Traditional Buildings of Indonesia", vol.Ⅱ, Bandung, 1973a.
UN Regional Housing Center, "Batak Simalungun and Batak Mandaling: Traditional Buildings of Indonesia", vol.Ⅲ, Bandung, 1973b.
Yuswadi, S. et al. "Pra Penelitian Sejarah Arsitektur Indonesia", Fakultas Sastra Universitas Indonasia, 1979.
van Huyen, N. Les Caracteves Ceneraux de la Maison sur Pilotis dans le Sud-Est de L'asie, 1934.
王其均『中國傳統民居建築』台北：南天書局出版，1992年。
Waterson, R., "The Living House: An Anthropology of Architecture in South-East Asia", Oxford University Press, 1990.（ウォータソン，R.『生きている住まい — 東南アジア建築人類学』布野修司監訳，アジア都市建築研究会，学芸出版社，1997年）

Ⅱ 佛教建筑的世界史 ——佛塔传来之径

Bechert, H. and R. Gombrich, "The World of Buddhism", London and New York, 1984.
Bhirasri, S., "Thai Buddhist Art（Architecture）", Bangkok: The Fine Arts Department, 1963.
張馭寰『中国塔』山西人民出版社，2000年。
千原大五郎『ボロブドールの建築』原書房，1970年。
千原大五郎『東南アジアのヒンドゥー・仏教建築』鹿島出版会，1982年。
Coomarasswamy, A. K., "Origin of the Buddha Image", New Delhi, 1980.
慧立『玄奘三蔵 — 西域・インド紀行』彦悦宗・長澤和俊訳，講談社，1998年。
Dallapiccola, A. L., "The Stupa: Its Religious, Historical and Architectural Significance", Wiesbaden, 1980.
Fisher, R. E., "Buddhist Art and Architecture", London: Thames and Hudson, 1993.
Harle, J. C., "The Art and Architecture of the Indian Subcontinent", Harmondsworth, 1986.
Huntington, S., "The Art of ancient India: Buddhist, Hindu, Jain", New Yoek and Tokyo, 1985.
Hutt, M., "Nepal: A Guide to the Art and Architecture of the Kathmandu Valley", Kiscadale Publications, 1994.
Khanna, M., "Yantra: The Tantric Symbol of Cosmic Unity", London: Thames and Hudson, 1979.
Kloetzli, R., "Buddhist Cosmology", New Delhi, 1983.
Knox, R., "Amaravati: Buddhist Sculpture from the Great Stupa", London, 1992.
Kumar, J., "Masterpieces of Mathura Museum", Government Museum Mathura, 1989.
Le May, R., "A Concise History of Buddhist Art in Siam", Tokyo: Charles E. Tuttle, 1963.
Leoshco, J., "Bodhgaya: The Site of Enlightenment", Bombay, 1988.
Matics, K. I., "Introduction to the Thai Temple", Bangkok: White Lotus, 1992.
松長有慶『密教』岩波書店，1991年。
松尾剛次『仏教入門』岩波書店，1999年。
宮治昭『ガンダーラ —仏の不思議』講談社，1996年。
宮元啓一『仏教誕生』筑摩書房，1995年。
Moore, E. and P. Stott, S. Sukhasvasti, M. Freeman, "Ancient Capitals of Thailand", Asia Books Co. Ltd., 1996.
ムケルジー，A.『タントラ — 東洋の知恵』松長有慶訳，新潮社，1981年。
長澤和俊『仏教の源流 — 正倉院からシルクロードへ』青春出版社，2002年。
中村元・久野健監修『仏教美術事典』東京書籍 2002年。
奈良国立博物館『日本仏教美術の源流』奈良国立博物館，1978年。
日本建築学会編『東洋建築史図集』彰国社，1995年。
西川幸治『仏教文化の原郷をさぐる — インドからガンダーラまで』1985年。
西村公朝『やさしい仏像の見方』新潮社，1983年。
Rawson, P., "The Art of Tantra", Thames and Hudson, 1973.
Ringis, R., "Thai Temples and Temple Murals", Singapore: Oxford University Press, 1990.
Rowland, B., "The Evolution of the Buddha Image", Asia Society, 1968.
梁思成 "A Pictorial History of Chinese Architecture", The MIT Press, 1984.
Seneviratna, A. and A. Polk, "Buddhist Monastic Architecture in Sri Lanka", Abhinav Publications, 1992.
下中彌三郎編『世界美術全集：第11巻 インド古代・中世 東南アジア』平凡社，1957年。
Steinhardt, N. S., 'Early Chinese Buddhist Architecture and its Indian Origins', "Marg" 50（2）, Marg Publications, 1998.
Strachan, P., "Pagan Art and Architecture of Old Burma", Kiscadale, 1989.
杉山信三『朝鮮の石塔』吉川弘文館，1944年。

adgell, C., "The History of Architecture in India, from the Dawn of Civilization to the End of the Raj", London: Architecture Design and Technology Press Longman Group UK Limited, 1990.
高田修『仏像の起源』岩波書店，1967年。
立川武蔵『マンダラ』学習研究社，1996年。
立川武蔵『密教の思想』吉川弘文館，1998年。
高桑駒吉『大唐西域記に記せる東南印度諸國の研究』森江書店，1926年（国書刊行会，1974年）。
高桑駒吉『大唐西域記に記せる東南印度諸国の研究』国書刊行会，1974年。
玉城康四郎・木村清孝『ブッダの世界』NHK出版，1992年。
Williams, J., "The Art of Gupta India", Princeton, 1982.
薮田嘉一郎編『五輪塔の起原』綜芸社，1958年。
Zurcher, E., "Buddhism: Its Origin and Spread in World, Maps and Pictures", London, 1962.

III　中华的建筑世界

曰佐民・邵俊儀主編『中國美術全集　建築藝術編：6　壇廟建築』中國建築工業社，1988年。
Boerschmann, E. "Chinesische Architecture". 2 vols., Berlin: Wasmuth, 1925.
Boyd, A., "Chinese Architecture and Town Planning, 1500 B.C.-A.D.1911", University of Chicago Press, 1962.（ボイド，A.『中国の建築と都市』田中淡訳，鹿島出版会，1979年）
『文物』文物出版社，1976年a（1期）。
『文物』文物出版社，1976年b（2期）。
『文物』文物出版社，1979年（10期）および1981年（3期）。
『文物』文物出版社，1981年（3期）。
Chinese Academy of Architecture, comp., "Ancient Chinese Architecture", Peking: China Building Industry Press; Hong Kong: Joint Publishing CO., 1982.
陳明達『営造法式大木作研究』文物出版社，1981年。
于倬雲編／楼慶西編『中国美術全集　建築芸術編：1　宮殿建築』人民美術出版社，1987年。
鄭寅国『韓国建築様式論』一志社，1974年。
趙廣超『不只中国木建築』三聯書店，2000年。
朝鮮総督府『朝鮮古蹟図譜』朝鮮総督府，1915～1935年。
中国科学院自然科学史研究所編『中国古代建築技術史』科学出版社，1985年。
中国建築科学研究院編『中国の建築』末房由美子訳，小学館，1982年。
中国建築工業出版社編『中国建築・名所案内』尾島俊雄監訳，彰国社，1983年。
中国建築工業出版社編『西蔵古迹』中国建築工業出版社，1984年。
中国建築史編纂組『中国建築史』中国建築工業出版社，1982年。
中国建築史編集委員会『中国建築の歴史』田中淡訳，平凡社，1981年。
藤島亥治郎『韓の建築文化 — わが研究五十年』芸艸堂，1976年。
福永光司編，東アジア基層文化研究会『道教と東アジア — 中国・朝鮮・日本』人文書院，1989年。
福山敏男『福山敏男著作集：6　中国建築と金石文の研究』中央公論美術出版，1983年。
伊原弘『中国中世都市紀行』中公新書，1988年。
伊原弘『中国人の都市と空間』原書房，1993年。
飯田須賀斯『中国建築の日本建築に及ぼせる影響』相模書房，1953年。
伊東忠太『清國北京紫禁城殿門ノ建築』『清國北京紫禁城建築調査報告』（東京帝国大学工科大学学術報告：第4号），東京帝国大学工科大学，1903年。
伊東忠太『東洋史講座：第11巻　支那建築史』雄山閣，1931年。
伊東忠太，伊東忠太『清國』刊行会編『清國　伊東忠太見聞野帖　Set,1,2.』柏書房，1931年（1990年復刊）。
伊東忠太［講演］『熱河遺跡の建築史的價値』（講演集：第69回），啓明會事務所，1936年。
伊東忠太，伊東忠太建築文献編纂委員会編『東洋建築の研究：上（伊東忠太建築文献：1）』龍吟社，1937年。
伊東忠太『支那建築装飾：第1～5巻』東方文化学院，1941～1942年。
伊東忠太，陳清泉譯補『中國文化史叢書：第2輯　中國建築史』商務印書館，1937年。
伊藤清造『支那の建築』大阪屋号書店，1929年。
伊藤清造『支那及満蒙の建築』大阪屋号書店，1939年。
陣内秀信他編『北京 — 都市空間を読む』鹿島出版会，1998年。
樺山紘一他編『岩波講座　世界歴史：9　中華の分裂と再生』岩波書店，1999年。
韓国建築家協会編『韓国伝統木造建築図集』一志社，1982年。
片桐正大『朝鮮木造建築の架構技術発展と様式成立に関する史的研究 — 遺構にみる軒組形式の分析』1994年。
荊其敏『絵で見る中国の伝統民居』白林監訳，学芸出版社，1992年。
木津雅代『中国の庭園 — 山水の錬金術』東京堂出版，1994年。
近藤豊『韓国建築史図録』思文閣出版，1974年。
光復書局編纂『中國古建築之美：1　宮殿建築 — 末代皇都』光復書局／中國建築工業出版社，1992年a。
光復書局編纂『中國古建築之美：2　帝王陵寢建築 — 地下宮殿』光復書局／中國建築工業出版社，1992年b。
光復書局編纂『中國古建築之美：3　皇家苑囿建築 — 琴棋射騎御花園』光復書局／中國建築工業出版社，1992年c。
光復書局編纂『中國古建築之美：4　文人園林建築 — 意境山水庭園院』光復書局／中國建築工業出版社，1992年d。
光復書局編纂『中國古建築之美：5　民間住宅建築 — 圓樓窰洞四合院』光復書局／中國建築工業出版社，1992年e。
光復書局編纂『中國古建築之美：6　佛教建築 — 佛陀香火塔寺窟』光復書局／中國建築工業出版社，1992年f。
光復書局編纂『中國古建築之美：7　道教建築 — 神仙道觀』光復書局／中國建築工業出版社，1992年g。
光復書局編纂『中國古建築之美：8　伊斯蘭教建築 — 穆斯林禮拜清眞寺』光復書局／中國建築工業出版社，1992年h。
光復書局編纂『中國古建築之美：9　禮制建築 — 壇廟祭祀』光復書局／中國建築工業出版社，1992年i。
光復書局編纂『中國古建築之美：10　城池防禦建築 — 千里江山萬里城』光復書局／中國建築工業出版社，1992年j。
光復書局編纂『中國古建築之美：付録　建築形制裝飾精選』中國建築工業出版社，1997年。
『考古』科学出版社，1963年（9期）。
『考古』科学出版社，1976年（2期）。
茂木計一郎他編『中国民居の空間を探る』建築資料研究社，1991年。
村田治郎『滿州建築』東学社，1935年。
村田治郎『支那の仏塔』富山房，1940年。
村田治郎『居庸関』京都大学工学部，1955～1957年。
村田治郎『村田治郎著作集：3　中国建築史叢考　仏寺・仏塔編』1988年。
中村蘇人『江南の庭 — 中国文人のこころをたずねて』新評論，1999年。
中西章『朝鮮半島の建築』理工学社，1989年。
中野美代子『龍の住むランドスケープ — 中国人の空間デザイン』福武書店，1991年。
日本建築学会編『日本建築史図集』彰国社，1989年。
日本建築学会編『東洋建築史図集』彰国社，1995年。
『山西古建築通覧』山西人民出版社，2001年。
関口欣也「中国両浙の宋元古建築：2」『仏教芸術』157，1984年。
関野貞他『樂浪郡時代の遺蹟　本文，圖版上冊，圖版下冊（古蹟調査特別報告：第4冊）』朝鮮總督府，1925～1927年。
関野貞『朝鮮美術史』朝鮮史學會，1932年。
関野貞・竹島卓一編『熱河：第1～4巻』座右宝刊行會，1934年。
関野貞『支那碑碣形式の變遷』座右宝刊行会，1935年。
関野貞・関野博士記念事業会編『支那の建築と藝術』岩波書店，1938年。
関野貞・関野博士記念事業会編『朝鮮の建築と藝術』岩波書店，1939年。
関野貞・竹島卓一『遼金時代ノ建築ト其佛像：圖版／上・下（東方文化学院東京研究所研究報告)』東方文化學院東京研究所，1934～1935年。
斯波義信『中国都市史』東京大学出版会，2002年。
Sickman, L. and A. Soper, “The Art and Architecture of China”, Harmondsworth: Penguin, 1956: 3rd ed. 1968; paperback ed. 1971, reprinted 1978.
杉山信三『韓国の中世建築』相模書房，1984年。
竹島卓一『遼金時代の建築と其仏像』龍文書局，1944年。
竹島卓一『中国の建築』中央公論美術出版，1970年。
竹島卓一『營造法式の研究：1，2，3』中央公論美術出版，1970～1972年。
田中淡『中国建築史の研究』弘文堂，1989年。
寺田隆信『紫禁城史話』中央公論新社，1999年。
Thilo, T. “Chang'an Metropole Ostasiens und Weltstadt des Mittelalters 583-904”, Teil1 Die Stadtanlage, Wiesbaden: Harrassowitz, 1997.
常盤大定・関野貞『支那佛教史蹟：1［評解］～5［図版]』佛教史蹟研究会，1925～1928年。
常盤大定・関野貞『中国文化史蹟：1［山西］～増補［東北篇]』法蔵館，1975～1976年。
ツルテム，N.『モンゴル曼荼羅：3　寺院建築』蓮見治雄監修，杉山晃造写真，新人物往来社，1990年。
Victor Cunrui Xiong, “Sui-Tang Chang'an, and A Study in the Urban History of Medival China”, Ann Arbor: The University of Michigan, Michigan Center for Chinese Studies, 2000.
楊鴻勛「唐長安大明宮含元殿の復元的研究」『佛教芸術』233，1997年。
米田美代治『朝鮮上代建築の研究』秋田屋，1944年。

Ⅳ 印度的建筑世界——诸神的宇庙

charya P. K., "Manasara Series": "Ⅰ A Dictionary of Hindu Architecture", "Ⅱ Indian Architecture According to Manasara-Silpasastra", "Ⅲ Manasara on Architecture and Sculpture", "Ⅳ and Ⅴ Architecture of Manasara (translation and illustration)", London: Oxford University Press, 1934.

沼俊一『印度乃建築』大雅堂，1944年。

松雄『多重都市デリー — 民族，宗教と政治権力』中央公論社，1993年。

atley, C., "The Design Development of Indian Architecture", London, 1934.Bedge, P. V., "Forts and Palaces of India", Delhi, 1982.

oisselier, J., "Trends in Khmer Art", Ithaca, New York: SEAP, 1989.

rown, P., "Indian Architecture (Indian and Hindu: Islamic Period), 2 vols", Bombay, 1942 and subsequent editions.

handra, P., "Studies in Indian Temple Architecture", Delhi, 1975.

原大五郎『東南アジアのヒンドゥ・仏教建築』鹿島出版会，1982年。

oomaraswamy, A. K., "Early Indian Architecture: Palace", Delhi, 1975.

agens, B., "Mayamata an Indian Treatise on Housing, Architecture and Iconography", New Delhi, India: Sitaram Bhartia Institute of Scientific Research, 1985.

eva, K., "Temple of North India, Delhi, 1969.

eva, K., "Temples of India vol.I-II", New Delhi: Aryan Books International, 1995.

haky, M. A. and M. Meister, "Encyclopedia of Hindu Temple Architecture, Delhi, 1983.

utt, B. B., "Town Planning in Ancient India", Calcutta, 1925.

umarcay, J., "The Temples of Java", Oxford University Press, 1986.

umarcay, J., "The Palaces of South-East Asia Architecture and Customs", Oxford University Press, 1991.

ergusson, J. and J. Burgess, "Cave Temples of India", London, 1880.

reeman, M. and R. Warner, "Angkor: The Hidden Glories", 1990.

岡通夫『ネパール 建築逍遙』彰国社，1992年。

hosh, A., "Jaina Art and Architecture (3 vols)", Delhi, 1974-1975.

rabsky, P., "The Lost Temple of Jawva", UK: Seven Dials, 2000.

rover, S., "The Architecture of India, Buddhist and Hindu, Sahibabad", 1980.

Harle, J. C., "The Art and Architecture of the Indian Subcontinent", London: Penguin Books, 1986.

Hatje, "Vistara die Architektur Indiens", Berlin: Haus der Kuluturen der Welt, 1991.

Havell, E. B., "The Ancient and Medieval Architecture of India", London: John Murray, 1915.

Huntington, S. L., and J. C. Huntington, "The Art of Ancient India", New York and Tokyo: Weatherhill, 1985.

飯塚キヨ監修『インド建築の5000年 — 変容する神話空間』世田谷美術館，1988年。

石澤良昭『古代カンボジア史研究』図書刊行会，1979年。

石澤良昭『タイの寺院壁画と石造建築』めこん，1989年。

伊東忠太・佐藤巧一・森口多里・濱岡周忠『印度の文化と建築』洪洋社，1924年。

Jain Kuibhushan and Minakshi, "Architecture of the Indian Desert", Aadi Centre, Ahmedabad, 2000.

Jouveau-Dubreuil, G., "Dravidian Architecture", Madras, 1917.

Kamil, K. M., "Architecture in Pakistan", Singapore, 1985.

神谷武夫『インド建築案内』TOTO出版，1996年。

神谷武夫『インドの建築』東方出版，1996年。

辛島昇『南アジアを知る事典』平凡社，1992年。

小寺武久『古代インド建築史紀行』彰国社，1997年。

Kramrisch, S., "The Hindu Temple (2 vols)", Calcutta, 1946.

Meister, M. W. and M. A. Dhaky, (ed.), "Encyclopaedia of Indian Temple Architecture South India Upper Dravidadesa Early Phase, A. D. 550-1075", American Institute of Indian Studies, University of Pennsylvania Press, 1986.

Michell, G., "The Penguin Guide to the Monuments of India, vol.1: Buddhist, Jain, Hindu", London: Penguin Books, 1989.

Mitchell, G., "The Hindu Temple", London, 1977.（ミッチェル, G.『ヒンドゥ教の建築 — ヒンドゥ寺院の意味と形態』神谷武夫訳，鹿島出版会，1993年）

Mitra, D., "Buddhist Monuments", Calcutta, 1971.

Mitra, D., "Konarak", The Director General Archaeological Survey of India, New Delhi, 2nd ed., 1976.（『北インドの建築入門』佐藤正彦訳，彰国社，1996年）

Monod-Bruhl, O., "Indian Temples", Oxford, 1952.

Moore, E., "The Hindu Pantheon, the Court of All the Gods", New Delhi and Madras: Asian Educational Services, 1999.

森口多里・濱岡周忠共編『建築文化叢書：第7編 印度の文化と建築』洪洋社，1924年。

森本哲郎編『NHK文化シリーズ　歴史と文明　埋もれた古代都市：第5巻 インダス文明とガンジス文明』集英社，1979年。

Myint, U. A., "Burmese Design through Drawings", Silpakorn University, 1993.

中村元編『世界の文化史蹟：5 インドの仏蹟とヒンドゥー寺院』講談社，1968年。

日本工業大学『ネパールの王宮建築』日本工業大学，1985年。

日本工業大学『ネパールの王宮と仏教僧院』日本工業大学，1985年。

オカダ，A., M. C. ジョシ『タージ・マハル』中尾ハジメ訳，岩波書店，1994年。

小倉泰『インド世界の空間構造 — ヒンドゥー寺院のシンボリズム（東京大学東洋文化研究所研究報告)』春秋社，1999年。

Ray, A., "Villages, Towns and Secular Buildings in Ancient India", Calcutta, 1964.

Raz, R., "Essay on the Architecture of the Hindus", London, 1834.

定方晟『異端のインド』東海大学出版会，1998年。

坂田貞二他編『都市の顔　インドの旅』春秋社，1991年。

Sarkar, H., "Studies in Early Buddhist Architecture of India", Delhi, 1966.

佐藤雅彦『南インドの建築入門 — ラーメシュワーラムからエレファンタまで』彰国社，1996年。

佐藤雅彦『北インドの建築入門 — アムリッツアルからウダヤギリ，カンダギリまで』彰国社，1996年。

SD編集部編『都市形態の研究 — インドにおける文化変化と都市のかたち』鹿島研究所出版会，1971年。

Siribbhadra, S. and E. Moore, "Palaces of the God Khmer Art and Architecture in Thailand", Bangkok: River Books, 1992.

Sirva, N. D., "Landscape Tradition of Sri Lanka", Deveco Designers & Publishers Ltd., 1996.

曾野寿彦・西川幸治『死者の丘・涅槃の塔』新潮社，1970年。

Soundara Rajan, K. V., "Indian Temple Styles", Delhi, 1972.

Srinivasan, K. R., "Temples of South India", Delhi, 1972.

Stein, B., "South Indian Temples", Delhi, 1978.

Strachan, P., "Pagan, Art and Architecture of Old Burma", Kiscadale Publications, 1989.

立川武蔵・石黒淳・菱田邦男・島岩『ヒンドゥーの神々』せりか書房，1980年。

Tadgell, C., "The History of Architecture in India: From the Dawn of Civilization to the End of the Raj", London: Phaidon Press Limited, 1990.

高田修・上野照夫『インド美術：Ⅰ，Ⅱ』日本経済新聞社，1965年。

武澤秀一文・写真『建築巡礼：27　空間の生と死 — アジャンターとエローラ』丸善，1994年。

武澤秀一『建築探訪：9　インド地底紀行』丸善，1995年。

Tillotson, G. H. R.,"The Tradition of Indian Architecture", New Haven and London: Yale University Press, 1989.

上野邦一・片木篤編『建築史の想像力』学芸出版社，1996年。

UNESCO, "Cultural Triangle of Sri Lanka", UNESCO Publishing, 1993.

Volahsen, A., "Living Architecture: Indian, and Islamic Indian", New York, 1969-1970.

Wiesner, U., "Nepalese Temple Architecture", Leiden: E. J. Brill, 1978.

Wijesuriya, G., "Buddhist Meditation Monasteries of Ancient Sri Lanka", Sri Lanka, Colombo: Department of Archaeology, 1998.

米倉二郎編『インド集落の変貌 — ガンガ中・下流域の村落と都市』古今書院，1973年。

Ⅴ　亚洲的都城和宇宙观

阿部義平「新益京について」『千葉史学』9，198[illegible]年。

Acharya, P. K., "Architecture of Manasara, Taranslated from Original Sanskrit", Delhi: Manoharulal, 1994.

足利健亮『古代歴史地理研究』大明堂，1985年。

愛宕元『中国の城郭都市』中公新書，1991年。

Banga, I., "The City in Indian History", Urban History Association of India, 1994.

Begde, P. V., "Ancient and Medieval Town planning in India", New Delhi: Sagar Pub[illegible], 1978.

Begde, P. V., "Forts and Palaces of India", Delhi, 1982.

セデス，G.『インドシナ文明史』辛島昇他共訳，みすず書房，1980年（原著1962年刊行)。

セデス，G.『アンコール遺跡 — 壮大な構想の意味を探る』三宅一郎訳，連合出版，1993年（原著1947年刊行)。

akrabarti, D. K., "The Archaeology of Ancient Indian Cities", Delhi: Oxford Univ. Pr., 1995.
在元「中華都城本紀」張在元編『中国 — 都市と建築の歴史』鹿島出版会，1994年。
田稔『日本文明史：3　宮都の風光』角川書店，1990年。
高華『元の大都 — マルコ・ポーロ時代の北京』佐竹晴彦訳，中央公論社，1984年。
越史記全書』
済大学城市規格教研室編『中国城市建設史』中国建設工業出版社，1982年。
tt, B. B., "Town Planning in Ancient India", Calcutta, 1925.
井晋司「ハトラ遺跡を訪ねて」東京大学イラク・イラン調査団編『オリエント』朝日新聞社，1985年
田正「イラン・イスラーム世界の都城 — イスファハーンの場合」板垣雄三・後藤明編『イスラームの都市性』日本学術振興会，1993年。
部均『古代宮都形成過程の研究』青木書店，2001年。
岡武夫編『唐代の長安と洛陽：資料編』京都大学人文科学研究所，1956年（1985年に同朋舎より復刊）。
瀬和雄・小路田泰直編『日本古代王権の成立』青木書店，2002年。
郷真紹「律令国家の仏教政策」狩野久編『古代を考える　古代寺院』吉川弘文館，1999年。
内秀信編『北京 — 都市空間を読む』鹿島出版会，1998年。
松撰・張穆校補『唐両京城坊考』中華書房，1985年。
松撰『唐両京城坊攷』愛宕元訳注，平凡社，1994年。
業鉅『考工記営国制度研究』中国建築工業出版社，1985年。
野久『日本古代の国家と都城』東大出版会，1990年。
野久「平城京から平安京へ」門脇禎二・狩野久編『〈都〉の成立 — 飛鳥京から平安京へ』平凡社，2002年。
ウティリヤ『実利論 — 古代インドの帝王学：上・下』上村勝彦訳，岩波書店，1984年。
島昇他『インダス文明 — インド文化の源流をなすもの』日本放送出版協会，1980年。
欽定礼記義疏』
田貞吉「藤原京考証」『歴史地理』21（1・2・5），1924年。
rk, W., 'Town and Country Planning in Ancient India: According to Kautilya's Arthasastra7', "Scot. Geogr. Mag." 94, 1978.
岸俊男「日本都城制総論」岸俊男編『日本の古代：9　都城の生態』中央公論社，1987年。
岸俊男『日本古代宮都の研究』岩波書店，1988年。
岸俊男『日本の古代宮都』岩波書店，1993年。
岸俊男『古代宮都の探究』塙書房，1994年。
鬼頭清明「仏教の受容と寺院の創建」狩野久編『古代を考える　古代寺院』吉川弘文館，1999年。
駒井和愛『中国都城・渤海研究』雄山閣出版，1977年。
叶驍軍編『中国都城歴史図録：1～4』羊州大学出版社，1986年。
京都文化博物館編『長安 — 絢爛たる唐の都』角川選書，1996年。
Lassner, J., 'The Caliph's Personal Domain, the City Plan of Bagdad Re-examined', In A. H. Hourani and S. M. Stern (eds.), "The Islamic City", Oxford: Burno Cassirer, 1970.
Moore, E. et al., "Ancient Capitals of Thailand", Asia Books, 1995.
向日市埋蔵文化財センター編『再現・長岡京』向日市，2001年。
村井康彦「洛陽・長安の都」林屋辰三郎編『京都の歴史：1　平安の新京』学芸書林，1970年。
村田治郎『中国の帝都』綜芸舎，1981年。
室永芳三『大都長安』教育社，1982年。
中村修也『平安京の暮らしと行政』山川出版社，2001年。
中村太一「藤原京と『周礼』王城プラン」『日本歴史』582，1996年。
中村太一「藤原京の『条坊制』」『日本歴史』612，1999年。
那波利貞「支那首都計画史上より考察したる唐の長安城」『桑原博士還暦記念東洋史論叢』1930年。
日本建築学会編『東洋建築史図集』彰国社，1995年。
Ohji, T.（応地利明）, "The 'Ideal' Hindu City of Ancient India as Described in the Arthasastra and Urban Planning of Jaipur", East Asian Cultural Studies vol. XXXI, Nos. 1-4, 1990.
応地利明「南アジアの都城思想 — 理念と形態」板垣雄三・後藤明編『イスラームの都市性』日本学術振興会，1993年。
応地利明『絵地図の世界像』岩波新書，1996年。
応地利明「王都の展開」京都大学東南アジア研究センター編『事典東南アジア』弘文堂，1997年。
大室幹雄『劇場都市 — 古代中国の世界像』三省堂，1981年。
大室幹雄『桃源の夢想 — 古代中国の反劇場都市』三省堂，1984年。
岡千曲「都城の宇宙論的構造 — インド・東南アジ

ア・中国の都城」上田正昭編『古代日本文化の探究　都城』社会思想社，1976年。
小野勝年『中国隋唐長安・寺院史料集成：資料編』法蔵館，1989年。
小沢毅「古代都市『藤原京』の成立」『考古学研究』44（3），1997年。
Ray, A., "Villages, Towns and Secular Buildings in Ancient India", Calcutta, 1964.
定方晟『須弥山と極楽』講談社，1973年。
定方晟『インド宇宙誌』春秋社，1985年。
桜井由躬雄「ハノイ — 唐代・長安の制にならう」『朝日アジアレビュー』7（4），1976年。
妹尾達彦『長安の都市計画』講談社，2001年。
朱自煊「北京」張在元編『中国 — 都市と建築の歴史』鹿島出版会，1994年。
白石昌也「ベトナムの『まち』 — 特に『くに』との関連を中心として」『東南アジア研究』21（2），1983年。
杉山正明「クビライと大都」梅原郁編『中国近世の都市と文化』京都大学人文科学研究所，1984年。
杉山正明『世界史を変貌させたモンゴル』角川書店，2000年。
戴震『考工記図』。
竹田正敬「藤原京の京域」『古代文化』52（2），2000年。
谷川道雄他編『魏晋南北朝隋唐史の基本問題』汲古書院，1997年。
舘野和己『古代都市平城京の世界』山川出版社，2001年。
寺崎保広『藤原京の形成』山川出版社，2002年。
礪波護「中国の都城」上田正昭編『古代日本文化の探究　都城』社会思想社，1976年。
礪波護『日本の古代：9　都城の生態　中国の都城の思想』中央公論社，1987年。
月村辰雄・久保田勝一共訳『全訳マルコ・ポーロ東方見聞録』岩波書店，2002年。
唐代史研究会編『中国都市の歴史的研究』刀水書房，1988年。
上田正明編『都城』社会思想社，1976年。
梅原郁編『中国近世の都市と文化』京都大学人文科学研究所，1984年。
山中章『日本古代都城の研究』柏書房，1997年。
山中由里子「文明を支えた空間 — 都市と建築」後藤明編『講座イスラーム世界：2　文明としてのイスラーム』栄光教育文化研究所，1994年。
楊寛『中国都城の起源と発展』尾形勇・高木智見共訳，学生社，1987年。
若山滋『文学の中の都市と建築』丸善，1991年。
王仲殊『漢代考古学概説』中華書房，1984年。
Vietnamese Studies 48, "Tahang Long: The City and its People", 1977.
Wright, A. F., "Symbolism and Functic Reflections on Changan and Other Gr Cities", the Journal of Asian Studies, 24 1965.（ライト，A. F.「象徴性と機能 — 長及び他の大都市に関する考察」奥崎裕司『歴史教育』14，1966年）

Ⅵ　伊斯兰世界的城市和建筑

天沼俊一『埃及紀行』岩波書店，1927年。
荒松雄『インド史におけるイスラーム聖廟』東大学出版会，1977年。
Aslanapa, O., "Turkish Art and Architectur Londres et New York, 1971.
Badawy, A., "History of Egyptian Architecture X", London: Histories & Mysteries of M Ltd., 1990.
Barry, M., "Color and Symbolism in Islam Architecture", Thames and Hudson, 1996.
北京市文物研究所編『中国古代建築辞典』中国店，1992年。
ベネーヴォロ，L.『図説・都市の世界史：2』相書房，1983年。
ブルックス，J.『楽園のデザイン — イスラムの園文化』神谷武夫訳,鹿島出版会，1989年。
Brown, P., "Indian Architecture, Islamic Perioc Bombay: D. B. Taraporevala Sons & C Pvt. Ltd., 1965.
張承志『回教から見た中国』中央公論社，1993年
Creswell, K. A. C., "Early Muslim Architecture Baltimore, 1958.
Ettinghausen, R. and O. Grabar, "The Art ar Architecture of Islam (650-1250) Harmondsworth, 1987.
Faruqi, L. L., "The Cultural Atlas of Islam", Ne York: Macmillan Publishing Company 1986.
Frankfort, H., "The Art and Architecture of Th Ancient Orient", Harmondsworth, 1954.
Goodwin, G., "A History of Ottoma Architecture", Thames and Hudson, 1971.
後藤明『メッカ — イスラームの都市社会』中央公論社，1991年。
Grabar, O., "Islamic Architecture and it Decoration A. D. 800-1500", Londres, 1964
Grabar, O., "The Formation of Islamic Art" London, 1973.
羽田正・三浦徹編『イスラム都市研究 — 歴史と展望』東京大学出版会，1991年。
羽田正『モスクが語るイスラーム史 — 建築と政治権力』中央公論社，1994年。
羽田正編『シャルダン「イスファハーン誌」研究

— 17世紀イスラム圏都市の肖像』東京大学出版会，1996年。
akim, B. S., "Arabic-Islamic Cities", London and New York: Kegan Paul International, 1986.
キーム, B. S.『イスラーム都市 — アラブのまちづくりの原理』佐藤次高監訳，佐藤次高他訳，第三書館，1990年。
高健一郎・谷水潤『建築巡礼：17　イスタンブール』丸善，1990年。
ill, D., "Islamic Architecture and its Decoration", Chicago, 1964.
oag, J. D., "Western Islamic Architecture", London, 1963.
ーグ, J. D.『図説世界建築史：6　イスラム建築』山田幸正訳，本の友社，2001年。
井昭編『世界の建築：3　イスラーム』学習研究社，1983年。
元泰博写真，吉田光邦他文『イスラム空間と文様』駸々堂出版，1980年。
垣雄三・後藤明編『事典　イスラームの都市性』亜紀書房，1992年。
筒俊彦『イスラーム文化 — その根底にあるもの』岩波書店，1991年。
irazbhoy, R. A., "Art and Cities of Islam", London, 1964.
島安史『建築巡礼：14　カイロの邸宅 — アラビアンナイトの世界』丸善，1990年。
復書局編纂『中國古建築之美：8　伊斯蘭教建築 — 穆斯林禮拜清眞寺』光復書局／中國建築工業出版社，1992年。
杉泰『イスラームとは何か』講談社現代新書，1994年。
田勇『イスラム・スペイン建築への旅 — 薄明の空間体験』朝日選書，1985年。
eick, G., "A Dictionary of Ancient Near Eastern Architecture", London and New York: Routledge, 1988.
田徹『都市国家の誕生』山川出版社，1996年。
lichell, G., "Architecture of the Islamic World: Its History and Social Meaning", Londres, 1978.
三木亘・山形孝夫編『都市民』(上岡弘二他編『イスラム世界の人びと：5』) 東洋経済新報社，1984年。
三浦徹『イスラームの都市世界』山川出版社，1997年。
森俊偉『建築探訪：14　地中海のイスラム空間 — アラブとベルベル集落への旅』丸善，1992年。
Mumutaz, K. K., "Architecture in Pakistan", Singapore: Concept Media Pte Ltd., 1985.
中川浩一編『近代アジア・アフリカ都市地図集成』柏書房，1996年。
中村廣治郎『イスラーム教入門』岩波書店，1998年。
Nath, R., "History of Mughal Architecture I-V", Delhi: Malik Abhinav Publications, 1994.
岡田保良『メソポタミアにおける建築空間の特性に関する史的研究』京都大学学位請求論文，私家版，1993年。
岡崎文彬『イスラムの造景文化』同朋舎出版，1988年。
Pereira, J., "Islamic Sacred Architecture A Stylistic History", New Delhi: Books & Books, 1994.
Peterson, A., "Dictionary of Islamic Architecture", London and New York: Routledge, 1996.
Prochazka, A. B., "Architecture of the Islamic Cultural Sphere" 1a, 1b, 1c, 2a, 2b, Marp, Zurich, 1988.
Robinson, F. (ed.), "The Cambridge Illustrated History of the Islamic World", Cambridge University Press, 1996.
坂本勉『イスラーム巡礼』岩波書店，2000年。
佐藤次高・鈴木董編『新書イスラームの世界史：1　都市の文明イスラーム』講談社，1993年。
清水宏祐編『イスラム都市における街区の実態と民衆組織に関する比較研究』東京外国語大学，1991年。
鈴木董『オスマン帝国』講談社，1992年。
Stierlin, H., "Architecture de L'Islam, Office du Livre", Fribourg, 1979.（スチルラン, H.『イスラームの建築文化』神谷武夫訳，原書房，1987年）
寺阪昭信編『イスラム都市の変容 — アンカラの都市発達と地域構造』古今書院，1994年。
Vogt-Goknil, U., "Turquie ottomane, collection《Architecture universelle》", Fribourg, 1965.
Wilber, D. N., "The Architecture of Islamic Iran", Princeton, 1955.
Yeomans, R., "The Story of Islamic Architecture", Garnet Publishing Ltd., 1999.

Ⅶ　殖民地城市与殖民地建筑

Ad Orientem and Auftrum, "Hispaniae Urbes", 1573.
Beamish, J. and J. Ferguson, "A History of Singapore Architecture: The Making of a City", Graham Brash, 1985.
Blagoveshchensk-fotorasskaz, "Gosudarstvennoe proizvodstvenno-kommercheskoe izdatel'stvo Zeia",

Blagoveshchensk, 1998.

Boxer, C. R., "The Dutch Seaborne Empire 1600-1800", London: Penguin Books, 1965.

ブロール，M.『オランダ史（文庫クセジュ）』西村六郎訳，白水社，1979年。

Butcher, J. G., "The British in Malaya 1880-1941", Oxford University Press, 1979.

張在元編『中国　都市と建築の歴史』鹿島出版会，1994年。

陳舜臣『香港』文藝春秋社，1997年。

City Council of Georgetown, Penang Past and the Present, Ganesh Printing Works, 1966

Codrington, H. W., Short History of Lanka, Lakdiva, 1926.

Entsiklopedicheskii slovar (Reprintnoe vosproizvedenieizd. F. A. Brokgauz-I. A. Efron, 1890 g.), Moscow, Terra, 1990-1994.

フォーシス，J.『シベリア先住民の歴史 — ロシアの北方アジア植民地』森本和男訳，彩流社，1998年。

藤森照信・汪坦編『全調査　東アジア近代の都市と建築』大成建設株式会社，1996年。

藤原恵洋『上海 — 疾走する近代都市』講談社，1988年。

Gill, R. G., "De Indische Stad op Java en Madura", Proefshrift TU Delft, 1995.

Hall, B. S., "Weapons and Warefare in Renaissance Europe Gunpowder, Technology and Tactics", The Johns Hopkins University Press, 1977.

浜鍋哲雄『大英帝国インド総督列伝』中央公論社，1999年。

原暉之『ウラジオストク物語』三省堂，1998年。

Home, R., "Of Planting and Planning: The Making of British Colonial Cites", E & FN Spon, 1997.（ホーム，R. 著，『植えつけられた都市 — 英国植民都市の形成』布野修司・安藤正雄監訳，アジア都市建築研究会訳，京都大学学術出版会，2001年）

飯塚キヨ『植民都市の空間形成』大明室，1985年。

生田滋『大航海時代とモルッカ諸島』中公公論社，1998年。

"Indonesian Heritage vol.6: Architecture", Archipelago Press, 1998.

Irving, R. G., "Indian Summer: Lutyens, Baker and Imperia1 Delhi", New Haven and London: Ya1e University Press, 1981.

加藤祐三編『アジアの都市と建築』鹿島出版会，1986年。

Khabarovsk: geograficheskii atlas, Glavnoe upravlenie geodezii ikartografii, Moskva 1988.

Khabarovskii krai, Izdatel'stvo Utro Ross Vladivostok, 1996

Kotkin, S., Wolff, D. (ed.), Rediscoveri Russia in Asia, M. E. Sharp, New Yor 1996.

Khoo Su Nin, "Street of George Town", Jam Print & Resource, 1994.

越沢明「大連の都市計画史（1898～1945年）」『中経済協会報』134～136号，1984年。

越沢明『哈爾濱の都市計画』総和社，1989年。

Kagan R. L. "Plan de Pondichery en 1741" 200

Kostof, S., "The City Shaped", London: Tham and Hudson, 1991.

Kotkin, S. and D. Wolff (ed.), "Rediscoveri Russia in Asia", M. E. Sharp, New Yor 1996.

Krushanov, A. I., "Nekotorye vopro sotsial'no-ekonomicheskoi sto Vladivostoka (1860-1916)", in A. Lancker, "Atlas van Historische Forte Oberzee", Onder Nederlandse Vlag, 1987.

Jon S. H. Lim, "The Shop House Rafflesia JMBRAS vol.66, Part 1, 1993.

le Brusq, A. and L. de Selva (photographe "Vietnam: A Travers l'architecture Colonia Patrimoines et Medias/ Editions c L'amateur, 1999.

李乾朗『台湾近代建築』雄獅図書股份有限公 1980年。

Leipoldt, C. L., "Jan van Riebeeck", Londo Longmans Green and Co., 1936.

リンスホーテン『東方案内記』大航海時代叢書 岩波書店，1968年。

Major David Ng (Rtd) et al., "Malaya-Ga Hidup Antara 1900-1930", Penerbit Faj Bakti, 1989.

マン＝ロト，M.『イスパノアメリカの征服（文 クセジュ）』染田秀藤訳，白水社，1984年。

Materialy po istorii Vladivostok, Kn. 1- Primorskoe knizhoe izdatel'stv Vladivostok, 1960.

Matveev, N. P., Kratkii istoricheskii ocherk Vladivostoka, izdatel'stvo Ussur Vladivostok.（再版）1990.

Maurice, B., "Histoire des Pays-Bas", Collectio QUE SAIS-JE? No.490, 1974.

Melakai, "The Transformation of a Mala Capital c.1400-1980, vol.1 & 2".

Milone, P. D., "Queen City of the East: Th Metamorphosis of a Colonial Capital", Ph D. thesis, Berkeley: Univ. of Californi 1967.

南満州鉄道株式会社　第二次一〇年史』南満洲鉄道, 1928年。
ミリス, J.『香港』講談社，1995年。
村松伸『上海　都市と建築　1842～1949年』PARCO出版，1991年。
村松伸『香港　多層都市』東方書店，1997年。
村松伸『図説上海　モダン都市の150年』河出書房新社，1998年。
永積昭『オランダ東インド会社』近藤出版社，1971年。
ielson, W. A., "The Dutch Forts of Sri Lanka", Canongate, 1984.
日蘭学会編『オランダとインドネシア』山川出版社，1986年。
西澤泰彦『図説「満州」都市物語 — ハルビン・大連・瀋陽・長春』河出書房新社，1996年a。
西澤泰彦『海を渡った日本人建築家 — 20世紀前半の中国東北地方における建築活動』彰国社，1996年b。
西澤泰彦『図説大連都市物語』河出書房新社，1999年。
)bertas, V. A., "Formirovanie Planirovochnoi Sturuktury Vladivostoka v XIX v.", (in Arkhitekturnoe nasledstvo No.25, 1976, pp.85-94), 1976.
ertubuhan Akitek Malaysia, "Post-Merdeka Architecture", PAM., 1987.
ピレス, T.『大航海時代叢書　東方諸国記』生田滋他訳，岩波書店，1966年。
'ort of Singapore Authority, "Singapore: Portrait of Port", MPH., 1984.
Rohas, A., "San Agustin Museum", 2000.
参謀本部編「西伯利出兵史 — 大正七年乃至十一年」新時代社, 1972年。
arina Hayes Hoyt 1991 Old Penang, Oxford University Press, 1991.
佐藤洋一「帝政期のウラジオストク中心市街地における都市空間の形成に関する歴史的研究」早稲田大学学位論文，2000年。
Schweizer, G., "Bandar'Abbas und Hormoz", Wiesbaden, 1972.
辛基秀『映像が語る「日韓併合」史　1875～1945年』労働経済社，1987年。
Stephan, J. J., "The Russian Far East: A History", Stanford: Stanford University Press, 1994.
Trea Wiltshire, "Old Hong Kong vol.1, 2, 3", Form Asia. 1995.
鶴見良行『マラッカ物語』時事通信社，1981年。
van Oers, R., "Dutch Town Planning Overseas during VOC and WIC Rule (1600-1800)", Ph. D thesis TU Delft, 2000.
Wertheim, W. F., "The Indonesian Town: Studies in Urban Sociology", Van Hoeve, 1958.
Wild, A., "The East India Company, Trade and Conquest from 1600", London and India: Harper Collins Illustrated, 1999.
Wiltshire, T., "Old Hong Kong", vol.1, Form Asia, 1995.
Zandvliet, K., "Mapping for Money Maps, Plans and Topographic Paintings and their Role in Dutch Overseas Expansion during the 16th and 17th Centuries", Amsterdam: Batavian Lion International, 1998.
Zangheri, L. (ed.), "Architettura Islamica e Orientale", Alinea, 1986.
Zialcita, F. N. and M. I. Tinio, "Philippine Ancestral Houses (1810-1930)", Quezon City: GCF Books, 1980.

■主　编　布野修司

■执　笔　アジア都市建築研究会

布野修司　（京都大学，地域生活空間計画論，アジア建築史・都市史）：序章，Ⅰ，Ⅱ，Ⅲ，column1，column2，Ⅳpanorama，01～10，column2，Ⅴcolumn2，column3，Ⅵ，Ⅶpanorama，01，02，07，column3，終章

応地利明　（滋賀県立大学，地域研究）：Ⅴpanorama，01～10，column1

青井哲人　（人間環境大学，地域都市計画論，アジア建築史・都市史）：Ⅲpanorama，01～08，column3，Ⅶ11

山根　周　（滋賀県立大学，地域生活空間論，イスラーム都市建築史，）：Ⅳ（全体構成），Ⅶcolumn1

今川朱美　（京都大学，環境都市計画）：Ⅶcolumn2

脇田祥尚　（広島工業大学，建築計画，まちづくり論）：Ⅶ03

宇高雄志　（広島大学，都市居住環境計画，歴史環境保全）：Ⅶ04

山本麻子　（京都大学，建築設計計画）：Ⅶ05

山本直彦　（立命館大学，地域住環境論，東南アジア都市・住居論）：Ⅶ06

佐藤圭一　（京都大学，生活空間設計論，植民都市計画論）：Ⅶ08，column4

佐藤洋一　（早稲田大学，都市計画，極東都市地域論）：Ⅶ09

木下　光　（関西大学，都市計画，東アジア都市地域論）：Ⅶ10

柳沢　究　（神戸芸術工科大学，建築設計計画）：Ⅳcolumn1

■图片资料・编辑协助

川畑良彦，大辻絢子，金谷俊秀，山田協太，宇都宮崇行，佃真輔，米津孝祐，桑原正慶，モハン・パント，黄蘭翔，韓三建，孫躍新，闞銘崇，渡辺菊真，鄧奕，丹羽哲矢，松本玲子，高松健一郎，朴重信，魚谷繁礼，ナウィット・オンサワンチャイ，バンバン・フェリアント，高橋俊也，堀切健太郎，永谷真理，廣富純，荻野衣美子，柳室純，根上英志，山口潔子